国家重点基础研究发展计划（973计划）项目（2006CB403408）
国家自然科学基金创新研究群体基金项目（51021006）
水利部公益性行业科研专项经费项目（201101016，201001018） 资助
流域水循环模拟与调控国家重点实验室（SKL—WAC）

"十二五"国家重点图书出版规划项目

海河流域水循环演变机理与水资源高效利用丛书

海河流域水循环多维临界整体调控阈值与模式研究

（第二版）

曹寅白　甘泓　汪林　等著

科学出版社

北京

内 容 简 介

本书是973计划项目"海河流域水循环演变机理与水资源高效利用"第八课题"海河流域水循环多维临界整体调控阈值与模式"的研究成果，是水利界当今和今后相当一段时期内应重点关注的关于缺水流域的研究命题。书中系统提出了流域水循环多维调控基础理论体系、调控方法，详细描述了海河流域水循环五维临界调控模式与阈值标准集、调控措施和方案制定以及相应的总量控制策略和生态环境效应，并对未来生产实践提出了相应的水资源可持续利用对策建议。本书在理论、方法、应用三个层面均具有新颖的学术思想和先进的技术方法，其应用推广前景广阔。

本书可供水文水资源、环境保护与生态建设、水利经济、资源经济等领域的科技工作者、管理工作者和相关专业院校师生参考。

图书在版编目（CIP）数据

海河流域水循环多维临界整体调控阈值与模式研究／曹寅白等著．—2版．—北京：科学出版社，2014.9

（海河流域水循环演变机理与水资源高效利用丛书）

"十二五"国家重点图书出版规划项目

ISBN 978-7-03-041812-8

Ⅰ.①海… Ⅱ.①曹… Ⅲ.①海河-流域-水循环-研究 Ⅳ.①P339

中国版本图书馆CIP数据核字（2014）第206374号

责任编辑：李 敏 张 菊／责任校对：张凤琴
责任印制：钱玉芬／封面设计：王 浩

科学出版社 出版
北京东黄城根北街16号
邮政编码：100717
http://www.sciencep.com

中国科学院印刷厂 印刷
科学出版社发行 各地新华书店经销

*

2012年3月第 一 版 开本：787×1092 1/16
2014年9月第 二 版 印张：17 1/2 插页：2
2014年9月第一次印刷 字数：680 000

定价：168.00元
（如有印装质量问题，我社负责调换）

《海河流域水循环多维临界整体调控阈值与模式研究》
主要撰写人员

曹寅白　甘　泓　汪　林　王　浩　任宪韶

何　杉　游进军　林　超　甘治国　秦长海

韩瑞光　王　琳　陆垂裕　张海涛　贾　玲

王立明　王道坦　杨至安　盖燕如　朱启林

杜思思　薛小妮　徐　凯　孙秀敏　成建国

康　婧　谢　霖

总　　序

　　流域水循环是水资源形成、演化的客观基础，也是水环境与生态系统演化的主导驱动因子。水资源问题不论其表现形式如何，都可以归结为流域水循环分项过程或其伴生过程演变导致的失衡问题；为解决水资源问题开展的各类水事活动，本质上均是针对流域"自然–社会"二元水循环分项或其伴生过程实施的基于目标导向的人工调控行为。现代环境下，受人类活动和气候变化的综合作用与影响，流域水循环朝着更加剧烈和复杂的方向演变，致使许多国家和地区面临着更加突出的水短缺、水污染和生态退化问题。揭示变化环境下的流域水循环演变机理并发现演变规律，寻找以水资源高效利用为核心的水循环多维均衡调控路径，是解决复杂水资源问题的科学基础，也是当前水文、水资源领域重大的前沿基础科学命题。

　　受人口规模、经济社会发展压力和水资源本底条件的影响，中国是世界上水循环演变最剧烈、水资源问题最突出的国家之一，其中又以海河流域最为严重和典型。海河流域人均径流性水资源居全国十大一级流域之末，流域内人口稠密、生产发达，经济社会需水模数居全国前列，流域水资源衰减问题十分突出，不同行业用水竞争激烈，环境容量与排污量矛盾尖锐，水资源短缺、水环境污染和水生态退化问题极其严重。为建立人类活动干扰下的流域水循环演化基础认知模式，揭示流域水循环及其伴生过程演变机理与规律，从而为流域治水和生态环境保护实践提供基础科技支撑，2006 年科学技术部批准设立了国家重点基础研究发展计划（973 计划）项目"海河流域水循环演变机理与水资源高效利用"（编号：2006CB403400）。项目下设 8 个课题，力图建立起人类活动密集缺水区流域二元水循环演化的基础理论，认知流域水循环及其伴生的水化学、水生态过程演化的机理，构建流域水循环及其伴生过程的综合模型系统，揭示流域水资源、水生态与水环境演变的客观规律，继而在科学评价流域资源利用效率的基础上，提出城市和农业水资源高效利用与流域水循环整体调控的标准与模式，为强人类活动严重缺水流域的水循环演变认知与调控奠定科学基础，增强中国缺水地区水安全保障的基础科学支持能力。

　　通过 5 年的联合攻关，项目取得了 6 方面的主要成果：一是揭示了强人类活动影响下的流域水循环与水资源演变机理；二是辨析了与水循环伴生的流域水化学与生态过程演化的原理和驱动机制；三是创新形成了流域"自然-社会"二元水循环及其伴生过程的综合模拟与预测技术；四是发现了变化环境下的海河流域水资源与生态环境演化规律；五是明晰了海河流域多尺度城市与农业高效用水的机理与路径；六是构建了海河流域水循环多维临界整体调控理论、阈值与模式。项目在2010年顺利通过科学技术部的验收，且在同批验收的资源环境领域973计划项目中位居前列。目前该项目的部分成果已获得了多项省部级科技进步一等奖。总体来看，在项目实施过程中和项目完成后的近一年时间内，许多成果已经在国家和地方重大治水实践中得到了很好的应用，为流域水资源管理与生态环境治理提供了基础支撑，所蕴藏的生态环境和经济社会效益开始逐步显露；同时项目的实施在促进中国水循环模拟与调控基础研究的发展以及提升中国水科学研究的国际地位等方面也发挥了重要的作用和积极的影响。

  本项目部分研究成果已通过科技论文的形式进行了一定程度的传播，为将项目研究成果进行全面、系统和集中展示，项目专家组决定以各个课题为单元，将取得的主要成果集结成为丛书，陆续出版，以更好地实现研究成果和科学知识的社会共享，同时也期望能够得到来自各方的指正和交流。

  最后特别要说的是，本项目从设立到实施，得到了科学技术部、水利部等有关部门以及众多不同领域专家的悉心关怀和大力支持，项目所取得的每一点进展、每一项成果与之都是密不可分的，借此机会向给予我们诸多帮助的部门和专家表达最诚挚的感谢。

  是为序。

海河973计划项目首席科学家
流域水循环模拟与调控国家重点实验室主任
中国工程院院士

2011年10月10日

序

高强度人类活动正在不断改变流域水循环的降水、地表水、土壤水和地下水运动过程，使流域水循环呈现出明显的"自然–社会"二元特性，水循环的资源、经济、社会、生态及环境的五维属性发生着显著变化：随着经济的不断发展，水循环的经济属性不断增强；水循环稳定性降低，可再生能力退化，资源属性削弱；生态服务功能降低，生态属性减弱；水环境恶化导致水体自净能力和质量下降，环境属性下降；水资源供需矛盾突出，社会属性变异。在"自然–社会"系统双重作用下，探究高强度人类活动影响下缺水流域和地区水循环系统五维竞争协同、高效利用模式，促使水循环向良性交替和演变方向发展，是人类当前和今后相当长时期内致力研究的重点内容。

在全国十个一级流域中，海河流域的水循环演变最为强烈和典型——地下水超采形成巨型漏斗、河道水量过程难以维持、水环境恶化、地表生态退化，海水入侵、地面沉降等，对区域的可持续发展构成威胁。这说明水资源开发利用存在着某种临界状态，在水资源、经济、社会、生态和环境五个维度之间相互依存和制约。因而，科学利用有限水资源需要在五维竞争与协调下进行整体调控，以实现水资源的可持续和高效利用。

该书以流域水循环及其伴生过程综合模拟为基础、水资源高效利用为核心，开展面向和谐社会的流域水循环整体多维调控的基础理论、调控模式、阈值标准与方案评价的研究，研究缺水地区水资源高效利用和促进人水和谐的调控定量标准集，提出流域关键性控制指标的临界调控阈值确定方法，以丰富现代水资源研究的基础理论与方法。研究涉及三方面关键科学问题：①水文循环、生态、水环境和经济社会等复合多维流域尺度的有机互动关系，以及各维要素之间的响应关系和内在机制；②以地表水取水总量、地下水开采总量、ET 总量与国民经济用水总量、排污总量、生态用水总量以及入海水总量 6 个总量控制指标为主体，水资源高效利用为核心的海河流域水循环整体多维临界调控模式；③高强度人类活动缺水地区"人水和谐"理念的内涵及相应的表征体系及其调控标准和阈值。取得了四项原创性成果：①提出了高强度人类活动影响下水循环多维临界调控理论框架、调控准则、决策机制和调控方法，拓展研究并建立了以多目标宏观经济模型（DAMOS）、基于规则的水资源配置模型（ROWAS）、水资源环境经济效益分析模型（WEDP）、多维调控方案评价模型（SEAMUR）为主体的水循环多维整体调控模型体系，丰富了水循环多维临界整体调控的知识理论体系；②提出了五维调控表征指标体系，构建了基于用水负效应调整的国内生产总值最大化目标函数及其模型和多维调控方案评价模型，在流域水循环多维临界整体调控分析途径与计算方法上具有突破性进展；③提出了五维整体调控的三层次递进方案设置技术、反映五维协调与竞争关系的方案集和海河流域水资源可持续、高效利用对策及措施，在水循环多维临界整体调控模式与水资源高效利用方案设置方面具有重大创新；④提出了五维竞争性协同的临界调控阈值和流域综合效益平衡下的六大总量控制目标，同时重点评价了南水北调工程通水后海河流域生态环境效应，具有重大创新和实用价值。

  研究成果对形成水文水资源学、生态学、环境科学、管理科学等多学科交叉与融合的知识理论体系有所贡献，对水资源多目标决策分析方法和水循环多维临界调控机制与模式的前沿创新有推动作用，对支撑全国和海河流域的相关规划、水资源管理和科研工作具有重要贡献，对加强水资源综合管理、实行最严格的水资源管理制度具有重要的参考价值。研究成果获 2011 年度大禹水利科学技术奖一等奖，在当今水资源领域水循环多维临界整体调控阈值与模式研究方面处于国内领先水平，可供水资源领域工作者参考。

2014 年 5 月

前　言

我国自20世纪70年代后期开始走上以经济建设为中心的道路，至今经历了30余年，开创了经济社会持续、高速发展的鼎盛时代，经济总量跃至世界第二，令世人瞩目、惊叹。然而，人类社会的发展规模不断扩大、强度日益增强，持续地改变了地表水、土壤水和地下水系统的循环运动过程，致使水循环自然属性减弱、社会属性增强，呈现出明显的"自然-社会"二元特性，以水资源为主体及与其密切相关派生的经济、社会、生态、环境的五维属性均发生了显著的变化。水循环的自然属性降低，稳定性减弱，可再生能力衰退，自净能力下降，导致水的资源属性削弱、经济属性强化、社会属性多变、生态属性脆弱、环境属性恶化。探讨和诠释在自然-社会系统双重作用影响下，缺水区水循环系统五维竞争协同、高效利用模式，维护水循环朝良性交替和演化的方向发展，维系水资源供需平衡，确保供水、用水的安全，是水利界当今和今后一段时间内应重点研究的内容和任务，同时也必将成为今后水利科学研究的热点。

我国拥有的淡水资源量虽列世界第6位，但人均淡水资源量仅为世界平均水平的约1/4，是全球人均淡水资源量最为贫乏的国家之一。本书以我国缺水最为严重的海河流域为研究区域，以流域水循环及其伴生过程综合模拟为基础，以水资源高效利用为核心，展开流域水循环整体多维调控的基础理论、标准、阈值、模式和方案评价研究，形成缺水流域水资源高效利用的调控定量标准集和流域关键性控制指标的临界调控阈值的确定方法，以充实现代水循环的基础理论与研究方法。

研究水循环的关键科学问题包括：①研究以资源、经济、社会、生态、环境复合五维流域尺度的有机互动关系，以及各维要素之间的响应关系和内在机制；②以研究五维协同的阈值和流域综合效益平衡下的地表水取水总量、地下水开采总量、蒸腾蒸发（ET）总量与国民经济用水总量、排污总量、生态用水总量及入海水总量6个总量控制指标为主体，水资源高效利用为核心的海河流域水循环整体五维临界调控模式与评价方法；③高强度人类活动缺水地区"人水和谐"理念的内涵及相应的表征体系及其调控的标准和阈值。

上述学术思想和理念构成了本书的内容和结构，全书共分7章。第1章阐述水循环多维调控术语的基本概念，国内外研究的进展，海河流域经济社会、供用水量和生态环境的现状，以及在研究水循环多维临界调控的主要科学技术问题的基础上，确定研究的目标、任务、内容和技术框架。第 2 章论证流域水循环的系统特征，研究水循环多维临界调控的内容、框架、准则、方法和决策机制等基础理论。第 3 章较系统地论述流域水循环多维目标之间的关联性与整体性，构建五维归一化目标函数、水资源环境经济效益最大目标函数和多维调控指标权衡分析，调控方案评价与比选以及评价模型。第 4 章研究海河流域多维临界调控的国家需求、目标和阈值、三层次递进调控方案、组合方案的调控模式，通过对控制超采量、入海水量、国民经济用水量、国内生产总值（GDP）与国民经济用水量、粮食产量等临界调控阈值的分析，以及流域用水量与水资源影子价格、GDP、水资源耗减成本、水生态环境退化成本、水环境保护成本之间的关系研究，最终得出流域经济效益最大的用水总量与 GDP 临界阈值。第 5 章依据海河流域宏观经济社会发展趋势、需水量、供水量预测基本方案的调控效果，开展多维临界调控方案的比选和评价，并分析调控方案的风险。第 6 章辨析控制和影响海河流域生态环境效应的地表水取水总量、地下水开采总量、ET 总量与国民经济用水总量、排污总量、生态用水总量及入海水总量 6 个总量控制指标，评价南水北调通水后流域生态环境效应的主要影响因子，通过对不同方案生态环境效应的差异性分析，择定推荐方案，综合评估生态环境效应，并介绍卫星遥感、咖啡因示踪、藻类和微囊藻毒素测定等生态环境评估技术。第 7 章阐述和论证海河流域节水的潜力、目标和措施，大型灌区的节水改造，非常规水源的利用，水资源跨流域调水和当地水的配置工程，水污染防治，湖库水资源保护，地下水压采及其污染防治，河流湿地生态修复，实行最严格的水资源管理制度等水资源可持续利用的对策。

本书是基于国家重点基础研究发展计划（973 计划）项目"海河流域水循环演变机理与水资源高效利用"第八课题"海河流域水循环多维临界整体调控阈值与模式"的研究成果编写，项目首席科学家是流域水循环模拟与调控国家重点实验室主任王浩院士，项目研究于 2007～2010 年实施，其成果得到了国内水利行业领域众多中国科学院院士和中国工程院院士的高度评价。经过深入、细致的研究，第八课题成果颇丰，出版专著两部、发表论文 59 篇（其中 SCI 收录 5 篇，EI 收录 12 篇），获得软件著作版权 1 项。本书凝聚了参与本课题研究的全体人员的心血和智慧，是项目成果中最为突出的部分之一。

2011 年 3 月 20 日，水利部国际合作与科技司在北京组织召开"海河流域水循环多维临界整体调控阈值与模式"科技成果鉴定会。鉴定委员会由 9 位院士和专家组成，他们一致认为：该成果针对高强度人类活动下海河流域水循环呈现的"自然-社会"二元特性及其缺水、水污染和水生态退化等突出问题，研究了流域水循环多维临界调控的基础理论、技术方法、准则、阈值、方案和对策等，提出了海河流域水循环多维临界调控阈值集，以水资源高效利用为核心的资源、经济、社会、生态、环境的五维协同推荐方案，总量控制目标，生态环境效应及其水资源可持续利用对策措施。其成果主要创新点包括：①提出了高强度人类活动影响下流域水循环多维临界调控的理论框架、准则、方法和决策机制，形成了水循环多维临界调控的理论体系；②构建了水资源环境经济效益分析模型和水循环多维临界调控模型体系，创新了流域水循环多维临界调控分析计算方法，并提出了五维协同的临界调控阈值和流域综合效益平衡下的六大总量控制目标；③提出了三层次递进整体调控方案、反映五维协调的方案集和流域水资源可持续高效利用的对策，构建了海河流域水循环多维临界整体调控的模式、措施与方案，评价了南水北调工程通水后海河流域生态环境效应，为今后海河流域水资源优化配置提供了科学手段。研究成果对加强水资源综合管理、实行最严格的水资源管理制度具有重要的参考价值，其社会经济与生态环境效益显著，具有广阔的推广应用前景。该项研究成果总体上达到国际领先水平。

本课题整个研究工作，得到首席科学家王浩院士卓有成效的指导，他提出了关键技术问题的解决方案，并审定了研究成果的质量；陈志恺院士、刘昌明院士、张建云院士、任光照教授、顾浩教授、高安泽教授、刘颖秋研究员、李原园教授、李坤刚教授对研究成果提出了富有见地和价值的意见，使我们颇受启迪和教益；水利部海河水利委员会和中国水利水电科学研究院的领导十分关注研究课题的进展和完成情况，并给予了强有力的支持；同时还得到研究人员所在单位和外单位科研人员的热情帮助，在此一并表示衷心的敬意和感谢。

本书第 1 章由曹寅白、甘泓、游进军撰写；第 2 章由游进军、甘泓、汪林撰写；第 3 章由甘泓、游进军、甘治国、秦长海、朱启林撰写；第 4 章由汪林、何杉、秦长海、甘治国、张海涛撰写；第 5 章由何杉、汪林、甘治国、陆垂裕、徐凯撰写；第 6 章由曹寅白、游进军、林超、王琳、王立明、贾玲撰写；第 7 章由曹寅白、何杉、韩瑞光撰写。

本书在编写过程中得到了中国工程院王浩院士和水利部海河水利委员会任宪韶主任的具体指导，王道坦、杨至安、盖燕如、杜思思、薛小妮、孙秀敏、成建国、康婧、谢霖做了大量的分析计算和资料整理工作。

本书由曹寅白、甘泓、汪林统稿完成。

作　者

2014 年 7 月于北京

目 录

总序
序
前言

第1章 绪论 ··· 1
  1.1 水循环多维调控的基本概念 ·· 1
    1.1.1 水循环的多维属性 ·· 1
    1.1.2 水循环多维系统的临界特征 ··· 2
    1.1.3 多维调控决策 ··· 3
  1.2 国内外研究进展 ··· 8
    1.2.1 水资源多目标决策与多维调控研究 ·· 8
    1.2.2 流域水资源配置研究 ·· 11
    1.2.3 阈值及其应用 ··· 16
    1.2.4 临界调控的应用 ·· 18
  1.3 海河流域现状 ·· 19
    1.3.1 经济社会现状 ··· 19
    1.3.2 供用水现状 ·· 20
    1.3.3 水生态环境现状 ··· 21
  1.4 海河流域水循环多维临界调控的主要科学技术问题 ································· 25
    1.4.1 主要水问题 ·· 25
    1.4.2 水资源合理调控的主要科学技术问题 ·· 27
  1.5 研究目标与内容 ··· 29
    1.5.1 研究目标与任务 ·· 29
    1.5.2 主要研究内容 ··· 29
    1.5.3 研究技术框架 ··· 31
  1.6 主要研究成果与创新 ·· 32
    1.6.1 主要研究成果 ··· 32
    1.6.2 主要创新点 ·· 33

第2章 流域水循环多维调控理论体系 ··· 35
  2.1 水循环的系统特征 ··· 35

2.1.1　系统科学及其主要技术理论 ··· 35
　　2.1.2　水资源利用的复合系统 ··· 36
　　2.1.3　水循环的二元特征 ·· 37
　　2.1.4　水循环的多维系统特征 ··· 38
2.2　水循环多维调控的内容与框架 ··· 39
　　2.2.1　各维调控目标与内容 ··· 39
　　2.2.2　多维临界整体调控框架 ··· 40
2.3　多维临界调控的准则与表征指标 ·· 42
　　2.3.1　多维临界调控的基本性质与宏观准则 ··· 42
　　2.3.2　多维整体调控的综合指标体系 ·· 43
　　2.3.3　多维临界调控的主要表征指标 ·· 45
2.4　多维临界调控的决策机制 ·· 46
　　2.4.1　多维临界调控的宏观准则 ·· 46
　　2.4.2　基于水量平衡的水资源决策机制 ·· 47
　　2.4.3　基于效益最优的经济决策机制 ·· 49
　　2.4.4　基于公平的社会决策机制 ·· 49
　　2.4.5　维系生态功能良好的生态决策机制 ··· 50
　　2.4.6　维系水体功能的环境决策机制 ·· 51

第3章　流域水循环多维调控方法 ··· 52
3.1　多维目标之间的关联性与整体性 ·· 52
3.2　目标函数的建立 ··· 53
　　3.2.1　五维归一化目标函数 ··· 53
　　3.2.2　WEDP 最大目标函数 ··· 54
　　3.2.3　多维调控指标权衡分析 ··· 56
3.3　水循环多维临界调控模型 ·· 58
　　3.3.1　水循环多维临界调控技术体系 ·· 58
　　3.3.2　DAMOS 模型 ·· 58
　　3.3.3　ROWAS 模型 ·· 65
　　3.3.4　EMW 模型 ··· 68
3.4　水循环多维调控方案评价与比选 ·· 72
　　3.4.1　多维调控方案评价基础理论 ··· 72
　　3.4.2　多维调控方案评价模型 ··· 77

第4章　海河流域水循环多维临界调控模式与阈值标准集 ································· 82
4.1　海河流域多维临界调控面临的国家需求 ·· 82
　　4.1.1　海河流域未来经济社会发展的基本定位 ······································· 82

  4.1.2 经济社会发展对水利保障和科技发展的需求 ················· 83
  4.1.3 海河流域水利保障的目标和任务 ····························· 85
  4.1.4 水资源配置格局中的关键问题 ······························· 86
 4.2 多维临界调控目标（理想点）及其阈值 ····························· 87
  4.2.1 资源维 ·· 88
  4.2.2 经济维 ·· 90
  4.2.3 社会维 ·· 92
  4.2.4 生态维 ·· 93
  4.2.5 环境维 ·· 94
 4.3 多维临界调控方案设置 ·· 95
  4.3.1 三层次递进方案设置思路 ····································· 95
  4.3.2 层次一：水循环系统可再生性维持 ·························· 96
  4.3.3 层次二：经济社会发展与生态环境保护协同发展模式 ···· 100
  4.3.4 层次三：提高水资源保障能力 ······························· 103
 4.4 多维临界调控模式 ·· 106
  4.4.1 组合方案的合理性分析 ······································· 106
  4.4.2 多维临界调控方式 ·· 107
  4.4.3 重要方案选取与特征 ·· 107
 4.5 临界调控阈值分析 ·· 111
  4.5.1 超采量、入海水量与国民经济用水量 ······················ 111
  4.5.2 国民经济用水量、粮食产量与 GDP ························ 112
  4.5.3 GDP 与 COD 入河量 ··· 114
 4.6 水资源环境经济效益最大的经济用水总量阈值 ·················· 115
  4.6.1 用水量与水资源影子价格的关系 ···························· 115
  4.6.2 用水量与 GDP 的关系 ·· 117
  4.6.3 用水量与水资源耗减成本的关系 ···························· 118
  4.6.4 用水量与水生态环境退化成本的关系 ······················ 119
  4.6.5 用水量与水环境保护成本的关系 ···························· 123
  4.6.6 经济用水总量与 GDP 临界阈值 ···························· 124

第 5 章 海河流域水循环多维整体调控措施与方案 ······················· 127
 5.1 经济社会发展、生态环境保护及其水资源需求预测 ············ 127
  5.1.1 宏观经济及社会发展趋势预测 ······························ 127
  5.1.2 需水预测基本方案 ·· 128
  5.1.3 供水预测基本方案 ·· 129
 5.2 基本方案调控效果 ·· 132
  5.2.1 供需分析与配置 ··· 132

5.2.2 水资源保护规划 ·· 134
　　5.2.3 生态水量配置 ·· 135
　　5.2.4 基本方案评价 ·· 136
5.3 多维临界调控方案的比选与评价 ··· 138
　　5.3.1 序参量、有序度和系统熵 ·· 138
　　5.3.2 （系列）组合方案的协调度及其综合距离 ···························· 143
　　5.3.3 方案比较与分析 ·· 146
　　5.3.4 调控结论 ··· 157
5.4 调控方案风险分析 ··· 161

第6章 总量控制策略及生态环境效应分析 ·· 162
6.1 总量控制指标分析 ··· 162
　　6.1.1 总量控制策略 ·· 162
　　6.1.2 总量控制指标选取 ··· 162
　　6.1.3 地表水取水总量 ·· 164
　　6.1.4 地下水开采总量 ·· 165
　　6.1.5 ET总量与国民经济用水总量 ·· 165
　　6.1.6 排污总量 ··· 169
　　6.1.7 入海水总量 ·· 171
　　6.1.8 生态用水总量指标 ··· 172
6.2 南水北调工程通水后海河流域生态环境效应预测 ······················· 175
　　6.2.1 南水北调工程主要生态环境效应影响因子 ··························· 175
　　6.2.2 推荐方案南水北调生态环境效应综合评估 ··························· 175
　　6.2.3 不同方案生态环境影响差异性分析 ····································· 185
6.3 生态环境评估技术 ··· 186
　　6.3.1 卫星遥感技术用于流域生态多样性评价 ······························ 186
　　6.3.2 咖啡因示踪技术在潘家口-大黑汀水库的应用 ······················ 192
　　6.3.3 潘家口-大黑汀水库及白洋淀湿地的藻类调查 ······················ 195
　　6.3.4 潘家口-大黑汀水库微囊藻毒素的测定 ································ 199
　　6.3.5 水资源环境经济核算应用 ·· 203

第7章 海河流域水资源可持续利用对策 ··· 209
7.1 节水与非常规水源利用 ·· 209
　　7.1.1 节水潜力分析与节水目标 ·· 209
　　7.1.2 节水规划措施 ·· 211
　　7.1.3 灌溉节水的重点——大型灌区节水改造 ······························ 215
　　7.1.4 非常规水源利用 ·· 217

7.2 水资源配置工程 219
7.2.1 总体布局 219
7.2.2 跨流域调水工程 220
7.2.3 当地水配置工程 222
7.3 水资源保护 226
7.3.1 污染源防治 226
7.3.2 重要水库水源地保护 227
7.3.3 地下水压采 229
7.3.4 地下水污染防治 231
7.4 河流湿地水生态修复 232
7.4.1 主要河流生态水量配置 232
7.4.2 主要湿地生态水量配置 233
7.4.3 水生态修复重点项目 234
7.5 实行最严格的水资源管理制度 237
7.5.1 流域水资源管理现状和实行最严格的水资源管理制度意义 237
7.5.2 严格取水总量控制 239
7.5.3 加快推进节水型社会建设 243
7.5.4 加强水功能区监督管理和水生态修复 244
7.5.5 加强水利信息化建设，完善流域水资源监测网 246
7.5.6 提高水利的社会管理和公共服务能力 247

参考文献 251

第1章 绪 论

1.1 水循环多维调控的基本概念

1.1.1 水循环的多维属性

天然水循环是自然系统进化的产物,是气候和生物圈长期相互作用的结果,同时为生态系统平衡、经济社会系统的发展和环境保护提供了基础。在没有人类的时候水循环只有自然属性,即因其物理性质而具有的自然属性,因其化学性质而具有的环境属性,因其生命组成物质特性而具有的生态属性。随着人类的出现和经济社会的发展,水对经济社会具有服务功能而产生了资源价值,水资源又呈现出明显的社会属性和经济属性,同时包括水循环自身规律以及水循环过程为其他生态平衡提供支撑和服务的生态属性。

人类活动影响下的水循环具有"自然-社会"二元特征,可以将水循环的多维属性描述如下:资源属性是指水资源系统的时空量质、循环特征及可再生能力;社会属性是指水资源通过水量的供、用、耗、排融入社会发展过程,与土地、能源等其他资源一样成为调控社会发展的一种关键资源要素;经济属性是指在水资源作为经济生产要素在其利用过程中体现的商品价值和市场效应;生态属性是指在天然条件下水资源的生态服务功能;环境属性是与水的化学特性相关的环境系统形成的影响和响应。在高强度人类活动影响下,海河流域水循环正在经历着经济属性增强、资源属性削弱、生态属性减弱、社会属性变异、环境属性下降的过程,水循环五维属性的协调性遭到了一定程度的破坏。

随着可持续发展理论被广泛认可,在流域水资源规划和管理中越来越重视经济-环境-社会协调发展的理念,其理论和实践相对以往出现了显著变化。对水循环和水资源系统多维属性的认识推动了水资源的管理决策从以单一的经济为主向经济社会、生态环境等并重的方向发展。水资源相关决策的科学化迫切需要在规划理论、决策方法和定量手段上实现一系列的突破,因而对水循环进行多角度研究和调控成为水资源管理的必然趋势。水循环多维临界调控正是针对水资源决策的多目标特性和复杂性日趋增加,在水资源相关伴生问题越来越得到重视的背景下逐渐发展起来的,具有鲜明的时代特征。

水循环多维临界调控是针对水资源开发利用与保护的决策方式,按照自然规律和经济规律对流域水循环及其影响水循环的自然、社会、经济和生态诸因素进行整体分析,遵循水平衡机制、经济机制和生态机制提出决策方法和相应措施,实现流域整体的综合社会福利最大化。

1.1.2 水循环多维系统的临界特征

按照可再生资源维持可持续性的一般原则,可再生资源的使用速度不应超过其再生速度,否则将会削减自然资本存量,即再生资源的利用具有由平衡到不平衡状态转移的临界点。水资源属于可再生资源,水循环及其伴生过程所形成的系统也随之具有可再生资源的特征,因而也具有多维临界的特征。

赫尔曼·戴利(Herman Daly)1991年提出维持可持续性的三条原则:①使用可再生资源的速度不超过其再生速度;②使用不可再生资源的速度不超过其可再生替代物的开发速度;③污染物排放速度不超过环境的自净容量。水资源作为一种可再生资源,其可持续性的维持需要符合以上三条原则。

水资源的紧缺已成为限制社会发展的主要因子之一。作为人们生活和生产用水的主要来源,水资源的过度利用超过了水循环的更新能力,这已成为引发各种水问题的主要原因。尤其在海河流域,地下水的超采致使地下水位明显下降,形成巨型漏斗,出现枯竭状态;河道水量过程难以维持,导致地表生态恶化、海水入侵、地面沉降等一系列灾难性后果,对区域的可持续发展构成威胁。因此,水资源的开发利用存在可持续性维持的临界状态。水资源开发直接影响经济发展的可持续性,经济发展需要维持一定的水量需求和增长空间,水资源短缺会形成对经济增长的制约,水量分配的不均衡性会影响社会公平。水循环自身可持续能力和经济增长以及社会公平的维持之间存在此消彼长的竞争关系。因此,在水循环临界状态的基础上经济维和社会维也存在其自身的临界状态。

流域生态用水关系到流域内生态系统的稳定性,当用于生态的水量低于生物需求的最低值时,系统生态不能维持。环境也存在水体自净能力维持的临界状态。因此,水循环中生态维和环境维也存在临界状态的转换,生态和环境水量也需要临界调控。

水循环的五种基本属性关联伴生,每一维属性对应着相应的子系统特征。某一属性的破坏不仅影响与其伴生的资源服务功能,而且还会给其他属性功能的实现带来负面影响,对该子系统和其他子系统产生不可逆转的破坏。因此,作为每一维的特性其代表性指标在一定范围之内时,系统可以维持正常的运行和发展,而突破一定范围则会引起各种变化,最终形成不可持续的后果。

水循环的五维特征伴随水资源可持续的维持均存在临界状态的转换。目前,对巨系统的研究尚处于从定性到定量的综合研究过程中,实现精确预测和控制还面临着许多困难。对多维临界调控的研究还需进一步深入,以实现在五维效益转换量化分析基础上的临界调控措施。

1.1.3 多维调控决策

1.1.3.1 水循环及其伴生过程

(1) 天然水循环过程

从地球系统来看,水循环是气候和生物圈长期相互作用的结果,天然水循环实际就是在气候、地理以及区域生物圈等自然要素控制和影响下的大气水、地表水、土壤水和地下水的转换过程。天然水循环是自然系统长期进化的产物,同时也为其他众多的生态系统平衡提供了基础。

(2) 水循环与经济社会的相互作用

水资源是支撑区域社会经济发展最为重要的一个基本要素,而社会生产力水平的提高也影响到了天然水循环过程,因此二者形成了相互影响的关系,这种关系对缺水地区更为明显。随着生产能力的增强、用水需求的增加,经济活动对天然水循环的影响也逐渐增大,而区域水资源条件也演变成为影响甚至限制区域经济社会发展的重要因素。因此水与经济社会相互作用的关系成为研究水资源问题不可忽略的因素。

从区域经济社会发展与水循环演变过程分析,二者存在相互作用的机制和规律。社会经济增长和人类生活水平提高所导致的对水需求的增长是人类改变水循环的直接动力。人类通过改变天然水循环系统以满足提高社会生产能力的需求,最终又通过水的供用耗排过程影响自然环境,这使得天然水循环受到人类活动的严重干扰。而人类其他大规模的改造自然的活动又将引起区域局部气候的变化以及地理地质条件的改变,这些均可对水循环过程,包括水量、水质和水资源的时空分布产生重大影响。

(3) 地表水和地下水取用水系统与水量转化过程

地表水和地下水是经济用水的最主要来源,也是人类活动改变天然水循环的主要对象。天然水循环过程中地表径流与地下水存在密切的转换关系,人工用水强化了这种转换关系。图1-1给出了地表水系统水量转化过程,而图1-2给出了地下水系统水量转化过程。

地表径流经工程调控后供给用水户,未利用的地表径流和水利工程弃水排向下游断面。地表水工程是系统的重要调控手段。在地表水利用过程中,下游断面的出流量和过程以及对用水户的供水过程是系统目标,在地表水量的传递过程中存在对地下水的渗漏补给和蒸发等过程。地下水与地表水之间的转换关系包括天然的补排关系以及由人工用水形成的补排关系。

(4) 水环境演变过程

在人类剧烈活动影响下的水环境伴随水循环过程呈现出两种演变趋势。一方面是经济社会发展导致用水量和污染负荷排放量同步增加;另一方面是流域水循环改变引起河道径流过程改变,河道径流的流量、流速以及水量时空分布变化导致污染物迁移转化规律的演变。以海河流域为例,二元水循环驱动下的水体污染和环境污染演变出现强烈的变化,表现出不同地表、地下水体单元及流域水污染的综合性特征。因此,水环境的演变需要研究

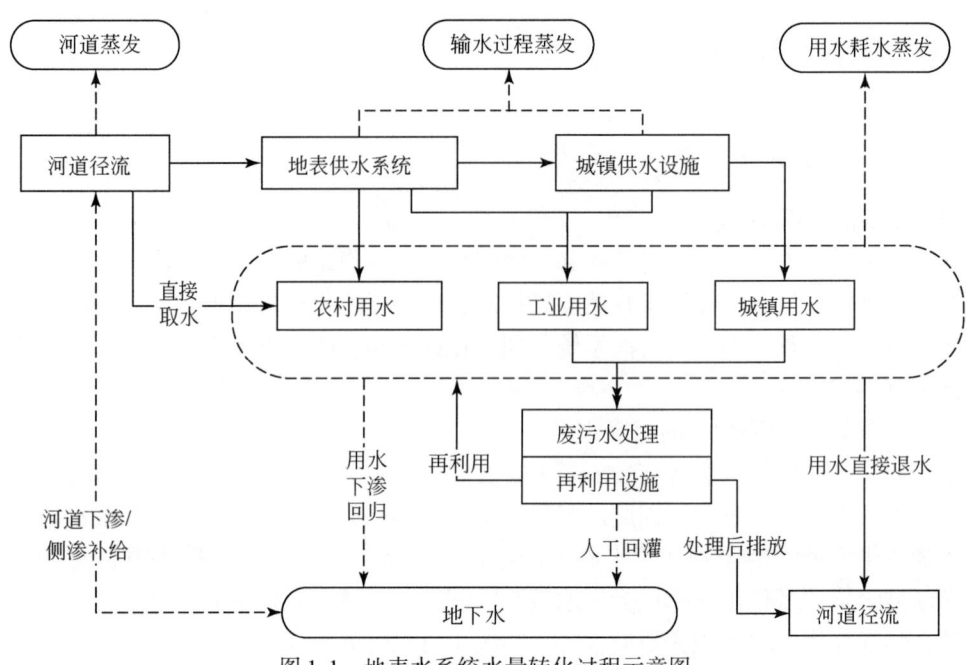

图 1-1　地表水系统水量转化过程示意图

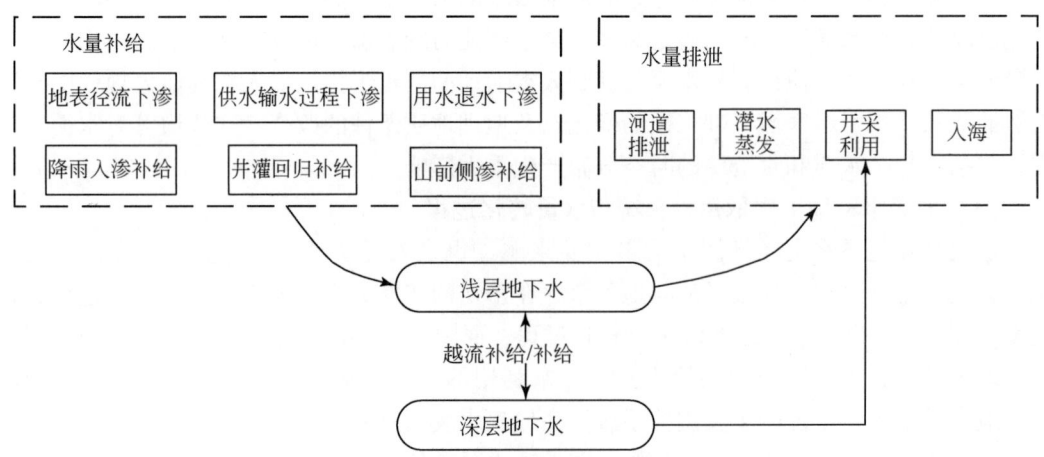

图 1-2　地下水系统水量转化过程示意图

水循环系统演化驱动下的海河流域水污染演变规律，评估水环境系统的关键影响指标和可恢复性，依据水环境承载能力制定科学的水环境保护目标，分析水污染防治调控方案以及与保护目标相适应的水循环调控阈值标准和实施方案。

（5）水生态演变过程

流域水生态的最大决定性因素是天然降水，驱动水生态演变的主要动力是水循环过程中蒸发、径流等垂直和水平方向水量过程的变化。水资源开发利用强度的增加导致水循环各分支通量的变化，进而胁迫原有天然水循环主导方式下的流域水生、湿生生态系统演化。人类活动下与水生态相关的演变途径包括：①农田灌溉面积发展、城市化以及种植结构和方式的改变影响了区域土地利用格局，改变了产汇流的下垫面，改变了流域生态本底和区域生态链物质能量交互途径；②用水耗水导致水循环在结构、过程上发生改变，使得地表径流减少、入海水量降低，长期水分亏缺对河流、湖泊、湿地和河口等重要生态系统造成影响；③地下水位变化改变地表水地下水水量交换过程，使得地下水生态系统驱动条件发生变化并出现适应性演变。

水生态演变过程具有累积效应。不同生态系统在流域水循环结构大幅度改变之后，水分条件与流域生态效应演变机理的关系变得十分复杂。对生态演变机理的分析需要明确水循环的生态服务功能，评估生态系统的可恢复性。在此基础上制定合理的生态修复目标，如湿地面积、生态基流和地下水位等，分析影响生态演变的控制性阈值，提出与水分条件相适应的流域合理生态调控修复方案。

1.1.3.2 多维调控的决策需求

明确水循环的多维属性和相关过程后，需要根据各维属性的调控目标提出决策需求，最终得出综合的调控方式。

（1）针对资源维的水平衡决策

对于资源属性，其调控目标是水循环的稳定性和可再生性。具有天然主循环和人工侧支循环二元结构的流域水资源演化不仅构成了经济社会发展的资源基础，是生态环境的控制因素，同时也是诸多水问题的共同症结所在。因此，水资源可持续利用是确保经济社会和生态环境的可持续发展的前提，分析水量在各维服务目标之间的合理均衡是资源维调控的决策需求。

（2）针对经济维的成本收益决策

水循环调控的经济决策机制根据社会净福利最大和边际成本替代这两个准则确定合理的水量供需。在宏观层次，抑制水资源需求需要付出代价，增加水资源供给也要付出代价，两者间的平衡应以更大范围内的全社会总代价最小（社会净福利最大）为准则。在微观层次，需要分析投入与产出效益之间的经济平衡关系，以决策综合效益最大化为原则。不同水平上抑制需求的边际成本在变化，增加供给的边际成本也在变化，二者的平衡应以边际成本相等或大体相当为准则。

（3）针对社会维的公平性需求

社会决策机制的核心是体现水资源分配利用的公平性，包括水量配置区域间的公平性、时间上的公平性、行业间的公平性以及代际公平性。通过社会决策机制，实现社会的均衡发展，同时满足资源战略性储备，为实现可持续开发利用留有余地。

（4）针对生态维的可持续发展需求

水循环调控的生态决策机制核心是水资源利用的可持续性，在保证水循环过程的稳定健康基础上实现流域内部的经济用水和生态用水的总体合理配置格局，同时在水资源系统运行调度中尽量考虑对生态保护目标和水量需求的满足。

（5）针对环境维的水量水质联合配置

环境属性的核心是关注水环境质量对社会的综合效益。水质的控制和水量调控必须联合进行，通过调控使得控制断面水环境和水功能区划满足水环境要求。同时，环境决策机制中还包括对水污染损失的衡量、废污水处理和再生水利用的边际成本和效益对水量在行业区域间分配的影响。

1.1.3.3 多维调控特征与分析方法

(1) 多维目标之间的关联性

与水循环密切相关的资源、经济、社会、生态和环境五维之间具有密不可分的管理关系，相互之间充斥着矛盾与竞争。从水循环的二元特征分析，社会和经济维具有对立性，都表达了人类活动赋予水资源的特征，与水的自然特征相对应。但社会与经济对应的公平与效率调控准则也是一对矛盾，和谐社会需要体现大致公平，但强调了公平就会影响效率。若强调地区间公平就会在一定程度上抑制高速增长地区的经济发展，若强调行业间公平将在一定程度上影响 GDP 总量。因此，协调社会与经济的公平和效率特征，是多维目标之间关联性的表现。

多维相关性的另一重要方面是水循环系统与生态系统、环境系统的关系。水循环系统的稳定关系到生态系统的平衡和可持续性，水质状况影响到区域环境质量。生态维与环境维具有较强的相关性，环境质量直接影响到生态系统状况，对生态的调控也能起到改变环境的作用，同时对资源维本身也具有影响。

多维目标之间的相关性使得水循环调控措施具有多向性。例如，针对地下水位的调控，既可以改变资源维的属性，同时也具有生态维的效应，地下水开采量的多少还具有经济特性和社会特性。因此，同一个调控措施可能具有明显的多向效应。多维目标之间的相关性一方面决定了对调控措施的分析应考虑其多向效应，另一方面说明在数学分析中应避免多维目标之间相互关联效应的干扰，保持多目标分析的相互独立原则。

(2) 水循环多维调控目标的整体性与分布性差异

水循环多维调控目标存在整体性与分布性的差异。对于流域调控目标而言，通常对总体结果或效果进行评价。而流域具有不均衡性，相同的总体指标不能代表区域的分布不均衡的情况，总体指标对具体区域的代表性具有一定限制。在确定流域多维调控的目标和指标体系之后，需要以合理评价方法描述区域整体性指标的分布特征。区域整体性指标的分布均衡性也代表了流域调控的区域和行业公平性，体现了水循环多维调控的社会属性特征。

1.1.3.4 多维调控手段

水资源系统规模的日趋庞大、影响因素逐渐增多，导致其结构更加复杂，从而对水资源规划管理提出了更高、更新的要求。从最初的水量分配管理到目前协调考虑流域和区域经济、环境和生态各方面对其需求的、有效的水量宏观调控，水资源决策的复杂性逐渐增强，需要采用综合调控手段，以便构建最优的经济、社会和环境整体结构。在确定的水资源和工程条件下，要达到这一目标的重要途径就是要建立满足水资源持续利用要求的系统调度运行策略和其他相关管理体制、制度和机制，加强和提高科学管理的调控能力。这种调控能力体现在多个方面，包括对水量本身的调控，对经济社会发展的约束和控制，对流域生态和环境状况的维持和改善，进而形成各有侧重的多维的调控措施和手段。

(1) 水资源调控手段

水资源调控手段的核心是对水量过程的调控，是实施决策者的调节控制水资源经济、社会、生态环境复合系统的总体能力。水量过程调控包括时间、空间和用户间三个层面的分配，不同层次的分配受不同因素的影响。时间层面上对水量的分配主要取决于天然来水状况、用户需水过程以及供水工程的调节能力，通过供水工程尤其是蓄水工程的调节，实现从天然来水过程到用户用水需求过程的调节。空间层面分配是指水资源在不同区域间的分配，区域间的水量分配主要受供水条件、用水权限影响。供水条件主要反映工程对区域用户的水量传输条件，在一定程度上反映了水利工程的配套能力；而用水权限则反映了区域分配共有水源的权利，是决策因素的体现。用户间水量分配则主要受供水方式、用户优先级和水质状况影响。供水方式是指由于供水设施的差异存在部分不能跨用户使用的水源，由于供水方式不同导致部分水源不能供给某类用户；用户优先级决定了不同用户对公共性水源的竞争性关系；水质状况反映了不同用户对水质要求而造成的对水资源配置的影响。

(2) 经济调控手段

经济措施是影响水资源系统运行的重要驱动因素和外部条件，水循环调控的经济措施主要有产业政策、价格政策和投资政策等方面。产业政策的作用是通过区域经济发展模式和产业结构调整改变区域的用水结构，实现水资源优化配置格局；价格政策则是利用水资源价格杠杆，通过市场机制调节各部门的用水需求，由于不同行业部门具有差异性的用水产出特性，通过价格杠杆可以促进水资源向高效部门转移，实现水资源利用经济效益的最大化；投资政策是通过不同侧重的水利投资方式，推广节水产业以及节水工艺、节水技术的实施，提高用水效率，从而调节整体用水需求。

(3) 社会调控手段

与经济调控手段相对应，社会调控反映在水资源利用的公平性上，同时也在整体上对经济发展起影响作用。社会调控的手段主要在于在政策和管理措施上实现保障民生的基本用水，通过制度建设保障水资源在不同发展程度的区域之间和不同经济效益的部门之间的合理分配，保障弱势地区和群体的用水安全，促进用水公平。社会调控手段的根本性措施在于保障区域和用户的水权，在不同支付能力和经济效能的区域和用户确定基本的用水权之后，再实现经济手段的调控，可以实现公平基础上的效率优先。政策与管理等社会调控手段与科技进步因素相结合还可以影响节水水平，进而改变经济用水总需求。

(4) 生态调控手段

生态调控手段是在实现经济用水高效和公平的同时，保障水资源利用的可持续性，主要是需要考虑水循环系统本身健康和对相关生态与环境的支撑。生态调控的目标是根据流域自然状况确定水循环生态服务功能的基本要求，其手段包括工程性措施、系统运行调度策略和政策管理措施。通过工程性措施可以实现对重点生态保护区域的水系维护改善、天然和人工水系的生态功能的修复。系统运行调度策略包括通过水库、闸坝调节等手段满足对河道下泄最小和适宜生态流量以及特殊生态群落的用水调度需求。政策管理措施则通过制度建设保障不具备直接经济效益的生态用户的用水权利以及合理的经济生态共同保障措施。

(5) 环境调控手段

环境调控是通过各种手段实现对区域水污染的削减和控制，包括源头减排、控制和末端治理等不同方向的控制策略，具体措施包括污染源产生排放与过程控制、污水处理与再利用、水质净化措施等。污染物产生、排放和治理是环境调控的核心，是对污染源头的控制减排，是实现水质控制的基础。在产生的污染负荷确定的条件下，需要结合水量过程才能确定满足功能区要求的入河污染量，通过水量过程的调控可以控制污染物的运移转化过程，实现过程控制。对已经排放的污染负荷需要采用污水处理再利用等末端治理手段降低污染物入河量，改善河道水质环境。由于污染源的作用机制及水体对污染物的衰减作用不同，其减排、过程控制和末端治理等消减控制手段也不同。生态和环境的调控手段在一定程度上可以结合，比如近期兴起的人工湿地污水处理技术在很多领域开始替代传统的污水处理工艺，实现生态和环境调控的双重目标。

1.2 国内外研究进展

本书的研究方法中涉及水资源多目标决策、水资源配置与调控、阈值指标分析等多方面内容，以下是相关各方面的研究进展。

1.2.1 水资源多目标决策与多维调控研究

1.2.1.1 多目标决策方法与技术

多目标最优化问题最早是由意大利经济学家 L. 帕累托在 1896 年提出来的，目的是把许多本质上不可比较的目标简化成单一的最优目标。中国在 20 世纪 70 年代中期开始推广应用多目标决策方法，现在已广泛应用于经济管理、工艺设计、水资源利用、能源、环境、人口和教育等领域。有关水资源多目标特性和调控方法已经有大量的研究，并且逐渐与水资源的规划管理相结合，从经济、环境和生态不同角度分析水资源的作用和影响。

多目标决策理论发展到现在，其方法已经比较成熟，目前的研究主要是关于多目标决策问题求解技术。根据生成解的方式和决策者信息参与解生成的过程，多目标决策技术分为非劣解生成技术、结合偏好的评价决策技术、结合偏好的交互式决策技术等。非劣解生成技术是解决多目标决策问题的基本方法，为决策者确定偏好和做出决策提供有力信息和依据。非劣解生成技术的基本任务是生成决策问题的非劣解集或方案集，而事前并不需要知道决策者的偏好。结合偏好的评价决策技术是在决策者的偏好已知条件下，按一定的决策规则进行多目标非劣解集的决策，选择最佳均衡解。结合偏好的交互式决策技术的特点是在整个决策过程中，决策开始阶段决策者的偏好只是部分已知，分析者利用这部分偏好引导非劣解的生成，分析者与决策者始终要相互交流、传递信息，引导决策过程的实施，通过多次反复直至求出满意解。

1.2.1.2 水资源多目标决策研究与应用

多目标决策方法自从引入水资源领域后就得到了极为广泛的应用。应用领域包括水资源优化配置、水资源承载能力、水库调度、水沙联合调度、水资源规划、水资源管理、水生态调控及水污染防治等，并且取得了较好的应用效果。1979 年，美国麻省理工学院提出了流域水资源利用的多目标规划理论，将多目标决策方法首次引入水资源领域。此后，多目标决策分析在水资源规划管理中的应用越来越广泛。

国内研究方面，多目标决策分析方法最先应用在水库调度领域。胡振鹏和冯尚友（1988）以防洪效益最大为目标研究复杂防洪系统联合运行，以分洪量和防洪库容最少为目标进行实时预报调度，对整个系统进行了防洪、兴利的多目标分析。此后，多目标与模糊数学结合得到较为广泛的应用，包括防洪调度和地下水地表水联合调度等。多目标决策分析方法在水资源优化配置中也得到了较为广泛的应用，出现了基于结合灰色系统理论和群决策原理、结合模拟以及博弈技术等不同类型的多目标水量配置模型。基于水量与水质、经济与生态环境子模型联合分析的多目标分析模型也被引入到水资源配置研究中。

由于水资源决策问题涉及的因素日趋增多，多目标分析方法更多地应用到了水资源规划与管理等更高层面。"八五"攻关课题"华北地区宏观经济水资源规划管理的研究"将宏观经济、系统方法与区域水资源规划实践相结合，引入切比雪夫技术，提出了基于宏观经济的多层次、多目标、群决策方法的水资源优化配置理论，开发出了华北地区宏观经济水资源优化配置模型。此后多目标技术在区域水资源规划宏观决策中得到了广泛应用，翁文斌等（1995）在进一步分析区域宏观经济、环境等目标与水资源规划的关系的基础上，将需水预测、长系列动态模拟等结合用于水资源的规划决策支持系统，并形成了具有实用性的多目标规划决策支持系统。徐中民（1999）进一步提出了基于人口、资源、环境和发展之间的关系的流域水资源承载力分析模型。以流域规划分析为基础，多目标决策技术进一步被引入水资源承载能力分析中，在流域水资源承载能力分析、湖泊生态工程控制和区域水资源可持续利用策略研究等方面得到了广泛应用。

从现有研究看，多目标分析方法在水资源领域的应用呈现逐渐深入和多样化的特点。一方面，多目标分析方法与其他优化决策技术的集成应用越来越多；另一方面，在水资源决策领域应用的范围逐渐扩大，从单一的水库调度、防洪以及供水等运行调度为主的研究逐渐扩展到水资源配置、水资源承载能力分析以及区域规划等综合性的决策分析。

1.2.1.3 流域水循环多维调控研究

流域水循环多维调控是利用现代系统理论、临界调控理论和多目标决策理论，对控制和影响流域水资源演化的因素进行观测和分析，确定其相互间的内在联系、相互作用的动力学机制和数量关系，进行多层次临界向量集成，结合流域水资源的供需状况分析研究水资源的调控机制；通过建立由多种工程措施和非工程措施组成的水循环多维临界调控模式，将水资源开发利用掌控在维持水资源可持续利用允许的限度之内；研究提出实现水资源可持续利用，并最大限度地满足流域国民经济发展和生态环境系统改善的多维临界调控方案。

相比多目标决策方法在水资源问题中的广泛应用，多维临界调控理论方法应用并不多见。黄强和薛小杰（2001）针对西北地区水资源状况及开发利用存在的主要问题，研究了水资源可再生性维持临界调控模型的建立及调控方案。此后最主要的研究成果是国家重点基础研究发展计划项目（973 计划项目）"黄河流域水资源演化规律与可再生性维持机理"第八课题"黄河流域水资源演变的多维临界调控模式研究"，该研究以黄河流域为研究对象，针对黄河流域水资源存在的三大难题，对多维临界调控理论、调控手段、调控方法、调控模型和调控技术进行了较为系统的研究，建立了水循环多维临界调控控制模型和基于风险的调控评价模型，研究了调控方案综合评价的指标体系及其结构，并对指标体系中各指标进行了评价，推荐了合理的多维临界调控方案，为维持黄河健康生命和黄河流域的可持续发展提出了一套水资源利用与管理的科学对策。

目前，大尺度流域水循环调控理论和方法还不成熟，更没有成功的实例可供参考，而在考虑经济、社会、生态、环境与水循环之间多重复杂关系的多维临界调控理论方面还几乎是空白。现有研究成果和进展表明，虽然目前学术界对水资源的多维属性有一定认识，同时也有相关的多目标调控研究，但还缺乏以水循环过程为基础同时关联各类决策目标的综合性分析工具。其原因主要在于缺乏模拟工具与宏观决策分析工具之间的有机联系，同时缺乏能对比分析水资源对不同目标服务价值衡量评价的准则和机制。从目前研究进展来看，对水资源系统分析尚存在以下技术性难点需要深入研究：

1）水循环多维调控的知识体系尚不够完善。虽然学者对水资源和经济、社会、生态和环境几个方面的密切关系已经取得共识，将水资源、经济和生态的复合系统作为一个整体系统进行研究也形成了当前的研究热点，然而，还缺乏从水资源多维属性本质和相关关系角度进行阐述的理论研究，进而提出各维的调控目标、准则和最终的协调结果。尤其是对水资源的社会属性认识还不足，社会属性和经济属性之间的联系区别没有得到重视。因而，现有的调控模拟以及优化配置方法还集中在以供水经济效益的最大化为目标上，缺乏多维调控目标的均衡性。

2）水资源系统调控的评价准则和机制尚不够完善。目前对水资源系统的分析多是以问题导向为基础，针对水资源和经济、社会、生态、环境各个环节关系提出需求，通过分析或者模型计算察看系统在不同方案下对这些需求的响应和满足状况，而缺少对这些不同方向的需求进行综合分析得出水资源的调控方案，实现这种分析的基础就是要提出水资源模拟调控的评价准则和机制，在满足流域水循环及其伴生过程的基础上兼顾水资源利用的公平性和高效性。

3）在微观和中观尺度下水资源系统过程的模拟和宏观决策层面目标之间的有效衔接尚不够完善。水循环调控中主要考虑中长期尺度的系统模拟，而符合各类预定准则的调控方案需要通过实际中的工程运行予以实现，所以系统总体调控目标下结果和工程调度之间的衔接需要深入分析。

4）水资源系统模拟和配置过程中对水循环过程机理的识别尚不够完善。目前水资源模拟模型的研究以宏观过程为主，对水循环过程细节的模拟过于粗略，而水文模拟的方法又难以表达水资源利用和社会、经济之间的关系，所以需要在水资源系统模拟过程中进一步明晰水循环过程的机理。

1.2.1.4 发展趋势

长期以来，系统分析理论在海河流域水资源优化配置研究与应用已有了很大的进展，不仅在提高流域经济效益和社会效益方面发挥了作用，在理论上也有不少创新。经济的发展和人口的增加，用水量迅速增长造成水资源短缺和水环境恶化，从而也使人们清醒地认识到合理利用水资源，仅仅着眼于水资源的优化利用还不足以扭转水环境恶化趋势。其未来研究发展趋势突出表现在以下几个方面：

1）在优化目标上，从水资源单一调控目标，转向以区域经济、环境、社会协调发展的可持续发展目标，定量揭示目标间的相互竞争与制约关系，更加重视水资源优化策略研究。

2）在调控方法上，深化研究将宏观经济定量分析与流域水资源合理配置有机结合的调控方法，加强对水资源、经济、社会、生态、环境等方面相互依存的动态平衡机理、水资源承载能力和水环境容量研究，将优化技术与模拟技术相结合。

3）在方案比选上，重视对水资源优化配置中的不确定性与供水风险研究以及对原水与再生水联合调控研究。

1.2.2 流域水资源配置研究

1.2.2.1 国家需求与主要研究方向的转变

流域水资源配置研究历程与国家水问题的阶段性特征和治理目标具有明显的关系。北方地区缺水及日趋严重的生态环境恶化是中国首要解决的问题之一，针对这一状况，从"六五"攻关开始，国家相继将北方地区的水资源问题列为国家科技攻关项目，重点研究了水资源配置的基础理论以及与经济社会发展之间协调关系和相应的解决措施，使得水资源配置的研究以国家层面的攻关项目为主线形成了比较完整的水资源配置理论体系。

从研究的内容来看，水资源配置研究中的水源范围有所增加，从最初的地表水量分配为主发展到地表水地下水联合调度配置再到对常规水源和非常规水源的统一调配，从一次性水资源到再生性水资源的配置；配置目标从单一的供水效益最大化发展到对流域水资源管理目标的多属性识别，从而提出多维调控目标下的水资源合理配置；配置方式上从供水量的配置发展到对取用水量与耗水量的统一分配，扩大了水资源配置的范畴和口径。

"六五"攻关中对水资源评价做了大量基础性工作，比较科学全面地对华北地区水资源数量、质量和特点进行了评价，并建立了大量水文水资源观测站点，为后期的水循环规律研究奠定了基础。"七五"国家科技攻关项目第 57 项进一步评价了降水-地表水-土壤水-地下水的"四水"转化关系，将水资源分配的概念从地表径流分配推进到了地下水和地表水的联合调控。20 世纪 80 年代有关水循环机理的研究为真正意义上的水资源配置奠定了基础。

从 20 世纪 80 年代开始，随着我国经济的高速发展，水资源的经济属性越来越明显，水资源供需与区域经济发展的动态性受到了重视。"八五"攻关中提出了基于宏观经济的水资源合理配置理论和方法，开发了华北宏观经济水资源优化配置模型系统，为区域水资源优化配置和规划管理提供了科学决策手段。通过"八五"攻关研究将水资源配置从理论上作了深入推进，提出水资源配置与经济社会需求的密切关系并实现了定量化分析与优化模型，明晰了与社会发展目标关联下的水资源配置目标，为水资源配置研究开拓了进一步的研究空间。

20 世纪 90 年代以来，我国一些地区的水资源过度开发利用带来的生态环境恶化问题引起了人们的关注。因此，在实施国家西部大开发的总体战略下，"九五"国家重点科技攻关计划"西北地区水资源合理开发利用与生态环境保护研究"项目，围绕生态需水、水资源合理配置和水资源承载能力三项关键技术，创建了内陆河流域的二元水循环模式理论，将水资源开发利用-经济社会发展-生态环境保护三者有机联系起来统一考虑，建立了以内陆干旱区的"天然-人工"二元水循环模式及描述干旱区水-生态演变机理的生态圈层结构理论为基础的干旱区-经济-生态模拟平台，首次将复合水资源系统模拟应用于实际。同时，中国工程院"西北水资源"项目组（2003）提出了水资源配置必须服务于生态环境建设和可持续发展战略，实现人与自然和谐共存，在水资源可持续利用和保护生态环境的条件下合理配置水资源，并在对西北干旱半干旱地区水循环转换机理研究的基础上，得出生态环境和经济社会系统的耗水各占 50% 的基本配置格局，该研究为面向生态的水资源配置研究奠定了理论基础。

随着我国经济社会发展和用水量不断攀升，水问题的核心在于经济社会用水和生态用水之间的不平衡，使得流域水资源调配格局不当而引起经济、生态问题。因此，建立与流域水资源条件相适应的生态保护格局和高效经济结构体系，统一合理调配流域水资源，是实现流域可持续发展的根本出路。针对上述问题，"十五"科技攻关重大项目"水安全保障技术研究"中提出面向全属性功能的流域水资源配置概念，强调流域水资源合理配置必须以维护水资源、生态、环境、社会和经济等全属性功能为目标。

同时，"十五"攻关研究以流域水循环过程模拟作为水资源调配的基本手段，首次提出并实践了以"模拟—配置—评价—调度"为基本环节的流域水资源调配四层总控结构，为流域水资源调配研究提供较完整的框架体系。该层次化结构体系实现流域水资源的基础模拟、宏观规划与日常调度以及各环节之间的耦合和嵌套，进而通过流域水资源调配管理信息系统的构建为水资源的规划配置和管理调度提供了较为全面的技术支持，有效实现了规划层面的宏观水资源配置方案和操作层面的实时调度方案的总控与嵌套，保障了水资源实时调度的宏观合理性及可操作性。

流域水循环是流域水资源调配的科学基础，对流域水循环的模拟是水资源调配的前提条件。"九五"攻关中提出了二元水循环的认知模式；在 973 项目"黄河流域水资源演变规律与二元演化模型"的研究中真正实现了二元水循环模拟以及提出基于分布式水文模型的层次化全口径水资源评价方法。该研究提出，将流域分布式水文模型和集总式水资源调配模型耦合起来，是实现二元水循环过程的整体模拟的关键；而在全球环境基金（GEF）海河项目中对这一思路进行了进一步实践。实现基于 ET 的分配是水资源配置的一个重要进步，将水量配置从取用水量配置推进到耗水量配置，将配置与真实节水相关联，对实现流域水循环调控目标具有重要意义。在 ET 的监测控制存在困难的情况下，需要借助对取用水量和排水量的管理措施来实现 ET 分配。

基于水量水质的联合调控和配置是目前水资源配置研究的另一重要发展方向。以往我国的水资源配置研究成果都是针对水量进行的，较少考虑不同水户对水质的要求。已有的水资源配置研究集中在水资源量的高效合理利用方面，形成了以水资源数量为主的优化配置理论和方法，解决了有限水资源量实现最大经济效益的问题。而水资源的数量和质量都是其重要属性，满足水质要求的水资源才能对相应的用水户产生效益。现有的水资源合理配置中，通常比较重视水资源数量的调节与控制，而忽视水资源质量的调控。如果在配置中没有将供水、用水、排水和水资源质量管理有机结合起来，就不符合水质水量统一管理的要求，也难以符合水资源利用的综合要求。

水量水质联合配置的研究在近年得到了重视，已经有一些学者针对相关问题进行了研究。王同生和朱威（2003）、刘丙军等（2007）、吴泽宁等（2007）、严登华等（2007）对于水量水质联合调控与分配进行了初步研究，给出了分质供水等计算方法。从配置模拟计算的角度分析，水量水质联合配置存在三个层次：第一个层次是基于分质供水的水量配置；第二个层次是在水循环模拟基础上添加污染排放和控制等要素，实现在水量过程模拟基础上的水质过程分析，进而进行水量配置；第三个层次就是在动态联合水量和水质实现时段内紧密耦合的动态模拟。目前的研究主要还集中在第一个层次，对于第二层次有所涉及，但是还不够系统，需要作更深层面的研究，进而展开第三层面的模拟。

1.2.2.2 研究方法与技术历程与进展

在研究方法上，国内学者在 20 世纪 60 年代就开始了以水库优化调度为手段的水资源分配研究。此后由于水资源规划管理的需要，水资源配置的研究逐渐受到重视。20 世纪 80 年代南京水文水资源研究所采用系统工程方法对北京地区水资源系统进行了研究，建立了地下水和地表水联合优化调度的系统仿真模型，并在国家"七五"攻关项目中进一步完善并应用。刘健民等（1993）采用大系统递阶分析方法建立了模拟和优化相结合的三层递阶水资源供水模拟模型，并对京津唐地区的供水规划和优化调度进行了应用研究。夏军和刘德平（1995）对南方水网地区建立了系统模拟模型，建立了水量转化和水均衡分析的系统框架。许新宜等（1997）系统地总结了以往工作经验，将宏观经济、系统方法与区域水资源规划实践相结合，提出了基于宏观经济的多层次、多目标、群决策方法的水资源优化配置理论，开发出了华北宏观经济水资源优化配置模型，为大系统水资源配置研究开辟了新道路。常炳炎等（1998）进行了黄河流域水资源合理分配及优化调度研究，综合分析区域经济发展、生态环境保护与水资源条件，是我国第一个对全流域进行水资源配置研究成果，为构建模型软件实施大流域水资源配置起到了典范作用。

不少学者结合当前发展需求和新技术研究了水资源系统配置的一些理论和方法。甘泓等（2000）给出了水资源配置的目标量度和分配机制，提出了水资源配置动态模拟模型，开发了相应的决策支持系统，研制出可适用于巨型水资源系统的智能型模拟模型。王浩等（2003）提出了水资源配置"三次平衡"和水资源可持续利用的思想，系统阐述了基于流域的水资源系统分析方法，提出了协调国民经济用水和生态用水矛盾下的水资源配置理论。赵建世等（2002）在考虑水资源系统机理复杂性的基础上，应用复杂适应系统理论的基本原理和方法提出了水资源配置理论和模型。冯耀龙等（2003）系统分析了面向可持续发展的区域水资源优化配置的内涵与原则，建立了优化配置模型，并给出了实用可行的求解方法。黄昉等（2002）针对多水源多用户大型水资源系统优化的配置，提出一种将水资源系统顺序决策问题转换成有约束非线性优化问题的实用模型——模拟权重系数模型，并进行了多水源、多用户、多级串并联的城市水资源系统模拟。尹明万等（2004）在探讨水资源系统及水资源配置模型概念的基础上，介绍了全面考虑生活、生产和生态环境用水要求、系统反映各种水源及工程供水特点的水资源配置模型的建模思路和技巧，给出了可以应用于大型复杂水资源系统的水资源配置系统模型实例。复杂性适应系统理论、大系统分解协调理论以及面向可持续发展的理念也被结合应用到水资源配置，并建立了优化配置模型和求解方法。

模型是实现水资源配置的重要工具，而模型工具的推广和应用，离不开模型的软件化，这方面的工作在信息化时代显得尤为重要，而近期的相关研究也促进了这一进程。"八五"攻关研究中所提出的基于宏观经济的华北水资源配置模型是国内较早实现软件化构建的水资源配置模型。王文林等（2001）提出了水资源优化配置决策支持系统集成方法，根据水资源优化配置决策支持系统的开发实践，分析了多平台软件的集成问题，给出了多平台软件集成中用户数据及控制信息的相互传递方法。黄书汉（2001）引入基于面向对象的 UML 标准建模语言进行水资源供需平衡评价系统分析和系统设计。谢宜岳和杨彤（2002）以区域水资源供需过程的原理与算法为基础，构建了水资源系统分析数学模型软件。艾萍和倪伟新（2003）根据软件复用的基本原理，结合水利领域应用需要，形成水利领域软件标准化体系，为不同抽象层次制定水利领域软件技术标准提供技术基础。游进军等（2003）提出概念化水资源系统模拟的面向对象设计方法，从而将系统划分为相互关联的功能模块并实现了模块间分层次的耦合，为实现水资源配置模拟模型的软件化提供了技术性基础。通过 GIS 控件的应用进行水资源配置模型的软件化工作也是一个重要方向。

1.2.2.3 国外主要研究进展

国外对水资源配置研究更多是在水资源系统模拟的框架下进行的。Shafer 等（1978）提出在水资源系统模拟框架下的水资源配置和管理，并建立了流域管理模型。由于水资源短缺的普遍性，世界银行在总结各种水资源配置方法不同地区应用的基础上，提出了以经济目标为导向，在深入分析用水户和各方利益相关者的边际成本和效益下配置水资源的机制（Dinar et al.，1995）。McKinney 和 Cai（2002）提出基于面向对象技术的 GIS 系统（OOGIS）作为水资源模拟系统框架，进行了流域水资源配置研究的尝试。埃及国家水问题研究中心（National Water Research Center, Egypt）学者 Khaled Kheireldin 和 Aly El-Dessouki 提出了面向对象编程技术（OOP）在水资源管理模型中应用的优势，重点分析了水资源系统符合面向对象思想的天然特点，论证了 OOP 构建的水资源模拟系统的强健性和可扩展性。德国学者 Geoinformatik 和 Löbdergraben 提出了在基于 GIS 的水文网络模型上进行水资源综合管理的框架，其基础是以流域水文单元划分系统分区，构建分析流域的水资源供需平衡的分布式分析模型。美国哥伦比亚大学（Columbia University）教授 Tory Prato（2001）提出了以 GIS 为平台反映人工决策影响及反馈调整的流域水资源及土地利用综合评价系统框架。美国西弗吉尼亚州大学（West Virginia University）Nalisheb 等提出面向对象 GIS 系统（OOGIS）构建水资源管理系统框架，并重点描述了从水资源系统中的实体与 GIS 中对象的对应关系，从而建立 OOGIS 的基本框架，并以由 ArcGIS 完成的实例说明了 OOGIS 在数据和方法组织以及准确反映客观现实上所具有的优势。

20 世纪 90 年代以来，水资源系统规划管理软件得到了长足发展，为水资源配置提供了更多的工具。相对而言，国外在水资源模拟的软件产品上处于领先优势，开发的模型具有较高的应用价值，并充分利用计算机技术完成系统化集成。其中，丹麦的 MIKEBASIN、美国的 WMS 和 Aquarius 以及 Riverware、奥地利的 Waterware、澳大利亚的 ICMS 和 IQQM 是其中应用比较成熟的代表性流域模拟与水资源管理的模型软件。

1.2.2.4 发展趋势

分析已有研究，水资源配置研究的发展历程具有以下趋势：①充分考虑水资源配置的综合性，不仅研究区域内部的水量调配，还应更多地从流域整体角度出发，系统分析流域自身水资源条件和水资源供需特点，以合理的水资源配置格局为区域发展总体布局提供参考。②加强对生态和环境方面需求的考虑。当前水资源配置不仅研究水资源数量上的供需平衡，还应追求区域发展与水相关的各类主要因素的平衡，包括水质平衡、水土平衡和水生态平衡。当前的水资源开发尤其需要注意对于生态环境需水的要求，提出防止生态环境破坏的预防措施以及恢复和改善的措施。③提高决策方案的比选和配置效果的评价水平。配置方案的选择涉及面宽，决策因素众多，各方面的效益指标在价值量度上也不统一，所以应引入合适的多目标决策方法，组成全面的评价体系，对其实施后可能产生的效果作尽量全面的评估。④提高配置分析工具和系统的软件技术水平。随着经济社会进一步发展，水资源配置面对的问题更加复杂化，计算的范围和精度也均会有所增加，数据处理要求提高，配置模型的软件化是解决这一矛盾的重要手段。

从研究内容分析，在理论和方法上还需要重点在以下几方面进行突破：①加强对水量水质联合调控下的水资源配置理论和方法研究。水量水质统一调度的科学基础，随着人类活动的加剧，传统的集总式模型已经不能全面描述越来越复杂的点源和面源污染物扩散、汇集、稀释、转化等物理化学过程，应重视有物理机制的、能反映污染物运移过程的分布式水质模型的研究，并基于此研究水质水量联合配置。具体的突破方向包括基于分质供水的水量水质合理配置模型和方法、水量水质联合配置方案合理性评价技术、水量水质联合实时调度方法等研究。②结合宏观多目标经济分析模型、分布式水文模型构建以流域水循环模拟平台为基础的水资源配置工具，实现水资源评价-模拟-配置-调度的一体化的决策系统。通过将宏观经济分析模型、分布式水文、水质模型和集总式水资源调配模型动态耦合起来，互相反馈，实现基于分布式模拟的水量水质联合实时调度，完成以流域降水基础、ET和出境水量为控制目标的广义水资源配置系统。③提高水资源配置的动态性分析。目前的水资源合理配置是基于静态的水资源评价结果，没有考虑人工水循环系统和天然水循环系统之间的动态作用关系。在水资源评价-模拟-调度一体化的平台上，应该将水资源合理配置的主要平衡关系进行交互式分析，包括经济社会增长、水资源量的需求与供给、水环境的污染与治理、投资与效益等内容的动态关联性分析。④技术上突破单纯使用优化模型或模拟模型的思路，结合优化方法和模拟计算。由于水资源配置的复杂性，仅使用数学优化方法难以贴近于实际，完全采用模拟的方法则又无法有效控制众多的参数、条件。所以借助计算机技术的发展采用优化-模拟-评价的总体思路得到水资源配置模型的决策方案结果，通过在简化目标和约束下寻求最优解，再利用模拟模型得到进一步的结果便于方案选取评价，这样便于发挥优化方法的搜索能力和模拟技术的仿真性、可靠性强的优势。

1.2.3 阈值及其应用

1.2.3.1 基本概念

阈值是对事物发展过程中出现性质变化时的状态（临界状态）的一种描述。事物性质的变化通常经历由量变到质变、由渐变到突变的过程，因此阈值也可理解为在事物变化过程中量变或渐变积累的上限或下限，即描述事物由量变到质变或由渐变到突变的转折点的指标值。

在生产实践中，阈值的含义已被大大地丰富和扩展了，其中最重要的扩展是人们根据自己的价值取向，在衡量和决策事物得失与取舍时设计了各种阈值。例如，在社会学中设计了多种调整社会矛盾和维护社会安全的阈值；在经济学中设计了多种宏观经济调控与金融安全的阈值；在资源利用中设计了多种开发与利用限制阈值；在生态和环境保护中设计了多种保护阈值等。

在现有研究成果中，阈值可以是一个数值、一条分界线或一个区间。复杂事物性质的变化通常是由多种因素引起的，其阈值通常是由各种主要影响因素的阈值构成的集合，表现为一个阈值集。阈值的确定取决于事物自身运动变化的规律和人们的价值判断，通常有以下一些途径：根据事物由量变到质变的规律确定其阈值；根据事物由渐变到突变的过程确定其阈值；根据系统由平衡转向失衡或反之确定其阈值；根据投入、产出的经济比较确定其阈值；根据变革与风险的权衡确定其阈值等。

赵慧霞等（2007）认为阈值是指系统或者物质状态发生剧烈改变的那一个点或区间，并对生态阈值的研究进展进行了详细的综述，指出有关生态阈值定义公认的一点是：当生态因子扰动接近生态阈值时，生态系统的功能、结构或过程会发生不同状态间的跃变。此外，Bennett 和 Radford（2003）认为生态阈值是生态系统从一种状态快速转变为另一种状态的某个点或一段区间，推动这种转变的动力来自关键生态因子微弱的附加改变，如从破碎程度很高的景观中消除一小块残留的原生植被，将导致生物多样性的急剧下降。生态阈值主要有两种类型：生态阈值点（ecological threshold point）和生态阈值带（ecological threshold zone）。其中，生态阈值带暗含了生态系统从一种稳定状态到另一稳定状态逐渐转换的过程，代表不同状态之间的转换区间而不像生态阈值点那样发生突然的转变。

阈值研究有助于深刻揭示事物发展的规律和本质特征，控制和把握事物发展的趋势，协调系统的运行与功能，而且对于寻求自然–社会–经济复合系统健康运行的阈值区间以便进行调控均具有理论和实际意义。

1.2.3.2 阈值在水资源领域的应用

水循环系统是开放的复合巨系统，系统环境的不断变化将导致系统的不断演化，表现为系统从一种相对平衡状态向另一种平衡状态转化，系统功能、结构和目的不断变化。这种关联的复杂性，在结构上表现为各种非线性关系，在内容上表现为物质、能量和信息的多重交换，在不断演化发展过程中，会出现路径相依、多重均衡、分岔、突变、锁定、复杂周期等巨系统演化的典型特征。

根据阈值的定义，水资源领域中阈值也多用于分析导致系统产生突变的指标值，在水资源承载能力、社会经济、生态环境等多类指标分析中均有应用。

陈明忠等（2005）详细探讨了水资源承载能力与阈值之间的关系，结合水资源承载能力的定义及内涵，提出了水资源承载能力作为一种阈值通常是由自然与社会系统中各种主要影响因素的阈值构成的集合，表现为一个阈值集或阈值空间，主要包括水资源阈值、生态健康阈值、水环境阈值以及社会经济阈值。

王西琴和张远（2008）从二元水循环角度分析了地表水资源开发利用率的影响因素，并从水量和水质综合角度探讨了河流水资源开发利用率的阈值，并以我国七大河流为例，估算了在当前水资源消耗水平下地表水资源允许开发利用率的阈值。该研究中提出的阈值都是单个的数值，但也描述了阈值范围，即若实际的地表水资源开发利用率小于阈值，则处在阈值范围内。

姚文艺和郜国明（2008）基于河床演变学的原理，根据黄河下游200余场次洪水实测资料，探讨了洪水分组含沙量阈值和分组来沙系数阈值。夏铭君和姜文来（2007）以流域为单位，研究了粮食安全条件下的农业水资源安全阈值。他们将农业水资源安全阈值定义为在保证流域粮食安全的条件下，流域粮食生产所需的农业水资源最低标准。刘振乾等（2002）研究了基于水生态因子的沼泽安全阈值，定义沼泽安全阈值为维持沼泽湿地生态系统稳定的面积限度。李春晖等（2008）提出了一种流域水资源开发阈值及其计算模型，即考虑水资源量、不可利用的洪水量、被污染水量、生态需水量及重复计算水量，综合计算流域水资源开发阈值，分析得到黄河流域水资源开发阈值多年平均约为238亿m^3。周林飞等（2007）基于生态水面法研究了扎龙湿地生态环境需水量安全阈值，并将安全阈值划分为最小、中等、理想三个级别，分别研究各自的存量（蓄水量）和通量（耗水量）。

许振柱等（2003）对近年来国内外在植物生长和生理生态变化过程中的水分阈值研究进行了评述，并对有关温度等关键因素的阈值进行了讨论。

由于阈值的概念尚不统一，特别在水资源领域中的应用，有人认为阈值为一个临界值，也有人认为阈值为上下限，还有人认为是一个值域范围。综合阈值本身的内涵以及多维临界调控的要求，本书认为阈值是指导致系统产生跃变的临界点，即对于某一指标而言其阈值为一个值。

1.2.4 临界调控的应用

1.2.4.1 基本概念

临界调控属于控制论的范畴。自从1948年诺伯特·维纳发表"控制论（或关于在动物和机器中控制和通信的科学）"以来，控制论的思想和方法已经渗透到了几乎所有的自然科学和社会科学领域。按照控制论的观点，为了"改善"某个或某些受控对象的功能或发展，需要获得并使用信息，以这种信息为基础而选出的、于该对象上的作用，就叫作控制。控制从最初的机械概念逐渐发展，按照"控制论"的观点，生物或机械等各种系统的活动均需要控制。

严格的控制系统需要有四个特征：①要有一个预定的稳定状态或平衡状态；②从外部环境到系统内部有一种信息的传递；③这种系统具有一种专门设计用来校正行动的装置；④这种系统为了在不断变化的环境中维持自身的稳定，内部都具有自动调节的机制。任何控制系统实际都是一种动态系统，可以实现一定输入条件变化下的响应。

系统控制的理论和实践是20世纪对人类生产活动和社会生活发生重大影响的科学领域。系统控制的概念、理论和方法在社会、经济、人口和生态等原属于社会科学领域内的成功应用，促成了经济控制论、人口控制论等新学科的诞生，同时也为系统控制论这门统一的技术科学的形成奠定了基础。在系统控制论逐渐发展后，针对技术科学、社会科学、自然科学和思维科学分别产生了工程控制论、社会控制论、生物控制论和智能控制论等多个学科(图1-3)。

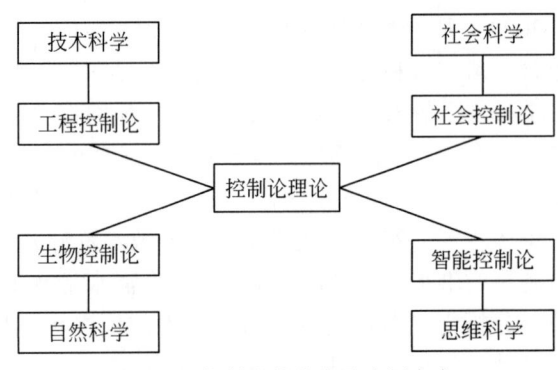

图1-3 控制论的分支及应用方向

临界调控属于一种系统调控，是针对系统在达到临界点而采用措施的控制方式。临界点是一种物理概念，指由一种状态变成另一种状态前应具备的最基本条件，进一步引申为一般意义上的系统存在质变转化的状态。临界调控就是针对系统临界转变或避免系统进入不利的临界点而采用的控制手段。

1.2.4.2 临界调控的应用

水循环的多维临界调控实际上属于"管理控制"的范畴，属于控制论中的交叉学科。对水资源的调控实际上需要考虑水循环对社会、经济、生态等多个方面的效应和反馈，同时也需要兼顾控制决策人的实际实施能力，因此是结合了工程控制、生物控制、社会控制和智能控制多个方面的学科。

经大量查阅文献，由于对水循环临界调控的多维复杂性，因此该项研究在水资源领域的应用并不多见。除 973 计划项目"黄河流域水资源演化规律与可再生性维持机理"提出针对防洪、供水与发电的多维临界调控以外，清华大学"流域水沙过程与临界调控机理"创新群体研究提出了基于流域整体管理的水沙全过程运动机理及整体耦合的模拟方法，研究土壤侵蚀临界条件，作为实施调控的依据。邵东国等（2010）针对水肥高效利用和灌排系统管理问题，提出了水肥高效利用的临界调控技术，通过建立水肥以及灌溉用水盐度与作物产量之间的临界效应关系，分析了灌水和施氮对作物产量的最佳效应点，用以指导我国灌排系统精量调控。总体而言，水循环的临界调控涉及多个学科，属于崭新的研究方向，有较大的深入研究空间。

1.3 海河流域现状

1.3.1 经济社会现状

海河流域是我国经济社会发达地区，陆海空交通便利。2007 年总人口 1.37 亿，城镇化率为 46.7%，其中北京城镇化率为 84.5%；有建制市 57 个，其中地级以上建制市有 26 个，县级建制市 31 个。海河流域 2007 年 GDP 为 3.56 万亿元，"三产"比例为 8∶50∶42；人均 GDP 为 2.60 万元，但地区分布很不均衡，北京市人均 GDP 达到 5.7 万元，天津市达到 4.5 万元，而其他省（自治区）不到 2 万元。

海河流域是我国重要的工业基地和高新技术产业基地。其主要工业行业有冶金、电力、化工、机械、电子、煤炭等，电子信息、生物技术、新能源、新材料等高新技术产业发展迅速。2007 年工业增加值 1.52 万亿元。

海河流域是我国粮食主产区。其主要粮食作物有小麦、大麦、玉米、高粱、水稻、豆类等，经济作物有棉花、油料、麻类、烟叶等。2007 年耕地面积 1.54 亿亩（1 亩约等于 $667m^2$），实际灌溉面积 9544 万亩，粮食产量 5320 万 t，人均粮食占有量 389kg（表 1-1）。

表 1-1　海河流域 2007 年经济社会发展情况

省级行政区	人口/万 城镇	人口/万 农村	人口/万 小计	GDP/亿元	工业增加值/亿元	耕地面积/万亩	有效灌溉面积/万亩	实际灌溉面积/万亩	粮食产量/万t	林牧渔面积/万亩
北京	1 379	254	1 633	9 356	2 083	348	346	336	102	104
天津	851	264	1 115	5 053	2 662	611	524	394	147	42
河北	2 777	4 120	6 897	13 639	6 430	8 362	6 696	5 623	2 762	594
山西	523	658	1 181	1 961	936	2 069	665	524	406	17
河南	549	677	1 226	2 502	1 441	1 169	915	776	585	35
山东	404	1 139	1 543	3 019	1 620	2 342	1 929	1 781	1 287	196
内蒙古	29	44	73	90	47	445	131	94	20	1
辽宁	3	21	24	19	10	26	16	16	11	5
合计	6 515	7 177	13 692	35 639	15 229	15 372	11 222	9 544	5 320	994

1.3.2　供用水现状

海河流域 2007 年实际供用水量 403.08 亿 m³。供水量中，地下水（包括浅层地下水和深层承压水）占 64.6%，当地地表水占 22.0%，引黄水占 10.9%，非常规水源占 2.5%。用水量中，城镇占 25.9%，农村占 74.1%。其中，灌溉是主要用水户，用水量占总用水量的 62.5%（表 1-2、表 1-3）。

表 1-2　海河流域 2007 年实际供水量　　　　　　　　（单位：亿 m³）

省级行政区	当地地表水	地下淡水 浅层	地下淡水 深层	地下淡水 小计	黄河水	非常规水源 再生水	非常规水源 微咸水	非常规水源 雨水	非常规水源 海水	非常规水源 小计	合计
北京	6.66	23.67	0.62	24.29	0	4.57	0	0.38	0	4.95	35.90
天津	16.46	2.85	5.59	8.44	0	0.08	0	0.00	0.02	0.10	25.00
河北	40.95	137.77	28.48	166.25	0.47	0.51	2.25	0.02	0.01	2.79	210.46
山西	8.23	11.29	0	11.29	0	1.67	0	0	0	1.67	21.19
河南	9.89	22.71	3.46	26.17	5.71	0	0	0.02	0	0.02	41.79
山东	5.80	19.22	2.54	21.76	37.67	0.22	0.44	0.15	0	0.81	66.04
内蒙古	0.59	1.77	0	1.77	0	0	0	0	0	0	2.36
辽宁	0.05	0.29	0	0.29	0	0	0	0	0	0	0.34
合计	88.63	219.57	40.69	260.26	43.85	7.05	2.69	0.57	0.03	10.34	403.08

表 1-3 海河流域 2007 年实际用水量　　　　　　　（单位：亿 m³）

省级行政区	城镇 生活	城镇 工业	城镇 三产	城镇 建筑	城镇 河湖	城镇 小计	农村 生活	农村 灌溉	农村 林牧渔	农村 牲畜	农村 小计	合计
北京	5.81	6.09	7.49	0.43	2.72	22.54	0.91	8.28	3.46	0.71	13.36	35.90
天津	3.18	5.05	1.25	0.19	0.51	10.18	0.74	13.57	0.29	0.22	14.82	25.00
河北	8.16	31.15	2.41	1.27	1.20	44.19	9.68	142.69	9.69	4.21	166.27	210.46
山西	1.32	5.11	0.36	0.17	0.14	7.10	1.36	11.81	0.44	0.48	14.09	21.19
河南	2.24	7.81	0.64	0.40	0.72	11.81	1.70	26.45	1.26	0.57	29.98	41.79
山东	1.64	4.73	0.31	0.28	1.05	8.01	2.80	47.47	6.25	1.51	58.03	66.04
内蒙古	0.12	0.42	0.01	0.01	0.00	0.56	0.12	1.52	0.04	0.12	1.80	2.36
辽宁	0.01	0.03	0.00	0.00	0.00	0.04	0.03	0.22	0.00	0.01	0.30	0.34
合计	22.48	60.39	12.47	2.75	6.34	104.43	17.34	252.01	21.47	7.83	298.65	403.08

现状用水效率和节水水平在全国处于领先地位，海河流域 2007 年万元 GDP 用水量 113m³，工业用水重复利用率 81%，灌溉水利用系数 0.64，但与国际先进节水水平相比还有一定的差距。

以 1995~2007 年为评价时段进行的水资源开发利用现状评价表明，海河流域地表水开发利用率 67%，平原浅层地下水开发利用率 122%，水资源总开发利用率 108%，水资源开发利用程度大大超过了国际公认 40% 的合理标准。

1.3.3 水生态环境现状

随着流域经济社会的高速发展，水资源供需矛盾加剧和过度开发，导致河流干涸断流、地面不断沉降、水体污染严重、湿地面积萎缩、河口生态退化等一系列严峻的生态环境问题。

1.3.3.1 河流水质现状

海河流域水质评价总河长 6175.7km，山区评价河长 1971.7km，平原评价河长 4204km。评价总河长中 Ⅱ~Ⅲ 类水质河长为 918km，占评价总河长的 14.8%，主要分布在山区。各水系山区水质详见表 1-4，其中 Ⅱ~Ⅲ 类水质河长为 908km，占评价河长的 46.1%。

表 1-4 山区河流水质状况　　　　　　　（单位：km）

山区名称	评价河长	Ⅱ类	Ⅲ类	Ⅳ类	Ⅴ类	劣Ⅴ类
滦河山区	481.2	—	301.2	180.0	—	—
北三河山区	365.0	—	165.0	40.0	127.0	33.0
永定河山区	327.9	—	30.0	115.9	45.0	137.0
大清河山区	140.0	—	140.0	—	—	—
子牙河山区	351.0	—	137.5	67.0	—	146.5
漳卫河山区	306.6	50.3	84.0	128.0	—	44.3
合计	1971.7	50.3	857.7	530.9	172.0	360.8

海河流域河流水质污染严重。平原地区参与评价的 4204km 河流中（表 1-5），Ⅲ类水质河长仅 10km；Ⅳ类水质河长为 217.5km，占评价河长的 5%；Ⅴ类水质河长为 356.6km，占评价河长的 8%；劣Ⅴ类水质河长为 3619.9km，占评价河长的 86%。

表 1-5　平原河流水质状况　　　　　　　　　　　（单位：km）

河系	评价河长	Ⅲ类	Ⅳ类	Ⅴ类	劣Ⅴ类
滦河	278.0	—	—	—	278.0
北四河	666.3	—	88.0	188.5	389.8
大清河	426.4	—	96.0	—	330.4
子牙河	807.6	10.0	—	90.5	707.1
海河	72.0	—	33.5	—	38.5
漳卫河	1015.5	—	—	—	1015.5
徒骇河马颊河	938.2	—	—	77.6	860.6
合计	4204.0	10	217.5	356.6	3619.9

1.3.3.2　湿地生态现状

(1) 湿地面积

海河流域广义湿地分五大类型：河流湿地、湖泊湿地、沼泽湿地、库塘湿地和滨海湿地。经 2005 年普查，全流域湿地总面积 8797km^2，占流域总面积的 2.77%，其中，河流湿地 2365km^2、湖泊湿地 765km^2、沼泽湿地 434km^2、库塘湿地 2021km^2、滨海湿地 3212km^2。人工（水库）湿地 2021km^2，天然湿地 6776km^2。与 20 世纪 50 年代相比，水面面积减少了 72%。2005 年，白洋淀等 12 个天然湖泊湿地水面面积达到 727.4km^2，各湿地水面面积变化情况见表 1-6。

表 1-6　海河平原 12 个主要湿地不同年代水面面积变化　　　（单位：km^2）

湿地名称	总面积	水面面积						
		50年代	60年代	70年代	80年代	90年代	2000年	2005年
青甸洼	150.0	200.0	40.0	0	0	0	0	2.0
黄庄洼	339.0	290.0	290.0	130.0	130.0	0	0	69.0
七里海	215.0	138.0	78.0	54.0	54.0	56.8	56.8	79.1
大黄堡洼	277.0	277.0	277.0	200.0	97.0	43.0	43.0	67.3
白洋淀	362.0	360.0	206.0	109.0	68.0	170.0	100.0	100.0
团泊洼	755.0	660.0	660.0	50.8	50.8	50.8	50.8	75.0
北大港	1114.0	360.0	360.0	182.0	182.0	182.0	173.0	210.5
永年洼	16.0	16.0	16.0	0	0	0	0	10.0
衡水湖	75.0	75.0	75.0	40.1	41.8	41.5	42.2	42.5
大浪淀	75.0	74.9	38.6	38.6	0	0	16.6	16.7
南大港	98.0	210.0	105.0	61.8	55.3	55.3	55.3	55.3
恩县洼	325.0	33.0	32.0	0	0	0	0	0
合计	3801.0	2693.9	2177.6	866.3	678.9	599.4	537.7	727.4

（2）湿地水质

根据《海河流域主要湿地水环境信息》2007年全年评价：南大港全年水质为Ⅴ类，主要超标项目为高锰酸盐指数和硫化物；白洋淀的15个淀内断面有4个断面Ⅳ类水质，11个断面为Ⅴ类、劣Ⅴ类，主要超标项目为高锰酸盐指数、氨氮和生化需氧量；衡水湖的洼内为Ⅳ类水质，主要超标项目有氨氮、高锰酸盐指数和硫化物；大浪淀水库全年水质各项监测指标均达到Ⅱ类标准；七里海水质为劣Ⅴ类，超标项目有高锰酸盐指数、氨氮和总磷。

（3）湿地生物多样性

随着湿地面积急剧减少，湿地内生物资源退化严重，水生植物群落、野生鱼蟹和鸟类等生物量锐减。

海河流域湿地常见水生植物有53科166种，其中蕨类6科10种、种子植物47科156种。湿地水面面积减小，大部分水生植物已经消亡。同时，由于人工坡岸陡、水量少且缺乏波动，湿地岸边多由旱生植物占据，水生和湿生植物类型少，成为外来入侵物种主要分布区和传播廊道，如葎草（*Humulus scandens*）、意大利苍耳（*Xanthium italicum*）、平滑苍耳（*Xanthium globrum*）、圆叶牵牛（*Pharbitis purpurea*）、裂叶牵牛（*Pharbitis hederacea*）、豚草（*Ambrosia artemisiifolia*）、三裂叶豚草（*Ambrosia trifida*）及反枝苋（*Amaranthus retroflexus*）等。

流域湖泊湿地内现有水鸟170余种、珍稀鸟类100多种，其中国家一级保护的丹顶鹤、白鹳、中华秋沙鸭等20多种，国家二级保护的白鹭、灰鹤、鸳鸯、大天鹅、小天鹅等60多种，中日候鸟保护协定中的候鸟150多种，中澳候鸟保护协定中的候鸟30余种。

据1958年调查，白洋淀鱼类资源共有16科54种。到1975年，下降为12科35种。河道建闸后，溯河洄游型鱼类洄游通道受阻，已基本绝迹。受水质下降和人工培养的影响，耐污性鱼类如黑鱼的数量有所增加。2009年调查，发现鱼类11科25种，比1958年减少了一半多。七里海原有鱼虾蟹类30余种，20世纪五六十年代水产品自然捕捞量每年达500余万斤（1斤=0.5kg），此后溯河性和降海性鱼蟹类逐年减少，至70年代中期完全灭绝。80年代中期以后，经人工蓄水养殖才有了淡水鱼生产。

（4）湿地保护区现状

截至2007年年底，海河流域12个主要湿地中已建立了7个省级以上湿地自然保护区，保护区总面积为1341km²，其中七里海和衡水湖为国家级湿地自然保护区（表1-7）。

表1-7 海河流域湿地自然保护区

序号	自然保护区名称	级别	主要保护对象	面积/km²	行政区域	批建时间
1	北大港湿地自然保护区	市级	滩涂、淡水湿地、水禽	440	天津	2001年
2	团泊洼鸟类自然保护区	市级	湿地和鸟类	60	天津	1992年
3	大黄堡湿地自然保护区	市级	湿地和鸟类	112	天津	2004年

续表

序号	自然保护区名称	级别	主要保护对象	面积 /km²	行政区域	批建时间
4	七里海古海岸与湿地国家级自然保护区	国家级	贝壳堤、牡蛎滩、湿地和鸟类	95	天津	1992年
5	衡水湖国家级自然保护区	国家级	湿地鸟类	188	河北	2000年
6	白洋淀省级自然保护区	省级	湿地和鸟类	312	河北	2002年
7	南大港湿地和鸟类省级自然保护区	省级	湿地、鸟类	134	河北	2002年
	合计	—	—	1341	—	—

1.3.3.3 河口生态现状

海河流域入海河流有80多条，全部流入渤海，主要有滦河、陡河、永定新河、海河、独流减河、漳卫新河、子牙新河、南排水河、北排水河、沧浪渠、徒骇河和马颊河等12条，入海河口分布如图1-4所示。

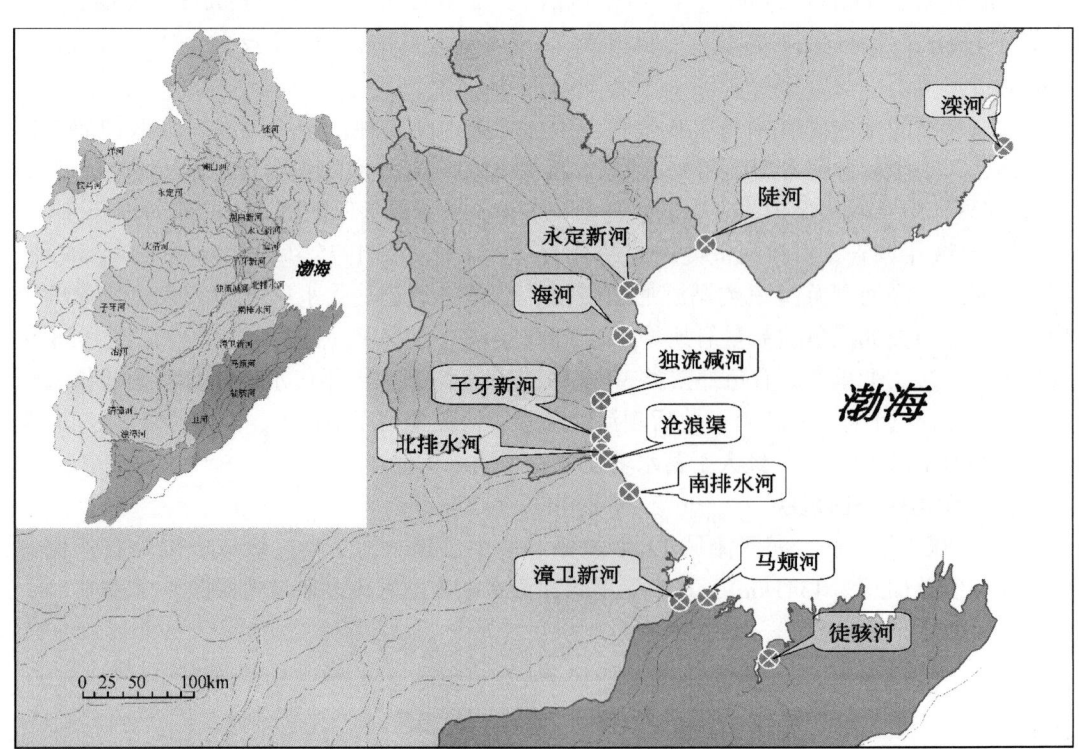

图1-4 海河流域主要入海河口示意图

1956~2000年海河流域入海水量变化趋势如图1-5所示。总体上看，海河流域入海水量呈现不断衰减的态势。由于水量的减少，河口的水沙平衡、水盐平衡状况受到严重影响。

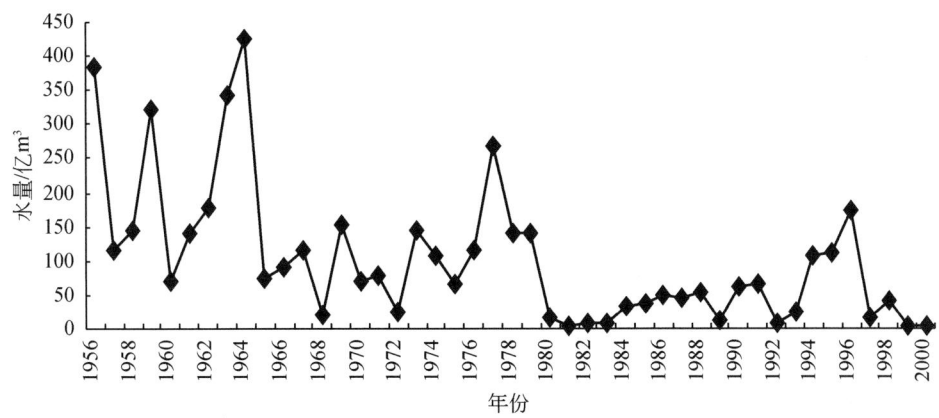

图 1-5 海河流域历年入海水量变化

以海河河口为例，海河口建闸前，在潮流和径流的共同作用下，泥沙主要在闸下 5km 外淤积，在闸下 10km 附近形成拦门沙，河口一般处于相对平衡略微冲刷的状态。1958 年海河防潮闸建成后，由于入海水量减少，河口在闸上下常年处于淤积状态。为保持行洪、排涝功能，现状每年清淤量在 100 万 m³ 以上。

近海生物资源也受到严重影响。20 世纪 50～60 年代各河入海水量较大，在沿海各河口形成很多优良渔场。进入 70 年代以后，由于入海水量减少及其他因素共同影响，致使河口渔场全部外移。例如，秦皇岛渔场原在 5～10m 等深线形成的鲜鲽类渔场，80 年代已移到 15～23m 等深线；天津北塘渔场外移了 5～10km，到达水深 10～20m 处的近海。

渤海渔业资源在 20 世纪 50～60 年代处于鼎盛时期，主要经济品种约有 260 种，较重要的经济鱼类和无脊椎动物近 80 种。据估计，渤海渔业资源的可捕量约在 30 万 t，而早在 20 世纪 70 年代年捕捞量就已超过 30 万 t，到 1996 年达 120 万 t，远远超过了可捕量。在巨大的捕捞强度下，渤海渔业资源急剧衰退，渔获物质量大大下降，优质经济种类占总渔获量的比例已降至目前的 18.9%。

1.4 海河流域水循环多维临界调控的主要科学技术问题

1.4.1 主要水问题

(1) 水资源供需矛盾日益突出

海河流域供水目标包括：保障城乡供水安全，使城市供水具有抗御连续枯水年的能力；改善农村供水条件，解决山区和部分平原地区农村人、畜饮水困难问题；完善农业供水设施，提高粮食生产用水保障程度。然而，目前存在以下几方面问题：

1）资源性缺水严重。海河流域水资源总量不足全国总量的 1.3%，却承担着全国 10% 的人口和粮食生产以及 12.9% 的 GDP，是全国水资源最紧缺的地区之一。1980 年以来，受气候变化和下垫面变化的双重影响，海河流域降水、径流呈现明显减少趋势，未来水资源情势也不容乐观。经济社会发展对水的需求大大超过了水资源承载能力。由于水资源量和实际需求之间的巨大缺口，海河流域现状水资源开发利用率超过100%。与正常的用水需求相比，海河流域现状多年平均缺水量接近100亿 m^3，缺水率达21%，主要表现在灌溉用水不足、地下水严重超采和地表水过度利用等方面。

2) 城乡供水保证率低。1999~2008年，海河流域经历了10年连续干旱。因地表水源锐减，北京、天津等城市被迫采取了限制用水、启用备用水源、加大地下水开采和外流域或地区调水等一系列应急措施。一些地区群众因供水设施不足或水质不合格发生饮水困难，区域间争水矛盾频发。

3) 节水和非常规水源利用仍有潜力，但不足以满足供需缺口。与国外先进水平相比，海河流域在城镇生活、工业和灌溉等方面仍有一定的节水潜力，非常规水源利用还有进一步增大的空间。但通过分析仅靠节水和增大非常规水源利用量还不能弥补供需缺口，而且，进一步节水的成本较高，现阶段难以全部承受。

(2) 河流水生态环境恶化

河流水生态环境方面，要求满足人们用水的需要，满足城市河湖用水；要求维持河道水体连通，满足河道内生态用水和湿地用水；满足生物多样性需要；保持和改善地表、地下水水质，遏制地下水超采；涵养水源，防治水土流失。

河流水生态环境远没有达到要求，而且不断恶化。2007年全流域废污水入河量45亿t，比1980年增加约1倍；水功能区有72%达不到相应的水质标准，占调查河长的近一半；河湖干涸湿地萎缩，2007年调查，水功能区范围内的河道已有2519km干涸，湿地面积与20世纪50年代相比减少了73%；平原地下水过度开采，形成了6万 km^2 浅层地下水和5.6万 km^2 深层地下水超采面积；仍有8.49万 km^2 水土流失面积需要治理；入海水量减少使河口生态环境恶化。

(3) 流域中下游地区防洪形势依然严峻

防洪减灾方面，要求提高骨干工程综合防洪能力；要求根据经济社会发展、防洪保护区资产存量的增加，从保障经济社会协调持续发展的角度不断提高区域防洪水平；要求进一步完善工程体系，提高重要区域防洪标准；要求为蓄滞洪区群众生命财产安全提供保障，强化防洪保护区、蓄滞洪区和洪泛区的社会管理，提高抗灾能力与恢复能力；要求提高调度洪水和管理洪水水平，利用洪水，发挥生态供水作用。

海河流域防洪体系构架虽已形成，但仍不能满足流域经济社会发展对防洪安全的要求。主要存在以下问题：一是河道淤积严重、尾闾不畅，泄洪能力锐减；二是堤防老化、失修，隐患多，全流域Ⅰ级、Ⅱ级堤防有近50%堤段填筑质量不达标，山前中小河流防洪标准普遍偏低；三是蓄滞洪区启用难度大，蓄滞洪区内还有约400万人安全避险问题没有解决，并存在着工程设施薄弱、预警预报设施不足、管理落后等问题；四是非工程措施滞后，流域防洪预报与调度指挥系统需要完善，与防洪管理的需求尚有较大差距。

(4) 流域综合管理能力亟待加强

流域综合管理方面，要求提高水利行业社会管理和公共服务的能力。目前水资源管理体制尚未完全理顺，流域水事协调、水管单位良性发展等机制仍不完善。水资源总量控制与定额管理制度有待完善，实现水资源合理配置的机制不健全。排污总量控制、排污许可证制度尚未落实，水功能区划目标实现难度大。水生态修复的管理机制尚未建立。洪水管理制度刚刚起步，防洪减灾社会化保障体系亟待完善。流域涉水事务管理体制、机制尚不完善，水利社会管理和公共服务能力亟待加强，还不能很好地适应水利社会管理的需要。水利应急机制有待完善，城乡和水生态应急供水体系不够健全，应对突发水事矛盾和突发水污染事件的应急能力还有待提高。水利信息化建设与水利管理现代化的要求还有较大差距。

(5) 流域水循环整体调控势在必行

海河流域是一个空间跨度大、包含多个水库群的水资源大系统，流域水资源合理调控涉及地表水、地下水、废污水处理后回用和外流域调入水等多种水源，工业与城市供水、水力发电、农业灌溉与河道内用水等多类用户，不同层次、不同地区和不同部门等利益的多个决策群，不同的开发方案和管理方式等对区域发展在经济、环境与社会等方面影响的多目标问题。流域经济社会可持续发展要求水资源可持续利用，水资源可持续利用要求水资源可良性再生。从不断下降的地下水位状况看，海河流域可再生能力较弱，需对流域水资源进行科学调控，以提高可再生性，支撑流域经济社会的可持续发展。因此，必须从以下多个方面实现水资源的合理调控：①不但要研究水资源数量的合理分配，还应研究水资源质量的保护；②不但要研究水资源对国民经济和人类生存的保障作用，还应研究水资源对人类生存环境或生态环境的支撑作用；③不但要研究当今社会对水资源利用的权利，还应研究和考虑未来社会对水资源利用的权利，需进一步探索新形势下的水资源优化调控理论与方法，并研究建立相应的模型。

以上几点体现了 20 世纪 90 年代以来国内外水资源规划与管理研究的最新发展趋势，是从科学技术角度研究流域水资源优化调控的难点。水资源整体调控体系涉及资源、经济、社会、生态、环境等系统，不但要应满足经济发展和人民生活的需要，还应尽可能地满足人类所依赖的生态环境对水资源的需要以及未来社会对水资源的基本要求。

1.4.2 水资源合理调控的主要科学技术问题

流域水资源系统是由自然和人工系统关联组成的复杂巨系统，对其进行多维临界调控具有如下明显特征：

1）多目标性。追求经济社会、生态环境和水循环子系统目标最优及其相互之间的协调发展，同时保证水资源系统演化过程的平衡状态。

2）动态性。采用的措施、所基于的基本资料和演化规律皆随时间变化而变化，体现了调控对象、目标、手段、措施的动态性。

3）不确定性。社会经济发展、生态环境演化过程、调控措施等受多种因素影响和制约，均存在不同程度的不确定性，并最终导致调控方案风险。

4）群体决策性。不但要协调各子系统的利益，同时要兼顾各分区系统之间的利益和各部门间的利用，故要采用群体决策，以实现各分区系统间的协调。

解决流域水循环多维调控决策问题不但要有理论支撑,还需要探索适用的定量决策方法,并在进行理论与方法研究的同时,逐步建立和完善相应功能的软件工具,使规划与管理决策的定量过程程序化和标准化,以支撑区域水资源规划与管理的实践活动。此外,从对传统方法改进的角度,也需要对多水源配置与相应补偿调节方法特别是多目标决策的优化等进行研究,以便为日趋复杂的区域水资源优化配置提供软件支撑。因而,实现流域水资源合理调控,首先要在区域水资源规划与管理、调控理论方面有所研究和突破:

1) 在流域水资源规划的基础方面,将水资源系统视为区域自然–社会–经济协同系统的重要有机组成部分,注重经济发展与水资源开发利用的相互制约关系和动态依存关系。在水资源系统内部,要定量研究水资源数量和水环境质量间的相互关系,因为水环境污染会减少有效水资源量,而污水处理及回用可增加有效供水量;注重水量和水质的相互制约与转化关系对经济、环境与社会发展诸多方面的影响,对水资源系统本身的开发、利用、保护和治理方案与格局的影响。

2) 在规划目标上,要在宏观层次上把握资源、经济、环境与社会发展之间的有机联系,统筹多目标问题;要更多地关注水资源开发利用保护治理对区域经济、环境和社会协调发展的影响,统一考虑不同发展目标之间的竞争,强调区域整体的持续发展和协调发展,人口、资源与环境的良性循环。

3) 在规划方法和方案中,应注意发展过程中不但要保持水量的供需平衡,更要关注水环境污染与治理之间的平衡以及水投资来源与使用之间的平衡。不但要注意传统的供水管理,更要强调需水管理和水质管理,并定量地揭示出需水量、供水量和水质三者之间的内在联系及相互影响规律;不但要在微观层次上考虑某个水库的综合利用问题,更要注重在宏观层次上分析水库群的兴建对区域持续发展的近期和远期影响。

4) 在规划与管理上,要适应社会主义市场经济的机制,从传统的侧重工程规划与工程管理逐步转移到工程措施与非工程措施并重,特别要关注水价对需水的抑制因素和对工程管理单位的运营及对用水户的承受能力的影响。

5) 在水循环调控的定量分析手段上,要强化优化与模拟技术并重与联合运用。优化技术着重全局性战略决策,用来分析各种影响因素间的联系及动态影响和各优化目标之间的转换及优化关系;模拟技术着重研究不同水文输入条件下的水资源供需平衡,基于水循环机制刻画不同水源在不同用水系统、行业、用水户之间的定量转换关系,以有效避免以往规划中优化结果不能适应经常变化的外界条件,避免单纯采用模拟技术所固有的片面性。

上述各个方面具有较强的内在联系,直接关系区域水资源规划与管理方法对缺水地区可持续发展的适应性,需要深入研究和提炼,用新的理论统一起来,以更好地指导水资源规划与管理的实践。

以可持续发展观念为指导,在深入了解区域水资源问题的逐步形成过程的基础上,对今后区域经济增长和社会发展的基本格局、水资源的需求及相关需求、水环境的变化趋势、当地水资源的承载能力,包括跨流域调水在内的各种增加有效供水的工程与非工程措施,以及对发展过程中由于不确定性和风险因素可能带来的种种影响做出符合实际情况和具有科学基础的深入分析。

1.5 研究目标与内容

1.5.1 研究目标与任务

本书围绕流域水循环多维调控问题，以流域水循环及其伴生过程综合模拟为基础，以水资源高效利用为核心，开展面向和谐社会的流域水循环多维整体调控的基础理论、调控模式、阈值标准与方案研究，形成缺水地区水资源高效利用和促进人水和谐的调控定量标准集，提出流域关键性控制指标的临界调控阈值确定方法，丰富现代水资源研究的基础理论与方法。

本书主要研究任务是面向缺水地区的三大共性问题（水短缺、水污染和生态环境恶化），以水循环机理研究成果为基础，在资源、社会、经济、环境、生态五维上研究临界整体调控理论和方法。分析水文循环、生态、环境和社会、经济各维度之间的有机互动关系和总体效应，研究各维要素之间的响应关系和内在机制，建立"人水和谐"调控指标体系；研究分层调控机制和调控准则，研究流域多维临界调控方法，构建多维调控理论体系。其主要研究任务包括：

1）多维调控的内涵与理论框架研究。在二元水循环认知模式下认识水循环的自然属性、生态属性、社会属性、经济属性和环境属性等多维属性和相应的内涵，在资源维、生态维、社会维、经济维、环境维五维框架下研究各维之间的相互制约、转化与竞争，研究和辨识可公度的五维临界调控指标、内在转化机制、调控准则，提出多维临界调控的理论框架，建立"人水和谐"调控指标体系。

2）多维临界调控的机制、准则和调控方法研究。按照系统论的观点，研究水循环、社会经济、生态环境三个系统之间在自然、人工二元水循环驱动力作用下的有机联系和制约关系，研究确立多维临界调控机制；以人水和谐的可持续发展为最高准则，研究建立五维调控准则，建立表征指标体系和多维调控的目标，系统分析五维目标协同均衡的调控方法以及临界阈值的辨识方法。

3）多维临界调控方案评价与调控模式研究。在五维调控准则下，采用多目标多层次理论方法，研究多维调控指标的分析评价方法，确定流域分层调控目标，实现对各维目标的分解，在本项目课题一至课题七有关流域二元水循环机理研究成果基础上，建立基于多层次多准则的流域多维调控方案评价方法，定量研究不同类别目标之间的效益转换关系，提出适合流域五维特性的调控模式。

1.5.2 主要研究内容

(1) 面向和谐社会的流域水循环多维临界整体调控基础理论研究

以水循环机理研究成果为基础，研究流域水循环多维调控机制。分析水循环、经济、社会、生态、环境之间的有机互动关系以及对流域的总体效应。

1）建立水循环系统各维要素之间的响应关系和内在机制，提出建立人类活动密集缺水地区"人水和谐"的基础理论，全面刻化水循环系统的资源属性（可再生性、时空分布不均性）、经济属性（高效与低效）、社会属性（生存与发展用水、公平性与可持续性）、生态属性（生态稳定性、生态演替）和环境属性（纳污与自净能力），建立属性描述指标体系，提出属性准则性指标。

2）研究系统综合表达方法并进行层次划分，提出各维的分层调控准则。基于各类调控因素和手段的作用机理和系统理论形成关于多维调控完整的理论框架，提出二元模式水循环模拟平台下的流域多维临界调控方法和相应调控模型；提出海河流域"人水和谐"的表征体系和多维调控关键指标；通过研究基于调控准则的诊断控制指标，分析人类活动密集缺水地区"人水和谐"理念的内涵并提出相应的表征体系。

（2）海河流域水循环多维临界整体调控模式及阈值标准集研究

基于流域水循环多维调控基础理论成果，分析各类相关调控因素及其效应，建立水循环调控下生态经济复合系统的整体响应机制。结合水循环机理和高效用水原则，开展多维尺度下的水循环调控模式研究，分析基于水资源高效利用的多维临界调控方法，提出以地表水取用量、地下水开采量、ET 总量及国民经济用水总量、排污总量、生态用水量以及入海水量 6 个总量控制指标为主体的海河流域水循环多维临界整体调控阈值标准集。综合多目标多层次理论方法，给出多维调控指标的定量分析评价方法，并研制相应模型。具体研究内容包括：

1）水循环多维调控机制研究。结合水循环机理研究成果，提出水循环多维系统之间的相关性；研究综合各维要素的系统综合表达方法。根据多维调控机制，引入系统论方法识别流域水循环各维的要素和内在联系；针对海河流域建立水资源演变多维临界调控理论体系，引入多准则分析方法研究得出有利于水生态安全、供用水安全和水环境安全三项总体目标的合理整体调控方式。

2）流域水循环多维临界调控方案确定性评价理论和方法。主要包括根据国家需求分析调控目标，研究建立调控方案综合评价的指标体系及其结构；分析调控方案基于各过程特点的可量化、不可量化指标的单指标评价理论模型和方法，对指标体系中各指标进行评价；研究建立利用单指标评价结果进行调控方案综合评价的模型，研究依据综合评价结果进行方案排序的模型和方法。

3）方案评价模型研究。从调控方案实现的经济效果、社会效果、生态效果、环境效果和水资源利用效果等方面，建立流域水循环多维临界调控方案评价指标体系，研究其量化方法，分别从水资源利用效果、可持续发展以及两者结合等三个角度进行确定性评价，并分析评价其风险因素。

4）流域水循环多维临界调控方案综合评价研究。确定性、不确定性评价是从不同侧面反映不同调控方案的调控效果，要研究均衡确定性和不确定性评价结果的综合评价模型和根据综合评价结果对方案进行排序的方法。

（3）南水北调通水后的海河流域生态与环境效应研究

综合本项目其他课题研究，研究南水北调工程通水后对海河流域生态缺水缓解和河湖湿地生态恢复的效应评价方法，重点分析南水北调工程对于流域水循环的影响及其长期的生态环境效应，通过对相关监测资料分析和利用河流生态水文模拟模型计算，分析南水北调工程效益和生态环境效应的动态关系。在南水北调工程通水后，对海河流域水生态缺水的缓解和河湖湿地生态的恢复的效应评价需要进行相关理论与方法研究，主要包括：

1）以本项目课题二和课题三的研究成果为基础，进一步分析研究流域多维临界整体调控措施的生态环境效应，建立调控临界阈值与生态和环境相应关系；

2）通过河流生态监测、地下水水位监测，研究河流生态及地下水对水文条件的响应，从而分析预测在南水北调工程通水及水资源配置格局确定后海河流域河流生态及地下水变化的效应，进行相应的状况评价；

3）根据河流生态系统结构、功能及其对水流状态的响应关系等，研究河流生态系统、湿地系统、地下含水层系统的评价关键指标和临界指标，分析不同情景南水北调通水方案对受水区地下水、地表水、河口以及水质等多方面的影响；

4）通过建立与本项目课题一和课题四的联系，建立河流生态水文模拟模型，模拟南水北调通水后河流生态和地下水状况的变化。

(4) 海河流域水循环多维整体调控措施与方案研究

针对海河流域实际情况，研究不同决策思路下的海河流域水循环多维整体调控措施与方案，构建合理可行的多维调控模式。借助模型得出各种模式的调控结果，以阈值指标集为标准采用评价模型对各类模式流域水循环调控的有效性、安全性进行评价。根据评价结果提出海河流域人水和谐发展的科学对策，为海河流域的科学管理和统一调配提供科学依据。通过总结海河流域研究成果为缺水区域水资源可持续利用的合理调控模式和相应措施等提出科学对策。

1）在海河流域水循环多维临界整体调控内在机制及调控阈值标准集确定的基础之上，根据海河流域目前的客观实际情况，分析水资源可能的调控手段。

2）选择技术合理、经济较优的手段进行不同调控手段之间的技术比较。按边际成本最小原则进行调控手段集成，在集成的基础上从战略和全局角度提出海河流域调控方案。

3）对生成的多维临界调控方案进行综合评价，分析评价结果，推荐合理的调控方案。在合理调控方案情景下以水资源高效利用为核心，确定以节水防污型社会建设为目标的产业结构布局调整方案。

4）根据多维调控结果，从工程、管理、政策、法规、经济、社会等方面研究提出海河流域人水和谐发展的科学对策，为海河流域的科学管理提供依据。

1.5.3 研究技术框架

紧密联系本项目课题一至课题七，以流域水循环综合模拟为基础分层次开展流域水循环多维调控理论研究和调控理论应用研究。在理论研究层面，通过研究水循环、经济、社会、生态和环境五维特征属性及其相互作用机制，建立人水和谐综合评价指标体系及结构；通过对调控准则、调控机制的创新，组建以水循环为基础的多维整体调控方案；通过科学引入系统分析、多维调控等方法，构建水循环多维临界调控模型，提出科学求解方法；进而采用多目标多层次多准则分析方法实现对多维调控方案评价（图1-6）。

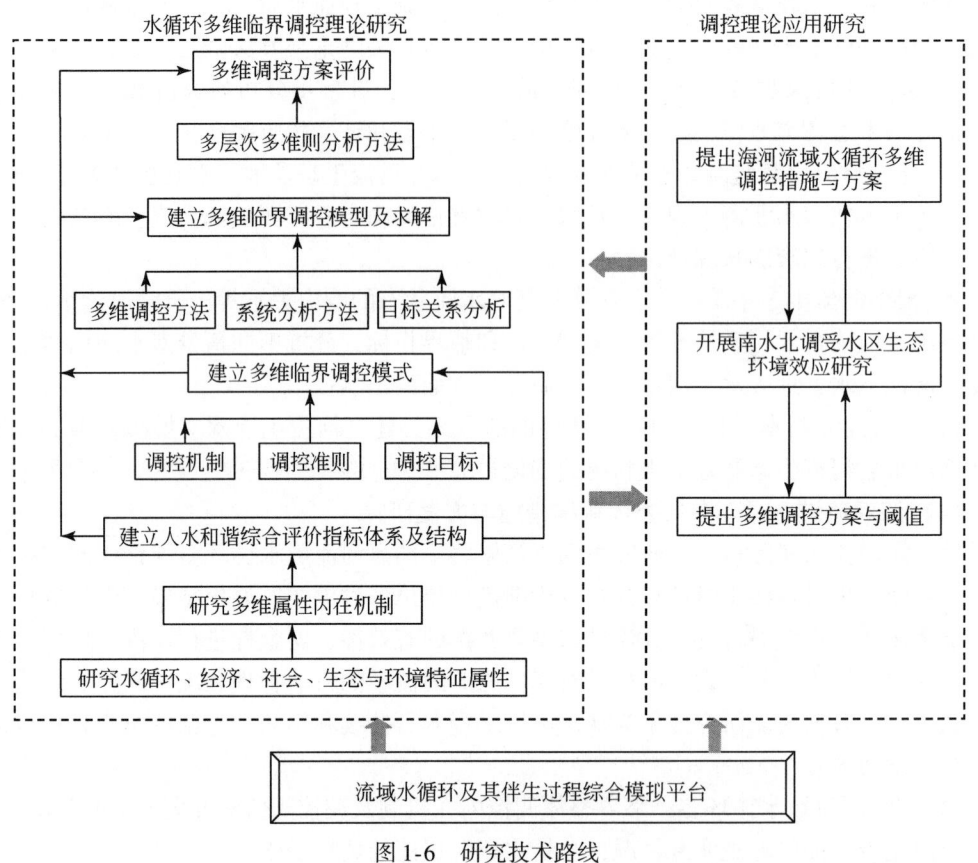

图1-6　研究技术路线

1.6　主要研究成果与创新

1.6.1　主要研究成果

本研究以流域水循环及其伴生过程综合模拟为基础，以水资源高效利用为核心，开展面向和谐社会的流域水循环多维整体调控的基础理论、调整模式、阈值标准与方案研究。主要研究成果如下。

1）在流域水循环多维临界整体调控基础理论方面：从分析水循环的多维属性、临界特征、调控决策需求入手，科学认知海河流域的水问题和多维临界调控的主要科学技术问题；深入辨识了高强度人类活动和气候变化影响条件下海河流域水循环的二元特征和五维系统特征，分析了水文循环、经济、社会、生态、环境五维的有机互动关系及对流域的总体效应；研究并提出了水循环多维调控的目标与内容，多维临界调控的准则、表征指标和决策机制,建立了高强度人类活动影响下的海河流域多维整体临界调控的知识理论体系。

2)在流域水循环多维调控方法研究方面:从分析水循环多维目标的关联性和整体性出发,建立了五维归一化目标函数和水资源环境经济效益最大化目标函数,进行了多维调控指标的权衡分析,引入了协同学、熵理论和耗散结构理论,构建了以多目标宏观经济模型(DAMOS)、基于规则水资源配置模型(ROWAS)、水资源环境经济效益分析模型(EMW)和多维调控方案评价模型(SEAMUR)为主体的多维临界整体调控模型体系。

3)在水循环多维临界调控模式与阈值标准研究方面:以分析海河流域多维临界调控面临的国家需求为切入点,分析了海河流域未来经济发展的基本定位、水利保障的目标和任务,以及水资源配置格局中的关键问题;研究和提出了五维十项宏观表征指标的理想点与调控阈值;采用三层次递进方案设置思路,按照1956~2000年、1980~2005年两套水文系列,南水北调二期工程按期实施、未按期实施和加大中线一期调水规模三种情景构建了336套(系列)组合方案;进行了组合方案的合理性分析,研究了多维临界调控的方式,分析了临界调控阈值。

4)在海河流域水循环多维整体调控措施与方案方面:以海河流域综合规划的经济社会发展、生态环境保护及其水资源需求成果为基本方案,分析了基本方案的调控效果,以其为基础,应用协同学衡量五维子系统的有序程度,应用系统熵判别水循环系统的演化方向,应用协调度和协调度综合距离遴选较理想的系列组合方案;通过方案比选与分析,提出了两种水文情景、三种调水工程状态下的五维竞争权衡、整体协同的推荐方案。

5)在总量控制策略及生态环境效应分析方面:按照"取、用、耗、排"四种口径,结合推荐方案,分析并提出了地表水取水总量、地下水开采总量、ET总量与国民经济用水总量、排污总量、生态用水总量及入海水总量6个总量控制目标;分析和预测了南水北调工程通水后地下水位、地表径流、湿地湖泊、河口生态变化等生态环境效应,进行了不同方案生态环境影响差异性分析;提出了四种生态环境评估技术。

6)在海河流域水资源可持续利用对策方面:从节水与非常规水源利用、水资源配置工程、水资源保护、河流湿地水生态修复、实行最严格的水资源管理制度等方面,提出了海河流域水资源可持续、高效利用的对策与措施。

1.6.2 主要创新点

(1)提出了高强度人类活动影响下水循环多维临界调控理论框架、调控准则、决策机制和调控方法,丰富了水循环多维临界整体调控的知识理论体系

面向构建和谐社会,深刻认知海河流域人类活动强度高、经济社会发展压力大,维系良好生态环境任务重,水资源高效利用起点高等特征,以水资源高效利用为核心,剖析了与水循环密切相关的资源、经济、社会、生态和环境五维属性及其相互关系和临界特征,揭示了高强度人类活动缺水流域"人与自然和谐"的科学内涵;提出了流域水循环多维临界调控理论框架、调控准则和决策机制;引入了系统学、熵理论、耗散结构理论、协同学等基础理论,拓展研究和建立了以DAMOS、ROWAS、WEDP和SEAMUR为主体的多维整体调控模型体系。

（2）提出了五维调控表征指标体系，构建了水资源环境经济效益最大化目标函数及其模型和多维调控方案评价模型，创新了流域水循环多维临界整体调控分析计算方法

以流域五维大尺度指标为宏观控制性目标，省级行政区套水资源三级区为计算单元，应用人工智能的知识表达方式，建立了水循环系统五维竞争、协调逻辑响应关系，提出了海河流域水循环五维临界调控十项表征指标；通过剖析流域面临的国家需求，研究确立了表征指标的理想点和调控阈值。

定量研究了海河流域国民经济用水量与 GDP、水资源耗减成本、水生态环境退化成本、水环境保护支出的关系，提出并建立了水资源环境经济效益最大化目标函数及其分析模型（EMW），与五维归一化目标函数及模型（DAMOS）互相校验进行多维调控指标权衡分析。

以十项表征指标为序参量，采用有序度、系统熵、协调度及其综合距离建立多维调控方案评价模型，寻求五维竞争、协调平衡点。

（3）提出了五维整体调控的三层次递进方案设置技术、方案集和海河流域水资源可持续、高效利用对策与措施，创新了海河流域水循环多维临界整体调控模式与水资源高效利用方案集

在深入辨析水循环多维属性及其关联机制基础上，提出了按照水循环稳定和再生性维持、经济社会发展与水生态环境保护协同模式、提高水资源保障能力三层次递进方式设置方案边界，构建方案集；进而从节水与非常规水源利用、水资源配置工程、水资源保护、河流湿地水生态修复、实行最严格的水资源管理制度等方面，提出了海河流域水资源可持续、高效利用的对策与措施，为今后流域水资源高效利用、宏观战略研究、规划和管理提供了实用平台。

（4）提出了五维竞争性协同的临界调控阈值和流域综合效益平衡下的六大总量控制目标，重点评价了南水北调工程通水后海河流域的生态环境效应

研究建立了海河流域水生态三级响应体系，提出了五维协同均衡的地下水超采量、入海水量、国民经济可用水量、COD 入河总量、粮食安全等临界调控阈值及其均衡关系，以及流域综合效益平衡下的 6 个总量控制目标（地表水取水总量、地下水开采总量、ET 总量与国民经济用水总量、排污总量、生态用水总量及入海水总量），并重点评价了南水北调工程通水后海河流域地下水位、地表径流、湿地湖泊以及河口等生态环境效应。

本研究对项目总目标的贡献是，创建性地提出了面向和谐社会的流域水循环多维临界调控阈值集和以水资源高效利用为核心、五维竞争性协同的水循环调控推荐方案和对策措施方案集。

第 2 章 流域水循环多维调控理论体系

2.1 水循环的系统特征

2.1.1 系统科学及其主要技术理论

"系统"（system）一词源于古希腊，原意有组合、整体和有序，指由元素组成的彼此相互作用的有机整体。出于不同学科的认识和要求需要，在学术范畴内存在多种对系统一词的定义。例如，以数学模型来描述客观事实，认为系统是用来表述动态现象模型的数学抽象；或者通过"元素"、"关系"、"联系"、"整体"这些概念定义系统是客体连同它们之间的关系和它们的属性之间关系的集合；或以"黑箱理论"通过所谓"输入"、"输出"、"信息加工和管理"这样的术语反映系统所包含的因素和作用。

19 世纪法国物理学家尼古拉·莱昂纳尔·萨迪·卡诺（Nicolas Léonard Sadi Carnot）通过研究热力学首先在自然科学领域中提出"系统"的概念。具有严格概念和定义的系统理论出现于 20 世纪 30 年代。贝塔朗菲提出了一般系统论，掀起了系统理论思潮，并研究了三种系统理论：机体系统理论、开放系统理论、动态系统理论。诺伯特·维纳（Norbert Wiener）和罗斯·阿什比（Ross Ashby）进一步推动了系统理论的研究方法，他们是提出应用数学方法研究系统的先驱者之一。

随着对系统概念理论研究的深入，不同学者从对系统不同的认识提出了各种不同的新系统理论，并掀起了对系统理论研究和应用的热潮。麻省理工学院（MIT）的杰伊·W.福雷斯特（Jay W. Forrester）教授创立系统动力学研究动态复杂性系统；20 世纪 80 年代由圣达菲学院的约翰·H. 霍兰（John H. Holland）、兰默里·盖尔曼（Murray Gell-Mann）等创立了复杂适应性系统理论。国内对于系统的研究也逐渐深入，泛系理论被提出描述和分析广义系统、广义关系或它们的种种复合（吴学谋，1990），钱学森等（1990）等归纳自然界和人类社会中一些极其复杂的事物，采用系统学观点提出开放的复杂巨系统，提出解决这类问题的方法是从定性到定量综合集成研讨厅体系（Hall for Work Shop of Metasynthetic Engineering, HWSME）。而针对系统的不确定性，国内学者提出了不确定系统理论（Liv，1999），并作了深入的理论和应用研究。此外还存在很多其他系统理论，如投入产出法（input – output）、系统分析法（systematic analysis）、耗散结构（dissipative structure）、混沌边缘（edge of chaos）、人工生命（artificial life）和系统进化理论（evolution of system）也是系统科学研究的不同表现方式。

在社会科学和哲学范畴内也可以找出相当数量的有关系统理论的研究。例如，巴克莱

(Buckley, 1967)从社会学角度阐述了系统、边界、输入、输出、反馈等概念,并强调这些概念在社会学研究中的重要性。由于系统理论与其应用的一般性和复杂性,系统科学已成为独立的科学体系,并成为现代科学技术九大部类体系之一。从系统理论的基础研究到系统科学在各个领域中的应用,可以将系统科学划分为系统概念(关于系统的一般思想和理论)、一般系统理论(用数学的形式描述和确定系统的结构和行为的纯数学理论)、系统理论分论(为了解决各种特点的系统结构和行为的一些专门学科)、系统方法(为了对系统对象进行分析、计划、设计和运用时所采用的具体应用理论及技术的方法步骤)、系统方法的应用(系统科学的思想和方法应用到各个具体领域)五个层次。

以系统理论为指导的系统工程(system engineering)方法以运筹学、控制论、信息论、大系统理论和系统学为基础科学,大大促进了以系统工程方法研究现实世界的发展和运用。以系统方法研究问题具有普适性,其研究对象主要是复杂的大系统,同时也广泛应用于各种系统的局部问题(图 2-1)。

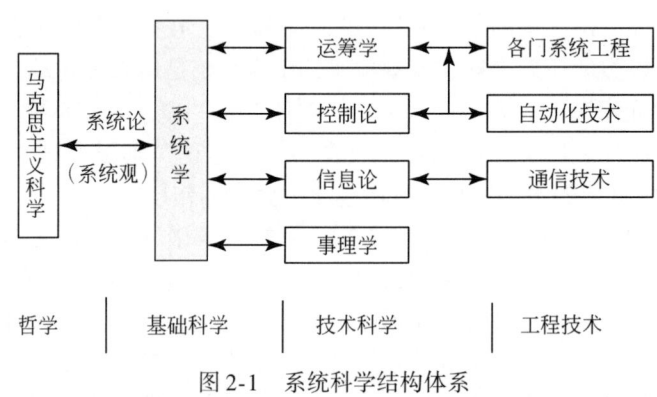

图 2-1 系统科学结构体系

由于系统科学具有广泛的包容性,许多学科具有与系统科学的相关性,与系统科学相关的理论包括:系统学、泛系理论、信息论、控制论、耗散结构论、协同学、突变论、物元分析、系统动力学、混沌理论。控制学研究具有控制意义的问题,信息学研究具有信息意义问题,其目的是在系统范围内实现控制项信息传递、交流、处理。运用系统思想和方法研究经济问题、天文问题、水资源等其他各种问题,则属于系统科学与其他学科的交叉领域。例如,耗散结构论、超循环论、突变论、协同论等应属"系统理论",无疑对系统科学的发展有重大推动、证实和完善作用。耗散结构论有强烈的物理学背景,超循环论有强烈的生物学背景。

2.1.2 水资源利用的复合系统

流域是具有层次结构和整体功能的复合系统,由经济社会系统、生态环境系统、水资源系统构成,并通过水量、水质和投资形成了相互依存与制约的关系(王浩等,2002)。从系统科学的观点看,水资源持续利用就是水资源–生态环境–经济社会复合系统持续发展功能的体现(冯尚友等,1995)。冯尚友提出水资源生态经济复合系统理论,给出了可持

续框架下的水资源利用的基本发展模式描述,以目标函数表示系统总体发展目标:

$$\max[E(x), S(x), -R(x)]$$
$$\text{s.t.} \ G(x) < 0$$
$$x_j \geq 0; j = 1, 2, \cdots, n \tag{2-1}$$

式中:x 为 n 维向量的控制(决策)变量;E、S、R 分别表示经济效益、社会效益和环境效益;G 为对系统起制约作用的约束条件集,如水的承载力、环境容量和其他社会约束条件等;x_j 为控制向量的非负条件。式中各函数的构造,根据问题的实际情况,可通过费用效益分析、投入产出分析、多目标决策分析和有关数学方法等来建立。一般说各函数的量纲多是不可公度和相互矛盾的,可通过大系统多目标递阶分析求解,找出非劣方案,供决策者选择。

2.1.3 水循环的二元特征

从地球系统来看,水循环是气候和生物圈长期相互作用的结果,天然水循环实际就是在气候、地理以及区域生物圈等自然要素控制和影响下的大气水、地表水、土壤水、地下水的转换过程,是自然系统长期进化的产物,同时为其他众多的生态系统平衡提供了基础。

作为人类社会发展不可替代的资源,水是支撑区域经济社会发展最为重要的条件。当生产力水平较低时,人类无力改造自然,只能适应自然,对水的需求水平也很低下,虽然可以对水资源进行控制和利用,但基本不改变天然水循环过程。而随着生产能力的增强,用水需求的增加,水循环受人类活动的影响逐渐增大,即从以自然力驱动下的天然水循环过程转化为自然和人工共同作用影响的过程。因此,分析经济社会发展与水循环的关系成为研究水问题的必然选择。

经济社会增长和人类生活水平提高导致水需求增长是人类改变水循环的直接动力。人类通过改变天然水循环系统满足提高社会生产能力的需求,最终又通过供水、用水、耗水和排水影响自然环境,使得天然水循环受到人类活动的严重干扰和影响。而社会发展带来的城市建设、交通建设等各类工程的兴建和能源消耗的增加,又引起区域地理地质条件的改变和局部气候的变化,这些均可对水循环过程产生重大影响。

人类活动对水循环的影响可分直接影响与间接影响两类。直接影响是指人类活动对水循环的改变,使得水量水质的时空分布发生变化,如地表水利工程建设改变径流过程、化肥施用与城市排水改变水质等;而间接影响是指人类活动影响水循环各要素使得水循环过程被改变,包括人类活动对土壤、植被、局部气候等的改变,如农业耕种、森林砍伐与植树造林等改变区域下垫面条件,城市化与工业区建设改变区域小气候条件等。人类活动对水循环大规模的直接影响通常需要借助工程手段,具有很大程度的不可逆性。水循环过程的变化会不同程度地影响原有的生态系统平衡,经过一定时间的适应与调整,形成新的平衡。

人类对水资源的开发利用逐渐形成了存在于水循环系统中但具有相对独立性的"供用

耗排"侧支过程。随着人类社会改造自然活动的规模日趋加大，人类活动的水文效应越发引起重视，已经成为水文水资源领域的一个重点研究方向。

在分析水资源系统天然与人工耦合关系方面，自20世纪80年代以来国内已经作了大量研究。陈家琦（1986）最先提出"人工侧支水循环"问题，王浩又进一步提出"自然-人工"水循环二元模式的概念。但是，到目前为止，描述人类活动高强度作用下的流域水文水资源综合模型研究仍具有广阔的研究空间。在解决区域缺水与修复生态环境的决策支持问题方面，也缺乏耦合水循环变化和水生态环境演化的综合集成仿真系统。

2.1.4 水循环的多维系统特征

现代水循环系统是在自然和人工二元驱动下形成的复合系统，二元特征决定了水循环的系统特征：

1）天然水循环是承载经济活动和环境容量的基础。在经济社会发展和对自然系统的认识提高后，可以明确天然水资源是承载包括经济社会系统、水生态系统、水环境系统等各类社会和自然活动的基础。如何使得水资源在满足人类需求的前提下继续保持其良性循环也是各类水问题研究的最终目的。

2）经济社会发展水平决定了用水需求。一定状况下的经济社会发展水平可以由消费水平和生产水平两方面来衡量。区域生产力水平是一个国家或地区在资源、人力、技术和资本总体水平上可能转化为产品和服务的能力。人类活动，特别是经济社会活动，都是在一定地域空间内进行的；这样的区域均表现为一个自然生态系统、经济系统和社会系统紧密耦合的综合体。在这样的综合体内，水资源的持续利用和发展必须有地区的一定生产力水平的支持，才能有条件做到人口、环境与经济协调的持续发展。

3）水资源开发能力是联系天然水循环与满足经济社会系统发展需求的纽带。水利工程是实现水资源持续利用的必要手段，但必须在无害环境下实施才能取得保护环境发展经济的功效，这就要求水资源复合系统的规划与管理，必须具备保护和改善环境的各种措施和能力，才能真正达到经济效益、社会效益和环境效益的统一（冯尚友，1991）。研究利用水利工程来更好地为社会、经济和生态各个系统服务，实现最大化的综合利益是进行水资源系统决策的重点和难点。

4）生态保护需求和环境容量对开发水资源的限制。不同水平下的生态环境目标对水资源有不同的需求。例如，最少的河道生态流量可以保持河道的基本功能，而考虑不同水生生物的需求，则需要提供适宜的生态保证流量。水资源对生态环境合理的承载水平取决于区域的水资源条件和相应社会发展水平下对生态环境提出的要求。随着人们生活水平的不断提高，所要求的生态环境需水量也应不断提高。环境容量是区域社会生产、资源开发利用和同化生活生产废弃物的容纳能力。各地区的环境容量是有限的，因自然和社会的条件不同而异。若地区发展能够维持在环境允许的容量之内，水资源的持续利用也就具备了环境条件。否则，水资源将受到污染、造成可利用量减少，必将影响整个社会的持续发展。

5）系统调度与调控能力和管理措施。系统调度运行和管理措施的实施是决策者调节控制水资源-生态环境-经济社会复合系统的总体能力。决策者要主动谋求自然与社会的协调持续发展，使得行动和决策符合可持续发展的要求，以便构建最优的经济、社会和环境整体结构。而在确定的水资源和工程条件下，要达到这一目标的重要途径就是要建立满足水资源持续利用要求的系统调度运行策略和其他相关管理体制、制度和机制，加强和提高科学管理的调控能力。

以系统概念分析，水循环系统已经满足系统中具备多类相互作用的元素和一定作用机制，不同输入条件下具有不同相应的特征。因此，可以认为水循环及其相互作用影响的经济社会和生态环境共同构成了一个复杂的大系统。

2.2 水循环多维调控的内容与框架

2.2.1 各维调控目标与内容

水循环的二元结构决定了其多维属性。水循环在人类尚未大规模开发活动之前，主要表现为自然属性，一方面是水循环自身规律和水生态效应，一方面是水循环过程中所发挥的生态服务功能；有了人类大规模活动之后就在自然属性之外增加了社会属性以及伴生的经济属性和环境属性。

自然属性强调水循环自身规律和水生态效应，维持水资源自身的稳定和可再生能力，在研究中用资源维来表述；生态属性强调水循环过程中所发挥的生态服务功能；社会属性强调公平性，人权要相等，用水权要公平；经济属性强调用水效率和效益；环境属性强调用水安全，人群用水健康。因此，在现代二元水循环的模式下，水资源具有五种基本属性和相应的五维内涵。

1）资源维，调控的方向是水循环系统本身的稳定健康，包括水资源系统的时空量质、循环特征及可再生能力，资源维调控的基本目标就是一切活动以保持水资源循环的稳定性和可再生性为前提。调控内容是人类活动对水循环的产流环境、汇流环境、入渗环境、补给环境、排泄环境等各项环节不能过度干扰，以水资源的可持续利用支撑经济社会的可持续发展。保持水资源本身的稳定，保持产水能力的稳定是水资源利用的前提条件，是多维临界调控的标准，是一切人类活动必须遵守的规律和准则。资源维的调控准则是流域水循环稳定或可再生性维持。

2）经济维，调控的方向是效率优先。在公平原则的前提下，有限的水资源必然向用水效率高的地区和行业倾斜，最大限度发挥水资源的经济效益。公平和效率本身就是一对矛盾，二者很难兼顾，需要寻求平衡点。在当前的基本社会伦理和哲学框架下，应以公平为主，在尽可能公平的框架（或前提）下追求效率最大化，二者微小的变化均会使水资源格局发生显著的变化。经济维调控准则是有限水资源由低效率效益行业向高效率效益行业流转。

3）社会维，调控的方向是保障公平，为决策者提供支持。调控需要保障的社会公平性主要包括：①生存和发展的平衡，主要是保证粮食安全和经济发展之间的平衡关系；②地区之间的公平，主要是各个行政分区之间的公平；③国民经济行业之间的公平；④城乡之间的公平，用水权益差距不能过大；⑤代际公平性，协调当代与未来之间、近期与远期之间的公平。社会维调控的准则是确保弱势群体和公益性行业的基本用水。

4) 生态维，调控的方向是维持系统持续性。生态维调控的目标一方面是实现天然条件下水资源固有的生态服务功能，另一方面是改善人类干扰条件下水资源在服务于经济社会的同时继续发挥生态服务功能。生态维调控旨在保证社会经济供水不能破坏或损坏生态系统，导致不可逆转的反应，调控的内容是寻求在生态系统的最适宜、最小的生态需水量二者之间的上下限寻求合适的值，以达到共赢。生态维调控的准则是确保重点生态系统的稳定和修复，在海河流域具体反映在保持基本的入海水量和地下水位不持续下降。

5) 环境维，调控的方向是维持水体功能。环境维调控的目标在于避免水资源利用造成危害健康，产生危害生物、生态系统和破坏人类审美观念的后果，环境的危害也会对社会公平性形成巨大挑战。鉴于水功能区是目前唯一正式公布的水环境质量分区，环境维调控的准则是实现水量水质联合配置调度，实现水功能区标准的废污水达标排放。

2.2.2 多维临界整体调控框架

在明确水循环多维临界调控的目标和调控准则的基础上，需要进一步完成多维调控的分析方法和工具。在上述与水循环密切相关的资源、经济、社会、生态、环境五维框架下进行水资源的评价、配置、实时调控与管理。五维的目标之间充斥着矛盾与竞争，如何进行五维之间的公度需要研究建立五维整体调控的指标集、分析评价阈值和创新公度方法，寻求一系列五维最佳平衡点以提供可行的筛选方案。因此，需要提出一个整体的分析方法以协调五维关系、实现综合效益最大化的调控目标。

图 2-2 给出了水循环多维调控决策分析整体框架，其原则是通过对调控目标多层次分解和多重模型耦合分析实现多维调控合理决策。

由于每个维度之间存在多种特性，五维临界整体调控包含了多类不可公度指标，实现调控的手段具有多个层次。因此，本次研究中采用对多维调控目标、准则、方案与措施进行分层次的研究，以提供综合的结果。

水资源的多维整体调控包括四个层次。第一个层次是对多维调控目标的分解和优化，以不同维度目标的核心准则为中心给出综合的指标体系，通过各维的宏观调控准则分析各维主要表征指标的理想点和临界点，构建多目标宏观经济模型和水资源环境经济效益分析模型，通过不同侧重的决策方向设置多维临界调控方案集，采用三层次递进方法构建方案集，提出经济社会发展趋势下的多目标优化结果，辨析用水与经济环境生态效应关系，通过多目标优化模型给出关键性总量控制目标。第二个层次是对多维调控方案评价，以各维调控准则为中心提出宏观调控表征指标及权重，构建多维调控评价模型，进行方案评价，提出临界调控阈值。第三个层次是对重点调控方案进行过程模拟和效应分析，验证调控目标的可行性，提出总量控制方案，分析相应的生态环境效应，查看流域总量控制目标能否

第 2 章 流域水循环多维调控理论体系

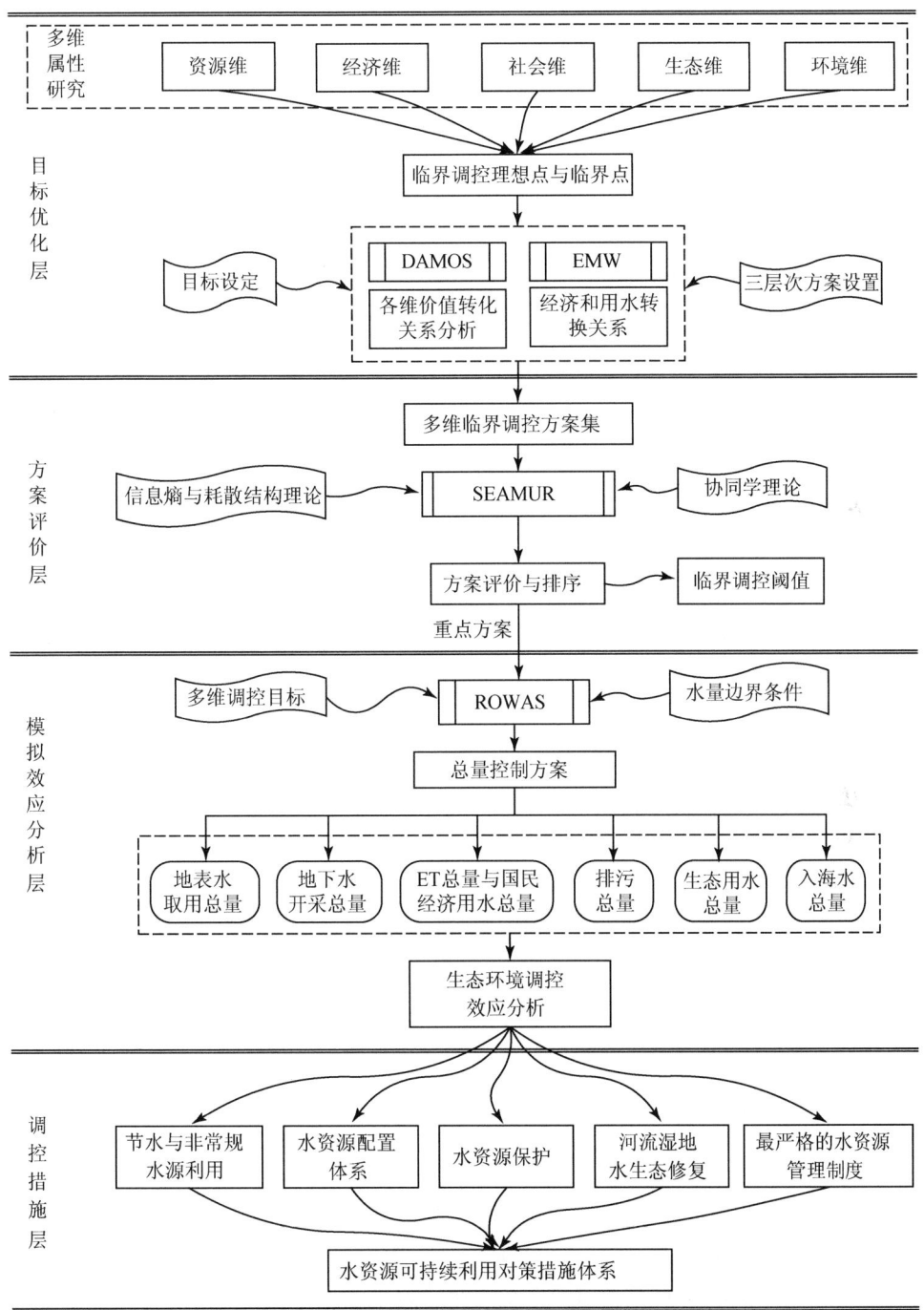

图 2-2 水循环多维调控决策分析整体框架

实现。第四个层次是提出水资源可持续利用对策措施体系，为决策层提供水循环整体调控的技术支撑。

多目标分析模型是实现多维调控的核心，需要实现不同维度目标的协调和总体寻优。多目标优化模型旨在确定的水资源条件下，寻找不同类别水资源利用之间的效益转换关系，寻找水资源服务价值的权衡（trade-off）曲线，以综合的评价体系作为方案制定和分析比较的平台。多目标分析方法中包括权重法、层次分析法、主成分分析法、理想点法、切比雪夫法和熵值法等（图2-3）。

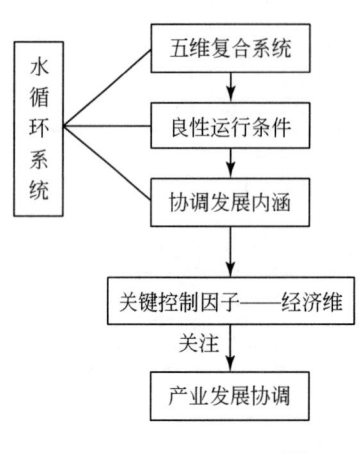

图2-3 多维目标整合路线

由于多维调控的结果具有发散性，需要通过指标之间的转换统一方案集的衡量效果。通常比较容易量化评价的结果是经济维数据，因此通过衡量系统各维的协调性和与经济维表现的关系，最终将多维调控结果量化表达。

2.3 多维临界调控的准则与表征指标

2.3.1 多维临界调控的基本性质与宏观准则

水资源多维临界整体调控应遵循复合系统原理和协同学理论，调控方向是使五维之间具有较强的结构转换能力和互补关系，使水资源合理、高效地实现其价值的和谐运动。水循环系统的多维协调性主要表现为三个基本性质：

1）整体性。它指复合系统内在的连贯性，相互依存的各个部分相互制约，且受一整套内在规律的支配。这些规律决定着系统各部分的性质，其中协调性就是其最基本的规律之一。整体性要求水循环整体调控要基于系统内在的规律性。满足整体性的调控准则就是要基于五维系统内在规律性，进行多目标竞争性权衡，达到系统整体协调下的临界平衡状态。

2）转换性。水循环系统是动态的，从低级到高级、从简单到复杂、从一种形态到另一种形态。为了避免降到消极被动的水平，水循环系统必须具备转换的功能，借助各种规律的作用，不断地从低级向高级转化。满足转换性的调控准则就是要借助各种转化机制和调控手段，充分发挥水循环系统的功效，促使水循环系统从低级向高级、从混乱向协调转化。转换性要求发挥水资源的价值需要进行五维协调调控。

3) 自组织性。复合系统结构中各个组成部分存在着相互调节能力，其中一些调节作用成为平衡态下完成导致结构自身调整的调节作用，另一些调节作用参与构造新的结构。水循环系统的自我调节是在转化的同时发生的，这就要求水循环调控要避免导致系统稳定性和可再生性降低，辨识临界调控点，即临界调控。

2.3.2 多维整体调控的综合指标体系

在资源、生态、社会、经济、环境五维之间充斥着矛盾与竞争，如何进行五维之间的公度需要研究建立五维整体调控的指标体系、分析评价阈值和创新公度方法，寻求一系列五维最佳平衡点提供可行的筛选方案。

根据水循环多维临界调控中各维的调控目标和准则，针对人类活动密集的缺水流域地区，考虑经济社会与生态环境协调均衡状态以及水循环的自身稳定健康和可持续性，提出以"人水和谐"为总体协调目标的五维综合指标体系，如表2-1所示。

表2-1 水循环五维调控综合指标体系

分析对象	表征指标			表述指标		
	状态	衡量指标	单位	描述内容	衡量指标	单位
资源维——符合功能要求的水资源量	水资源开发状态	地下水位埋深	m	水资源禀赋	降水量	mm
					干旱指数	—
					径流深	mm
					地下水模数	万 m^3/km^2
				资源匹配程度	人均水资源占有量	m^3
					亩均水资源占有量	m^3
				水资源量	水资源总量	亿 m^3
					地表水资源量	亿 m^3
					地下水资源量	亿 m^3
				可利用量	水资源可利用总量	亿 m^3
					地表水可利用量	亿 m^3
					地下水可开采量	亿 m^3
		河道外引水量与地表径流量之比	m	可供水量	地表水供水量	亿 m^3
					地下水开采量	亿 m^3
					非常规水源可供水量	亿 m^3
					跨流域调水量	亿 m^3
				可耗水量	综合 ET	亿 m^3
					国民经济耗水量	亿 m^3
					生态环境耗水量	亿 m^3

续表

分析对象	表征指标 状态	表征指标 衡量指标	表征指标 单位	表述指标 描述内容	表述指标 衡量指标	表述指标 单位
经济维——经济系统	生活水平	人均GDP	元	经济发展水平	人口 GDP 第一产业增加值 工业增加值 建筑业增加值 第三产业增加值	万人 万元 万元 万元 万元 万元
经济维——经济系统	用水效率	城镇管网漏失率 工业用水重复利用率 灌溉水利用系数	—	用水水平	生活用水净定额 农业灌溉综合净定额 火电工业用水净定额 一般工业净定额 高耗水工业净定额 建筑业用水净定额 第三产业用水净定额	L/(人·d) m^3/亩 m^3/万元 m^3/万元 m^3/万元 m^3/万元 m^3/万元
经济维——经济系统	开发利用水平	耗水量与资源量之比	—	水资源开发利用	地表水开发利用率 地下水开发利用率 废污水处理率 处理污水回用率	% % % %
经济维——经济系统	水经济价值	综合水经济价值	元/m^3	水分生产效率	单位GDP净用水量 人均耗水量	m^3 m^3
经济维——经济系统	水经济价值	综合水经济价值	元/m^3	水经济价值	种植业水经济价值 工业水经济价值 建筑业水经济价值 第三产业水经济价值	元/m^3 元/m^3 元/m^3 元/m^3
社会维	地区间公平	后进地区人均GDP 先进地区人均GDP	元 元	综合用水量	人均综合用水量 亩均综合用水量	m^3 m^3
社会维	城乡间公平	城镇人均生活用水量 农村人均生活用水量	元 元	人均用水 供水保证	城镇供水保障率 农村供水保障率	% %
社会维	行业间公平	产业缺水率	%	缺水程度	第一产业缺水率 第二产业缺水率 第三产业缺水率	% % %
社会维	代际公平	水资源可利用量	m^3	—	水面面积 植被覆盖率 水质等级	km^2 % —

续表

分析对象	表征指标			表述指标		
	状态	衡量指标	单位	描述内容	衡量指标	单位
生态维	结构	水面面积	km²	生态类型	各类生态类型面积	km²
					生物多样性和优势种	
				生态功能	供水保障率	%
					防洪容量	m³
					土壤侵蚀模数	t/(km·a)
	状态	植被盖度	—	生态状态	最小生态流量	m³/s
					濒危物种	
					湖泊水面面积、水深	m²、m
					生态需水量满足度	%
					入海水量	m³
环境维	水质状态	省界断面水质等级 水功能区达标率	%	COD排放及水质等级	COD排放量	t
					省界断面水质等级	—
					入海断面水质等级	—
				河流状态	河流过流长度	km
					河流过流历时	天
				控制状态	水功能区达标率	%
					省界水体达标率	%
					入河污染物排放消减量率	%

2.3.3 多维临界调控的主要表征指标

根据五维调控的准则，以五维综合调控指标体系为基础，选择每一维最能体现其属性的指标作为表征调控效果的关键指标，各维调控的基本准则与主要表征指标如表 2-2 所示。

表 2-2 五维调控的基本准则及其主要表征指标

属性	调控准则	主要表征指标
资源维	流域水循环稳定或可再生性维持	地表水利用率、地下水超采量
经济维	在基本社会伦理框架下追求水资源利用效率最大化	人均 GDP、单位 GDP 用水量
社会维	确保弱势群体和公益性行业基本用水	人均粮食产量、城乡人均生活用水比
生态维	确保重点生态因子的稳定和修复	入海水量、河道内生态用水量
环境维	主要污染负荷达标排放	COD 入河量、水功能区达标率

1）资源维：地表水资源开发利用率反映了水循环系统目前开发利用状况，过高的开发利用程度会影响水资源循环的稳定性和可再生性，因此，地表水资源开发利用率可用以衡量水循环系统的循环特征和可再生能力。长期过度地开采地下水在较大程度上阻断了水

资源的稳定、畅通、持久的循环，使地下水资源耗竭，从而影响其作为资源的属性。故地表水资源开发利用率和地下水超采量体现了水循环的稳定性，作为资源维的主要表征指标。

2）经济维：主要针对国民经济各部门的供水效益、用水效率以及水的经济价值展开。人均 GDP 体现了一定经济结构和用水效率条件下区域经济发展水平，万元 GDP 综合用水量在一定程度上反映了用水效率，万元 GDP 用水量越少，用水效率越高。因此，选用人均 GDP 和万元 GDP 用水量作为经济维的主要表征指标。

3）社会维：核心是社会安定和公平性，需要定义和判断地区之间、行业之间、城乡之间、代际公平。粮食安全、城乡差距是目前社会维关注的核心问题。粮食产量体现了生存与发展之间的平衡关系，城乡差距是目前社会公平性存在的最核心问题，因此选用人均粮食产量和城乡人均生活用水比（指农村人均生活用水量与城镇人均生活用水量之比）作为社会维的主要表征指标。

4）生态维：生态恶化是海河水问题的核心体现，主要是用水挤占生态水量，导致地表径流减少、地下水位下降和入海水量减少。由于地下水位已用于表征资源维的状态，而地表河道内生态用水量和入海水量可以表征生态水量被挤占的程度，同时入海水量本身也是维持河口生态平衡所需的水量。同时，入海水量的大小与河湖洼淀存在此消彼长的密切关系。因此，选用入海水量和河湖洼淀生态用水量作为生态维的主要表征指标。

5）环境维：水环境质量的评价主要从总量和区域分布两方面衡量。主要污染负荷入河总量给出了总体上对区域污染与水环境通量的对比关系，是评价环境状态的重要指标；水质的区域达标状况反映了环境的整体均衡状况。基于海河流域的污染特性和环境维的属性，选择 COD 入河量和水功能区达标率作为环境维的主要表征指标。

水的经济属性和社会属性在功能层面上具有一定重叠性，但社会属性强调的是水作为一种基本资源要素维持人类生存的必需性，而经济属性则体现在通过经济机制所能衡量的经济价值大小，是生产之要。

2.4 多维临界调控的决策机制

2.4.1 多维临界调控的宏观准则

导致流域水资源短缺和水生态环境恶化等水问题的主要原因是水资源分布与生产力分布不相适应，由此引发的问题是现阶段发展过程中难以避免的，缓解和摆脱流域水资源短缺的局面也只能在发展过程中逐步实现，在可持续发展的观点指导下，从经济、生态、环境、社会等方面统筹规划加以解决，并从科学技术的角度，考虑行政和法律手段，切实加强缺水流域地区水资源规划与管理的研究，实现水资源的优化配置。

根据水循环多维临界调控的目标，多维临界阈值是指各维最大限度的供应量和承受度，包括规模阈值和配比阈值。规模阈值是指各维要素数量聚集程度的上限，无论对可再生资源、不可再生资源、环境容量、资源开发利用的生产规模、人口聚集导致的社会规模都有一个上限，超过上限就会导致系统的崩溃，取而代之的是经济效果的丧失乃至负值。配比阈值则是各生态经济要素之间的比例关系，比如具有生态功能与具有经济功能的植物资源之间的合理数量比例，实现各维之间的总体平衡。

考虑水循环系统的多维属性和临界特征，实现多维临界调控应该满足四条宏观调控准则：

1）可再生性水资源的开发利用速度不应超过其再生速度，即水资源的利用以其再生能力为阈值，超过该临界值则不可持续；

2）在水资源的开发利用速度超过其再生速度后，对水资源的需求不应超过其可再生替代资源（如污水资源化、洪水资源化和跨流域调水等）的开发利用速度；

3）污染物的排放量不应超过水环境的自净能力；

4）对有限水资源的开发利用在尽可能公平的框架下追求效率和效益最大化。

基于上述宏观调控准则，满足水循环系统五维均衡协调的多维临界调控决策机制包括水资源决策机制、经济决策机制、社会决策机制、生态决策机制和环境决策机制，以水循环与经济、社会、生态和环境的关系建立整体调控体系，分析经济社会发展和水资源开发利用与保护的主要相关因素。

以水循环五维关键表征指标和可控决策因子，分析各个维度指标的时空分布特性，根据多维调控机制评价水量调控的有效性。通过全面的决策评价机制，采用多维调控决策机制作为水循环调控效果的评价准则，可以将水与生态和环境系统关系引进定量决策范畴，达到追求社会净福利最大的目标。在竞争性用水条件下，通过利益比较，进行经济社会发展和生态环境保护的权衡，实现协调生态环境用水和国民经济用水的统一调控。

2.4.2 基于水量平衡的水资源决策机制

具有天然水循环和人工侧支循环的二元流域水资源演化不但构成了经济社会发展的资源基础，是生态环境的控制因素，同时也是诸多水问题的共同症结所在。因此，水资源可持续利用是确保经济社会和生态环境可持续发展的前提，水资源的合理利用和配置首先要遵循水平衡机制。

水量平衡包括三个层次。第一层次对流域总来水量（包括降水量和从流域外流入本流域的水量）、蒸腾蒸发量（即净耗水量或 ET）、排水量（即排出流域之外的水量）之间的流域水分平衡关系进行分析，即分析在水资源二元演化模式下，不影响和破坏流域生态系统，不导致生态环境恶化情况下流域允许总耗水量，包括国民经济耗水量与生态耗水量，评价尺度应为较大范围的完整流域，通常为二级以上流域分区。由于在总来水量中通常仅 10%~54% 形成径流性水资源，差额部分的非径流性水量被天然生态系统所消耗，占流域总来水量的一半以上，特别是在北方地区，天然生态系统的微小变化将对径流性水资源产生深刻的影响。第二层次对流域或区域径流性产水量、耗水量和排水量之间的平衡关系进行分析，即分析在人工侧支循环条件下径流性水资源对国民经济耗水和人工生态耗水的贡献，界定允许径流性耗水量，国民经济用水和生态用水大致比例，评价尺度可以小于第一层次，通常为三级、四级以上流域。第三层次对流域、区域、计算单元的供水量与需水量，用水量、耗水量和排水量之间的平衡关系进行分析，采用运筹学方法与专家经验规则方法相互校验的配置技术，分析计算各种水源对国民经济各行业、各用水部门等不同用户之间、不同时段的供需平衡和供用耗排平衡，评价尺度可以为具备信息条件的流域或行政分区。

水平衡机制是从流域水循环过程中的有效蒸发和无效蒸发的平衡协调角度出发，确保人工侧支耗水量不超过允许径流耗水量。流域水平衡决策机制控制原则为

$$ET_{规划} < ET_{允许} \tag{2-2}$$

$$ET_{允许} = W_{降水} - W_{入海} \tag{2-3}$$

允许耗水量可以通过以流域降水和水资源可持续利用条件下的入海水量控制目标之间的差值确定。而规划的 ET 则包括未来的人工系统用水和自然系统消耗的水量两部分。

$$ET_{规划} = ET_{人工} + ET_{自然} \tag{2-4}$$

人工 ET 计算公式为

$$ET_{人工} = Wu_d \times \zeta_d + Wu_I \times \zeta_I + Wu_{ir} \times \zeta_{ir} + Wu_o \times \zeta_o \tag{2-5}$$

式中：Wu_d、Wu_I、Wu_{ir}、Wu_o 分别为生活、工业、灌溉和其他用水量；ζ_d、ζ_I、ζ_{ir}、ζ_o 分别为生活、工业、灌溉和其他用水消耗率。该消耗率包括在供水和用水后排水过程中形成的水量消耗。

流域自然 ET 可以在分析现状自然 ET 的基础上通过预测自然植被覆盖程度以及土地利用方式的改变进行修正后得出。而现状的自然 ET 则可以通过现状降水、人工用水、地下水蓄变量以及入海水量几者之间的平衡分析得出：

$$ET_{现状自然} = W_{现状降水} - ET_{人工用水} - W_{地下水蓄变量} - W_{入海水量} \tag{2-6}$$

水量平衡模型主要是寻求在多目标优化模型提供的总体方向下流域调控的决策手段，通过不同边界条件形成的方案集组合的模拟查看优化目标的可行性。水量平衡模型需要摆脱以往以水量供给和需求为主导的平衡分析计算，采用以流域耗水为中心的水量平衡分析方法，以耗水分配作为水循环调控的核心，建立以降水为总输入，耗水和系统排水为总体平衡分析关系，并以传统的资源量评价作为检验计算合理性的方法。对于生态用水，以水循环蒸发环节和作物生长耗水机理为计算基础；对于生产用水，分析不同行业用水效率，评价水资源消耗和生产的关系函数，从而在根本层面上建立对水循环调控的基础，摆脱以往以耗水率为中心计算水资源供需平衡和流域水平衡依赖于经验估值数据的不足。

通过流域水平衡机制实现对流域可消耗水量的控制，一方面起到协调经济社会用水和生态环境用水平衡关系的作用，水平衡的目标即是保证水循环的稳定健康，为维护生态健康和环境质量提供基础保障条件，要求经济用耗水在不牺牲生态和环境用耗水的范围内实现有效利用和合理配置。另一方面水平衡机制在本质上也起到了推进流域用水高效性的调控。在同样的流域允许耗水量条件下，用水效率的提高必然减少相同产业结构和生产规模下的耗用水量，在同等的经济效益基础上产生更多的生态和环境效益。而在保障一定生态和环境效益目标基础上，通过水平衡机制能推动相同用耗水和行业用水约束条件下的单位产值耗用水量的降低，从而促进行业用水公平条件下的高效用水，在允许耗水量范围内实

现最具有经济社会价值的水量分配，形成资源性的高效用水。

2.4.3 基于效益最优的经济决策机制

水资源合理配置的经济决策机制是市场经济条件下的边际成本，以边际成本替代作为抑制需水或增加供给的基本判据，根据社会净福利最大和边际成本替代两个准则确定合理的供需平衡水平。在宏观经济层次，抑制水资源需求需要付出代价，增加水资源供给也要付出代价，两者间的平衡应以更大范围内的全社会总代价最小（社会净福利最大）为准则。在微观经济层次，不同水平上抑制需求的边际成本在变化，不同水平上增加供给的边际成本也在变化，二者的平衡应以边际成本相等或大体相当为准则。依据边际成本替代准则，在需水侧进行生产力布局调整、产业结构调整、水价格调整、分行业节水等措施，抑制需求过度增长并提高水资源利用效率；在供水侧统筹安排降水和海水直接利用、地表水和地下水联合利用、洪水和污水资源化，增加水资源对区域发展的综合保障功能。

以开源和节流的关系为例，当开源的边际成本高于节流的边际成本时，节流在经济上就成为合理的手段，当本地水资源的开源和节流边际成本相等且高于跨流域调水的边际成本时，跨流域调水在经济上就成为合理手段。对不易定量的生态系统，可以同等效应的资源环境重置成本作为生态环境的价值标准。具体方法是，将生态系统划分为若干子系统，直至单种植被，对每种天然植被，以同等的人工植被价值加权赋值，赋值的同时与人工生态具有了可比性，从而在水资源配置时可以统一比较。

经济机制体现了水循环调控的高效性原则，从不同用水的效益和社会福利基础上分析水资源有效调控的方向，通过水资源不同方式利用的经济效益差别实现在公平的基础上对水资源的更高效率利用。流域经济决策机制的宏观控制公式表达为

$$\text{Max } F(X) = B(X) - C(X) - L(X) \tag{2-7}$$

该原则的核心是使流域水量调控得出的水量配置方案可以获取最大的社会净福利。其中 X 为规划的水量配置方案，$B(X)$ 为该方案下的水量供给所产生的经济效益，其中不同行业的用水效益应当由相应行业的产值和水经济价值的分摊效益分析得到；$C(X)$ 为该方案下满足水量需求所需要提供的成本，包括新增供水调水、水利工程维护扩建、再生水利用、水需求抑制等各方面的经济投入；$L(X)$ 则是该方案下由于水量短缺以及水环境恶化所产生的经济损失，包括经济行业和生态环境两方面的缺水损失。

通过经济机制可以促进水量在不同行业之间的流转，在公平的范围内单位用水能产生高附加值的地区和行业可以竞争获取更多水量，通过用水结构调整促进高效用水。

2.4.4 基于公平的社会决策机制

社会维的核心是公平。公平性一方面体现在强势群体和弱势群体之间的均衡，协调生存与发展的矛盾；另一方面体现在地区之间、行业之间、城乡之间、代际等多个方面的差异性。社会维调控的决策机制是使得这些多个方面的用水和相应的效益差距尽量小。这种

调控需要以下几方面的平衡：

1）保证粮食产量，协调生存与发展之间的平衡。发展是社会进步的必然趋势，但生存是前提。由于农业生产（特别是粮食作物）的水经济价值显著低于其他行业，因此粮食安全和 GDP 增长就是生存和发展之间的一对矛盾。在有限的水资源条件下，其他高产值行业的快速增长，必然导致粮食生产能力下降。保障粮食安全就必须满足流域内粮食的基本自给自足。一般认为人均 400kg 是粮食自给自足的最低要求，海河流域的粮食安全目标应立足于基本自给自足，保证粮食产量达到 90% 以上的自给率。

2）协调城乡发展，减少城乡间人均生活用水的差距。城乡间的用水公平也是社会维度量的一个重要指标。人均生活用水量反映了人们生活水平的高低，而农村与城镇人均生活用水量的比值可以综合衡量城乡间用水的差异性，反映城乡之间的公平性。

3）区域用水公平。本次研究初步使用省区间人均综合用水量的方差系数来反映省区间的公平性。省区的人均综合用水量反映了该区域的用水情况，而省区间的人均综合用水量的方差系数则反映了这些地区之间人均综合用水量的相对大小，其值越大，说明用水越不公平。将流域的人均综合用水量作为衡量标准，流域内各省区人均综合用水量与其差距越大，则说明流域省区间用水越不公平。通过计算所得的北京、天津等省市的人均综合用水量和海河流域的人均用水量，按照方差计算公式可得省区间人均综合用水量的方差系数。

4）产业用水公平系数：产业缺水率之比。水资源是支撑国民经济各行业发展的关键因素。体现行业间用水的公平性，也是水资源社会属性的一个目标，可以从产业缺水率的比值入手，且该比值越靠近 1，反映行业间越公平。因模型输出结果的限制，本次研究进行大口径统计计算，将产业划分为农业、工业及三产三大类。产业缺水率之比的计算过程如下：首先分别计算全流域的工业及三产缺水率与农业缺水率，然后用工业及三产的缺水率除以农业缺水率得出产业缺水率之比。

5）代际用水公平系数：用水量与水资源可利用量的比值。以用水量与水资源可利用量的比值来表达代际用水的公平性。

2.4.5 维系生态功能良好的生态决策机制

生态属性的核心是可持续原则，该原则的核心是流域开发要维持流域水资源可持续利用，尽量避免对区域生态系统的干扰和破坏。生态属性的维护以水分-生态演替驱动关系为决策机制，在实现经济用水高效和公平的同时，需要考虑水循环系统本身健康和对相关生态与环境的支撑。生态决策机制的实质是在保证基本生态功能基础上提高流域生态服务功能的总价值，扩大生态环境的范围。

根据流域自然状况确定水循环生态服务功能的基本要求，满足水资源利用的可持续性，流域生态决策机制控制原则为

$$\text{Max } E(X) = M + B(X) - L(X) \tag{2-8}$$

式中：M 为流域的水生态服务价值总和；$B(X)$ 为通过人工水量调节后形成的新增生态服

务价值；$L(X)$ 为人工用水导致生态系统服务价值降低所形成的损失，包括天然水循环被人工用水干扰后生态用水总量上减少与用水的污水退水等引起水质恶化两方面对生态系统的负面影响导致的损失。该原则的核心是流域开发要维持流域水资源可持续利用，尽量避免对区域生态系统的干扰和破坏。

2.4.6 维系水体功能的环境决策机制

环境属性的核心是关注水环境质量对社会的综合效益，针对环境属性的决策机制是以维护水环境可承载性为准则。水质的控制和水量调控必须联合进行，通过调控使得控制断面水环境、水功能区划满足要求，实现流域污染负荷的达标排放和处理，保持区域水体的自净能力。同时，环境决策机制中还包括对水污染损失的衡量、废污水处理和再生利用的边际成本和效益对水量行业区域间分配的影响。

第 3 章　流域水循环多维调控方法

3.1　多维目标之间的关联性与整体性

由于水资源的短缺，水已经成为社会发展过程中诸多矛盾的焦点。

经济与生态的水资源竞争关系，主要体现在水资源的供给压力过大，导致当地自然生态系统缺乏足够的水量和水质维持系统的稳定和发展。自然生态系统恶化后，为了保持人类生存环境的舒适性和自然福利功能，进行了人工生态系统的建设和维护，这进一步加剧了人类社会对水资源的需求，从而引起恶性循环。

经济与环境对水资源的竞争关系，主要体现在当经济增长突破水资源承载能力后，水资源的供应能力和环境保护存在冲突。同时经济规模的扩大和生化用品使用的增加，排出的污染负荷增加导致区域环境恶化。为保障经济的发展和抑制环境的恶化，就要求有更多的投资去开发水资源并治理和保护水环境。与此同时，环境和经济也存在一致性，通过水环境的维持可以为经济发展提供更好的支撑条件。

经济社会、环境生态之间与对水资源的竞争关系主要表现在人类社会对公平发展需求的基础上，由于水成为经济、环境和生态的竞争性资源，水资源的拥有量和使用量就成为社会发展的关键所在。为了实现人类社会发展的公平性原则，对水资源的分配和使用都提出了一定的要求和目标，而这种公平的要求和目标往往同实际情况和资源自发性向高效地区和行业流动相矛盾。

从上述各维之间的竞争关系和矛盾可知，在进行水循环多维调控时，各维目标之间相互依存与制约的关系更为复杂，一个目标的变化通过直接与间接的约束条件会影响到其他目标的变化。这种变化具有竞争性，即某目标值的增加一般以其他目标值的减少为代价，称为目标间的交换比。用定量手段研究复杂的水资源优化配置决策问题时，上述目标间的交换比对决策者进行水循环多维调控具有重要意义。

为简化研究同时完整体现五维中的相互关系，在构筑多维临界调控理论过程中，将研究对象归并为以下三大系统。

1) 水循环系统：水循环本身，涉及水的再生能力和水循环量方面的健康程度。
2) 社会经济系统：涉及公平和效率，社会水循环所承载的社会、经济实体。
3) 生态环境系统：水循环过程所依赖和维系的生物圈，为人类社会提供基本的生态服务功能和排泄物净化能力。包括生态系统和环境系统两个维度。

按照系统论的观点，水循环多维临界调控的对象是水循环系统、社会经济系统和生态环境系统。在自然、社会二元水循环驱动力作用下，三个系统之间存在着有机联系和大量的定量关系，其间的制约关系导致三者之间互动连锁反应，因此，不同的调控方式、不同的评价指标将产出不同的收益和代价，具有不同含义。

3.2 目标函数的建立

3.2.1 五维归一化目标函数

由于多维调控中的五维目标具有不同的度量标准和单位，必须采用多目标比较分析的方法予以处理。现状多采用归一化方法将分项目标无量纲化进行加权比较，这种处理方式，由于缺乏人类社会与自然、环境与经济的统一度量标准，不能有效反映实际信息量，没有真正比较意义。

多维临界调控的目标具有整体性，整体调控方向倾向于生态环境还是社会经济，将决定系统调控的状态。准确衡量不同方向的调控效果必然涉及对各维效果的公度。目前对这些度量具有不同认识，因此必须在现有认识基础上建立可以反映不同维效果的整体目标函数，这就涉及调控手段和方案的价值观、调控归宿以及衡量准则。调控原则体现在对经济与生态、公平与效率、发展与环境的兼顾程度。

如何将不同来源、形式和单位的各维目标统一到同一坐标体系中进行价值量比较和分析是需要攻克的难题。本研究通过水循环多维调控理论方法、总量控制原则与标准、阈值指标集、调控模式构建与评价方案多目标分析等多方面研究尝试实现科学合理的五维归一化处理，其核心是探讨相应指标间的量化转换关系。

多维调控过程中，涉及资源、经济、社会、生态、环境多方面价值。因此，采用加法的思路，目标函数是各维价值的总和。调控的目标是追求综合效益最大化，同时区域间各维发展水平相差不大。在现有研究水平下，水资源的生态服务价值、环境价值、资源价值、经济价值均有独立的计算方法和技术。在本研究中将综合这些计算方法，同时考虑目标之间的转换关系比，实现综合的多维调控目标价值衡量。

根据上述分析，多维调控目标函数是社会净福利总量最大、人均差异最小。因此，计算的社会净福利是把生态、资源、环境和经济全部换算为价值量，采用标量之和的方式表达，实现度量的统一。归一化的目标函数可以采用下式表达：

$$\text{Max(obj)} = f\{\text{Max Econ}(t, d), \text{Max Soc}(t, d), \text{Max Env}(t, d), \\ \text{Max Ecow}(t, d), \text{Max Wres}(t, d)\} \quad (3-1)$$

式中：Max Econ (t, d) 为经济价值；Max Soc (t, d) 为社会价值；Max Env (t, d) 为环境价值；Max Ecow (t, d) 为生态价值；Max Wres (t, d) 为水资源价值。

各种目标间存在相互影响的关系，最终构成多目标均衡关系（图3-1）。

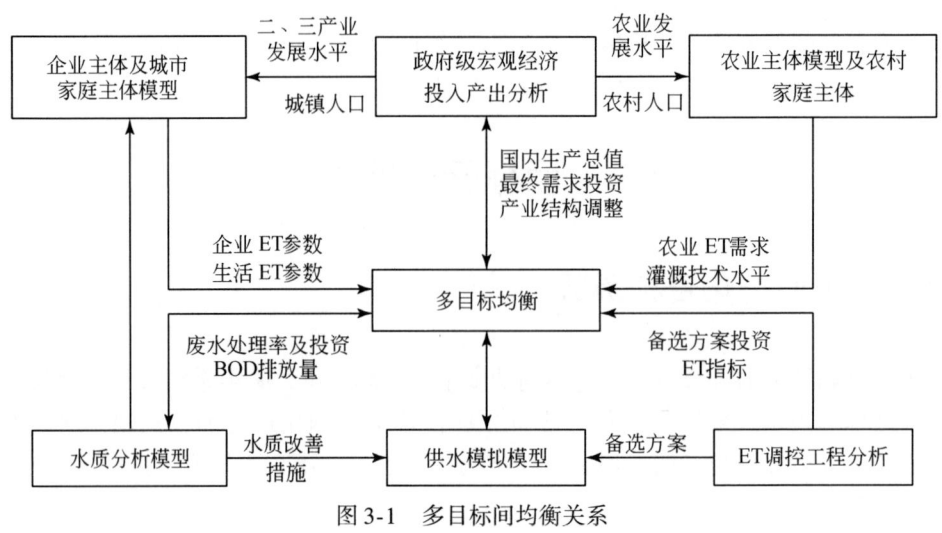

图 3-1　多目标间均衡关系

3.2.2　WEDP 最大目标函数

(1) 传统评价指标的缺陷

自然环境是人类赖以生存和发展的基础，环境对经济以及人类和其他生物提供了若干方面的功能。一是资源功能，包括用于经济进而转换为有益于人类的货物与服务的自然资源；二是受纳功能，环境接受并容纳了人类生产和消费活动所排放的无用甚至有害的副产品；三是生态服务功能，为包括人类在内的所有生物提供栖息地。然而随着社会经济生产和消费规模的不断扩大，人类造成了过量的资源消耗和高强度污染等问题，已经对经济社会的发展构成了严重的威胁。

在传统的国民经济核算体系下，把国民经济全部活动的产出概括为一个极为简明的统计数字——GDP，从而为一国经济状况提供了最为综合的衡量尺度。但是，国民经济核算作为是 20 世纪 30 年代的产物，在反映经济与环境的关系方面存在着根本性的缺陷，主要体现在将经济过程与环境割裂开来，没有体现环境对经济过程的作用，也没有反映经济过程对环境的影响。第一，国民经济核算所覆盖的资产仅限于经济资产，大部分环境资产游离于市场之外，无法纳入经济资产的范畴，同时只有生产资产在经济生产过程中作为投入，而包括环境在内的非生产资产则被视为与经济生产过程无关，不作为生产过程的投入看待，无法完整体现经济与环境的关系；第二，各种经济活动大体可分为两类，一类是利用环境、消耗环境而得到经济产品的活动，另一类是以保护和恢复环境为主要目的的经济活动，而国民经济核算将这两类活动作为一揽子经济活动进行核算，无法区分利用环境还是保护环境的不同效应，无法真实反映经济与环境的复杂关系；第三，从实物量到价值量，价格在其中起着中介作用，但在与环境有关的活动中，各种经济活动对环境的利用并没有内在化为价格的组成部分，从而不可避免地扭曲经济与环境的关系。

国民经济核算的缺陷极大影响了对环境–经济关系的描述与评价，造成对经济成就的高估，可能透过现有的管理机制引导决策者，以对环境的过度消耗来获得所谓的经济高速发展，这对可持续发展无疑存在着不良影响。

（2）WEDP 目标函数

面对现有核算体系和经济指标存在的不足，亟须将资源和环境因素纳入统计核算范畴内，全面、正确地描述环境经济的关系。开展资源及环境评价有两种理念：一种是加法，将某一时期的资源价值、环境价值以及利用资源和环境生产的经济产出加总，作为社会总财富来评价；另一种是减法，以现有的国民经济核算为基础，将利用环境、消耗资源所产生的资源耗减成本①和生态、环境退化成本②从总产出中扣除，评价某一时期的净效益。

由于资源价值和环境价值缺乏合理的市场价格为支撑，对各种资源的数量和环境的范围进行评价也存在较大难度。因此，评价某一时期内全部的资源、生态、环境价值是不现实的。而第二种方法是现有体系的完善和调整，同时对资源和环境的使用也相对容易获得，因此，第二种评价方法更具有可行性和现实意义。

目前，世界各国针对资源和环境核算开展了大量的研究，其中较为成熟的是联合国推行的综合环境经济核算体系。该体系通过建立一系列与资源和环境有关的账户，应用国民经济核算框架进行环境分析，开展自然资源核算和环境资产核算，评价国民经济生产过程中废弃物的排放，用国民经济核算的传统指标与环境经济核算的经环境因素调整的指标进行比较，建立起经济与环境的关系。综合环境经济核算中最重要的指标就是对 GDP 进行资源耗减成本、环境退化成本和环境保护支出三方面的调整，形成调整后的 GDP 指标（EDP）。需要说明的是，这种调整并不是真正意义上的核减，因为国民经济核算中没有包含资源价值和环境价值，因此如果直接从 GDP 中扣减并不合适，这种调整只是要分析在生产和消费过程中，按照市场价格核算所消耗的资源成本和环境成本以及为了保护环境所发生的投入，在经济生产的过程中对环境造成的负面消耗。

由于综合环境经济核算涉及诸多的资源和环境因素，要开展全方位的综合环境经济核算需要长时间的探索，因此，联合国统计司鼓励开展包括森林、矿产、土地以及水资源在内的专题核算，水资源环境经济核算体系就是综合环境经济核算框架下的专题核算之一。其总体思路是通过开展水资源实物量核算、水经济核算以及以水为核心的综合核算，将水资源与经济的相关信息有机地结合在一起，从水资源的角度反映环境与经济体之间的关系，核算经济活动中的水资源耗减成本和水生态、水环境退化成本，并纳入综合环境经济核算中，与其他资源核算成果结合对国民经济核算进行分析、调整，最终达到客观评价经济发展现状和潜力的目的。

本研究的目标就是以水资源环境经济核算为基础，在海河流域开展研究，分析经水资

---

① 资源耗减成本是指由于经济过程的利用导致的资源存量消耗而减少的货币量。
② 生态、环境退化成本是指由于经济过程的影响导致的生态、环境质量下降而减少的货币量。

源耗减成本、水生态退化成本和水环境保护支出调整后的国内总产出（WEDP）最大，用公式表述为

$$\max(\text{WEDP}) = \max(\text{GDP} - C_{\text{wrde}} - C_{\text{wede}} - C_{\text{wepr}}) \tag{3-2}$$

式中：GDP 为国内生产总值；C_{wrde} 为水资源耗减成本；C_{wede} 为水生态退化成本；C_{wepr} 为水环境保护支出。

(3) 研究目标

研究水资源环境经济效益的目的是分析生产和消费过程中对水环境造成的负面影响，评价经济活动造成的水资源耗减成本、水生态退化成本和水环境保护支出，将资源和环境的价值量核算纳入国民经济核算体系之中，建立起经济与环境的联系。通过定量研究国民经济活动用水过程中用水量与经济产出、水资源耗减成本、水生态退化成本、水环境保护支出的数学联系，分析各指标之间的相互转换关系，开展各指标的权衡分析（tradeoff analysis），探索合理的水资源开发利用阈值。

3.2.3 多维调控指标权衡分析

水资源系统是复杂的多维巨系统，其临界特征决定了系统具有从一种平衡态往另一种平衡态转移的特点。在不同的平衡态下，其中一维的变化会引起其他维的响应。但是，在特定相对平衡状态下，系统具有一定的包容性，对于系统内部或者外部的微小变化，系统会自发保持整体的完整性和运行的平稳性。可利用多目标函数模型，研究某一平衡状态下，某一维指标（如入海水量）变化与 GDP 的相互影响关系，建立各维指标与 GDP 的函数关系。研究水量在某一维中的变化对其他维的数量影响关系，通过综合的权衡分析可以判断各个维度之间合理的交换比。

海河流域人均水资源量不足 300m³，只相当于全国年人均水资源量的 1/7，远低于国际公认的缺水标准 1000m³ 和极度缺水标准 500m³。海河流域社会、经济、生态和环境用水存在着较大的竞争性。海河流域属于开放的复杂巨系统，作为开放的系统，系统环境的不断变化将导致系统的不断演化，这种演化一方面表现为系统从一种相对平衡状态向另一种相对平衡状态转移的过程，另一方面表现为系统功能、结构和目标的变化。由此，研究此平衡状态下的各维交换比是可行和有意义的。

根据对设定的海河水循环调控情景进行分析，对各维效益交换比以经济价值为平台进行了评价衡量，分别选取了包括水量平衡、ET、地下水超采、入海水量、生态用水、COD、GDP 等指标作为各维代表性指标参与多目标临界整体调控。

水资源系统各要素之间或各子系统之间的关联形式多种多样，这种关联的复杂性表现在结构上是各种各样的非线性关系，表现在内容上是物质、能量和信息的多重交换。系统又是不断演化发展的，会出现路径相依、多重均衡、分岔、突变、锁定、复杂周期等巨系统演化的典型特征。目前，对巨系统的研究尚处于从定性到定量的综合研究过程中，对于巨系统的精确预测和控制，还面临着许多困难。具体到海河流域水资源的五维属性，各维的变量状态变化复杂，某一指标的变化，会导致其他指标变化的多样性和无序性。某一指

标（如入海水量）变化，其他指标如超采量、生态用水、粮食和 GDP 等均有不同程度的变化且变化无法做定量研究。同时，各指标之间由于在同一度量下难以量化，直接进行对比分析不具可操作性。

在系统变化过程中，固定其他变量，单一研究某一指标（如入海水量）变化对 GDP 的影响，进行 GDP 对各指标变化的敏感性分析，建立各维指标变化与 GDP 的函数关系。以 GDP 为准绳，定量分析各指标之间的交换比，从而为各维之间进行水量交换效益分析提供统一量化基础。

以水资源多目标决策分析技术为基础，通过对 ET、用水总量、南水北调水量以及其他边界条件的设置，计算海河流域 2020 年平衡方案。以此方案为基础，分析建立入海水量与 GDP、地下水超采与 GDP、农业用水与 GDP 的函数关系，为平衡方案的调整与决策提供依据。根据对各方案成果的整理分析，提出各维主要代表指标与 GDP 的变化关系如图 3-2 至图 3-4 所示。

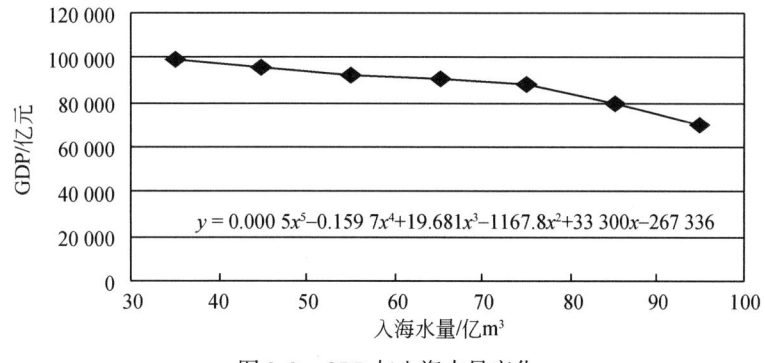

图 3-2　GDP 与入海水量变化

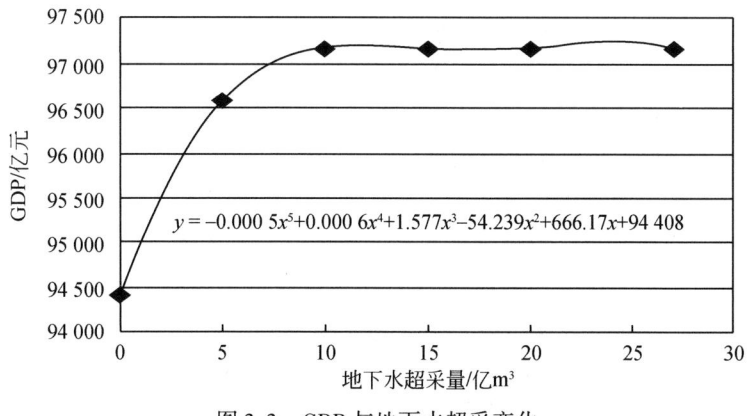

图 3-3　GDP 与地下水超采变化

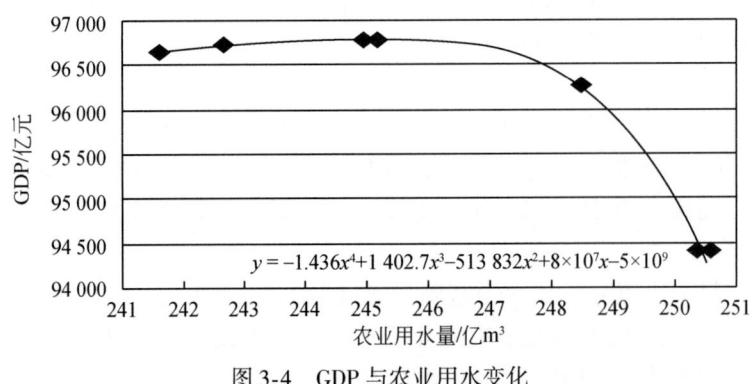

图 3-4 GDP 与农业用水变化

3.3 水循环多维临界调控模型

3.3.1 水循环多维临界调控技术体系

水循环多维临界调控技术体系包括基础理论、方法研究、模型工具、指标选择和对策分析等多个层次并相互关联。本书研究中各层次的主要内容如图3-5所示。

3.3.2 DAMOS 模型

3.3.2.1 模型目标与主要功能

水资源系统多维调控的目标，是基于水资源系统复杂、开放的巨系统特点，主要针对区域水资源的社会、经济、生态、环境需求，利用科学方法和经验相结合的手段，解决现实社会中的多阶段、多层次、多目标、多决策问题，通过工程与非工程措施对水资源的开发利用进行科学调节和控制，并引导当地社会、经济的发展方式，协调社会发展与当地生态、环境的矛盾，确保人与自然和谐相处。

水资源系统多维调控模型的功能及其所要实现的目标如下。

(1) 提供一个分析工具，能够模拟并预测水资源系统的演变规律

水资源系统的演变过程极其复杂，目前对水资源系统的演变规律研究的方向较不均衡。在水循环过程中，对于大气循环、气候变化模式和水汽交换过程，只能进行定性或者宏观的分析和预测，而对于产汇流、入渗和径流的研究都比较成熟，能够较精确地进行描述。对于与水资源相关的系统，经济维的模拟和预测都局限于宏观分析或局部精确描述；环境维中，点源污染过程模拟得较好，但面源污染仍然难于精确表述；在生态维中，对于生态价值的计算标准仍然没有较统一的认识，在研究过程中，也难以定量分析水量过程。由此看来，对于水资源系统的演化模拟，一是不能有太高的精确度；二是不能进行过于紧密的耦合方式，松散耦合的方式较为合适；三是各维不能直接采用统一的价值标准来衡

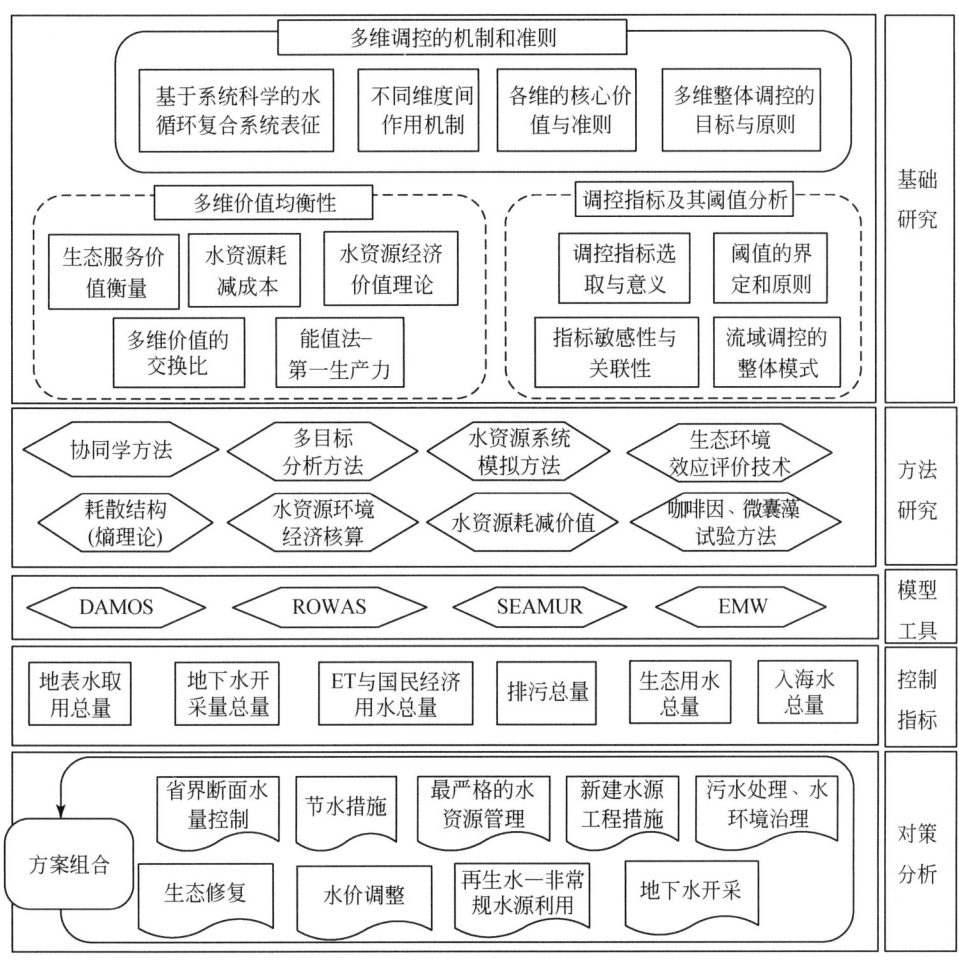

图 3-5　水循环多维临界调控技术体系

量；四是对于各维的演化过程，只能选取一定的方向去研究，而不能做到面面俱到。

(2) 能够通过决策者的参与和引导，完成水资源系统的多维调控过程

水资源的多维调控过程，主要是处理水资源在各维之间分配的关系。在水资源短缺的流域或区域，水资源在各维之间的竞争性很强，不同的水量分配会影响各维的平衡与发展，如何确定这种水量与各维目标的关系，则是水循环多维调控系统必备的功能。以此为基础，通过决策者的参与和交互，系统能够为决策者提供一个计算平台和分析平台，将各维之间的水量交互关系展现出来，分析每个水量分配方案对水资源系统整体状态的影响，最终引导决策者实现一个综合效益最大的水循环调控方案，达到人水和谐的最终目标。

(3) 描述各维的演变状态，确定各维的关键性指标

水资源系统是一个开放式的复杂巨系统，总是在外界干扰和自身运行规律的双重作用下，进行"稳定—不稳定—稳定"的状态转化。根据协同学理论，如果没有外界因素的干扰，系统总是趋于稳定状态。只有在外界的干扰情况下，系统才会从一种稳定状态演化到另一种稳定状态。水资源系统的稳定，主要表现在水循环以及相关的社会、经济、环境和生态的稳定性。其中，水循环的稳定性表现在自然水循环过程和人工侧支循环过程中的水量和水质的稳定，而社会、经济的稳定性则表现在社会经济结构、发展模式和增长速度的稳定，生态和环境的稳定性表现在生态系统和环境纳污能力的稳定。为了研究水资源系统的演变，需要建立一定的指标集来描述系统的变化状态。由于系统的状态变化过于复杂，要完整地描述变化过程就需要一个庞大而层次繁多的指标集，在实际中难以实现。因此，根据不同的研究目的，提出不同具有针对性的指标集就成为较为现实的选择。

3.3.2.2 模型框架

DAMOS 是一个宏观层次模型，它通过多目标之间的权衡来确定社会发展模式及相应的投资和供水组成。其中多目标均衡模块是模型调控模块，而宏观经济模块、水资源平衡模块、水环境模块及生态模块等是模型的基础模块。在模型中，需要建立现状及预测状态下的 GDP、工农业生产总值、消费与积累的比例关系。在优化过程中要充分考虑节水规划的指导原则，不断优化产业结构、种植结构和用水结构，同时结合宏观经济模型和人口模型，利用需水预测模型进行需水预测，利用污水处理费用投资来控制污水处理成本，用地下水超采量和入海水量来衡量生态水平的指标，通过经济的不断发展来促进城镇就业率的提高，从而将水资源、投资和环境、生态、经济等目标有机结合起来。

社会经济模块主要细化为投入产出分析模块和人口发展模块、工业及三产模块和农业模块等。通过投入产出分析确定社会经济规模，而人口发展模块、工业及三产模块和农业模块分别根据经济发展规模确定相应发展指标，然后由需水模块计算出相应的需水量；ET 调控模块则根据需水量计算 ET；供水模拟模块则是根据区域水资源特点及水利工程的能力来计算供水量；生态环境分析模块则处理生态环境的用水量和与社会经济发展模块的反馈作用。多目标模块则连接各模块，协调各模块的关系，并且为用户提供指标输出等。具体结构如图 3-6 所示。

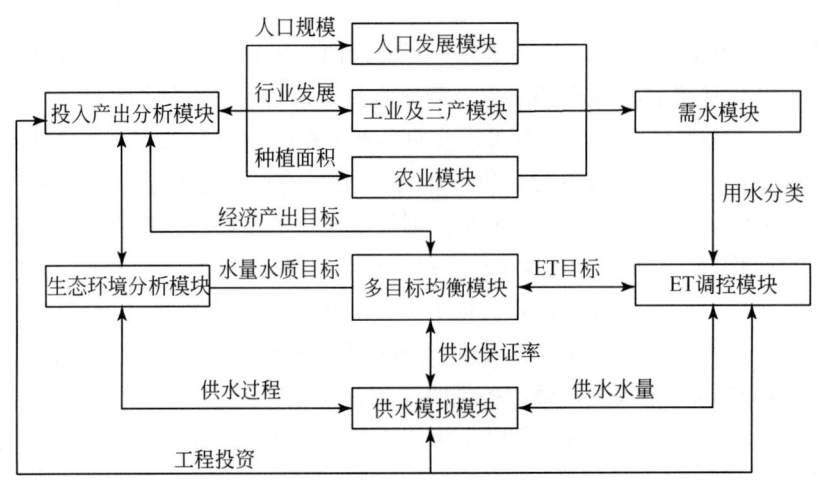

图 3-6 多目标决策分析模型总体框架

3.3.2.3 多目标模块

在多目标问题中，决策的目的在于使决策者获得最满意的方案，或取得最大效用的结果。为此，在决策过程中，必须考虑两个问题：其一是问题的结构或决策态势，即问题的客观事实；其二是决策规则或偏好结构，即人的主观作用。前者要求各个目标（或属性）能够实现最优，即多目标的优化问题。后者要求能够直接或间接地建立所有方案的偏好序列，借以最优择优，这是效用理论的问题。

多目标问题一般的数学表达式如下：

$$\max(\min) \boldsymbol{f}(\boldsymbol{x}) = \{f_1(x), \cdots, f_p(x)\} \tag{3-3}$$
$$\text{s.t.} \quad x \in X$$

式中：$\boldsymbol{f}(\boldsymbol{x})$ 为由决策变量组成的向量；$f_i(x)$ 为目标函数；X 为决策变量的可行域。像这样的多目标优化问题的解一般不是唯一的，而是有多个（有限或无限）解，组成非劣解集，供决策者参考。

DAMOS 模型在处理多目标问题时提供两种基本方法：情景分析方法和交互式切比雪夫方法。其中情景分析方法属于决策偏好的事后估计，而交互式的切比雪夫方法属于通过求解过程中的交互确定决策偏好。

在水资源规划中，要求多目标分析模块能够综合考虑经济、生态、环境、社会、供水稳定性等各方面的因素，体现可持续发展的方针，综合反映经济社会、环境生态与水资源系统的结构及相互关系，因此模型应该包括经济持续发展、社会稳定、水环境保护、生态保护和水资源可持续发展五个方面的目标。

在水资源规划多目标均衡模块中，通过充分征求各领域专家与决策者的意见，采用人 GDP 最高作为经济发展方面的目标，COD 作为水环境综合评价指标，FOOD 接近控制目标作为社会安定方面的指标，OVEX 作为水资源可持续利用目标，WAFOR 作为生态目标。这五个目标之间是相互联系、相互制约而又不可公度的。

GDP 是一项全面反映经济活动水平的国际通用指标，作为区域经济发展的目标是比较合适的。对于其他指标来说，国民收入不包括非物质生产部门的产值，而各行业总产值中则有一些重复计算，只有 GDP 能够比较全面地反映宏观经济的总体发展水平，因此，国内外在宏观经济计算和分析时均采用这一指标。此外，由于这方面资料比较齐全，数据来源可靠，因此选这一指标作为目标有较好的统计数据支持。

COD 是水中有机物消耗氧的含量，是反映废水污染程度的重要指标之一，也是一项具有普遍意义的水质指标，能够较为准确地反映区域水环境状况。由于 COD 是污染组分而不是硬性指标，易于测量，也易于找到统计数据。COD 指标与环境投资估算也有较好的定量联系，因此选取 COD 指标可以方便地建立水质与经济方面的联系。

FOOD 与社会安定关系密切，也与经济发展密切相关，尤其是对增加农业人口收入意义重大。减少粮食生产固然可以减少水资源的消耗，但由于经济结构、生产力水平、农村劳动力和自然条件等因素的限制，任何一个地区都不可能在很短的时间内停止粮食生产，同时粮食安全也是社会稳定的重要保障。因此选取人均粮食占有量接近控制目标作为社会目标具有重要的现实意义。

OVEX 是重要的生态目标，这是维护水循环健康的基础目标，也是水资源管理最终的调控目标之一。地下水的目标是零超采，但区域地下水超采严重，地下水水位已经很低，虽然实现零超采是较好的选择，但对于生态恢复，是远远不够的，调整社会经济用水，在零超采的前提下，要尽量恢复地下水水位，是较为理想的方式。

WAFOR 是用于维持河道一定功能的水量，包括维持河床基本形态、防止河道断流、保持水体天然自净能力和避免河流水体生物群落遭到无法恢复的破坏而保留在河道中的最小水（流）量，即生态基流；维持河道基本冲淤平衡所需水量，即输沙需水；维持河道内水生生物群落的稳定性和保护生物多样性所需要的水量，即水生生物需水量。由于河道内生态水量在海河流域被挤占程度较高，选取其作为生态维的指标可以较好地代表区域的生态质量。

水资源可持续发展是社会存在和发展的前提，也是水循环多维调控的首要目标。对于人类社会而言，尽量减少对自然水循环的干扰，降低自然水循环的额外负担，是维持区域内水均衡的唯一方法。通过社会经济结构的调整，确定社会经济 ET 目标，减少社会经济 ET，是保证水资源可持续发展的有效手段。

综上所述，DAMOS 模型的目标方程可以定义为

$$COBJ = f\{\min OVEX(t,d), \max GDP(t,d), \max FOOD(t,d), \\ \min COD(t,d), \max WAFOR(t,d)\} \quad (3-4)$$

3.3.2.4 水资源模块

水资源模块主要分为两块：一块为区域水均衡模块，主要计算区域 ET 目标；另一块为水资源平衡分析，主要确定水资源供应能力。

(1) 区域水平衡模块

ET 控制目标是指在一个特定发展阶段的区域内，以其水资源条件为基础，以整个区域内水资源良性循环为约束，人类社会、经济健康发展过程中实现的水资源可消耗总量。

具有天然主循环和人工侧支循环二元结构的区域水循环不但构成了社会经济发展的资源基础，也是生态环境演变的控制因素。确保区域水循环处于均衡状态，是实现区域水资源可持续利用的前提，也是真正实现人与自然和谐相处的重要体现。因此，必须以区域水均衡作为约束，推求区域水资源可消耗总量。

区域水均衡是指在一定时间范围和区域范围内，地表水和地下水储量处于生态安全的条件下，时段来水和时段出流与消耗之和的均衡。可用下式表示：

$$P + T + CS = ET + O$$

或
$$P+T+CS-ET-O=0 \quad (3-5)$$

式中：P 为本地降水量；T 为外来水量；CS 为系统内部蓄水量变化；ET 为蒸腾蒸发量；O 为系统流出量。

由图 3-7 可知，如果要保证区域的水资源可持续发展，就需要减少区域内的水量蓄存变化量，也就是 CS 趋向于零。

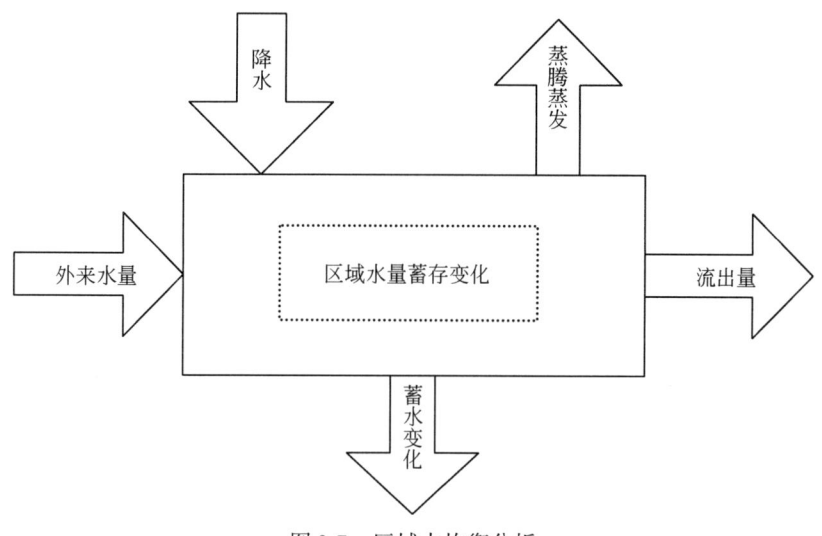

图 3-7 区域水均衡分析

（2）供水分析

模拟河道水量分配和调度过程，与传统的流域模拟模型功能类似，通过对流域进行概化，形成流域节点图，用于流域的水量平衡演算，得到各个节点的水量。

在本模型中，水量调度和分配行为被限制在河道内和地下含水层进行，主要包括对水库、地下水库、引退水节点和汇流节点的水量分配（图 3-8）。各类节点的水量平衡关系如下所述。

A. 水库

$$VE(M+1, N) = VE(M, N) + I(M, N) - O(M, N) - SP(M, N) - LK(M, N) \tag{3-6}$$

式中：$VE(M,N)$ 为水库节点 N 第 M 月的蓄水量；$I(M,N)$ 为水库入流量；$O(M,N)$ 为水库出流量；$SP(M,N)$ 为水库的蒸各种供水量；$LK(M,N)$ 为水库的蒸发渗漏损失量。

B. 地下水库

$$GVE(M+1, N) = GVE(M, N) + GSA(M, N) + GSP(M, N) + GSR(M, N) - EG(M, N) - GSP(M, N) \tag{3-7}$$

式中：$GVE(M,N)$ 为地下水库节点 N 第 M 月的蓄水量；$GSA(M,N)$、$GSP(M,N)$、$GSR(M,N)$ 分别为灌溉补给、降雨补给和河渠补给；$EG(M,N)$ 为潜水蒸发；$GSP(M,N)$ 为地下水开采量。

C. 河道引退水节点

$$O(M, N) = I(M, N) + R(M, N) - SP(M, N) \tag{3-8}$$

式中：$O(M,N)$ 为节点出流量；$I(M,N)$ 为节点入流量；$R(M,N)$ 为节点的退水量；$SP(M,N)$ 为引水量。

D. 汇流节点

$$O(M, N) = \sum_J I(M, N, J) \tag{3-9}$$

式中：$O(M,N)$ 为节点出流量；$I(M,N,J)$ 为节点入流量。

该行为的输入为各时段的天然径流量、水库调度规则、节点间的水力关系等，输出为各种供水量和各个节点的出流量，行为发生的频率为每月一次。

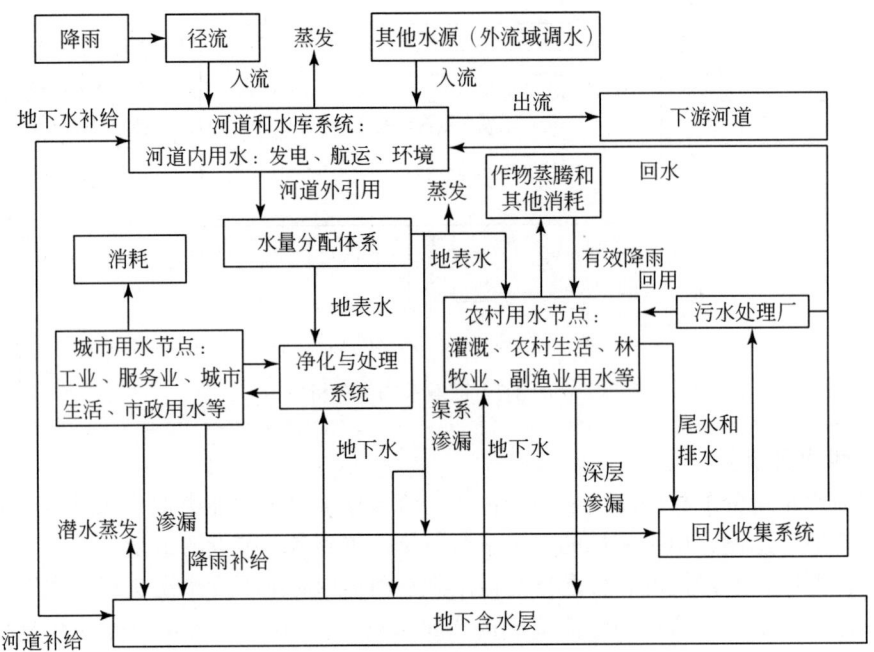

图 3-8 流域水资源利用与水量平衡关系

3.3.2.5 经济社会模块

宏观经济与水资源关系的研究，近些年有了很快的发展，基本思路为：宏观经济发展速度，将影响需水量增长的速度；经济结构的变化和城市化进程，将影响到工业和农业用水比例；经济发展的各种污染，将造成有效水资源量的减少；经济积累，将有助于包括水资源在内的各经济部门的开发利用和保护管理。其计算基本原理主要是基于投入产出分析来确定经济的发展情况。

投入产出模型把一个地区的全部经济当做一个单一的体系来观察，来说明国民经济各部门彼此依赖的相互关系。在静态模型中，投资被视为外生变量，以积累的名义包含在最终需求中；动态模型将投资和生产同步计算，以动态考察时间序列上的生产性积累和扩大再生产的关系；实际经济活动中，投资既可能来自于内部积累，也可能来自于外部投入，或者两者结合，视具体问题而定。

投入产出模型可以反映国民经济活动的许多内容，如社会总产品的分配和使用、社会总产品的价值构成、国民收入的总量和来源、劳动力资源和分配使用、生产性固定资产的总量与分配、经济增长情况等。衡量经济的总体发展水平和相应的结构特征，一般采用 GDP，在数值上等于各部门增加值总和，包括折旧、工资和利税。

因此，对于经济行为的描述主要由以下的方程表示：结构约束方程、GDP 值方程、居民消费方程、社会消费方程、社会积累上下限约束方程、流动资金方程、进出口上下限约束方程、各行业产出约束方程、固定资产增量方程、固定资产存量方程、各行业总固定资产与投资方程。

3.3.2.6 生态环境模块

经济发展所带来的环境污染、生态变化与经济发展程度成正比，与环境、生态投资成反比，环境及生态控制决定于发展模式的确定，并通过模型优化与决策者的外部干预来实现。

其中生态模块主要处理生态耗水的相互关系。模型将标准生态耗水分为天然部分和人工部分。在模型中，天然部分不消耗河道内径流量；而人工部分只有通过消耗河道内径流量才能存在，从而形成了与其他部门耗水的竞争关系。天然部分不具有可控性，遵循自然规律，可以通过地表植被、气候变化等变量确定其消耗量，而人工部分具有可控性，能够通过供水过程来影响和调控其耗水量。

环境问题和生态问题同样复杂，在实际的水资源利用过程中，水环境问题主要存在于两个方面：由农业灌溉问题引起的土壤和水的盐分积累问题和由工业和生活用水产生的各种污染物的问题。本模型只考虑了后者，这样水环境管理行为可以概化为提供污水处理费用，包括新增污水处理能力建设费和污水处理运行费，各节点的污水处理费用以自由变量的形式在模型中出现，从宏观经济中的总固定资产投资中提供污水的处理费用。

3.3.3 ROWAS 模型

(1) 模型目标与主要功能

ROWAS 的模拟目标主要是实现符合各种工程技术约束和系统运行规则下的水量合理配置。水资源配置需要完成时间、空间和用户间三个层面上从水源到用户的分配，不同层次的分配受不同因素的影响。

时间层面上对水量的分配主要取决于天然来水状况、用户需水过程以及供水工程的调节能力，通过供水工程尤其是蓄水工程的调节实现从天然来水过程到用户用水需求过程的调节。空间层面分配是指不同区域间的水资源分配，区域间的水量分配主要受供水条件、用水权限影响。供水条件主要反映工程对区域用户的水量传输条件，一定程度反映了水利工程的配套能力；而分水权限则反映了区域分配共有水源的权利，是决策因素的体现。用户间水量分配则主要受供水方式、用户优先级和水质状况影响。供水方式是指由于供水设施的差异存在部分不能跨用户使用的水源，由于供水方式不同导致部分水源不能供给某类用户；用户优先级决定了不同用户对公共性水源的竞争性关系；水质状况反映了不同用户对水质要求而造成的对配置的影响。

通过配置计算，ROWAS 可以完成时间、空间和用户间三个层面上从水源到用户的分配，并且在不同层次的分配中考虑不同因素的影响。考虑实际中不同类别的水源总是通过不同的水力关系传输，系统采用分层网络的方法描述系统内的不同类别水源运动过程。即将不同水源的运动关系分别定义为水源网络层，而各类水力关系就是建立该类水源运动层的基础。同时又通过计算单元、河网、地表工程节点、水汇等基本元素实现不同水源的汇合转换，构成了系统水量在水平方向上的运动基础，清晰描述不同类别水源平衡过程。

（2）模型框架

ROWAS是基于规则的水资源配置模型，以系统概化为基础对实际系统进行简化处理，通过抽象和简化将复杂系统转化为满足数学描述的框架，实现整个系统的模式化处理。以系统概化得到的点线概念表达实际中与水相关的各类元素和相互关联过程，识别系统主要过程和影响因素，抽取主要和关键环节并忽略次要信息。在系统概化的基础上对系统的水源和用水户进行分类，从而建立模拟模型。

系统模拟过程中需要考虑不同的控制规则，主要包括以下几点。

1）系统运行安全性原则：水资源调度运用必须服从安全第一的原则，对各种水利工程、河道、天然湖泊以及蓄滞洪区的操作运用都必须控制在设计的或规定的安全范围之内。地表水库要在确保工程安全条件下运行，其蓄水位不得超过最高允许蓄水位（汛期为防洪限制水位）的限制，各项工程的强制性约束必须遵守该原则。

2）多用户水量分配协调原则：水库的长期调度运行方式主要根据供水的要求来制定，不同优先级的用户根据调度规则控制在保障各个用户最低需求的基础上实现水量的渐序分配。

3）水量分配的宽浅式破坏原则：当来水不足时，水资源系统就不能实现供需平衡，就要发生一定程度的缺水，宽浅式破坏原则就是在时段之间、地区之间、行业之间尽量比较均匀地分摊缺水量，防止个别地区、个别行业、个别时段的大幅度集中缺水。水资源系统往往很难做到完全的或理想的宽浅式破坏，只能够尽量做到大体上的宽浅式破坏。

4）用户优先性原则：供水优先序应从需水的行业、时间、空间三方面来分析。从某种程度上看与供水高效性原则是相符的。一般而言，生活需水应优先满足；工业需水次之；农业需水再次之；生态环境需水最后满足。其中，生态环境的最低需水量要优先满足。但对于农业，在缺水条件下为保证粮食安全，避免缺水绝收的最低农业用水高于工业和三产用户的用水需求。

5）尊重现状分水原则：尊重现有分水协议原则是指当同一流域水资源已经有明确的分水协议的条件下，各个地区的分水量要遵守分水协议。一般情况下，协议分配的水量，应当作为各地区分水的硬性上限约束，不得突破。

6）高效性原则：指水资源系统的供水基本上要按照单位用水量效益从高到低的次序进行供水。用水效益的高低也不仅仅局限于经济效益，还应该包括对人类生命、生活、社会和环境的价值和重要性。

7）公平性原则：公平性主要体现在地区与地区之间、行业与行业之间的供水。各地区之间已经有水权分配或协议分配的情况，要优先执行。在水权和协议制定过程中，一般比较充分地考虑了公平性以及其他因素。在水量不足条件下，需要采用宽浅式破坏原则，保障区域和行业之间水量分配的公平性。

ROWAS 模型模拟中单个时段的配置以水源优先序逐次进行。

(3) 非常规水源利用子系统

非常规水源一般数量较小，按照系统水源利用优先序原则属于应优先使用的水量，其水量只能供本单元使用，不存在单元间的水量传递关系。该类水源利用按照规则集规定的用户和优先序进行配置，对雨水利用、海水淡化、海水直接利用和微咸水利用过程分别进行计算，将其可利用水量分别配置给所需用户。上述各类水源时段可利用量由输入参数确定。

(4) 当地径流与河网水子系统

地表水资源通常是最主要的水源，具有流动性和可控性强的特点，所以确定地表水的利用方式是规划决策的重要目标。因此，对地表水运动过程的模拟也是整个模型的重点。按照系统概化规则地表水利用分为本地径流及河网水利用与系统图单列的地表工程供水两个阶段，划分为单列地表工程供水、本地引提水和本地河网水利用三部分进行模拟。

本地水是单元概化引提水工程可以供给的水量。该部分水量由单元的面上径流和概化的引提水利用能力确定，引提供水量按其用户间分配比例配置到各类用户。河网水利用体现单元小型水库及塘坝等本地蓄水设施的供水量，河网入流包括本地河网可以调控的单元面上径流（扣除引提已使用部分）、上游河网超蓄后排出水量、单元排出的部分污水退水、部分水库超蓄水量。河网供出水量由进入河网的总水量、河网蓄水能力以及河网调蓄系数综合确定。

(5) 地表水子系统

地表水子系统主要完成系统图上单列地表工程的供水以及水量平衡计算。地表工程时段初始库容由上时段末库容累加当前时段实际入库水量得出；时段蒸发渗漏损失由时段初库容确定。其中渗漏损失由渗漏系数计算，蒸发由水面蒸发系数和初始库容对应的水面面积确定。

地表工程供水量以工程来水、受水单元需水和工程调节性能采用水库调节计算得出。各个工程的生活、工业和农业供水量分别以调度线控制计算。各水库根据其供水能力确定对单元的最大需水满足程度，避免超过其实际配套能力的供水结果。另外，工程对各类用户的供水还受渠道过水能力限制，据计算所选取的需水类型确定是否考虑供水过程中的水量损失。各时段末工程供水完毕后超过其蓄水能力部分水量根据系统图工程弃水走向关系排向下游工程、单元或入海。

(6) 地下水子系统

地下水的开采利用通过简化的地下水库分析，以可开采量的年内分配过程作为地下水库的入流量。由于所使用的地下水资源量已经考虑了各项补给量和排泄量的计算，所以不再计算地表水和地下水的水量交换关系。但在计算统计各项地表水对地下水的补给量，可以作进一步的地下水采补平衡分析，并根据资料条件作地下水模块的功能扩展。

浅层地下水与地表水资源联合调度进行配置，分三个阶段完成其配置计算。第一阶段主要完成浅层地下水的最低开采利用，该部分水量是根据现状地下水设施状况和地下水开采能力进行分析确定，主要满足生活、工业以及农业的最低需水要求。第二阶段在地表供水系统计算完成后进行，将第一阶段配置后剩余的地下水可利用量对地表水供水后仍存在需水缺口的生活、工业用户进行补充供水。计算中以城镇生活、农村生活、工业、农业的用水优先序逐次完成。每一用户的可用水量为上一类用户分配完成后的剩余水量。在深层地下水开采后生活、工业和农业仍存在需水缺口时，按照单元预定的可超采上限进行浅层地下水第三阶段开采利用，追加供给相应的缺水用户。

深层地下水遵循地下水开采保护目标规则，尽量不开采或少开采，主要作为地表水等主要水源供水后部分用户需水仍未满足时的补充供给。深层地下水主要供生活和工业使用，无其他水源地区或当农业最低需水要求也未满足时也可利用。

（7）外调水子系统

调水工程将总供水量按受水单元受水比例供入相应调水渠道。工程分水完成后，单元根据其网络关系确定的调水渠道累积外调水受水量，再按照调水水量对各用户分配的比例进行配置，优先级高的用户配置得到的多余水量可以转给下级用户使用。调水工程均具有一定槽蓄能力或调蓄工程，对其概化为调水工程调蓄能力，在供水时段结束后，该部分存蓄水量可以滞后一个时段，超过用户需求的水量可以使用该部分调蓄能力予以存蓄并转移到下时段使用。外调水工程水量平衡：

$$V_{\text{末}} = V_{\text{初}} + O - \sum_{i=0}^{j} Q_i + \sum_{i=0}^{j} R_i - T - U - W \tag{3-10}$$

式中：$V_{\text{初}}$ 为调蓄库容时段蓄水初值；$V_{\text{末}}$ 为调蓄库容时段蓄水末值；O 为时段调水量；R 为调水渠道退水量；Q_i 为调水渠道分水量；j 为调水渠道数；T 为河网蒸发损失量；U 为河网渗漏损失量；W 为退回工程总水量（不能利用和存蓄的水量）。

（8）废污水退水计算子系统

当一个时段所有水源配置完成后，即得到各类用户实际用水量，各类用户实际用水乘以其耗水率即得到相应耗水量，生态用水认为全部消耗。按照系统概化规则，污水退水均滞后一个时段产生。对于城镇生活和工业用户，实际用水量扣除消耗部分水量即为污水水源量。以污水水源量为基础，再由污水处理再利用的能力确定单元总的可再利用处理后污水水量，处理后再利用污水按利用比例配置到工业、城镇河湖补水以及农业等用户，对于超出用户需求部分的处理后污水，将其用作改善生态环境使用。对于农村用户（农村生活和农业），扣除耗水后的剩余水量分为下渗水量和回归水量两部分。不能利用的污水量和农村用户耗水后的余水量按系统网络图关系以确定比例退入本单元河网、下游节点或水汇。

3.3.4 EMW 模型

3.3.4.1 模型结构

EMW 模型的作用是从市场经济的角度，将社会经济用水过程造成的水资源耗减问题和水生态、水环境退化问题用经济指标量化，反映 GDP 增加的同时造成的水资源耗减问题和水生态、水环境退化，评价水资源环境经济效益。目标是以水资源为介质，建立起实物量指标和价值量指标（包括水资源耗减量、污水排放量、地下水位、入海水量、水资源影子价格、水资源耗减成本、水生态退化成本、水环境保护支出、GDP 等资源、环境及价值指标）等多维指标的权衡分析，分析社会经济用水量变化所引起的 GDP、水资源耗减成本、水生态退化成本以及水环境保护支出的变动，并推求 WEDP 最大的社会经济用水量区间，以此作为流域水资源合理开发利用的阈值。

模型共分为三个模块，分别是投入产出模块、水资源价值评价模块和用水负效应分析模块。投入产出模块是模型的核心部分，以 2007 年海河流域投入产出表为基础采用线性规划分析方法，模拟不同用水量情景下 GDP、分行业用水量、废污水排放量和水资源影子价格；用水负效应分析模块主要模拟用水过程引起的地下水变化、入海水量以及水资源耗减量变化，为评价资源耗减成本及生态、环境退化成本提供基础；在上述结果的基础上，水资源价值评价模块分析由于用水过程导致的水资源耗减成本、水生态退化成本以及社会经济活动中投入的水环境保护支出等负面效应，最终评价用水综合环境经济效益。通过比较分析不同用水量状况下的 WEDP，寻求最大的 WEDP 用水量，以此作为海河流域合理用水阈值。EMW 模型结构如图 3-9 所示。

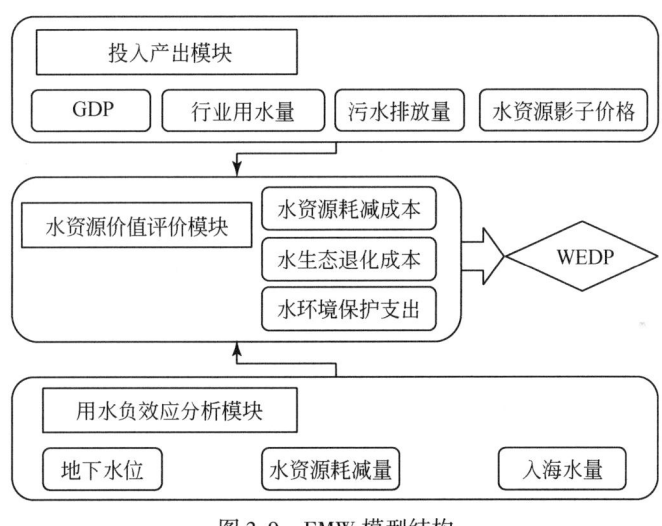

图 3-9　EMW 模型结构

3.3.4.2　投入产出模型

投入产出模型的作用是基于一定的产业结构，通过投入产出模型建立起水资源与国民经济的联系，并通过模型模拟一定水量条件下的水资源影子价格、GDP、分行业用水量及排污量等指标，作为计算水资源耗减成本的基础。建立的模型目标函数为

$$\max V = \sum_{j=1}^{n} a_{v_j} X_j (j=1, 2, \cdots, 10) \tag{3-11}$$

约束条件如下：

$$AX + Y = X \tag{3-12}$$

$$X^l \leqslant X \leqslant X^h \tag{3-13}$$

$$Y^l \leqslant Y \leqslant X \tag{3-14}$$

$$V^l \leqslant V \leqslant X \tag{3-15}$$

$$\sum a_{w_j} X_j \leqslant W \tag{3-16}$$

$$0 \leqslant W_j \leqslant W_j^h \tag{3-17}$$

式中：V 为国民经济各行业增加值；X 为各行业总产出列向量；X_j 为第 j 行业总产出；Y 为最终产品列向量；Y^l 为最终产品下界列向量；X^l 为总产出下界列向量；X^h 为总产出上界列向量；V^l 为增加值下界列向量；A 为投入产出直接消耗系数矩阵；a_{v_j} 为第 j 行业增加值系数，等于本行业增加值与总产出的比；a_{w_j} 为第 j 行业直接用水系数，等于该行业总用水量与总产出的比；W 为可利用的水资源量。根据海河流域的资料情况，将国民经济行业分为 10 个部门，与此对应，建立的线性规划模型行业也分为 10 个。

3.3.4.3 用水负效应分析模型

用水负效应分析模型的作用是分析用水量引起的地下水位、入海水量以及水资源耗减量等指标变化，建立各指标与用水量的数学关系。

（1）水资源耗减量与用水量的关系

水资源耗减量（water resources depletion）是指在核算期内，经济社会活动的用水消耗量超过当地水资源开发利用阈值的水量。

对于地表水而言，地表水资源属于可更新的，地表水资源耗减量应从地表水用水消耗量是否超过了地表水可利用量考虑，可将地表水可利用量作为其开发利用阈值。地表水用水消耗量包括三部分：核算区域外调入水量形成的用水消耗量（C_{out}）当地地表水的用水消耗量（C_{in}）和调出水量（T_{out}）。其中，由于调出水量一般不再回归核算区域内的地表水体或地下含水层，因此将调出水量全部作为消耗量计算。这三项之和即为地表水用水消耗量。地表水资源耗减量（D_s）是地表水用水消耗量与地表水可利用量（A_s）的差值，可采用式（3-18）表示：

$$D_s = (C_{in} + C_{out} + T_{out}) - A_s \tag{3-18}$$

也可表示为

$$D_s = (U_{out} \times r + U_{in} \times r + T_{out}) - A_s \tag{3-19}$$

式中：U_{out} 为外调水使用量；U_{in} 为当地地表水使用量；r 为耗水率。

对于地下水而言，浅层地下水在一定程度上属于可更新的，可将地下水可开采量作为其开发利用阈值。与地下水可开采量概念相对应、表征地下水资源开发利用特性的指标为地下水开采量。因此，浅层地下水资源耗减量（D_{sg}）应从浅层地下水开采量（E_{sg}）是否超过了地下水可开采量（A_g）考虑。

$$D_{sg} = E_{sg} - A_g \tag{3-20}$$

深层地下水与矿产资源相似，属于难以更新的水量。鉴于深层地下水的补给条件较差，更新速度极其缓慢，深层地下水开采量（E_{dg}）应全部作为其水资源耗减量（D_{dg}）。尽管在目前水资源评价中，深层地下水不作为水资源量考虑，但是这部分水量对于经济社会发展的支撑作用也是不容忽视的，尤其在我国的北方地区。

$$D_{dg} = E_{dg} \tag{3-21}$$

水资源耗减量等于地表水和地下水耗减量之和：

$$D_w = D_s + D_{sg} + D_{dg} \tag{3-22}$$

（2）地下水位与用水量的关系

地下水超采量与地区内总用水量及区域内水资源配置有关，当地下水供水量超过地下水可开采量时，将导致地下水超采，地下水超采与总用水量的关系如下：

$$O_w = g(U_w) \tag{3-23}$$

式中：O_w 为地下水超采量；U_w 为社会经济总用水量。

（3）入海水量与用水量的关系

入海水量与地区内总用水量及区域内水资源配置有关，当地表水开发利用量超过地表水可利用量时，将导致入海水量减少，入海水量与总用水量的关系如下：

$$S_w = h(U_w) \tag{3-24}$$

式中：S_w 为地下水超采量；U_w 为社会经济总用水量。

3.3.4.4 价值评价模型

价值评价模型的作用是评价一定用水量所造成的资源耗减成本、生态退化成本以及水环境保护支出等指标，分析用水过程产生的负面影响，进一步评价海河流域涉水活动经济净福利。

（1）水资源耗减成本

水资源耗减成本采用水资源价值和水资源耗减量的乘积来评价，通过式（3-25）表示：

$$C_{wrde} = D_w \times P_{ws} \tag{3-25}$$

式中：C_{wrde} 为水资源耗减成本；D_w 为水资源耗减量；P_{ws} 为单位水资源价值。水资源价值通过价格来反映，由于缺乏由市场机制形成的水资源价格，此次研究利用水资源影子价格来反映。

（2）水生态退化成本

水生态退化成本主要体现在经济社会用水过多导致生态、环境用水减少，造成水生态系统服务功能的降低，包括地表水和地下水不合理开发造成的水生态环境破坏两部分。

水生态系统服务功能是指水生态系统及其生态过程所形成及所维持的人类赖以生存的自然环境条件与效用。它不但是人类社会经济的基础资源，还维持了人类赖以生存与发展的生态环境条件。根据水生态系统提供服务的消费与市场化特点，水生态系统的服务功能可划分为产品生产功能（直接使用价值）和生命支持系统功能（间接使用价值）两大类，产品生产功能是指水生态系统提供直接产品或服务维持人类的生活、生产活动的功能，主要包括生活、农业及工业用水供应、水力发电、内陆航运、水产品生产和休闲娱乐等；生命支持系统功能则是指水生态系统维持自然生态过程与区域生态环境条件的功能，主要包括调蓄洪水、水资源蓄积、净化环境、提供生境、维持生物多样性等（详见第 4 章）。

地下水超采造成的水环境破坏包括地面沉降、水质恶化以及海水入侵等综合性后果，地面沉降损失可通过如下公式计算：

$$D = \sum P_j \times C(\omega_i) \tag{3-26}$$

式中：$C(\omega_i)$ 为下沉区域在 ω_i 范围内的综合单价损失（元/m²），ω_i 为致灾强度下沉分区（m）；P_j 为第 j 个下沉区沉面积（m²）。

对地下水水质下降的损失而言，可以用替代法（即水质处理的费用代替）计算，计算公式如下：

$$L = \sum Q_n \times C(f_n) \tag{3-27}$$

式中：$C(f_n)$ 为第 n 个水质级别范围内的水质处理单价（元/m³）；f_n 为地下水质分级标准，一般 n 取 1，2，…，5；Q_n 为第 n 个水质下降区的污染水量。

要计算地下水水质下降的损失，首先要对地下水质进行分级，地下水分级方法采用国家《地下水质量标准》（GB14848—1993）中推荐的综合评价加辅助评价的方法，先对单组分进行评分（表3-1），其次按式（3-28）进行综合评分，最后根据综合评分进行地下水分级，见表3-2。

$$F = \sqrt{\frac{F_0^2 + F_{max}^2}{2}} \tag{3-28}$$

式中：F_0 为各项组分评分 F_i 的平均值；F_{max} 为单项组分评分中的最大值。

表 3-1　单组分评分 F_i 值分类表

类别	I	II	III	IV	V
F_i	0	1	3	6	10

表 3-2　地下水分级表

级别	优良	良好	较好	较差	极差
F	<0.80	0.80~2.50	2.50~4.25	4.25~7.20	≥7.2

（3）水环境保护支出

水环境保护支出的目的是为了防止水环境退化问题的发生，这种投入并不会为经济社会带来额外的福利，而是为抵消水资源开发利用所造成的负面影响，因此水环境保护支出也作为调整GDP的一部分。水环境保护支出用污水处理投入来表征，计算公式为

$$C_{wepr} = f(U_w) \times P_{st} \tag{3-29}$$

式中：C_{wepr} 为水环境保护支出；U_w 为经济社会用水量；$f(U_w)$ 为由用水量求得的污水排放量函数；P_{st} 为单位污水处理成本。

3.4　水循环多维调控方案评价与比选

3.4.1　多维调控方案评价基础理论

3.4.1.1　熵理论

熵概念最初是在热力学中提出的，用以描述热力学第二定律。德国物理学家克劳修斯

将熵定义为可逆过程中物质吸收的热与温度的比值：
$$dS = dQ/T \tag{3-30}$$
式中：dQ 为热能流的微分；T 为热力学温度。同时他也指出，对于全部的不可逆的孤立系统而言，$dS > 0$，即系统的熵在不可逆的绝热过程中单调增大，这就是熵增加原理。孤立系统内部的一切变化与外界无关，必然是绝热过程，所以熵增加原理也可表述为：一个孤立系统的熵永远不会减少。它表明随着孤立系统由非平衡态趋于平衡态，其熵单调增大，$dS > 0$，系统朝熵增加的方向演化，当系统达到平衡态时，$dS = 0$，熵达到最大值。熵的变化和最大值确定了孤立系统过程进行的方向和限度，熵增加原理就是热力学第二定律。

信息熵（也称香农熵）作为熵的一种，是在 1948 年由香农创立的。他将熵的概念引入信息论，用以表示系统的不确定性、稳定程度和信息量。他认为，信息是系统有序程度的一个度量，与熵的绝对值相等，符号相反。当系统处于几种不同状态时，如果每种状态出现的概率为 p_i 时，香农将该系统的熵定义为

$$S = -\sum_{i=1}^{n} p_i \log_2 p_i \tag{3-31}$$

式中：S 为信息熵；p_i 为信息处于第 i 中状态下的概率。对数的底数是 2，相应的熵用比特来表示。值得注意的是：熵是系统所处状态分布的函数，它不依赖于随机结果的实际取值，而只和分布的概率有关。

从微观上说，熵是组成系统的大量微观粒子无序度的量度，可以用来量度系统的紊乱程度。在系统科学中，有序和无序通常用来描述客观事物的状态或具有多个子系统组成的系统的状态。有序是指系统内部的各要素之间有规则的联系或转化，表征着系统结构在组织上的协调性。有序度就是有序程度的度量。因此，系统越无序、越混乱，有序度就越小，熵就越大。反之，系统越有序，有序度就越大，熵就越小。

水循环系统属于熵理论的研究范畴。水循环系统不是孤立的系统，它一直与外界环境进行着物质流和能量流的交换，水循环系统的熵也就一直发生着相应的变化，熵值可能增加也可能减少。如果熵值增加，说明水循环系统变得无序，反之熵值减少，意味着水循环系统变得有序。如果一段时间以来，熵值一直在持续增加，则说明这段时间来水循环系统朝无序方向演化。例如，人类社会在某一流域的生产生活用水就体现着人类社会与水循环系统的物质和能量的交流，持续过度开发则可能会导致该流域的水循环系统发生一系列的问题，如断流、干旱、洪灾等，流域水循环系统变得非常紊乱，丧失了它本身的演变规律，在人类干扰下朝熵值增加的方向演化。因此，可以用熵来描述水循环系统的有序度变化和演化方向。

3.4.1.2 耗散结构理论

比利时科学家普利高津把非平衡热力学、非平衡统计物理学和动力学结合起来建立了耗散结构理论。他认为：一个远离平衡态的非线性的开放体系，通过不断地与外界交换物质、能量和信息，在系统内部某个参量的变化达到一定的取值时，通过涨落及负熵的增加，能从原来的无序状态转变为一种在时间上、空间上或功能上新的有序状态，这种非平

衡条件下的、稳定的、有序的结构称为耗散结构。

耗散结构理论研究的是远离平衡态的开放系统，是第一个把相变理论开拓到远离平衡系统的非平衡相变理论的理论。耗散结构理论认为在开放的非平衡系统中，系统熵的变化率应该由两种因素决定，并在热力学基础上提出了熵变公式：

$$\frac{dS}{dt} = \frac{d_e S}{t} + \frac{d_i S}{dt} \tag{3-32}$$

式中：dS 为系统熵；$d_e S$ 为系统从外界流入的熵流；$d_i S$ 为系统内部自发产生的熵。由热力学第二定律可知，系统内分子无规则的热运动只能导致系统的熵增加，因此 $d_i S/dt \geq 0$。因此，系统走上有序的唯一可能性就是 $d_e S/t<0$，即外界供给系统一个负熵流，也就是输入有序度较高的高品质的物质能量流。只有当 $d_e S/t<0$ 且 $|d_e S/t|>d_i S/dt$ 时，$dS/dt = d_e S/t + d_i S/dt < 0$，系统通过与外界的物质流、能量流的交换，系统熵不断减少，系统处于有序演化过程中。因此，耗散结构是依靠外界的物质流、能量流来维持的，根据其系统熵的变化就可以对开放、非平衡系统的演化进行判别。

一个系统处于耗散结构的基本条件包括：①系统必须开放，即系统必须与外界环境存在物质、能量和信息等的交换；②远离平衡态；③非线性相互作用，即系统内部各不可逆过程之间必须有非线性相互作用，只有这样才可能促使系统趋于动态有序；④涨落现象，系统由无序趋于有序是通过涨落实现的。涨落是指系统中某个变量或行为的瞬时值在平均值附近波动的幅度。

依照上面的四个条件，结合水循环系统的性质和特点，可以得到水循环系统符合耗散结构要求的结论：①水循环系统是开放的大系统，与人类社会和外界环境存在着物质流、能量流和信息流的交换。②平衡态特征是系统内混乱无序，各元素均匀单一，具有较大的熵值；水循环系统无论是自然状态还是受人类活动干扰下都存在一定的有序性，显然，不符合平衡态的这些特征，因此，水循环系统是远离平衡态的。③水循环系统是由资源、社会、经济、生态和环境等属性组成的有机体，各属性之间相互联系、相互制约，在用水时相互竞争、相互影响，存在着非线性的关系。④因水循环系统的开放性，不断受到外界的影响而产生涨落，如暴雨洪水等，当涨落达到某些取值时，水循环系统就会形成巨涨落。

水循环系统是耗散结构。水循环系统的五维之间通过非线性的关系相互作用，并与外界环境和人类社会进行物质流、能量流和信息流的交换，在外界的影响下进行着状态的演化，或从低度有序向高度有序转变，或从有序走向无序，但总是遵循着耗散结构的规律。于是，可以将水循环系统纳入耗散结构的研究当中，利用熵变和系统有序度的关系描述水循环系统的有序度变化和演化方向。水循环系统的这一特性便可称为五维耗散结构。

3.4.1.3　协同学理论

(1) 协同学理论概述

协同学是由德国科学家哈肯创建。协同学主要研究开放、非平衡系统，认为系统是由数目极大的组元、部分或子系统构成的，这些子系统之间会通过物质、能量或信息交换等方式相互作用，并且它们对系统的影响是有差异的、不平衡的。

协同学的发展过程，迄今可分为如下几个阶段：1970~1977年，提出并建立了协同学的理论框架，侧重解决系统从无序到有序的转变条件和规律。1977~1983年，开拓协同学理论到描述整个演化序列，建立了描述演化序列的统一理论。1983~1988年，哈肯致力于宏观方法的研究，这部分内容可列入非平衡态热力学的范畴。哈肯首先把信息理论开拓到非平衡态，提出了伺服模信息和序参量信息这一重要概念。1988年以来，主要是协同学的应用研究。

协同理论的主要内容可以概括为以下三个方面。

A. 协同作用

协同是指系统中诸多子系统间相互协调、合作或同步的联合作用、集体行为，是系统整体性、相关性的内在表现，可使子系统中的某些运动趋势联合起来，占据优势地位，从而支配系统的演化。协同作用是系统有序结构形成的内驱力。对千差万别的自然系统或社会系统而言，均存在着协同作用。任何复杂系统，当在外来能量的作用下或物质的聚集态达到某种值时，子系统之间就会产生协同作用。这种协同作用能使系统在点发生质变产生协同效应，使系统从无序变为有序，从混沌中产生某种稳定结构。

B. 伺服原理

协同学把表征子系统状态及它们之间耦合的所有量的行为分为两类：一类是处阻尼大衰减快的快弛豫变量，它们虽然在过程中此起彼伏、活跃异常，但对系统的演变过程并不起主导作用，处于次要地位。系统中的变量成千上万，但绝大多数的状态变量的行为都是这类快弛豫变量。另一类是慢弛豫变量，它们在相变点前的行为与快弛豫变量相比没有什么明显区别，但当系统达到相变点时，它们出现了无阻尼现象（这往往是由于环境条件和边界条件对它们的生长有利）。这类参量数量少，但却驱使着其他快弛豫变量的运动，系统演变的最终状态或结构是由它们决定的。协同学中也把慢弛豫变量称为序参量。可见，序参量的出现是系统中大量子系统（体现在绝大多数的快弛豫变量）伺服、拥护、支持并追随慢弛豫变量的结果，是大量子系统合作一致的产物。序参量随时间变化的关系支配着各个快弛豫变量在演变过程中的变化过程，支配着子系统的行为，主宰着系统演化过程。

伺服原理即快弛豫变量服从慢弛豫变量，序参量支配子系统行为。

在一个系统中，哪些状态变量是快弛豫变量，哪些状态变量是慢弛豫变量，必须依据系统边界条件和系统中变量之间的关系进行分析。这既需要一定的理论知识，又需要一定的实际经验。

C. 自组织原理

自组织是指系统在没有外部指令的条件下，其内部子系统之间能够按照某种规则自动形成一定的结构或功能，具有内在性和自生性特点。自组织原理解释了在一定的外部能量流、信息流和物质流输入的条件下，系统会通过大量子系统之间的协同作用而形成新的时间、空间或功能有序结构。

系统既可能从无序转变为有序，从有序转变为更为复杂的有序，也可能从有序转变为混沌状态，这正是子系统的关联运动与独立运动的相互作用在不同条件下所表现的不同结果，即如果在相变点上，表示系统各种可能状态的变量能够明显区分快弛豫参量和慢弛豫参量的话，伺服原理就成立，慢弛豫变量最终成为支配系统行为的序参量，系统就走上有序。如果在相变点上，不存在慢弛豫参量，为数庞大的自由度数处于势均力敌的格局时，系统就不可能统一，伺服原理失灵，系统将进入无规则运动的混沌状态。

协同学以上的理论内容如图 3-10 所示。

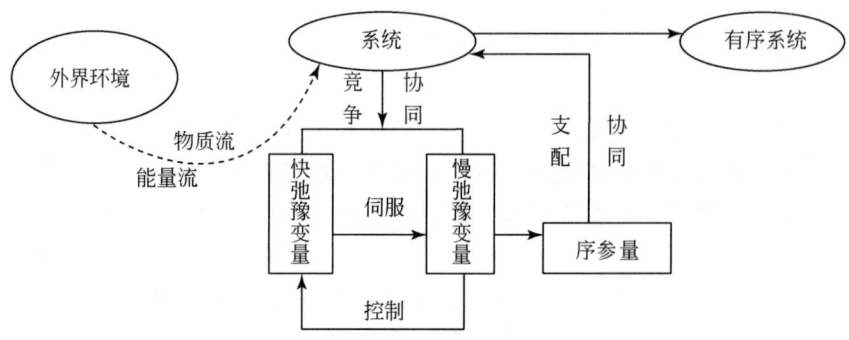

图 3-10　系统协同性的示意图

（2）水循环系统的协同性

水循环系统是资源、社会、经济、生态和环境等子系统组成的复杂的复合系统，这五个子系统之间相互联系、相互作用，存在着物质、能量或信息上的交流。同时，由于水资源量的有限性，以上五个子系统之间还存在着相互竞争的作用，如何通过有效的调控措施协调系统中经济、社会、生态、环境等子系统的关系，保持水循环系统的动态平衡协调，实现水循环系统的良性、有序演变是多维调控的主要内容。

协同学主要是用来研究开放的非平衡系统如何通过子系统之间的协同作用而导致系统有序演化的理论，恰好与水循环系统的多维调控的思路相似。可见，将协同学理论应用于水循环系统研究其有序演化是合理而可行的。

协同学研究结果表明，协同导致有序，不协同导致无序，序参量决定着系统的演化方向，系统由无序走向有序的关键在于系统内部序参量之间的协同作用。水循环系统能否有序取决于系统中的序参量能否协同，也取决于资源子系统、社会子系统、经济子系统、生态子系统、环境子系统的序参量之间能否协同，协同的程度左右着水循环系统相变的特征与规律。协同作用发挥得好，则有序化程度高，最终达到系统协调状态，并向有序方向演化，反之，水循环系统向无序状态转变。

3.4.1.4　理论间联系

由耗散结构理论可知，耗散结构的形成是远离平衡态的非线性的开放系统通过负熵的增加来完成的。因此，熵理论是耗散结构理论的基础。耗散结构理论的一个重要贡献就是在热力学的基础上提出了总熵变的公式，从而建立了区别孤立系统和开放系统的数学判断。这是熵理论与耗散结构理论间的联系。

耗散结构理论是第一个把相变理论开拓到远离平衡系统的非平衡相变理论的理论。协同学与耗散结构理论都是在热力学第二定律基础上发展形成的，是研究复杂系统如何通过子系统的协同行动导致结构有序演化的自组织理论。不同之处在于协同学是从各种可能形成非平衡有序结构演化发展的行为入手，建立共同的数学模型，并对其进行动力学和统计学方面考察，以探索各类稳定有序结构的形成机制与演化突变规律。与耗散结构理论相比，协同学的优点是摆脱了热力学概念的束缚，采用了比较普通适用的概念和方法。另外，协同学的定量化程度也高于耗散结构理论。

利用熵与有序度之间的关系，可以用熵来描述水循环系统的有序度变化和演变方向。但熵理论存在一定的局限性：①熵不是一个可以直接观测的量，要用直接可观测的显式函数把熵产生、熵流表达出来往往是困难的，不便于实际应用；②一般情况下，自组织结构中的熵变化不大，难以有效揭示结构演化；③在有些演化中，熵在相变点上并不发生跃迁，无法用它来区分相变前后的两种结构。哈肯将相变理论中的序参量概念推广到协同学中，利用序参量就可以解决这些问题。

协同学中的序参量从形式上看，与熵有类似之处，它们都是表征系统有序或混乱的度量。不同的是熵在总体上概括了系统的状态，而序参量在系统中同时并存几个，是人们通过少数变量把握整个系统有序演化过程的重要工具。人们用不着关注所有的变量，所有的因素，而只需抓住序参量即可。

因此，将熵理论作为贯穿整个研究的理论基础，首先应用协同学理论中的序参量来揭示系统内部各子系统的协同效应和把握整个系统的演化过程，然后应用耗散结构理论中的总熵变公式来衡量水循环系统的演化方向，即如果系统总熵减少，整个系统朝有序方向演化。

3.4.2 多维调控方案评价模型

根据水循环系统多维调控的目标和要求，本次研究从以水平年为基准的单一调控方案和以系列年为基准的组合调控方案两个方面来进行方案评价研究。根据情景方案设置，每一水平年下都会设置若干个调控方案，即以水平年为基准的单一调控方案。以系列年为基准的组合调控方案则是针对单一方案而言的，在每一水平年下挑选一个方案，按水平年顺次组合形成多个单一方案组成的方案组，称为以系列年为基准的组合调控方案。

根据协同学的基本概念、理论和方法，引入以信息熵的概念和原理构建的水循环系统有序度熵函数来评价以水平年为基准的单一调控方案；引入协调度的概念，构建水循环系统协调度函数用来评价以系列年为基准的组合调控方案。整个调控方案评价的流程如图3-11所示。

3.4.2.1 有序度熵函数的建立及单一方案评价

(1) 序参量概念及选择

在平衡相变理论中，序参量用于表征相变后的系统有序的性质和程度。协同学也引入这一概念，并作了进一步的阐述，使序参量的概念更加丰富和深刻。与相变理论相比，协

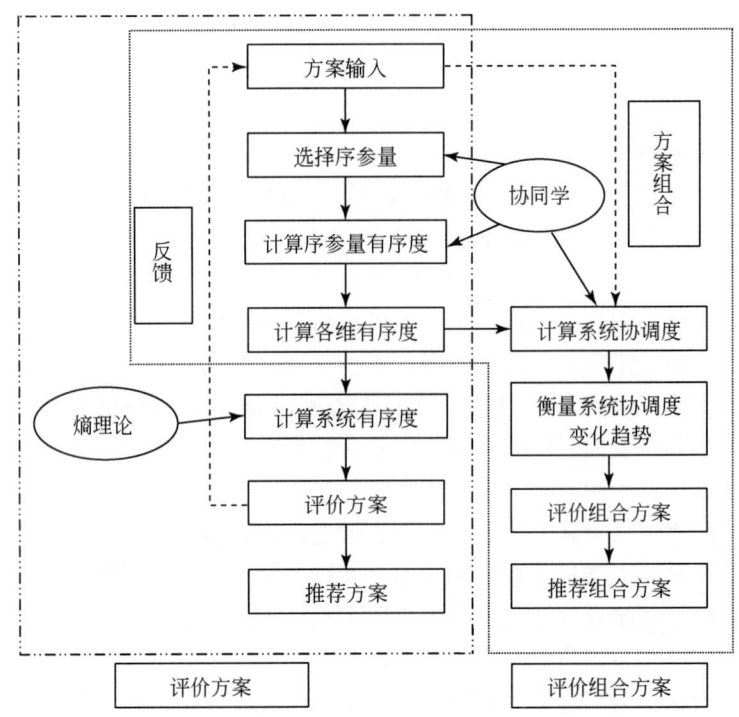

图 3-11 流域水循环系统多维调控方案的评价流程

同学中序参量是描述系统整体行为的宏观参量，是微观子系统集体运动的产物、协同效应的表征和度量。序参量支配子系统的行为，主宰着整个系统的演化过程。在系统的时间演化过程中，这些序参量之间既存在着竞争关系又存在着协同关系。

如何确定序参量对于系统演化的辨识尤其重要。序参量的选择应该把握科学性原则和实用性原则这两个原则。科学性原则就是指所选择的序参量指标要有明确的实际意义，在系统发展过程中起决定性的作用，并能反映系统之间竞争或合作的关系；而实用性原则是指所选择的指标不宜过多，否则，模型结构过于复杂，计算量也比较大，这样就失去了实用的价值。在选择序参量时，由于系统不同，系统序参量的确定、产生也不同。一些较为简单的系统，在它的各种变量当中存在一个明显比其他变量变化慢的变量，它就是序参量。另一类较复杂的系统，在描写其状态的变量中，无法区分出它们随时间变化的快慢程度，但可以通过坐标变换，得到新的状态变量，在新的变量中，可明显地看出序参量。而更复杂的系统，不仅无法区分出状态变量之间的变化快慢，而且经过坐标变换也无法将它们之间的变化程度加以区分，需要另外选择更高层次的变量作为系统的序参量，来研究系统演化的情况。对于水循环系统，由于系统的复杂性和不确定性，无法区分出参量随时间变化的快慢程度，也不可能通过坐标变换来找出序参量，因此，只能按照确定序参量的原则，根据其代表的意义"主宰着演化进程，支配着快弛豫变量的行为"进行选择。

水循环系统多维调控的主要目的就是使五个子系统达到协调，而协调的关键在于序参量之间的协同。因此，研究中分别选取五个子系统的序参量作为系统的序参量，并用来衡量系统的协同性。对于水循环系统而言，不同的调控方案，序参量的值是不一样的。对于任何一个调控方案，序参量的取值都应该位于一定区间，即大于最小值而小于最大值，这样才能保证水循环系统的协调有序演化。

(2) 有序度的概念及计算方法

有序度反映了各序参量、各子系统的有序性，可以用来衡量序参量之间的协同作用。其计算公式为

$$u_{ji}(e_{ji}) = \begin{cases} \dfrac{e_{ji} - \beta_{ji}}{\alpha_{ji} - \beta_{ji}} & \quad (3\text{-}33) \\[6pt] \dfrac{\alpha_{ji} - e_{ji}}{\alpha_{ji} - \beta_{ji}}, & j = 1, 2, 3, 4, 5 \quad (3\text{-}34) \\[6pt] 1 - \dfrac{e_{ji} - c}{\alpha_{ji} - \beta_{ji}} & \quad (3\text{-}35) \end{cases}$$

式中：$u_{ji}(e_{ji})$ 为第 j 个子系统第 i 个序参量的有序度；e_{ji} 为第 j 个子系统第 i 个序参量的取值；α_{ji}、β_{ji} 分别为 e_{ji} 的最大值、最小值；c 为 e_{ji} 取值范围内的值。如果 e_{ji} 取值越大，该序参量的有序度越高，则采用式（3-33）"越大越好型"；如果 e_{ji} 取值越小，该序参量的有序度越低，则采用式（3-34）"越小越好型"；如果 e_{ji} 在取值范围靠近某一值 c 时，有序度越大，则采用式（3-35）"临点越好型"。

得出序参量后，各子系统的有序度由下式计算：

$$U_j(E_j) = \sum_{i=1}^{n} \lambda_i u_{ji}(e_{ji}), \quad \lambda_i \geq 0, \quad \sum_{i=1}^{n} \lambda_i = 1 \quad (3\text{-}36)$$

式中：$U_j(E_j)$ 为各子系统（维）的有序度；λ_i 为权重，既要考虑序参量对子系统有序的贡献，又应能够反映系统在一定时期内的发展目标。

(3) 水循环系统有序度熵函数的建立及单一方案评价

特定时期内水资源的量是有限的，各部门的用水存在着相互竞争，一个部门用水量的升高必然导致其他部门用水量的降低。比如，社会经济用水量的增加在一定程度上就降低了生态环境的用水量。这种限制也导致某一子系统有序度的提高可能会导致其他子系统有序度的降低，但是整个系统有序度的变化却无法确定。而对水循环系统进行调控，整个系统的变化是关注的焦点。于是，需要构建定量的关系来衡量整个系统有序度与各子系统有序度之间的关系。

由熵理论可以得知，熵反映了系统内部的混乱状况，系统内部越协调，系统越有序，即有序度越高，系统的熵就越小。因此，可以利用这一关系来构建反映系统有序度与各子系统有序度之间关系的函数方程。但耗散结构理论中的熵不能对系统演化进行定量计算，并且不易于用显式函数表示。

信息熵同熵一样，也与有序度存在一定的关系，即系统的信息熵大，其有序程度高；反之，则有序度小。与熵相比，信息熵易于用显式表达，在推广到其他领域应用时也较为灵活，可以用来衡量复杂系统处于不同状态时的有序化程度。因此，本次研究根据信息熵的概念和公式以及与有序度的关系，建立了如下所示的水循环系统有序度熵函数：

$$S_\gamma = -\sum_{j=1}^{5} \frac{1-U_j(E_j)}{\sum_{j=1}^{5}[1-U_j(E_j)]} \log_2 \frac{1-U_j(E_j)}{\sum_{j=1}^{5}[1-U_j(E_j)]}, \quad j=1,2,3,4,5 \quad (3-37)$$

式中：$U_1(E_1)$、$U_2(E_2)$、$U_3(E_3)$、$U_4(E_4)$、$U_5(E_5)$ 分别为资源维、社会维、经济维、生态维、环境维的有序度。

水循环系统有序度熵的大小反映了不同调控方案下水循环系统的有序程度，系统有序度熵越小，表明系统内部各子系统之间越协调，系统越有序，相应的调控方案越优。因此，通过比较调控方案的水循环系统有序度熵值可以评价调控方案的优劣。简单来说，评价 A 和 B 两个方案，如果方案 A 的有序度熵比方案 B 的有序度熵小，那么，方案 A 就是较优方案。

3.4.2.2 协调度函数的建立及组合方案评价

（1）协调度概念

协调可以作为调节手段或一种管理和控制的职能，有时也作为一种状态表明各子系统或各系统因素之间、系统各功能之间、结构或目标之间的融合关系，从而描述系统整体效应。这种状态协调概念有时与和谐、协同等概念是密切联系在一起的。复杂系统由多个子系统集成为一个具有特定目标的总系统，各子系统之间势必相互关联、相互作用。这种作用可能是相互牵扯约束，也可能相互依存推动。子系统之间的这种关系定义为系统集成的"协调程度"，并用协调度来表示。

协调度指的是系统间或系统要素间在发展过程中彼此和谐一致的程度，体现系统由无序走向有序的趋势。由协同论可知系统走向有序的机理不在于系统现状的平衡或不平衡，也不在于系统距平衡态多远，关键在于系统内部各子系统间相互关联的协调作用，它左右着系统相变的特征和规律。协调度正是这种协同作用的量度。对于水循环系统而言，协调度即指资源、社会、经济、生态、环境五维之间发展的协调程度。协调度越大，表明系统内部越协调、越有序。

（2）水循环系统协调度函数

假设对于给定的初始时刻或给定的时间段 t_0 而言，水循环系统各维的有序度为 $U_j^0(E_j)$，$j=1,2,3,4,5$，而在系统发展演变过程中的某时刻或时段 t，各维的有序度为 $U_j^t(E_j)$，$j=1,2,3,4,5$，并且 $U_1^t(E_1) \geq U_1^0(E_1)$，$U_2^t(E_2) \geq U_2^0(E_2)$，$U_3^t(E_3) \geq U_3^0(E_3)$，$U_4^t(E_4) \geq U_4^0(E_4)$，$U_5^t(E_5) \geq U_5^0(E_5)$ 同时成立，则称水循环系统是协调发展的，而且定义下式为水循环系统的协调度：

$$H(t) = \theta \times \sqrt[5]{\left| \prod_{j=1}^{5}[U_j^t(E_j) - U_j^0(E_j)] \right|} \quad (3-38)$$

式中

$$\theta = \frac{\min[U_j^t(E_j) - U_j^0(E_j) \neq 0]}{|\min[U_j^t(E_j) - U_j^0(E_j) \neq 0]|}, \quad j=1,2,3,4,5 \quad (3-39)$$

参数 θ 的作用在于：当且仅当对任意 j，$U_j^t(E_j) - U_j^0(E_j) > 0$ 成立时，系统才有正的协调度。$U_1^t(E_1) - U_1^0(E_1)$ 反映了资源子系统（维）从 t_0 到 t 这一时段有序度的变化情况，也可理解为有序度的改善程度，如 $U_1^t(E_1) - U_1^0(E_1) > 0$ 表明资源维有序度增加，有序程度有所改善；反之，资源维有序程度下降。其他维依此类似。

由于 $U_j^0(E_j)$ 与 $U_j^t(E_j)$ 均介于 0~1，因此必有 $H(t) \in [-1, 1]$，$H(t)$ 越大，系统协调发展的程度就越高。协调度反映了整个系统的协调状态，如果在 t_0 到 t 这一时段内，有的子系统有序度提高，有的子系统有序度降低，则计算所得的系统协调度 $H(t) < 0$，整个系统是不协调的或者协调状态不好。

(3) 组合方案评价

在本次研究中的组合方案是指在进行水循环系统多维调控时，融入水平年的概念，根据调控的系列性，将每一水平年下的调控方案按时间的延续性组合起来。从水循环系统多维调控的持续性和延续性来看，任一组合方案都包含各水平年方案中的一个方案，从基准年至水平年就是个时间演化的过程，恰好契合于协调度计算中的时间段 t，从而使用水循环系统的协调度函数计算出各个时段间的系统协调度，然后通过分析各组合方案的系统协调度变化情况，就可以对这些组合方案进行评价。首先依据水循环系统协调度函数［即式（3-38）和式（3-39）］分别计算出各调控区间时间段的系统协调度，然后分析系统协调度的变化过程，如果系统协调度在每一时间段内都是正值，并且从基准年方案向水平年方案逐渐增加，这样的组合方案是较优的方案，也表明调控是合理的、可行的，经调控后水循环系统朝有序方向演化。

假定 F1 为多维调控模型的一个组合方案，按基准年、2010 水平年、2020 水平年、2030 水平年四个水平年进行组合，其中基准年下的单一方案为 S1，2010 水平年的为 S2，2020 水平年的为 S6，2030 水平年的为 S11。要对 F1 进行评价，需要依据水循环系统协调度函数分别计算出时间段 t_1（基准年至 2010 水平年）、t_2（2010 水平年至 2020 水平年）、t_3（2020 水平年至 2030 水平年）的系统协调度 $H_1(t_1)$、$H_2(t_2)$、$H_3(t_3)$，如果 $H_3(t_3) \geq H_2(t_2) \geq H_1(t_1) \geq 0$，则表示组合方案 F1 是较优方案。其直观的评价过程如图 3-12 所示。

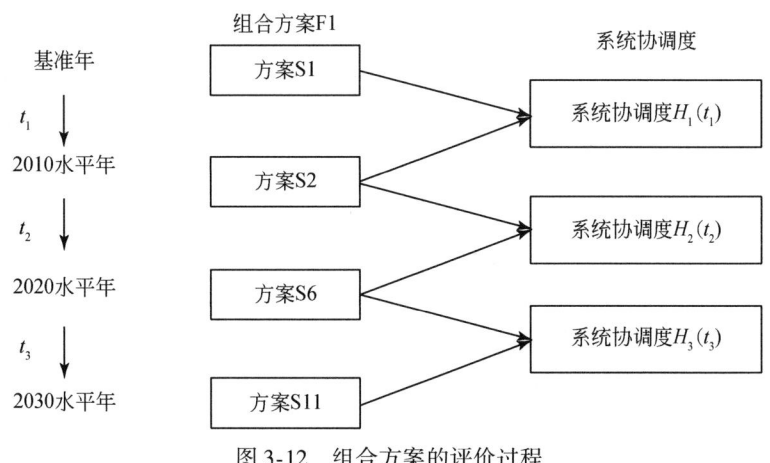

图 3-12　组合方案的评价过程

第4章 海河流域水循环多维临界调控模式与阈值标准集

4.1 海河流域多维临界调控面临的国家需求

4.1.1 海河流域未来经济社会发展的基本定位

海河流域与全国其他地区相比，具有地理区位优越、自然资源丰富、交通便捷、工业和科技基础雄厚和拥有骨干城市群等优势。随着环渤海经济区（特别是京津冀都市圈）的崛起，海河流域滨海地区将成为经济发展的龙头，未来经济社会将得到迅速发展。区域经济发展布局将会呈现以下趋势。

(1) 北京将强化政治、文化、科技和金融中心的地位

北京作为"国家首都、国际城市、文化名城、宜居城市"，定位于政治文化中心、总部经济和管理中心。积极发展科学研究与技术开发、金融服务、文化产业等高层次第三产业以及交通运输、邮电通信、房地产等产业。发挥人才密集的优势，积极发展高新产业和高端服务业，成为我国最重要的科技创新基地。同时，北京将逐步转移低端制造业，高耗水、高耗能、高污染企业必将逐步全部迁出。

(2) 天津将强化高科技产业和物流中心的地位

天津作为"国际港口城市、北方经济中心、生态城市"，定位于自主创新的高端制造业中心，与北京的政治文化和管理中心相配合。在现有加工制造业优势与港口优势基础上，大力发展电子信息、汽车、生物医药、装备制造、新能源等先进制造业，发展现代物流等现代服务业。天津滨海新区通过引进外资和先进技术，走新型工业化道路，积极发展高新技术产业和现代服务业，提高对区域经济的带动作用。

(3) 河北将围绕为京津服务与配套进行产业布局

河北定位于原材料重化工基地、现代化农业基地和重要的旅游休闲度假区域，是京津高技术产业和先进制造业研发转化及加工配套基地。河北内陆地区以发展为京津服务的农牧业、旅游业、配件加工业及其他特色产业为重点，建立面向京津市场的农副产品供应、原材料及配件供应基地、休闲旅游基地。河北沿海地区将承接京津和河北内陆地区高耗水产业转移（如曹妃甸、黄骅等工业区）。

(4) 山西将服从流域整体需要发展绿色产业

山西省海河流域范围涉及大同、朔州、忻州、阳泉、长治等市，传统上以煤炭为支柱产业，面临转型发展的迫切要求。高碳能源的低碳高效利用是产业转型的关键所在。必须通过延伸产业链、提高附加值，把煤炭资源优势转化为经济优势，改变高风险、高污染的落后产业面貌。该地区将利用其靠近京津的优势，大力发展绿色农牧业，并利用其自然和人文旅游资源丰富的优势大力发展旅游业。

4.1.2 经济社会发展对水利保障和科技发展的需求

受自然条件限制和人类活动影响，海河水利仍存在诸多问题有待解决。水资源供需矛盾突出、水生态环境恶化、中下游地区防洪形势严峻和流域管理能力相对滞后，愈来愈成为流域经济社会发展的重要制约因素。因此，保障经济社会的可持续发展，必须全面推进水资源规划和管理工作，进一步明确水资源开发、管理、保护、水生态修复、水土保持和防洪减灾等方面的具体要求，适应海河流域未来经济社会发展的需求。经济社会发展对水利保障的要求不断提高，主要体现在以下几方面。

(1) 经济社会发展对水利工作提出新标准

海河流域在经济社会发展的同时，对生态环境的压力仍将持续增加。海河流域上游山区具有一定的资源优势，以建设国家新型能源化工基地为重点，但该区位于京、津等大城市水源地上游，水资源和水生态环境保护的压力加大。海河中部平原农村以建设国家粮食主产区为重点，工业以发展现代制造业为主，城镇化水平大幅提高，该区面临着水生态环境恶化问题，河流生态修复和地下水控采的压力加大。海河滨海平原在天津滨海新区、河北曹妃甸循环经济示范区的带动下，将成为未来流域内最具有发展潜力的地区，城镇化水平将迅速提高，人口大量增加，该区发展在土地利用与流域各河系下游洪水出路的协调压力加大。

与此同时，经济社会要求水利保障的范围也在不断地扩大。水利的任务将从传统的供水、防洪，扩展到维系河流生态、改善城乡环境；水利保障的标准也在不断提高。水利从"农业的命脉"发展为流域可持续发展的基础保障。

(2) 流域自然状况的深刻变化对水利工作提出新挑战

未来气候和下垫面变化可能造成海河流域降水和产流能力进一步减少，以及建设用地增加造成洪水通道减少，人与水的矛盾将更加突出。

自20世纪50年代，海河流域降水量和水资源量总体上处于减少的趋势。受气候变化影响，流域平均降水量从1956~1979年平均560mm下降到2001~2007年平均478mm。受降水和下垫面变化的双重影响，流域平均地表水资源量从1956~1979年平均288亿m^{3}下降到2001~2007年平均106亿m^3，流域平均水资源总量从421亿m^{3}下降到245亿m^3（表4-1）。

表4-1 海河流域三个时段降水量和水资源量对比

项目	降水量	地表水资源量	水资源总量
A 1956~1979年平均（下垫面修正前）	560mm	288亿m^3	421亿m^3
B 1980~2000年平均	501mm	171亿m^3	317亿m^3

续表

项目	降水量	地表水资源量	水资源总量
C 2001~2007年平均	478.0mm	106.0亿m^3	245.0亿m^3
B比A减少	10.5%	40.6%	24.7%
C比A减少	14.6%	63.2%	41.8%

海河流域未来水资源量呈减少的趋势。根据有关科研成果分析，未来30年海河流域降水量变化较小，对水资源量的影响主要在于下垫面。水土流失基本得到治理后，增加了蓄水能力，每年将增加径流消耗量约16亿m^3，相当于多年平均水资源总量的4.6%。另外，近年来，由于城市热岛效应增强和人工影响气候活动加剧，使得城市降水增加，农村减少，平原增加，山区减少。

随着未来经济社会的发展，城市建设和生产用地将不断增加，留给洪水的通道将进一步减少。根据有关规划，京、津等主要城市2020年规划建成区面积将比现状增加约50%，天津、河北、山东等沿海新兴经济区也将大量增加建设用地。

(3) 政策、法制和社会环境变化对水利工作提出新要求

中央提出科学发展观和构建社会主义和谐社会的战略思想，要求以科学发展观统领经济社会发展的全局。强调科学发展观的第一要义是发展，核心是以人为本，基本要求是全面协调可持续，根本方法是统筹兼顾。在经济社会发展中，要坚持人与自然和谐，统筹兼顾区域发展，使经济社会发展规模控制在水资源承载能力以内，实现流域水资源的可持续利用，维系和修复生态。这就对流域的治理、开发和保护提出了新的、更高的要求。

同时，随着人民群众生活水平的提高，法制观念的增强，权益意识也在逐步提高。这就要求水利管理方式要逐步从以行政命令为主向依法管理转变。要坚持统筹兼顾，更多地采用民主协商的方式，公开、公平、透明地解决涉水问题，维护和促进社会和谐。

大规模的人类活动给海河流域带来四方面水资源的时空变异：一是垂向通量增加，水平方向分量减少；二是广义水资源增加，狭义径流净水资源减少；三是在狭义径流性水资源中地表水资源减少，地下水不重复的量增加；四是上游和支流可就地利用的水资源增加，下游机动的可调度水资源减少。同等降雨丰枯条件下，未来海河流域的径流性水资源量只会衰减不会增加，这就决定了海河流域多维临界调控的基点只能是节水型社会建设，首先要从水资源需求端入手，调整第二产业布局，把高耗水、高耗能、大污染重化工产业转移到沿海，通过海水淡化利用，增加水资源可利用量；利用人力资源优势发展高新技术节水工业，同时大力发展节水农业、建设高标准的节水城市和城镇。

多维临界调控核心任务是研究南水北调通水前后资源、经济、社会、生态、环境五维协调的水资源的合理配置问题，提出水资源总量控制目标，包括地表水、地下水、蒸腾蒸发量三大水文要素控制，自然生态用水、社会经济用水两大圈层控制，排水（水质、污染）控制和入海（水量、水质）控制；并提出一套能够满足多维目标、具有水质等级的水量分配的调控方法。

4.1.3 海河流域水利保障的目标和任务

4.1.3.1 总体目标

海河流域水利保障的总目标是，完善和构建城乡供水与节水、水生态环境保护与修复、防洪减灾和流域管理体系，保障流域供水安全、生态安全、防洪安全，支撑流域经济社会的可持续发展。

城乡供水与节水：流域总体上基本实现水资源供需平衡，城市具备抗御连续枯水年的能力，农村饮水、粮食生产和重点区域供水得到保障；建成节水型流域，节水水平达到国际先进水平；非常规水利用量大幅度增加。

水生态环境保护与修复：地表水功能区水质全面达标，地下水功能区水质不继续恶化；海河平原地下水总体上实现采补平衡；河流生态由目前的"病态"修复到"基本健康"的水平；保证一定的入海水量以维持河口和近海生态；山区和平原风沙区水土流失基本得到治理。

防洪减灾：建成完善的现代化防洪减灾体系，总体上具备防御20世纪最大洪水的能力。发生常遇和较大洪水时，经济社会生活不受影响；发生标准洪水时，防洪保护区经济社会生活得到有效保护；当发生超标准洪水时，经济社会生活不致发生动荡。

流域管理：建成体制顺畅、机制完备、制度健全的现代化流域管理体系，社会管理和公共服务能力能够适应经济社会发展的要求，具备应对极端气候和突发事件的应急能力。建成高度共享、快速反应的水利信息化体系和水利监测体系。

4.1.3.2 主要任务

根据上述总体目标，未来海河流域的水资源规划和管理工作需要从以下几方面部署并落实流域水量调控的具体任务。

（1）完善城乡供水保障体系，实现水资源安全高效利用

合理配置水资源。按南水北调受水区优先使用长江水、有条件地区大力使用非常规水的原则，合理配置地表水、地下水、黄河水、长江水和非常规水。统筹兼顾生活、生产、生态用水，统筹南水北调受水区和非受水区、城市和农村用水。

完善水资源配置工程格局。南水北调和引黄等跨流域调水工程建成后，海河流域将构建以南水北调中、东线工程与流域内现有和新建水资源配置工程组成的供水体系，形成东西互补、南北互济的水资源配置格局。

推进节水型流域建设。建立政府调控、市场引导、公众参与的节水型流域管理体制。在分析节水潜力的基础上，制定灌溉、工业和城市生活的节水措施，提高水资源的利用效率。加大再生水、微咸水、海水等非常规水源利用量。

加快民生水利建设。开展农村饮用水源建设和水质净化，解决农村饮水安全问题；加快灌区节水改造和续建配套，提高农业用水效率和节水水平；做好山洪防治、中小河流治理等规划,保障农村群众安全,改善生活环境。

(2) 构建水资源保护和水生态修复保障体系,维护河流健康

做好水资源保护。在地表水功能区划基础上,提出污染物入河控制总量。开展水功能区入河排污口管理。以城市水源地为重点划分水源保护区,开展治理工作。在地下水功能区划基础上,实施地下水压采方案以及相应的水源置换和管理措施,制定地下水源地保护措施。

开展河流水生态修复。在河流健康评价的基础上,制定主要河流、湿地的保护和修复目标。根据水源条件和河流功能,提出河流生态水量和相应的修复方式。制定生态水量配置方案,实施相应的工程、管理措施。

加强水土流失治理。根据水土保持"三区"划分和水土流失类型区,开展山区和平原人工治理与自然修复相结合的水土流失治理。工程、生物和耕作措施相结合,控制面源污染,改善生态环境。开展水土保持预防保护、监督管护和监测。

(3) 完善防洪减灾保障体系,实现洪水管理

进一步完善"分区防守、分流入海"的防洪格局。开展病险水库除险加固。加强骨干河道及重要支流堤防建设、重点海堤建设和河口整治,开展重要支流治理。完善重点城市防洪工程体系,制订城市防御超标准洪水预案。

加强防洪非工程措施。制定蓄滞洪区安全建设规划,建立完善的蓄滞洪区管理制度。完善水文监测、预报和防汛指挥系统。提高洪水风险管理和雨洪水资源利用水平。

强化减灾措施。保持和完善平原易涝区排涝体系,开展山区中小河流、小水库治理和山洪灾害防治。

(4) 构建流域综合管理体系,提高流域管理水平

完善流域管理体制。完善水资源管理、水资源保护与水生态修复、防洪减灾和工程管理体制,合理划分事权,完善流域与行政区域管理相结合的管理体制。

建立、健全流域管理机制。建立、健全水资源优化配置、水资源保护协作、防洪减灾协调、水土保持监督、科技合作、水信息共享、水法规、宣传和公众参与、特殊干旱年应急、水利突发事件应急等机制。

完善流域管理制度。建立完善水规划同意书、总量控制与定额管理、取水许可、水功能区入河排污口、水库闸坝生态调度、地下水、生态补偿、蓄滞洪区管理、水土保持预防监督、水土流失动态监测和水利工程建设管理等制度。

提高社会管理和公共服务水平。提高依法行政、制度创新、规划计划、决策执行、行业管理和应急管理等能力。

4.1.4 水资源配置格局中的关键问题

海河流域85%以上的山区面积均由大型水库尤其是出山口水库控制;地下水的开发利用率达到了122%,已具备了进行流域水资源统一调控、保障不同区域和用水户水量需求的基本水利设施条件。目前需进一步研究的重点是分层次、分区域目标,包括对不同水平年和来水状况下各控制节点尤其是省界节点的出流量、入海水量目标、地下水开采、限采目标、入河排污量目标，可供水量在不同用水户之间的公平、合理、高效分配，以及南水北调工程通水后当地水与外调水的联合、高效利用等问题。

1）南水北调工程调水量的合理配置利用。南水北调东、中线一期工程2014年通水，如何合理利用南水北调水量，同时促进海河流域本地水资源的合理分配利用，达到经济社会发展和生态环境保护共赢的效果是海河流域水资源配置的最要害问题。

2）地下水开采控制策略。海河流域地下水严重超采，以此维持流域的经济发展是一种不可持续的发展模式。南水北调通水后如何合理调控地下水开采量，逐步退出超采量并最终达到合理规模，需要权衡地下水位下降后社会经济和生态环境损失以及生态修复效应，寻求地下水压采后经济损失与生态效应的最佳平衡点。

3）上游地区合理用水规模。现状海河流域用水重心主要是在平原地区，上游地区现状用水比较少，需要公平考虑未来进一步发展的需求，也需要保障下游地区经济发展和生态环境改善的进一步用水需求。为了保证平原地区城市、灌溉用水，海河山区用水受到一定程度的限制，当地地表水资源开发工程难以上马。在南水北调工程通水后，平原地区水资源条件有所改善，从流域整体的社会公平角度考虑，应适当考虑上游地区的发展用水需求，可适当安排一定的当地地表水开发利用工程。同时要制定合理的用水规模上限，预留一定的水量空间，并做好水源保护工作。

4）流域内省际的地表水量分配矛盾急需理顺。从规划角度看，南水北调中线、东线通水后，海河流域地表水、地下水等当地水和引江水、引黄水等外流域调入水量应进行统筹安排，合理配置，并根据经济社会发展情况变化进行调整，如滦河等主要河流的现有水量分配方案应根据南水北调工程通水后的水资源情势进行调整。通过流域各类水源的合理配置，可以有效地扩大南水北调供水受益范围，符合社会和谐原则。

5）非常规水源的利用前景。未来海河流域的非常规水源利用必将进一步加大，逐渐形成战略性结构水源，应当充分考虑海水直接利用、再生水利用的用户接受空间、经济成本，为水源调控提供必要的技术支撑。

海河流域水循环调控的基本思路如下：

1）明确流域分层次、分区域调控目标，通过流域水资源公平、合理、高效调控实现流域内、区域内、行业间的合理配置。

2）地表水、地下水和外调水、非常规水源联合调控，同时提出合理的价格机制和经济杠杆，避免出现某种水源富余而另一种水源耗竭的状况。

3）水量水质联合调控，对饮用水源水库库区，必须严格实现污水处理和企业达标排放，并需根据海河流域径流量小、纳污能力弱的特点，合理提高废污水排放标准。

4.2 多维临界调控目标（理想点）及其阈值

根据海河流域未来经济社会发展的基本定位和水循环条件，以及水循环调控多重目标，在五维中各选择两个关键性指标作为表征多维整体调控的协调性指标，以满足国家和流域发展需求设置关键指标的理想目标（理想点）和可行的调控范围，理想点及其阈值的选取阐述如表 4-2 所示。

表 4-2 海河流域多维临界调控关键指标阈值与理想点

属性	关键指标	现状（2007年）	2030年理想点 指标值	2030年理想点 权重	阈值（调控范围）长系列 下限	阈值（调控范围）长系列 上限	阈值（调控范围）短系列 下限	阈值（调控范围）短系列 上限
资源维	地下水超采量/亿 m³	81.0	0	0.6	36.0	0	36.0	0
资源维	地表水开发利用率/%	67.0	50.00	0.4	45.0	67.00	50.0	67.00
经济维	人均 GDP/万元	2.6	10.76	0.4	6.0	10.76	6.0	10.76
经济维	万元 GDP 综合用水量/m³	113.0	30.00	0.6	55.0	30.00	55.0	30.00
社会维	人均粮食产量/kg	389.0	375.00	0.7	350.0	375.00	350.0	375.00
社会维	城乡人均生活用水比（农村/城市）	0.7	0.78	0.3	0.6	0.80	0.6	0.80
生态维	入海水量/亿 m³	27.0	75.00	0.4	55.0	75.00	35.0	65.00
生态维	河道内生态用水量/亿 m³	—	55.00	0.6	28.0	55.00	28.0	65.00
环境维	COD 入河量/万 t	100.0	30.00	0.5	80.0	50.00	50.0	30.00
环境维	水功能区达标率/%	28.0	100.00	0.5	75.0	100.00	75.0	100.00

4.2.1 资源维

以地下水超采量和地表水开发利用率作为反映流域水循环再生性（资源维）的表征指标。

（1）地下水超采量

地下水超采量为开采量与可开采量之差。由于深层承压水补给困难，而山丘区地下水开采主要反映为山区河道径流的减少（非地下水位的下降），盆地地下水超采量总体较小，因此，海河流域的地下水超采量主要指海河平原区超采量。

在海河流域水资源评价中，海河平原地下水可开采量以 1980～2000 年平均总补给量为基础，结合水文地质条件，采用可开采系数法确定。可开采系数 ρ 值是表征开采条件的参数，海河山前平原一般为 0.9～1.0，中东部平原一般为 0.65～0.9，即可开采量不能大于现状水利设施条件下的总补给量。为合理确定 ρ 值，编制了海河平原浅层地下水开采条件分区图，主要反映含水层的岩性、厚度、浅层淡水底板埋深、单井出水量等特征，划分若干大区或亚区。结合不同分区的实际开采状况及地下水动态，确定出各分区的可开采系数。

经分析计算，海河平原（矿化度 $M \leqslant 2g/L$）地下水可开采量为 135.27 亿 m³（包括引黄产生的补给量）。2007 年，海河平原地下水实际开采量 208.23 亿 m^3，其中浅层地下水 168.17 亿 m^3，深层承压水 40.06 亿 m^3；地下水超采量 81.41 亿 m^3（以省套三级区为单元计算，"补大于采"时超采量计为 0）（表 4-3）。

表 4-3　海河平原地下水可开采量和 2007 年超采量　　　　（单位：亿 m^3）

省级行政区	浅层地下水 可开采量	浅层地下水 开采量	浅层地下水 超采量	深层承压水开采量	合计 开采量	合计 超采量
北京	21.32	22.64	2.66	0	22.64	2.66
天津	4.16	2.57	0	5.58	8.16	5.58
河北	74.28	105.63	31.62	28.48	134.10	60.10
河南	11.01	18.08	7.07	3.46	21.54	10.53
山东	24.50	19.25	0	2.54	21.79	2.54
平原合计	135.27	168.17	41.35	40.06	208.23	81.41

地下水超采量是反映地下水开发利用方式是否具有可持续性的晴雨表。当地下水开采量长期大于可开采量时，地下水位将持续下降，开始消耗地下水的静储量，这样的地下水开发利用方式是不可持续的。因此，地下水是否超采，可以认为是地下水开发利用从可持续转向不可持续的转折点。

对于地下水严重超采的海河平原，在南水北调工程达效后，不但期望实现地下水零超采，更期望地下水"补大于采"，使地下水位得到有效恢复。但根据海河流域综合规划修编成果，由于海河平原地下水超采量过大，而且未来用水量还将有一定的增长，在 1956~2000 年水文系列和南水北调东、中线工程通水条件下，通过采取有效的强化节水、水资源配置和最严格的水资源管理措施，海河平原地下水超采量将逐年递减，从 2007 年的 81.41 亿 m^3 下降到 2020 年的 36 亿 m^3，2030 年总体上将实现采补平衡，尚不可能出现平原地下水全面恢复的情况（有局部恢复的可能）。因此，本次将地下水零超采作为 2030 年的调控目标（理想点），地下水超采量的调控阈值为 0~36 亿 m^3。

（2）地表水开发利用率

地表水资源开发利用率是一定时期内当地地表水实际供水量与同期地表水资源量之比。1995~2007 年海河流域多年平均地表水资源量 148.1 亿 m^3，地表水年平均供水量 99.4 亿 m^3，现状地表水开发利用程度为 67%。

国际公认的河流地表水资源开发利用合理上限是 40%，低于 40% 可基本保持自然生态特征；当超过 40% 时，会出现水生态问题。海河流域现状地表水资源开发利用率为 67%，已大大超过了 40%，造成山区河流径流量持续下降，平原河流大量出现干涸、断流，平原湿地大量萎缩，入海水量锐减，反映了水资源（特别是地表水资源）过度开发给河流水生态造成的后果。

根据海河流域综合规划修编成果，由于现状海河流域地表水开发利用程度过高，而且未来用水量还将有一定的增长，在1956~2000年水文系列条件下，通过采取有效的强化节水、水资源配置和最严格的水资源管理措施，2020、2030水平年海河流域地表水开发利用率可降至60%和59%。参考西北地区地表水开发利用率50%（钱正英，2004），本次将地表水开发利用率50%作为地表水开发利用的目标（理想点）。长系列水文条件下的调控范围为40%~67%，短系列适当抬高下限，调控范围为50%~67%（表4-4）。

表4-4 海河流域地表水资源开发利用率分析

水平年	供水量/亿 m³	地表水资源量/亿 m³	开发利用率/%
现状（1995~2007年）	99.4	148.1	67.1
1956~2000年系列	128.8	216.1	（调控范围40~67）
1980~2005年系列	—	159.0	（调控范围50~67）
2030年理想点	—	—	50.0

注：1956~2000年系列值引自海河流域综合规划成果。

(3) 指标重要性分析

地下水过度开采消耗了地下水静储量，而地下水静储量是海河流域抗御连续枯水年的战略水源，直接关系到供水安全；地下水的过度开采（特别是深层承压水开采）还可能引发地面沉降等环境地质灾害。在长期连续超采地下水、地下水位严重下降的海河流域平原区，与地表水资源的过度开发利用导致河流生态状况的恶化相比，无疑地下水超采的影响作用和范围更显著，因此，在反映资源维状态的两个表征指标中，地下水超采量指标的重要性高于地表水开发利用率，两者之间的权重确定为0.6:0.4。

4.2.2 经济维

以人均GDP和万元GDP用水量反映经济维发展规模和水资源利用效率，作为反映经济发展和生态环境保护协同发展平衡模式的表征指标，采用单位指标以便于地区间比较，并与国际接轨。

(1) 人均GDP

据经济学家分析（周天勇，2004），为了保证劳动力就业、社会保障和教育、科学、文化等事业的发展，在一定时期内我国的GDP年增长率至少要达到7%。按照党的"十五"大提出的21世纪前50年"三步走"的发展战略，2020年实现全面小康、2030年实现基本现代化、2050年实现现代化，2020年和2030年海河流域的人均GDP需分别达到5.2万元和10.0万元。据海河流域内各省区市发展改革部门预测，作为未来经济社会具有发展潜力的地区，2007~2020年，海河流域GDP将从3.56万亿元增加到9.12万亿元，年均增长率将达到7.5%，2020年人均GDP将达到6.0万元；2020~2030年经济增长情况缺少相关研究成果，考虑到经济规模增加，经济发展速度将有所下降，暂按GDP年均增长率较2007~2020年下降一个百分点进行分析，2030年人均GDP将达到10.76万元。故本次将人均GDP达到10.76万元作为是2030年经济发展规模目标（理想点），2020年的调控范围为4.0万~7.0万元，2030年的调控范围为8万~10.76万元（表4-5）。

表4-5 海河流域经济发展趋势分析

水平年	GDP 总量/万亿元	GDP 增长率/%	总人口/万	人均GDP/万元 人均	人均GDP/万元 调控范围
2007年	3.56	—	13 692	2.60	—
2020年	9.12	7.5	15 117	6.00	4.0~7.0
2030年	16.95	6.5	15 751	10.76	8.0~10.76
2030年理想点	—	—	15 751	10.76	—

注：2007年、2020年、2030年数值引自海河流域综合规划成果。

（2）万元GDP综合用水量

万元GDP综合用水量是反映节水水平和用水效率的指标，也反映了水资源对经济发展的支持程度。万元GDP综合用水量越高，可支撑的经济发展规模越小，因而，通过提高用水效率和效益，降低万元GDP综合用水量，是保障和支撑海河流域经济社会发展规模的重要途径。

2007年海河流域万元GDP综合用水量为113m³，根据海河流域综合规划修编成果，2030年要实现人均GDP 10.76万元的目标，海河流域万元GDP综合用水量至少要从2007年的113m³降到2020年的54m³和2030年的30m³，故本次将万元GDP综合用水量30m³作为2030年目标（理想点），2020年的调控范围为50~75m³/万元，2030年的调控范围为30~55m³/万元（表4-6）。

表4-6 海河流域万元GDP用水量趋势分析

水平年	GDP/万亿元	总用水量/亿 m³	万元GDP用水量 用水量/m³	万元GDP用水量 调控范围/m³
2007年	3.56	403	113	—
2020年	9.12	495	54	50~75
2030年	16.95	515	30	30~55
2030年理想点	—	—	30	—

注：2007年、2020年、2030年数值引自海河流域综合规划成果。

（3）指标重要性分析

人均GDP反映经济社会健康发展的要求，万元GDP用水量反映水资源与经济发展规模的关系，在水资源严重短缺的海河流域，提高有限水资源利用效率是保障经济发展规模的前提。因而，从水资源支撑经济社会发展的角度，万元GDP用水量指标相对更重要，故两者权重定为0.4：0.6。

4.2.3 社会维

以人均粮食产量和城乡人均生活用水量比（农村人均生活用水量/城镇人均生活用水量）反映粮食生产规模和城乡生活用水差异，作为衡量粮食安全和城乡用水公平性的表征指标，以保障公益性行业和弱势群体的基本用水。

(1) 人均粮食产量

粮食安全是关系我国国民经济发展、社会稳定和国家自立的全局性重大战略问题，保障我国粮食安全具有十分重要的意义。海河流域是我国粮食主产区（主要是河北、豫北、鲁北平原地区），2007年粮食总产量5320万t，占全国粮食产量的10.6%；人均占有量389kg，处于"自给自足"水平（净调入量为零）。

为保证国家粮食安全，海河流域未来作为粮食主产区的地位不会改变，还将承担一定的增产任务。但从今后发展趋势看，处于京津冀都市圈、环渤海经济区的海河流域工业化、城镇化将迅速发展，人口大幅度增加，粮食消费需求将呈刚性增长；而耕地减少、水资源短缺、气候变化等对粮食生产的约束日益突出，海河流域有可能成为粮食净调入区。但粮食产量占全国的比例至少应与2007年基本相同。

海河流域粮食生产的理想状态是保持现状的"自给自足"水平。《国家粮食安全中长期规划纲要（2008—2020年）》提出全国人均粮食消费量目标是2020年不低于395kg，按95%自给率计，人均占有量要达到375kg，故将人均粮食产量375kg作为海河流域粮食生产的理想点。

根据《国家粮食安全中长期规划纲要（2008—2020年）》，2020年全国粮食总产量将达到5.4亿t以上。若保持海河流域粮食产量占全国10%的地位不变，2020年应达到5400万t，人均粮食产量357kg；2030年至少达到5500万t，人均粮食产量约为350kg。因此，海河流域人均粮食产量调控范围为350~375kg（表4-7）。

表4-7 海河流域人均粮食产量分析

水平年	粮食总产量/万t	总人口/万	人均粮食产量 产量/kg	调控范围/kg
2007年	5 320	13 692	389	—
2020年	5 400	15 117	357	350~375
2030年	5 500	15 751	349	350~375
2030年理想点	—	—	375	—

注：2007年、2020年、2030年数值引自海河流域综合规划成果。

(2) 城乡人均生活用水比

城乡人均生活用水比反映用水方面的城乡差距。海河流域2007年城市用水定额为

94.5L/(人·d)，农村生活为 66.2L/(人·d)，城乡人均用水比（农村比城市）为 0.70。从理想的角度分析，2020 年、2030 年农村生活用水定额应逐步接近现状大城市农村的水平。若以北京农村 2007 年农村生活用水定额 98.2L/(人·d) 作为 2030 年海河流域农村生活用水定额，相应的城乡人均生活用水比为 0.78（表 4-8）。

表 4-8　海河流域城乡生活用水定额分析

水平年	农村定额 /[L/(人·d)]	城镇定额 /[L/(人·d)]	城乡人均生活用水比
2007 年	66.2	94.5	0.70
2020 年	82.0	117.2	0.70
2030 年	88.3	126.1	0.70
2030 年理想点	98.2	126.1	0.78

注：2007 年、2020 年、2030 年数值引自海河流域综合规划成果。

（3）指标重要性分析

人均粮食产量反映国家粮食安全，是流域水资源配置支撑的重要目标之一，而城乡生活用水差别只是城乡居民收入、医疗卫生、教育文化等诸多因素差异之一，相比而言，重要性相对较小。因此，本次将人均粮食产量与城乡人均生活用水比的比例关系定为 0.7∶0.3。

4.2.4　生态维

以入海水量和河道内生态用水量反映生态用水状况，作为衡量生态环境的表征指标，以保障基本生态环境用水。

（1）入海水量

海河流域 1980~2005 年平均入海水量约 35 亿 m³，河口生态已明显恶化；1956~2000 年平均入海水量约 93 亿 m³，约占同期年均天然河川径流量 216 亿 m³ 的 43%。根据有关科研成果分析，维持海河流域主要河口泥沙冲淤动态平衡的多年平均最小入海水量为 75 亿 m³，适宜量为 121 亿 m³；维持主要河口水生生物（鱼类）栖息地盐度平衡的多年平均最小入海水量为 18 亿 m³，适宜入海水量为 50 亿 m³。分析比较以上数据可见，维持河口泥沙冲淤动态平衡的适宜水量过大，而维持河口水生生物栖息地盐度平衡的最小入海水量又过小，入海水量适宜范围为 50 亿~75 亿 m³。在 1980~2005 年水文系列条件下，天然河川径流量的 1/3 约 55 亿 m³，在严重缺水的海河流域，能保证 1/3 天然径流入海具有很大难度。故本次将 55 亿 m³ 作为短系列入海水量理想点，将 75 亿 m³ 作为长系列入海水量理想点（表 4-9）。

表 4-9　海河流域多年平均入海水量效果分析　　　（单位：亿 m³）

多年平均	维持河口泥沙冲淤动态平衡	维持河口水生生物栖息地盐度平衡	入海水量统计值	流域综合规划值
最小	75	18	—	—
适宜	121	50	—	—
1980~2005 年系列	—	—	35	—
1956~2000 年系列	—	—	93	64.2（2020 年） 68.0（2030 年）

（2）河道内生态用水量

采用 Tennant 法分析河流生态水量，山区取多年平均天然径流量的 15%~30%，平原取 5%~15%。对于部分以蓄水为主的人工或景观河流采用槽蓄法计算蒸发渗漏量作为生态水量。湿地生态水量按湿地规划水面面积的蒸发、渗漏损失水量之和，再扣除降水直接补给水量计算。分析结果表明，海河流域河流生态水量 49.4 亿 m³，其中山区 15 条规划河流生态水量为 11.0 亿 m³，平原 24 条规划河流生态水量为 28.1 亿 m³，平原 13 个规划湿地生态水量为 10.3 亿 m³。

生态水量按 95% 保证率进行配置。经分析，山区 15 条规划河流满足生态水量，不需要进行配置；平原 24 条规划河流中有 11 条河流实测水量不能满足生态水量，必须新增生态配置水量 7.37 亿 m³。根据水源条件分期安排，2020 年新增配置水量 4.91 亿 m³，2030 年新增配置水量达到 7.37 亿 m³。

平原 13 个规划湿地无稳定生态水源，其中北大港、衡水湖、大浪淀、恩县洼 4 处湿地为南水北调工程的调蓄水库，生态水量自然得到满足，其他 9 处湿地 2020 年新增配置水量 4.52 亿 m³，2030 年增加配置水量达到 6.81 亿 m³。

根据以上分析，海河流域 2020 年、2030 年平原河流、湿地需要新增生态配置水量分别为 9.43 亿 m³ 和 14.18 亿 m³。

（3）指标重要性分析

入海水量与河道内生态用水量密切相关，此消彼长。增加河道内生态用水对陆地生态和生产都有好处，但入海水量会减少，并影响到河口生态，按照以人为本的理念，河道内生态用水比入海水量重要。因此，本次将两者比重关系定为 0.6∶0.4。

4.2.5　环境维

以 COD 入河排放量和水功能区达标率反映主要污染负荷排放状况，作为衡量环境状况的表征指标。

（1）COD 入河排放量

所谓水环境阈值，是指在某一时期，某种环境状态下，某一区域水环境对人类社会、经济活动支持能力的限度或阈值；换句话说，指的是在一定的水域，其水体能够被持续使用并仍保持良好生态系统时，所能够容纳污水及污染物的最大能力（汪恕诚，2002），即水功能区的纳污能力。一旦水体接纳的污染物超过了这个阈值，就会造成水功能的下降或丧失。确定水环境阈值，就是划定水资源开发利用保护的红线。

影响水环境阈值的一个重要因素是设计流量。流量资料系列太短无法反映水文规律，太长则无法反映人类活动对水资源造成的影响，特别是对枯水期小流量的影响（郭丽峰等，2008）。国际上通常采用7Q10法计算设计流量，即采用天然状态下90%保证率最枯7天的平均流量作为河流最小流量设计值（魏国等，2006），由于该标准要求比较高，鉴于我国的经济发展水平比较落后，南北水资源情况差别较大，我国规定设计流量一般河流采用近十年最枯月平均流量或90%保证率最枯月平均流量[《制定地方水污染排放标准的技术原则和方法》（GB3839—1983）；郝伏勤等，2006]。鉴于海河流域水资源条件，选取75%保证率枯水期月平均流量或选取平偏枯典型年的枯水期平均流量作为设计流量。针对海河流域严重污染河流的生态需水量计算研究指出，75%保证率最枯月平均流量计算的水质污染型河流所需的生态水量占多年平均径流量的15%左右，略高于Tennant法计算的最小生态需水量（石维等，2010）。

海河流域2007年实测入河排污口1177个，实测废污水入河量45.2亿t，COD入河量105.1万t。河流纳污能力计算结果表明，海河流域COD和NH_3-N的纳污能力分别为29.27万t/a和1.39万t/a，导致70%的水功能区超标。而1980年，超标河流比例仅为28%。相应的污染物排放量经过研究推算，为40多万吨，超出纳污能力1/3左右。故本次将COD入河排放量30万t作为2030年目标（理想点），2020年的调控范围为50万~80万t，2030年的调控范围为30万~50万t。

（2）水功能区达标率

海河流域共划分水功能区524个。水功能区水质评价表明，海河流域2007年水功能区中只有146个水质达标，达标率仅为28%。

按水体功能要求的水质目标和设计水文条件，计算确定水功能区COD纳污能力；根据需水预测和污水处理程度，预测规划水平年废污水入河量。2020年，水功能区规划达标率为63%，相应的COD入河控制量为53万t，入河废污水量55亿m^3；2030年，水功能区规划达标率为100%，相应的COD入河控制总量为31万t，入河废污水量61亿m^3。故将水功能区规划达标率100%作为2030年调控目标。

（3）指标重要性分析

COD入河排放量反映对污染物的处理能力和强度，水功能区达标率反映对污染的治理效果，两者同等重要。因此，本次将两者的比重关系定为0.5：0.5。

4.3 多维临界调控方案设置

4.3.1 三层次递进方案设置思路

针对海河流域水短缺、水污染、生态环境退化等问题，基于海河流域水资源综合规划提出的经济发展指标成果构建基本方案,按照五维协调、层次化分析组合进行不同情景方案设置,形成模拟分析方案集。

在与水循环密切相关的资源、经济、社会、生态、环境五维中,流域水循环稳定和可再生性维持、生态系统修复是保障和支撑经济社会发展的前提,是方案设置首先需要考虑的因素,在此基础上再考虑经济社会发展、社会稳定、环境友好等因素。故本次采用层次递进方式设置调控情景方案。五维调控的第一层次是水循环系统的再生性维持,包括资源维和生态维;第二层次是经济社会发展与生态环境保护协同发展模式,包括经济规模、产业结构、粮食安全以及与其密切相关的环境状况,涉及经济维、社会维、生态维和环境维;第三层次是提高水资源保障能力,包括非常规水资源利用、常规水资源的高效利用(强化节水)和加大引江水量等调控措施,涉及资源维、经济维和社会维。构建五维调控方案集的主要控制指标列于表 4-10。

表 4-10 分层次多维调控方案的主要控制指标设置

调控层次	资源维	经济维	社会维	生态维	环境维
层次一: 水循环系统的可再生性维持	自产水(降水量或资源量)	—	—	入海水量	—
	外流域调水量(引江和引黄)	—	—	—	—
	地下水超采量	—	—	—	—
层次二: 经济社会发展与生态环境保护协同发展模式		经济发展布局与结构(GDP、三产结构、种植结构)	粮食产量 城镇化率	河道内生态用水量河道外生态供水量	COD排放量排污总量
层次三: 提高水资源保障能力	非常规水源利用(海水、再生水、微咸水)	常规水源高效利用	—	—	—
		节水型社会建设	—	—	—

4.3.2 层次一:水循环系统可再生性维持

第一层次体现以流域水资源可持续利用、生态环境改善保障经济社会可持续发展的宗旨。本层次方案设置的基本思路是,以各种边界水量为控制指标,根据其可能的变化量进行合理的组合。首先考虑资源维和生态维的水量边界控制条件的变化,依照流域水量平衡,控制总耗水量和国民经济耗水量,以达到水循环系统的可再生性维持。第一层调控的核心是 ET 控制,主要控制性指标如下:

1）水平年：现状 2007 年、未来 2020 年和 2030 年。

2）水文系列：1980~2005 年（短系列）、1956~2000 年（长系列）。

3）地下水利用：2007 年超采 81 亿 m³，现状年超采 55 亿 m³（约为 2007 年超采量的 2/3），2020 年超采 36 亿 m³（地下水压采方案，2008 年）、16 亿 m³ 或不超采；2030 年长系列不超采，短系列超采 36 亿 m³、20 亿 m³ 或不超采。

4）入海水量：35 亿 m³（1980~2005 年平均）、55 亿 m³（1980~2005 年平均天然河川径流量的 1/3）、93 亿 m³（1956~2005 年平均）；64 亿 m³ 和 68 亿 m³（海河流域综合规划 2020 年和 2030 年规划值）。

5）南水北调（引江）：2020 年东中线一期工程通水并达效，总调水量为 62.42 亿 m³（中线）+16.8 亿 m³（东线）= 79.22 亿 m³。2030 年中线二期、东线三期达效，总调水量为 86.21 亿 m³（中线）+31.3 亿 m³（东线）= 117.51 亿 m³；二期工程未按期实施，总调水量 79.22 亿 m³；二期工程未按期实施，中线一期加大调水规模 20%，总调水量为 75.0 亿 m³（中线）+16.8 亿 m³（东线）= 91.8 亿 m³。

6）引黄水量（入省界水量）：2007 年 43.8 亿 m³，基准年 43.73 亿 m³（1981~2005 年平均），2020 年 51.2 亿 m³，2030 年 51.2 亿 m³ 或 63.1 亿 m³（达到国务院黄河"87"分水指标）。

基于水量平衡原理，分析确定海河流域各水量边界情景组合方案下的可耗水量（即流域水量平衡条件下可消耗的最大 ET 值），采用下式计算：

流域可耗水量 = 降水量 + 引江水量 + 引黄水量 – 入海水量

若考虑流域经济发展的实际用水需求，允许超采一定的地下水量，流域 ET 控制目标（ET_{max}）可提高到：

$$ET_{max} = 流域可耗水量 + 允许超采量$$

第一层次按照水文长系列和短系列分别组织方案，结果列于表 4-11。其中，方案编号意义：R 表示水循环再生能力；下标 L 表示长系列多年平均水文条件；S 表示短系列，反映近期偏枯水文条件；07、20、30 分别表示基准年（2007 年）、2020 水平年、2030 水平年；-1、-2、-3 等表示方案 1、方案 2、方案 3 等。海河流域水资源综合规划方案为基本方案，并按照所选择的降雨系列分为长系列基本方案和短系列基本方案，在此基础上的其他水量条件变化方案作为基本方案的比较方案。

上述方案设置思路简述如下。

1956~2000 年长系列：

1）以海河流域水资源综合规划（1956~2000 年）成果提出的基准年、2020 年和 2030 年降水量、地下水超采量、入海水量、调水量为控制指标设置水平年基本方案 R_L07-1、R_L20-1、R_L30-1；

2）在基本方案的基础上，减少超采量或增加入海水量构建规划水平年比较方案 R_L20-2、R_L30-2，注重生态环境修复，分析对经济社会发展的影响；

3）在基本方案的基础上，考虑南水北调二期工程未按期实施，即 2030 年引江水量维持在 2020 年水平 R_L30-3，分析对经济社会发展的影响。

表 4-11 层次一:水循环系统可再生性维持水量边界情景组合

(单位:亿 m³)

水文系列年	水平年	方案编码	降水量	地下水超采量	入海水量	南水北调中线	南水北调东线	引黄水量(入省界)	可耗水量	ET控制目标(考虑允许超采量后)	与基本方案相比	简要描述
2007年	2007年实际		1558.5	81	17	0	0	43.80	1585.3	1666.3	—	
1956~2000	基准年	R_L07-1	1712.4	55	55	0	0	43.73	1701.1	1756.1	—	基本方案(长系列,水资源综合规划成果)
	2020年	R_L20-1	1712.4	36	64	62.42	16.8	51.20	1778.8	1814.8	—	基本方案(长系列,水资源综合规划成果)
		R_L20-2		16	68	86.21	31.3		1778.8	1794.8	−20.0	比较方案,减少入海水量 20 亿 m³
	2030年	R_L30-1	1712.4	0	93	86.21	31.3	51.20	1813.1	1813.1	−25.0	基本方案(长系列,水资源综合规划成果)
		R_L30-3		0	68	62.42	16.8		1788.1	1788.1	−38.3	比较方案,增加入海水量 1956~2005年平均水平
1980~2005	基准年	R_S07-1	1594.0	55	55	0	0	43.73	1774.8	1774.8	—	比较方案,2030年不实施南水北调工程二期
		R_S20-1		36	64				1582.7	1637.7	—	基本方案(短系列),与长系列相比ET控制目标减少118亿 m³
	2020年	R_S20-2	1594.0	55	55	62.42	16.8	51.20	1660.4	1696.4	28.0	基本方案(短系列)
		R_S20-3		45	35				1669.4	1724.4	38.0	比较方案,略减增加超采量,减少入海水量到基准年水平,ET控制目标将提高28亿 m³
		R_S20-4		26	68				1689.4	1734.4	−14.0	比较方案,增加超采量,减少入海水量到1980~2005年平均水平,ET控制目标提高38亿 m³,注重经济发展
	2030年	R_S30-1		0	68	86.21	31.30		1656.4	1682.4	—	比较方案,减少入海水量,ET控制目标减少14亿 m³,注重生态环境
		R_S30-2							1694.7	169.7	49.0	基本方案(短系列),与长系列相比ET控制目标减少118亿 m³
		R_S30-3				62.42	16.80	51.20	1707.7	1743.7	10.7	比较方案,增加超采量,减少入海水量,南水北调一期工程末实施,ET控制目标增加49亿 m³,注重经济发展
		R_S30-4	1594.0	36	55				1669.4	1705.4	23.3	比较方案,增加超采量,减少入海水量,南水北调二期工程末实施,中线、南水北调规模20%
		R_S30-5				75.00		63.10	1682.0	1718.0	35.2	比较方案,增加超采量,减少入海水量,南水北调二期工程末实施,中线加大调水规模20%,引黄规模达到国务院"87"分水指标
									1693.9	1729.9		

注:①基本方案(长系列)采用流域水资源综合规划成果;②R_L20-1 表示:水循环再生能力长系列2020水平年−方案1。

1980~2005 年短系列：

1) 以海河流域水资源综合规划（1956~2000 年）成果提出的基准年（2007 年）、2020 年和 2030 年地下水超采量、入海水量、调水量为控制指标，降水量采用近期偏枯水文系列环境下 1980~2005 年短系列值设置基本方案 $R_S07\text{-}1$、$R_S20\text{-}1$、$R_S30\text{-}1$。与长系列相比，由于短系列流域降水量减少约 118 亿 m^3，在其他水量边界控制不变条件下，ET 控制目标等量减少，无疑会影响到经济社会发展用水，进而分析对经济社会发展规模的影响。

2) 在基本方案的基础上，规划水平年调水量不变，按增加超采量、减少入海水量构建比较方案 $R_S20\text{-}2$、$R_S20\text{-}3$、$R_S20\text{-}4$、$R_S30\text{-}2$，以降低生态保护和修复目标，保障经济社会发展达到一定规模。

3) 2030 年引江水量维持在 2020 年水平 $R_S30\text{-}3$，即考虑南水北调二期工程未按期实施，分析对经济社会发展的影响。

4) 2030 年考虑南水北调二期工程未按期实施，但加大中线一期工程调水规模 20% 至 75.0 亿 m^3，构建比较方案 $R_S30\text{-}4$，分析对经济社会发展的影响。

5) 2030 年考虑南水北调二期工程未按期实施，但加大中线一期工程调水规模 20% 至 75.0 亿 m^3，同时引黄规模达到国务院黄河"87"分水指标 63.1 亿 m^3（指入省界水量），构建比较方案 $R_S30\text{-}5$，分析对经济社会发展的影响。

以上 16 个方案的流域最大可耗水量、ET 最大控制目标值关系可由图 4-1 直观展示。其中斜线为水量均衡线，在均衡线上，可耗水量=ET 控制目标，即不超采地下水。图中四个方案位于均衡线上，短系列仅为 2030 年基本方案 $R_S30\text{-}1$；其他方案的点据则位于斜线上方，各点据到斜线的垂向距离即为地下水超采量。

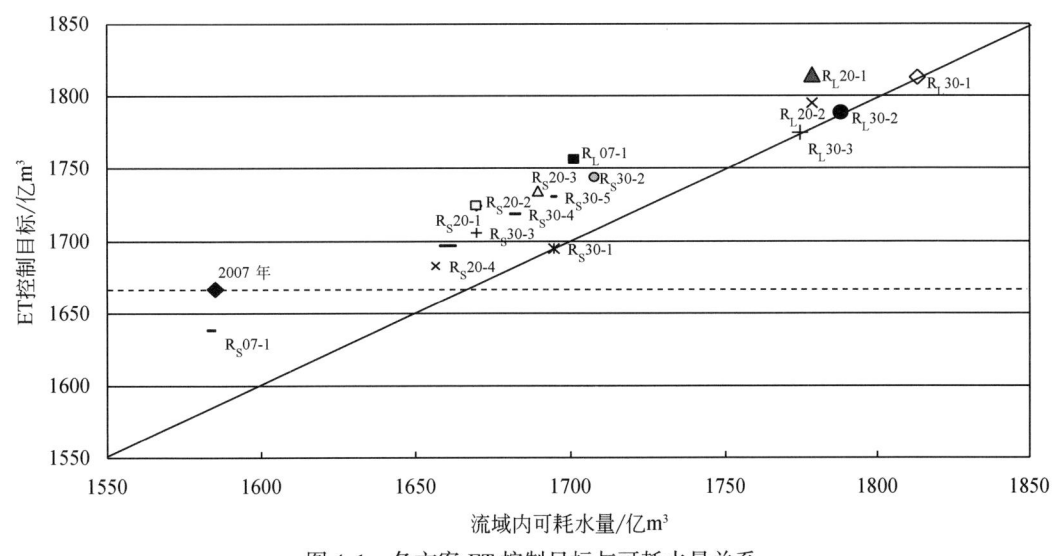

图 4-1 各方案 ET 控制目标与可耗水量关系

图 4-1 中水平虚线为 2007 年实际 ET 值，2007 年点据到斜线的垂向距离反映当年地下

水超采状况；水平虚线也是衡量各方案ET控制目标的标尺，随着各规划水平年经济发展，在南水北调工程的支撑下，可耗水量将有少许增加，ET控制目标将略高于现状实际值，位于水平虚线上方。

将层次一中不同水量边界情景按不同水文系列年可构成基准年–2020年–2030年系列调控组合方案28套，即$F^1 1 \sim F^1 28$，如图4-2所示，其中，F表示本层次的组合方案，上标表示调控层次，数字为本层次的方案序号。

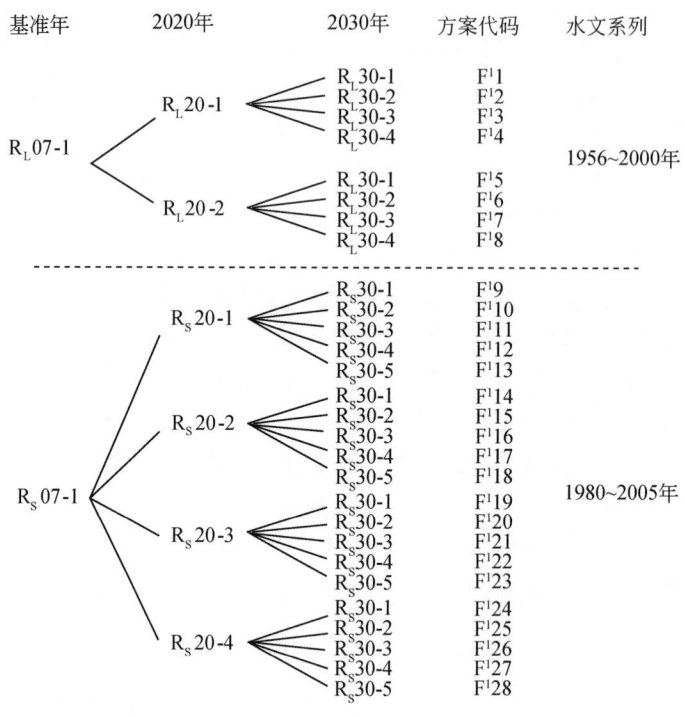

图 4-2　层次一组合方案示意图

F 表示组合方案，上标 1 表示层次一，数字为本层次组合方案序号

4.3.3　层次二：经济社会发展与生态环境保护协同发展模式

水循环再生性维持的最终目标是更好地保障经济社会的发展，造福于人类。然而，不同的经济社会发展理念和发展模式，对水资源的需求、对水环境的影响、对经济发展规模和产出效益的作用差异很大，因而，建设资源节约、环境友好型社会是本次构建可持续经济社会发展模式的基本出发点。

海河流域是我国政治文化中心和经济较为发达地区，煤炭、铁矿等矿产资源丰富，光热土资源匹配较好，依赖资源条件形成的高耗水种植业和重工业，与水资源短缺矛盾异常突出。在南水北调工程的支持下，未来20年海河流域仍蕴藏着巨大的发展潜力，以天津滨海新区和曹妃甸循环经济示范区为龙头，流域经济社会发展的重心向滨海转移，高新技术产业将迅速发展，并带动传统产业升级改造，工业仍将呈现快速增长的态势；同时，海河平原仍将是我国重要的粮食主产区，在保障国家粮食安全战略中占有重要地位，并承担一定的增产任务。

根据海河流域水资源综合规划成果，预计在2007~2020年，海河流域的GDP将以年均7.49%速度增长，2020~2030年趋缓，为6.5%，2007~2030年平均为7.02%。对区域经济发展的基本估计直接关系到需水预测和水环境预测结果，根据对海河流域水资源条件的认识和以往研究工作经验的积累，在1956~2000年水文系列条件下，实现上述规划经济指标的供水量可基本保证，但在1980~2005年近期枯水系列条件下，将面临着经济发展目标与生态环境保护、GDP发展指标与粮食安全、COD排放等多维利益间的权衡。

由于第一、第二、第三产业单位增加值耗水量差异很大，而在一产内部，水田、水浇地、菜田等灌溉定额及效益也差异很大，在同等ET控制条件下，单纯追求效益（GDP）最大化，水量分配会不加节制地向第二、第三产业倾斜；而不加约束地追求粮食产量，又会使种植结构向灌溉需水量少、产量高的夏玉米等夏季作物集中，致使产业结构、种植结构失衡。和谐社会建设既需要保证一定的经济发展速度，更需要关注经济发展质量（合理的产业结构）、粮食安全、社会稳定以及人类赖以生存的环境友好。因此，经济社会发展模式不仅关系到经济发展结构与规模，也影响到需水预测、水环境预测以及多目标条件下的水资源优化配置结果，影响到供水策略或水资源配置策略。

农业是弱势产业，高耗水的生产用水特性，使其基本用水往往难以保证。因而，本次构建经济社会发展模式（socio-economic development mode）首先考虑保障粮食安全和基本农产品生产结构的基本用水，其基本原则如下：①维持良好的生态环境（河道外生态用水按基本方案不变）；②控制入河排放总量（基本方案）；③保证城市化进程；④保证粮食安全，适当降低自给率；⑤保障经济稳步发展，由于粮食产量与GDP有紧密的联系，当与④有冲突时可适当降低发展速度，即以保障粮食生产基本用水和GDP总量为前提，协调三次产业供水结构，通过约束基本粮食产量、三次产业供水量及发展规模，保障粮食生产安全和蔬菜、经济作物种植面积等，保障人民生活对基本农产品的需求，维护社会稳定。第二层次情景组合主要控制指标列于表4-12。其中，方案编号意义为D表示经济社会发展模式；07、20、30分别表示基准年（2007年）、2020水平年、2030水平年，1、2表示方案1、方案2。

表4-12　层次二：经济社会发展与生态环境保护协同发展模式情景组合

水平年	方案	经济维				社会维		城镇化率/%	环境维		生态维		备注
		GDP/万亿元	三产比			粮食产量			废污水入河量/亿t	COD入河量/万t	城镇环境/亿m³	生态新增/亿m³	
			一	二	三	产量/万t	人均/kg					
2007年	—	3.56	8	50	42	5320	389	47.6	45.2	105.4	6.34	0	粮食自给自足
基准年	D07-1	3.56	8	50	42	5320	—	47.6	45.2	105.4	6.34	0	基本方案

续表

水平年	方案	经济维 GDP /万亿元	三产比 一	三产比 二	三产比 三	社会维 粮食产量 产量/万t	社会维 粮食产量 人均/kg	城镇化率/%	环境维 废污水入河量/亿t	环境维 COD入河量/万t	生态维 城镇环境/亿m³	生态维 生态新增/亿m³	备注
2020年	D20-1	9.01	5	47	48	5400	357	58.6	54.9	53.1	10.09	9.4	基本方案，粮食产量占全国比例保持在2007年水平
2020年	D20-2	—	—	—	—	5650	375		—	—			比较方案，95%粮食自给率，人均占有量375kg
2030年	D30-1	16.95	3	45	52	5500	350	66.4	61.4	30.7	12.65	14.2	基本方案，粮食产量占全国比例保持在2007年水平
2030年	D30-2	—	—	—	—	5900	375		—	—			比较方案，人均粮食占有量375kg

注：生态新增指新增河湖、湿地配水量。

第二层次方案设置思路简述如下：

1）以海河流域水资源综合规划成果提出的基准年、2020年和2030年经济维（GDP发展指标、三产结构、粮食产量）、环境维（废污水入河量、COD入河量）、生态维（城镇环境用水量、河湖湿地配水量）指标为控制目标，设置基本方案D07-1、D20-1、D30-1。

2007年海河流域粮食产量5320万t，人均占有量389kg，略高于2007年全国人均占有量380kg，属于"自给自足"水平。《国家粮食安全中长期规划纲要（2008—2020年）》提出2020年全国粮食总产量达到5.4亿t，按照海河流域粮食产量占全国比例不下降为目标，2020年海河流域的粮食产量需达到5400万t，人均占有量约357kg；2030年达到5500万t，人均占有量约350kg。为了保证粮食产品质量和较合理的粮经作物比例，本次采用了两项约束控制平原区种植结构不致失衡：①"0.8冬小麦<夏玉米<1.2冬小麦"约束，以有效利用耕地资源、优化粮食结构；②"蔬菜面积>80%规划值，经济作物>85%规划值"约束，保证蔬菜和经济作物农产品的基本需求，以下各方案类同处理。

2）在基本方案的基础上，以95%粮食自给率下的人均粮食占有量375kg设置粮食生产目标，2020年海河流域的粮食产量需达到5650万t，2030年达到5900万t，与基本方案相比，2020年和2030年将分别增加粮食生产能力250万t和400万t，即注重粮食安全设置比较方案D20-2和D30-2，在生态用水指标不变条件下，分析各水量边界组合情景（层次一）下对经济发展规模、结构及环境的影响。

将层次二中各发展模式情景按基准年–2020年–2030年组合构成系列调控组合方案，删除粮食生产目标2030年低于2020年的不合情理方案D07-1–D20-2–D30-1后，得到组合方案3套，即$F^21 \sim F^23$，如图4-3所示，各项符号意义同前。

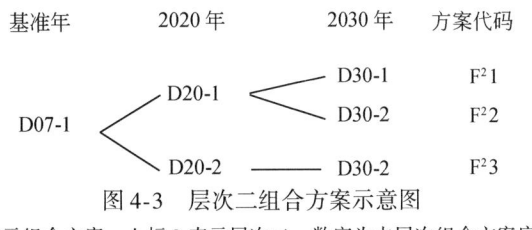

图4-3 层次二组合方案示意图

F表示组合方案，上标2表示层次二，数字为本层次组合方案序号

4.3.4 层次三：提高水资源保障能力

在层次一水循环系统再生性维持、层次二经济社会发展模式框架下，统筹协调海河流域经济发展规模与结构、粮食安全、生态环境保护，主导水资源配置和供水方向。然而，粮食安全和生态保护战略在一定程度上限制着有限水资源量向低耗水、高效益行业的分配，并直接影响到产出效益GDP。要实现预期的（规划）经济发展指标，尚需通过强化节水（常规水资源高效利用）、非常规水源利用和废污水处理回用等措施，通过节流与开源，提高用水效率、增加有效水资源量，进一步提高水资源保障能力，保障规划水平年经济社会发展目标的实现。

(1) 节流

海河流域综合规划需水预测成果（基本方案）留有一定安全度和地方发展的需求。通过经济结构调整和进一步强化节水措施，工业需水量和农田灌溉需水量有进一步压缩的空间，并将农村生态需水量转到河道内（河流水生态修复）。调整后，海河流域2020年总需水量由基本方案的494.7亿m³降至463.6亿m³，减少约31.1亿m³。2030年总需水量可由基本方案的514.8亿m³压缩至483.5亿m³，减少31.3亿m³，其中工业压缩7.6亿m³，灌溉压缩20.2亿m³，农村生态调整3.5亿m³至河道内（表4-13）。

表4-13 海河流域需水预测调整方案　　　　　　　　　　　（单位：亿m³）

水平年	方案	城镇 大生活	城镇 工业	城镇 河湖	城镇 小计	农村 大生活	农村 灌溉	农村 林牧渔	农村 生态	农村 小计	合计
2020	基本方案	65.04	87.84	10.09	162.97	24.71	279.76	23.76	3.46	331.69	494.66
2020	调整方案	65.04	81.55	10.09	156.68	24.71	258.42	23.76	0	306.89	463.57
2020	减少	0	6.29	0	6.29	0	21.34	0	3.46	24.80	31.09
2030	基本方案	80.12	94.30	12.65	187.07	25.30	272.71	26.24	3.46	327.71	514.78
2030	调整方案	80.12	86.70	12.65	179.47	25.30	252.52	26.24	0	304.06	483.53
2030	减少	0	7.60	0	7.6	0	20.19	0	3.46	23.65	31.25

注：城镇"大生活"包括城镇居民生活、第三产业和建筑业用水，农村"大生活"包括农村居民生活和牲畜用水。

(2) 开源

1) 海水利用量: 国家发展和改革委员会、国家海洋局和财政部 2007 年公布的《海水利用专项规划》中，天津市 2020 年海水淡化发展目标: 海水淡化产量达到 40 万~50 万 m³/d（合 1.2 亿~1.5 亿 m³/a），海水直接利用量达到 100 亿 m³/a（折合淡水 3 亿 m³）。该目标与海河流域综合规划成果（基本方案）相比，2020 年海水淡化利用量（包括直接利用量折淡）增加约 3 亿 m³，2030 年增加 2.9 亿 m³。

2) 再生水利用量: 北京市 2007 年再生水利用量 4.57 亿 m³，为工业和城镇生活用水量的 23%; 2009 年达到 6 亿 m³，为工业和城镇生活用水量的 34%。根据北京市、天津市有关规划，北京市 2014 年再生水利用量将达到 8 亿~9 亿 m³，最终规模可达到 20 亿 m³，天津市 2011 年再生水利用量将达到 8 亿 m³，为工业和城镇生活用水量的 30%。若海河流域相关省区 2020 年再生水利用量占工业和城镇用水量比例均能达到北京市 2007 年 23% 水平，2030 年提高到 30%，则与基本方案相比，海河流域 2020 年可增加再生水利用量 13.0 亿 m³，2030 年增加 22.5 亿 m³。

3) 微咸水利用量: 在浅层地下水为苦咸水的地区可少量和分散使用微咸水，如建设微咸水集中处理站改善水质用于农村分散供水，采用咸淡混浇进行灌溉等，但大规模利用的前景尚不确定，故本次未设置微咸水扩大利用量比较方案。第三层次情景组合主要控制指标列于表 4-14。

表 4-14 层次三: 提高水资源保障能力情景组合　　　　　　（单位: 亿 m³）

水平年	方案	非常规水利用					需水量调整	备注
		再生水利用量	微咸水利用量	雨水利用	海水利用量	海水直接利用量	合计		
2007 年	—	7.05	2.69	0.57	0.03	0	10.34	—	—
基准年	E07-1	7.05	2.69	0.57	0.03	—	10.34	—	基本方案
2020 年	E20-1	23.85	7.86	0	3.42	—	35.13	494.66	基本方案
	E20-2	36.85			6.39	146.0	51.10	463.57	比较方案
2030 年	E30-1	28.60	8.59	0	3.93	—	41.12	514.78	基本方案
	E30-2	51.11			6.81	149.0	66.51	483.53	比较方案

注: E 表示提高水资源保障能力; 其他符号意义同前。

以海河流域水资源综合规划成果为基本方案 E07-1、E20-1、E30-1，以扩大非常规水利用量、压减需水量设置（规划水平年）比较方案 E20-2、E30-2，并按基准年–2020 年–2030 年系列构建组合方案 4 套，即 $F^3_1 \sim F^3_4$，如图 4-4 所示。

按照上述三层次递进引导多维调控方向，进行边界情景排列组合，构建出海河流域水循环多维调控系统组合方案共 336 套，即 F1~F336，其中长系列组合方案 96 套（F1~F96），如图 4-5 所示; 短系列组合方案 240 套（F97~F336），如图 4-6 所示。

以上三层次方案可归纳出以下核心指标。

1) 地下水超采量: 2020 年超采量控制在 36 亿 m³，2030 年不超采;

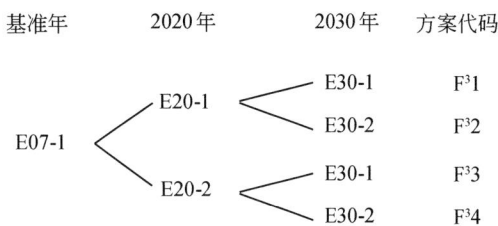

图 4-4 层次三组合方案示意图

F 表示组合方案，上标 3 表示层次三，数字为本层次组合方案序号

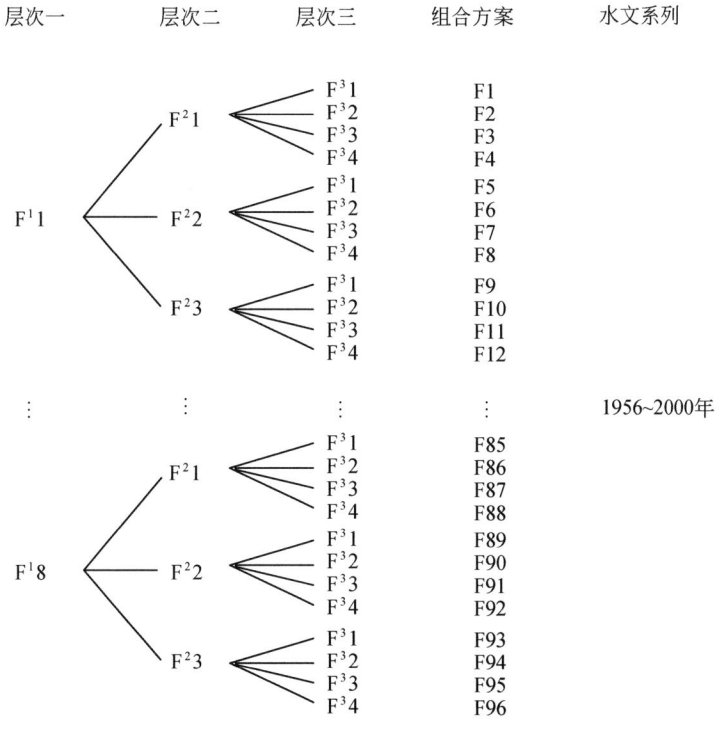

图 4-5 三层次组合方案示意图（长系列）

2）入海水量：2020 年 64 亿 m^3 和 55 亿 m^3，2030 年 68 亿 m^3、55 亿 m^3 和 75 亿 m^3；

3）引江水量：2020 年 62.4 亿 m^3，2030 年 62.4 亿 m^3（中线二期工程未按期实施）、86.2 亿 m^3（二期工程达效）、75.0 亿 m^3（中线二期工程未按期实施，一期加大 20%）；

4）粮食产量：2020 年 5400 万 t（人均 357kg）、5650 万 t（人均 374kg），2030 年 5500 万 t（人均 350kg）、5900 万 t（人均 375kg）；

5）人均 GDP：2020 年 6 万元，2030 年 10.76 万元；

6）COD 入河量：2020 年 50 万 t，2030 年 30 万 t；

7）城镇环境用水量：2020 年 10.1 亿 m^3，2030 年 12.7 亿 m^3。

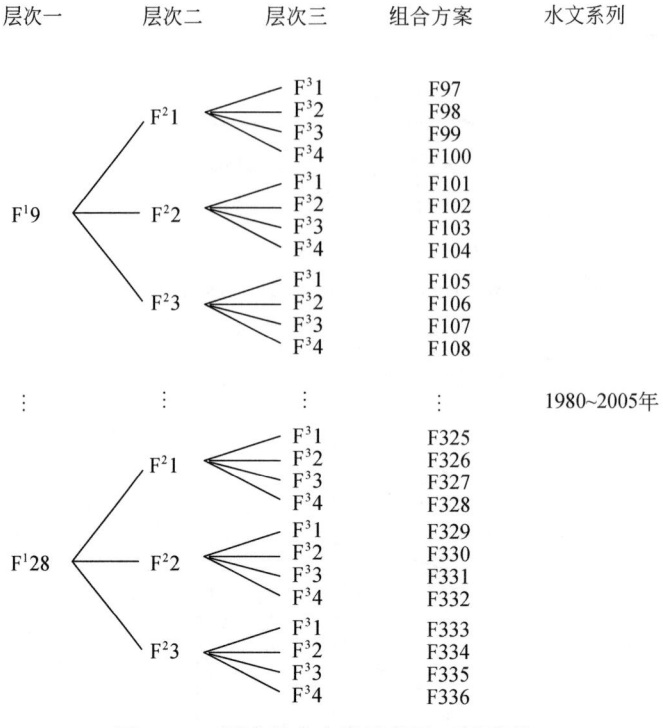

图 4-6 三层次组合方案示意图（短系列）

4.4 多维临界调控模式

4.4.1 组合方案的合理性分析

按照一般逻辑性思维，首先对 336 个系列组合方案（图 4-5，图 4-6）进行基本判断和梳理，剔除不合理或不可行方案。判别原则如下：

1) 在第一层次水循环再生性维持方案中：①剔除调水规模大、同时地下水超采大、入海水量小，不利于水循环再生性维持的组合方案，如 $F^1 23$；②剔除地下水超采量递增、而入海水量递减的不利于生态环境修复的组合方案，如 $F^1 25 \sim F^1 28$。

2) 在第三层次提高水资源保障能力方案中，剔除非常规水源利用量 2020 年大于 2030 年方案的不可行组合方案，如 $F^3 3$。

在 336 个系列组合方案中，剔除与第一层次 $F^1 23$、$F^1 25 \sim F^1 28$ 相关的 5 个 F^1 组合方案 5×12=60 套方案，其余与第三层次 $F^3 3$ 相关的 (28-5)×3=69 套方案，共计 129 套不合理或不可行短系列方案后，尚余可行的系列组合方案 207 套，其中长系列 96 套、短系列 111 套，参与方案分析计算与比选。

4.4.2 多维临界调控方式

在水资源严重紧缺的海河流域，资源、经济、社会、生态、环境五维之间充斥着激烈的矛盾与竞争，各维目标之间存在着复杂的相互依存与制约关系，需要依靠人类主观能动的主体合理协调和控制，使水循环系统向有序方向演化。

从控制论的角度看，临界控制的本质是人类通过对自身活动的理性控制，使其赖以生存的自然系统处于合理和允许的阈值区间，远离崩溃的临界状态，使自然和人文系统处于有利的状态。海河流域水资源的开发利用和高效配置是典型的临界控制论问题，一方面水资源量的多少及其变化是人类无法控制的一系列自然因素造成的，而经济社会用水量和用水导致的生态环境问题又都是可控制的变量；另一方面，资源性水短缺使完全满足国民经济和生态用水需求成为泡影，转而需降低需水标准考虑保障基本需求的临界调控。然而，这种调控具有多维、多目标、多层次、多过程的特点，受许多因素的影响和制约，因而调控过程允许在一定范围内摆动（阈值区间），但不能超过其临界值（阈值的上限或下限），否则将引发生态灾害并影响到社会安定。可见，水循环多维临界调控是要在临界点之上、合理阈值范围内，朝各维理想目标不断调整，寻求五维协同的竞争平衡点，使水循环系统处在对人类社会及经济发展最适宜的状态，使水资源系统实现可再生性维持，生态环境系统保持平衡，经济社会系统能够可持续发展。

为了有效辨别某一维用水量变化对其他几维的影响，在 4.2 节中分析确定的各维表征指标的理想点及其阈值范围（表 4-2）的基础上，将各维阈值区间划分等级，定量分析某一维由下限值变化到上限值对其他几维的影响。在五维中，与水量循环密切相关的是资源维、生态维和经济维，可表达为在特定的跨流域调水规模条件下，地下水超采、入海水量大小决定国民经济可用水量范围，即临界调控的第一步是分析资源维（地下水超采量）、生态维（入海水量）变化对经济维（国民经济用水量）的影响，分析辨识在可行的资源、生态阈值范围内，国民经济用水量的合理范围。建立函数关系：国民经济用水量=f（超采量，入海水量）。第二步，在可行的国民经济用水量范围内，分析经济结构、粮食安全与经济发展规模的关系，因为国民经济各行业单位增加值用水量差异很大，尤其是粮食生产耗水量明显高于其他产业或行业，故重点辨识在合理的国民经济用水、粮食安全范围内，可达到的经济发展规模范围，确定粮食安全调控阈值。建立函数关系：GDP=f（国民经济用水量，粮食产量）。第三步，建立经济发展规模、粮食安全与 COD 关系，辨识经济发展规模对环境维的影响，提出 COD 调控阈值：COD 入河排放量=f（GDP，粮食产量）。

4.4.3 重要方案选取与特征

鉴于海河流域短系列与长系列相比，降水量减少了 188 亿 m³，地表径流量减少约 49 亿 m³（由 216 亿 m³ 下降到 167 亿 m³），无论从水资源安全保障视角，还是对近期偏枯水文系列对经济社会发展影响的忧虑，都更关注近期偏枯水文系列条件下，在维持一定的水循环再生性和生态环境需水量后，可支撑的流域经济社会发展规模、与流域综合规划经济发展指标的差距及如何多维调控可使水循环系统整体效果最佳。故本次定位的重要方案主要集中在短系列、具有现实意义的方案，分析思路简述如下。

对于短系列（1980~2005 年）：

1）从水资源综合规划方案（基本方案）出发，首先分析在基本方案设定的资源维和生态维边界水量、粮食生产目标、非常规水利用量及节水水平（需水量预测）条件下：①能否达到规划的 GDP 目标（组合方案 F97）；②加大非常规水利用量、提高节水水平（压减需水量）后能否实现规划的 GDP 目标（组合方案 F100）；③在一定程度范围内放宽资源维、生态维约束（控制地下水超采量不超过基准年水平、减少入海水量目标），对 GDP 目标的满足程度（组合方案 F172）；④提高粮食安全（人均占有量 375kg）目标后，对 GDP 目标的满足程度（组合方案 F180）。

2）南水北调二期工程未按期实施，上述按期实施方案的对比方案：①采用基本方案设定的粮食生产目标，加大非常规水利用量、压减需水量，但南水北调二期工程未按期实施，对规划 GDP 目标的满足程度（组合方案 F124）；②增加超采量、减少入海水量，对 GDP 目标的满足程度（组合方案 F292）。

3）南水北调二期工程未按期实施，但加大中线一期工程调水规模 20%，设置对比方案：①采用基本方案设定的粮食生产目标，加大非常规水利用量、压减需水量，但南水北调二期工程未按期实施，加大中线一期工程调水规模 20%，对规划 GDP 目标的满足程度（组合方案 F304）；②增加超采量、减少入海水量，对 GDP 目标的满足程度（组合方案 F304）。

4）南水北调二期工程未按期实施，加大中线一期工程调水规模 20%，同时引黄规模达到国务院 87 分水指标条件下，设置对比方案：①采用基本方案设定的粮食生产目标，加大非常规水利用量、压减需水量，但南水北调二期工程未按期实施，加大中线一期工程调水规模 20%，引黄规模达到国务院 87 分水指标条件下，对规划 GDP 目标的满足程度（组合方案 F148）；②增加超采量、减少入海水量，对 GDP 目标的满足程度（组合方案 F316）；③提高粮食安全（人均占有量 375kg）目标后，对 GDP 目标的满足程度（组合方案 F324）。

对于长系列（1956~2000 年）：

5）水资源综合规划成果方案–基本方案（组合方案 F1）。

6）南水北调二期工程未按期实施，加大非常规水利用量、提高节水水平（压减需水量）方案（组合方案 F32）。

以上 13 个方案的构成及特征参见表 4-15，主要控制指标列于表 4-16 中。

表 4-15 重要组合方案的构成与特征

(单位: 亿 m³)

水文系列	组合方案	层次一: 水循环再生性维持 编码	层次一: 水循环再生性维持 构成	层次二: 经济社会发展模式 编码	层次二: 经济社会发展模式 构成	层次三: 水资源保障能力 编码	层次三: 水资源保障能力 构成	调水工程状态	备注
1980~2005年	F97	F¹9	$R_S07\text{-}1 \sim R_S20\text{-}1 \sim R_S30\text{-}1$	F²1	$D07\text{-}1 \sim D20\text{-}1 \sim D30\text{-}1$	F³1	$E07\text{-}1 \sim E20\text{-}1 \sim E30\text{-}1$		水资源综合规划的资源和生态水量控制,粮食安全目标,经济社会需水量,非常规水资源利用量,分析对 F97 方案需水量,分析可实现的 GDP 目标的实现程度
	F100	F¹9	$R_S07\text{-}1 \sim R_S20\text{-}1 \sim R_S30\text{-}1$	F²1	$D07\text{-}1 \sim D20\text{-}1 \sim D30\text{-}1$	F³4	$E07\text{-}1 \sim E20\text{-}2 \sim E30\text{-}2$	南水北调二期工程按期实施	在 F97 方案基础上,加大非常规水利用量,压缩需水量,分析可实现的 GDP 指标
	F172	F¹15	$R_S07\text{-}1 \sim R_S20\text{-}2 \sim R_S30\text{-}2$	F²1	$D07\text{-}1 \sim D20\text{-}1 \sim D30\text{-}1$	F³4	$E07\text{-}1 \sim E20\text{-}2 \sim E30\text{-}2$	南水北调二期工程按期实施	在 F100 方案基础上,放宽对资源维和生态维的约束,即加大超采水量,减少入海水量,分析可达到的 GDP 指标
	F180	F¹15	$R_S07\text{-}1 \sim R_S20\text{-}2 \sim R_S30\text{-}2$	F²3	$D07\text{-}1 \sim D20\text{-}2 \sim D30\text{-}1$	F³4	$E07\text{-}1 \sim E20\text{-}2 \sim E30\text{-}2$	南水北调二期工程按期实施	在 F172 方案基础上,以人均占有量 375kg 提高粮食生产目标,分析可达到的 GDP 指标
	F124	F¹11	$R_S07\text{-}1 \sim R_S20\text{-}2 \sim R_S30\text{-}3$	F²1	$D07\text{-}1 \sim D20\text{-}1 \sim D30\text{-}1$	F³4	$E07\text{-}1 \sim E20\text{-}2 \sim E30\text{-}2$	南水北调二期工程未按期实施	在 F100 方案基础上,二期工程不上马,分析可达到的 GDP 指标
	F292	F¹16	$R_S07\text{-}1 \sim R_S20\text{-}2 \sim R_S30\text{-}3$	F²1	$D07\text{-}1 \sim D20\text{-}1 \sim D30\text{-}1$	F³4	$E07\text{-}1 \sim E20\text{-}2 \sim E30\text{-}2$	二期工程未按期实施一期工程引水	在 F172 方案基础上(放宽对资源维的约束),二期工程不上马,分析可达到的 GDP 指标
	F136	F¹12	$R_S07\text{-}1 \sim R_S20\text{-}2 \sim R_S30\text{-}4$	F²1	$D07\text{-}1 \sim D20\text{-}1 \sim D30\text{-}1$	F³4	$E07\text{-}1 \sim E20\text{-}2 \sim E30\text{-}2$	二期工程未按期实施一期工程加大引水	在 F124 方案基础上(加大非常规水利用量,压缩需水量,二期工程不上马,中线一期工程加大调水规模 20%),分析可达到的 GDP 指标
	F304	F¹17	$R_S07\text{-}1 \sim R_S20\text{-}2 \sim R_S30\text{-}4$	F²1	$D07\text{-}1 \sim D20\text{-}1 \sim D30\text{-}1$	F³4	$E07\text{-}1 \sim E20\text{-}2 \sim E30\text{-}2$	二期工程未按期实施一期工程加大引水	在 F292 方案基础上(放宽对资源维和生态维的约束),二期工程不上马,中线一期工程加大调水规模 20%,分析可达到的 GDP 指标
	F148	F¹13	$R_S07\text{-}1 \sim R_S20\text{-}2 \sim R_S30\text{-}5$	F²1	$D07\text{-}1 \sim D20\text{-}1 \sim D30\text{-}1$	F³4	$E07\text{-}1 \sim E20\text{-}2 \sim E30\text{-}2$	二期工程未按期实施一期工程引水引黄达到"87"分水指标	在 F136 方案基础上(加大非常规水利用量,中线一期工程"87"分水指标,引黄规模达到国务院一期工程加大调水规模 20%),引黄规模达到国务院 87 分水指标,分析可达到的 GDP 指标
	F316	F¹18	$R_S07\text{-}1 \sim R_S20\text{-}2 \sim R_S30\text{-}5$	F²1	$D07\text{-}1 \sim D20\text{-}1 \sim D30\text{-}1$	F³4	$E07\text{-}1 \sim E20\text{-}2 \sim E30\text{-}2$	二期工程未按期实施一期工程引水引黄达到"87"分水指标	在 F304 方案基础上(放宽对资源维和生态维的约束),二期工程不上马,中线一期工程加大调水规模 20%,引黄规模达到国务院 87 分水指标,分析可达到的 GDP 指标
	F324	F¹18	$R_S07\text{-}1 \sim R_S20\text{-}2 \sim R_S30\text{-}5$	F²3	$D07\text{-}1 \sim D20\text{-}2 \sim D30\text{-}2$	F³4	$E07\text{-}1 \sim E20\text{-}2 \sim E30\text{-}2$		在 F316 方案基础上,以人均占有量 375kg 提高粮食生产目标,分析可达到的 GDP 指标
1956~2000年	F1	F¹1	$R_L07\text{-}1 \sim R_L20\text{-}1 \sim R_L30\text{-}1$	F²1	$D07\text{-}1 \sim D20\text{-}1 \sim D30\text{-}1$	F³1	$E07\text{-}1 \sim E20\text{-}1 \sim E30\text{-}1$	有二期工程	水资源综合规划方案(基本方案)
	F32	F¹4	$R_L07\text{-}1 \sim R_L20\text{-}1 \sim R_L30\text{-}3$	F²1	$D07\text{-}1 \sim D20\text{-}1 \sim D30\text{-}2$	F³4	$E07\text{-}1 \sim E20\text{-}2 \sim E30\text{-}2$	无二期工程	南水北调二期工程不上马,加大非常规水利用量,提高节水平方案

表 4-16 重要组合方案的主要控制指标

| 水平年 | 方案代码 | 水循环再生性维持 ||||| ET控制量/亿m³ | GDP/万亿元 | 经济社会发展模式 |||| 粮食产量/万t | 废污水产生量/亿m³ | COD入河量/万t | 提高水资源保障能力 |||| 总用水量/亿m³ |
| | | 地下水超采量/亿m³ | 入海水量/亿m³ | 外调水量/亿m³ ||| | | 三产比 |||| | | | 非常规水 ||| | |
				中线	东线	引黄			一	二	三				再生水	微咸水	雨水利用	海水淡化	
2020年	基本方案	36	64	62.4		16.8	51.2	278.2	9.01	4.6	47	48.4	5400	54.9	53.1	23.85	7.86	0	3.42	494.7
	F97	36	64					278.6	7.28	5.1	41.8	53.1	5400	60.2	41.6	23.85	7.86	0	3.42	406.4
	F100	55	55						7.42	5.2	42.1	52.6		60.6	41.9					407.3
	F172	36	64					299.2	10.35	4.6	44.5	50.9	5650	85.3	58.6					456.2
	F180	55	55					299.2	10.21	4.7	44.1	51.3		82.7	57.0					458.1
	F124	36	64	62.4		16.8	51.2	286.8	9.45	5.0	43.1	51.9	5400	72.5	50.1	36.85	7.86	0	6.39	428.9
	F292	55	55					301.3	10.35	4.6	44.5	50.9		85.3	58.6					459.5
	F136	36	64					286.8	9.44	5.0	43.2	51.8		72.4	50.1					428.6
	F304	55	55					298.9	10.35	4.6	44.4	50.9		85.1	58.5					455.8
	F148	36	64					287.0	9.51	5.0	43.1	51.9		72.9	50.3					429.2
	F316	55	55					301.3	10.35	4.6	44.5	50.9		85.3	58.6					459.5
	F324							299.2	10.21	4.7	44.1	51.3		82.7	57.0					458.1
2030年	基本方案	0	68	86.2	31.3		51.2	284.9	16.95	3.5	44.4	52.1	5650	61.4	31.0	28.60	8.59	0	3.93	514.8
	F97	0	68						11.25	4.2	41.5	54.2	5500	70.3	23.8	28.60	8.59	0	3.93	413.0
	F100	36	55					286.0	11.70	4.2	41.5	54.3	5500	71.4	24.3					415.2
	F172			86.2				313.9	16.48	3.9	46.5	49.6	5900	97.1	32.9					468.1
	F180		55					305.1	15.98	3.8	46.4	49.8		94.0	32.0					457.0
	F124			62.4		16.8		301.8	16.23	3.9	44.6	51.5	5900	92.5	31.5	51.11	8.59	0	6.81	449.9
	F292							314.4	16.48	3.9	46.5	49.6	5500	97.1	32.9					469.0
	F136	36	55					306.3	16.31	3.9	44.7	51.4		93.0	31.7					455.9
	F304							306.7	16.40	3.9	46.6	49.6		96.8	31.6					459.1
	F148			75.0				308.8	16.23	4.0	44.8	51.2		92.9	31.6					459.0
	F316							315.4	16.48	3.9	46.5	49.6		97.1	32.9					470.6
	F324						63.1	307.5	15.98	3.8	46.4	49.8	5900	94.0	32.0					460.8

4.5 临界调控阈值分析

4.5.1 超采量、入海水量与国民经济用水量

按照资源维、生态维、经济维 2030 年理想目标和调控范围（表 4-2），以地下水零超采、入海水量达到 68 亿 m^3 的国民经济可用水量为下限（不利组合），允许地下水超采量 36 亿 m^3、入海水量控制在 35 亿 m^3 的国民经济可用水量为上限（有利组合），由下至上划分两个等级，进行入海水量、地下水超采量、南水北调二期工程按期实施与否组合，进行国民经济各行业水量配置，分析国民经济可用水量范围。

结果表明，在 1980~2005 年水文系列条件下，入海水量由 35 亿 m^3 增加到 68 亿 m^3、地下水超采量由 36 亿 m^3 减少到 0 亿 m^3，2030 年国民经济可用水量平均由 475 亿 m^3 下降到 415 亿 m^3，呈递减趋势（图 4-7）。三者之间的关系为

$$z = -0.9725(x-y) + 485.21 \tag{4-1}$$

式中：z 为国民经济可用水量（亿 m^3）；x 为入海水量（亿 m^3）；y 为地下水允许超采量（亿 m^3）。

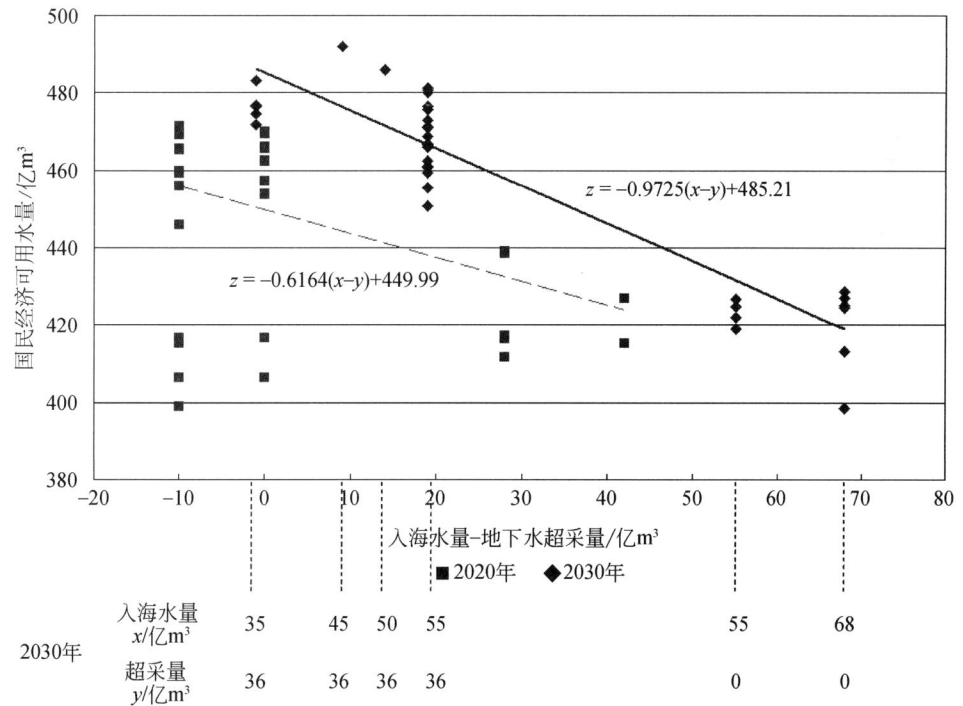

图 4-7 入海水量、地下水超采量与国民经济可用水量关系（1980~2005 年系列）

当入海水量达到 68 亿 m^3 时，2030 年国民经济可用水量接近现状用水量水平，即将

严重制约经济发展规模；而入海水量趋于 35 亿 m³，近期实际状况表明河口生态状况已恶化，故在短系列水文条件下，较合理入海水量临界调控阈值在 50 亿 m³ 左右。

从图中亦可见，在某一特定入海水量、超采量组合情景下，国民经济可用水量在一定范围内浮动，这主要受南水北调二期工程能否按期实施影响，在允许地下水超采 36 亿 m³ 范围内（地下水压采总体方案，2008 年），若二期工程按期实施，2030 年经济可用水量可达到 430 亿（零超采）~485 亿 m³（超采 36 亿 m³）；若二期工程不能按期实施，经济可用水量为 420 亿（零超采）~450 亿 m³（超采 36 亿 m³），故 2030 年国民经济可用水量上限（超采 36 亿 m³）为 480 亿（二期工程按期实施）~450 亿 m³（二期工程未按期实施），下限（零超采）为 450 亿（二期工程按期实施）~420 亿 m³（二期工程未按期实施）。

在 1956~2000 年水文系列条件下，不允许地下水超采，即使入海水量达到 93 亿 m³，国民经济可用水量亦在 490 亿 m³ 以上，故入海水量临界调控阈值可提高到 70 亿 m³。2030 年国民经济可用水量上限可达到 510 亿 m³（二期工程按期实施），甚至可更高（因基本不受 ET 条件控制），下限为 490 亿 m³（二期工程未按期实施），参见图 4-8。

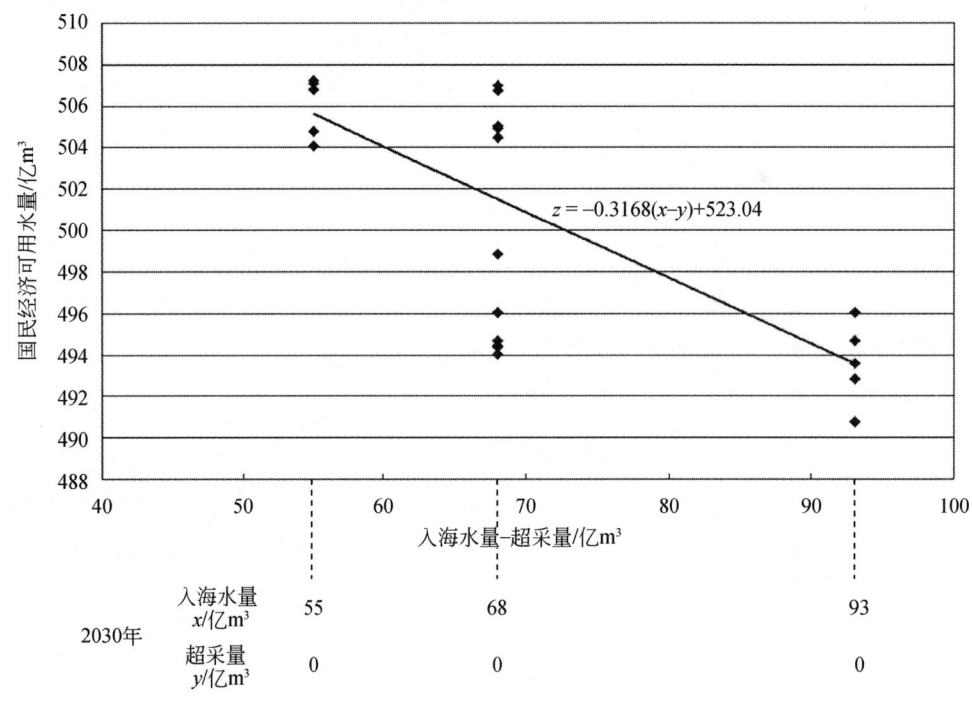

图 4-8　入海水量与国民经济可用水量关系（1956~2000 年系列）

4.5.2　国民经济用水量、粮食产量与 GDP

GDP 总量与产业结构、行业结构密切相关，由于各行业生产用水属性不同，单位增加值用水量差异很大，特别是农业生产，灌溉用水量大、耗水量高，而水经济价值（单方耗水净效益)不到第二产业的 20%。因而,在竞争性用水条件下,保障粮食安全与保障 GDP 增长关系微妙。

分析结果表明,在 1956~2000 年水文系列条件下,2030 年国民经济可用水量在 490 亿~510 亿 m³,若粮食产量达到 5900 万 t(人均 375kg),GDP 总量将低于 12 万亿元,显著低于海河流域综合规划成果 16.72 万亿元目标,经济系统运行状态很差;逐步降低粮食安全下限,将粮食产量控制在 5500 万 t(人均 352kg)和 5700 万 t(人均 365kg)水平,则 GDP 可达到 16.30 万亿~16.56 万亿元(图 4-9),可基本实现规划目标值。故海河流域 2030 年粮食产量的临界调控阈值为人均粮食产量 365kg。

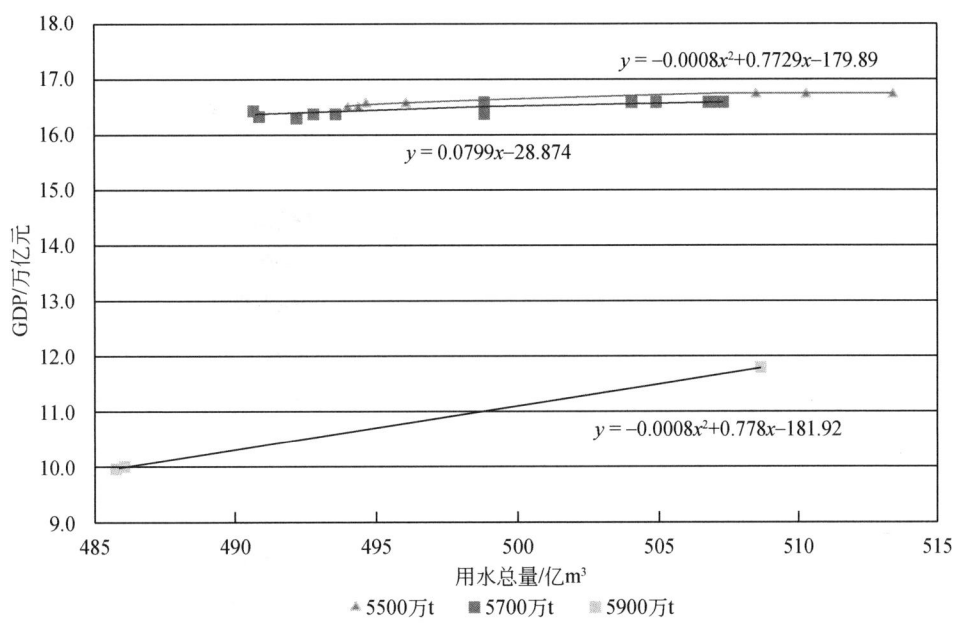

图 4-9 2030 年粮食产量、GDP 与国民经济可用水量关系(1956~2000 年系列)

在 1980~2005 年系列条件下,南水北调二期工程按期实施、非常规水利用量提高到 66.5 亿 m³,国民经济可供水量变化于 450 亿~490 亿 m³(超采 36 亿 m³),若粮食生产能力控制在 5500 万 t(人均 350kg)水平,2030 年 GDP 变化于 16.0 万亿~16.4 万亿元,可基本达到经济发展下限目标。若南水北调二期工程未按期实施,国民经济可供水量将减少到 420 亿~450 亿 m³(超采 36 亿 m³),粮食产量在 5500 万 t 条件下,2030 年可实现 GDP 11 万亿~14.5 万亿元;若减少高耗水的蔬菜等经济作物面积至规划值的 50%,2030 年粮食产量可提高到 5700 万 t(人均 365kg)水平,GDP 达到 11.6 万亿~15.6 万亿元(图 4-10),但仍无法满足海河流域经济发展的基本需要,因此,在短系列水文条件下,海河流域 2030 年粮食产量的临界调控阈值为人均粮食产量 350kg。

海河流域 2030 年粮食产量生产的临界调控阈值,在 1980~2005 年短系列水文条件下为人均粮食产量 350kg(产量 5500 万 t),在 1956~2000 年长系列水文条件下可提高到人均 365kg(产量 5700 万 t)。

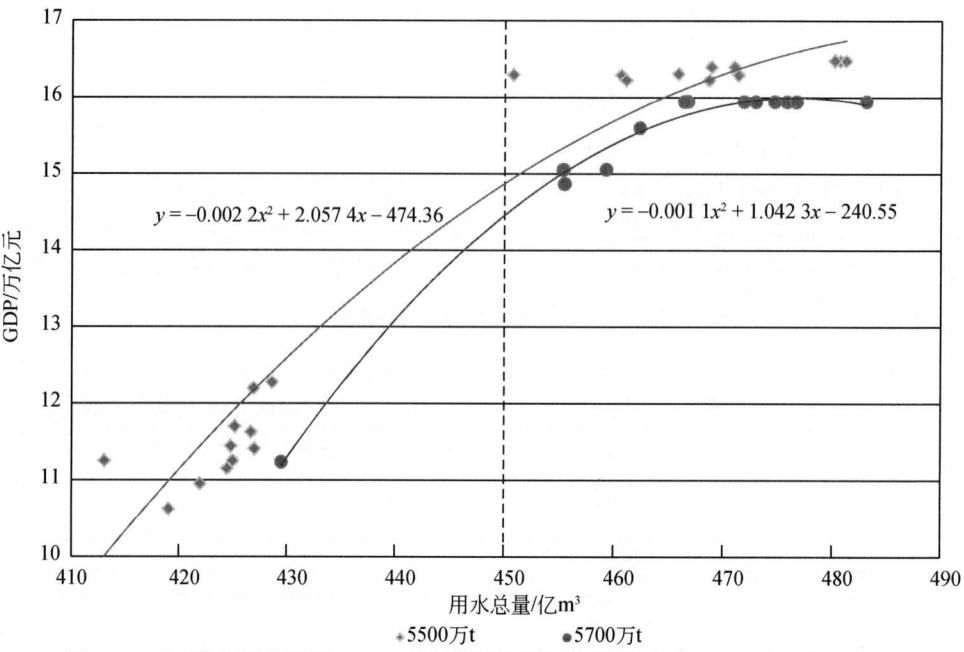

图 4-10 2030 年粮食产量、GDP 与国民经济可用水量关系（1980~2005 年系列）

4.5.3 GDP 与 COD 入河量

不同组合方案的分析调控结果表明，GDP 与 COD 入河量大体呈同步增长，为保证水功能区达标，COD 入河量短系列小于长系列，当 GDP 达到 16 万亿元左右，COD 入河量需控制在 33 万 t 以内（图 4-11），故本次将 2030 年 COD 入河量临界调控阈值设定为 33 万 t。

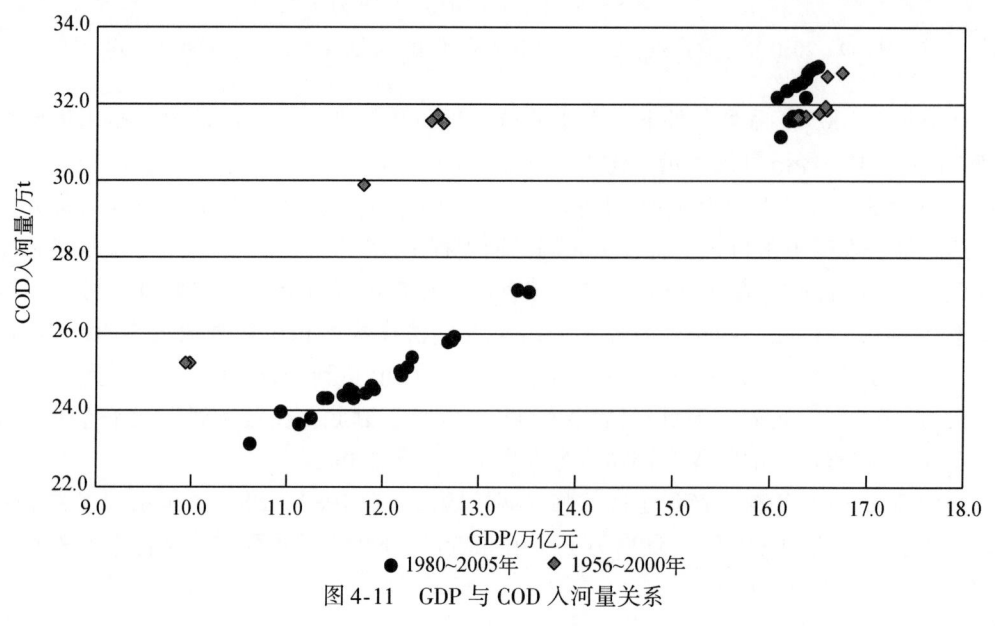

图 4-11 GDP 与 COD 入河量关系

4.6 水资源环境经济效益最大的经济用水总量阈值

4.6.1 用水量与水资源影子价格的关系

根据市场供需平衡原理，在一定的需求水平下，某一商品的市场供给量越大，该商品的价格越低，反之则价格越高。根据此原理，用可供利用的水资源量作为约束，建立经济产出最大为目标的线性规划模型，此时水量约束的对偶解即为水资源影子价格。由于建立的海河流域 2007 年线性规划模型只包含了国民经济行业的信息，居民生活用水没有纳入模型中，因此计算得出的影子价格是生产部门的用水价格。为了促进水资源节约利用，居民生活用水也应以市场价格定价，因此将居民生活用水纳入到模型水资源约束中。

根据海河流域 1980~2005 年水文系列资料，海河流域多年平均地表水资源量为 158.7 亿 m^3，地下水资源量为 145.1 亿 m^3，当地水资源总量为 303.7 亿 m^3。考虑可利用的外调水 42.7 亿 m^3、微咸水 2.9 亿 m^3 以及其他可利用水量 6.6 亿 m^3（2000~2008 年均值），海河流域多年平均总水资源量为 355.9 亿 m^3。根据海河流域综合规划成果，海河流域地表水可利用量为 81.2 亿 m^3，地下水可开采量为 184.5 亿 m^3（含与地表水重复量 6.05 亿 m^3），海河流域当地水资源可利用量为 265.2 亿 m^3，考虑外调水 42.7 亿 m^3、微咸水 2.9 亿 m^3 以及其他可利用水量 6.6 亿 m^3，流域水资源可利用总量为 317.4 亿 m^3。

水资源为可更新资源，当海河流域耗水量不超过水资源可利用总量 317.4 亿 m^3 时（假定地表水和地下水使用量都不超过可利用量），水资源不会被耗减，反之，自然界的水资源量将会减少，可被利用的水资源量减少。

根据海河流域 2007 年投入产出表，建立的线性规划模型可计算的有效水量范围为 311 亿~441 亿 m^3，在 311 亿 m^3、441 亿 m^3 可被利用的水资源量约束下影子价格分别为 106.0 元/m^3 和 3.7 元/m^3（表 4-17 和图 4-12）。当可被利用的水资源量小于 311 亿 m^3 时，将水资源影子价格视为 106.0 元/m^3；当可被利用的水资源量大于 441 亿 m^3 时，将水资源影子价格视为 3.7 元/m^3。

表 4-17 可被利用的水资源量与影子价格的关系

可被利用的水量/亿 m^3	影子价格/（元/m^3）
311	106.0
332	58.4
382	20.6
402	10.5
407	8.5
441	3.7

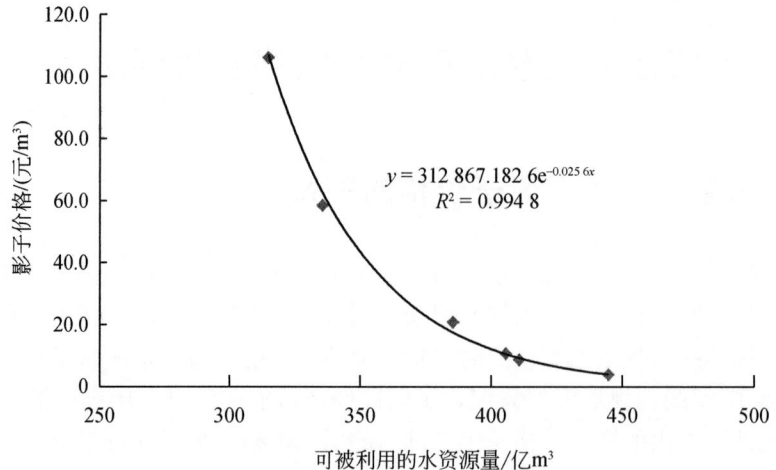

图 4-12 海河流域可被利用的水资源量与水资源影子价格的关系

由于地表水资源的可更新能力强,水资源耗减量主要体现在地下水超采上。耗减量与可被利用的水资源量之间的线性关系为

$$CU_w = T_w - D_w \tag{4-2}$$

式中:CU_w 为可被利用的水资源量;T_w 为总水资源量,包括当地水资源、外调水和其他非常规水源;D_w 为水资源耗减量,同式(3-22)。结合式(3-19)~式(3-22),可建立起可被利用的水资源量与用水量之间的关系,公式如下:

$$CU_w = T_w - [(U_{in} \times r + U_{out} \times r + T_{out} - A_s) + (E_{sg} - A_g) + E_{dg}] \tag{4-3}$$

式中,各符号含义同前。

根据式(3-19)~式(3-22)计算水资源耗减量,由于各分区的水资源差异,尽管海河流域总耗水量没有超过 317.4 亿 m³,但是局部地区仍然会发生水资源耗减问题。2007 年海河流域耗水率为 0.7,用水量与耗减量的关系如图 4-13 所示。

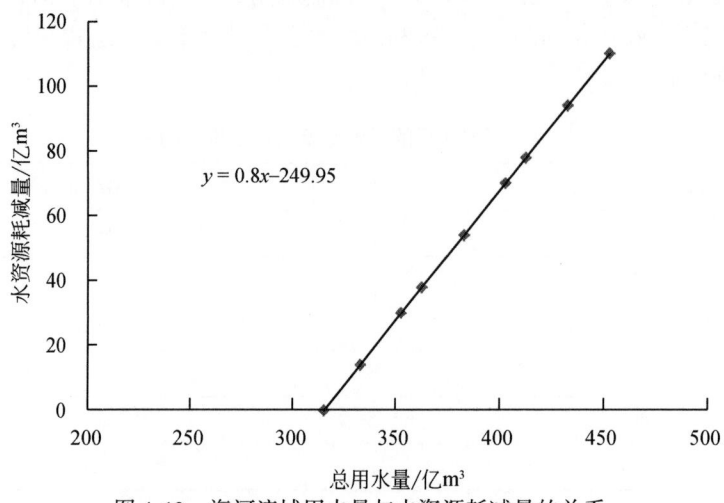

图 4-13 海河流域用水量与水资源耗减量的关系

根据式（4-2），结合可被利用的水资源量与影子价格的关系，可得到用水量与水资源影子价格的关系，如图 4-14 所示，理论上，当用水量超过 357.0 亿 m³ 后，对应的水资源影子价格为 106.0 元/m³，当用水量小于 227.0 亿 m³ 后，对应的影子价格为 3.7 元/m³。拟合出的用水量与水资源影子价格的数学关系见式（4-3）。

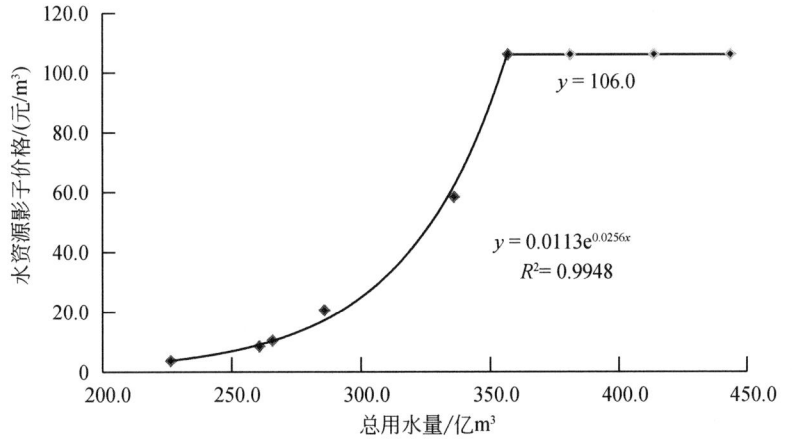

图 4-14 海河流域用水量与水资源影子价格的关系

$$P_{ws} = \begin{cases} 3.7 & U_w \leqslant 227.0 \\ 0.0113 e^{0.0256 U_w} & 227.0 < U_w < 357.0 \\ 106.0 & U_w \geqslant 357.0 \end{cases} \quad (4-4)$$

4.6.2 用水量与 GDP 的关系

根据海河流域线性规划模型，不同生产用水量下生产的 GDP 如表 4-18 所示，当生产用水量为 269 亿 m³ 时，GDP 总量为 29 615.2 亿元，当生产用水量达到 400 亿 m³ 时，GDP 总量将达到 40 670.0 亿元。

表 4-18 用水量与 GDP 的关系

生产用水量/亿 m³	总用水量/亿 m³	GDP/亿元	单位用水量 GDP/(元/m³)
269	318.1	29 615.2	110.1
280	329.1	30 962.1	110.6
300	349.1	32 952.6	109.8
310	359.1	33 939.4	109.5
330	379.1	35 724.3	108.3
370	419.1	38 878.7	105.1
400	449.1	40 670.0	101.7

海河流域2007年生活、环境用水量为49.1亿m³，则总用水量为生产用水量与49.1亿m³之和，可对应建立总用水量与GDP的关系，当总用水量为318.1亿m³时，单位用水量GDP为110.1元/m³，当用水量达到449.1亿m³时，单位用水量GDP产出减少，为101.7元/m³。总用水量与GDP及单位用水量GDP的关系见图4-15和图4-16。

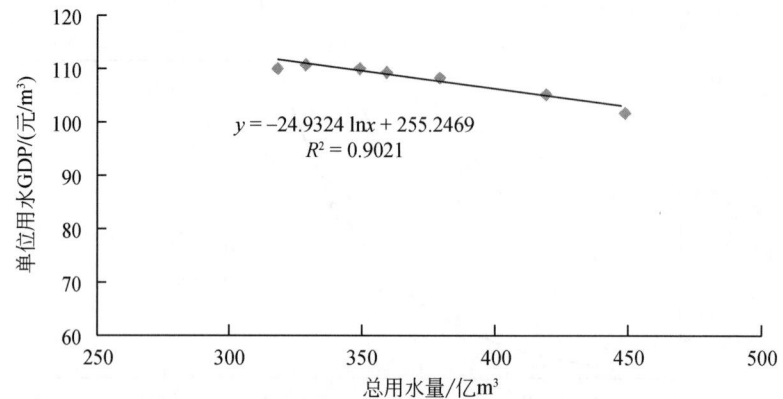

图4-15 海河流域用水量与单位用水GDP的关系

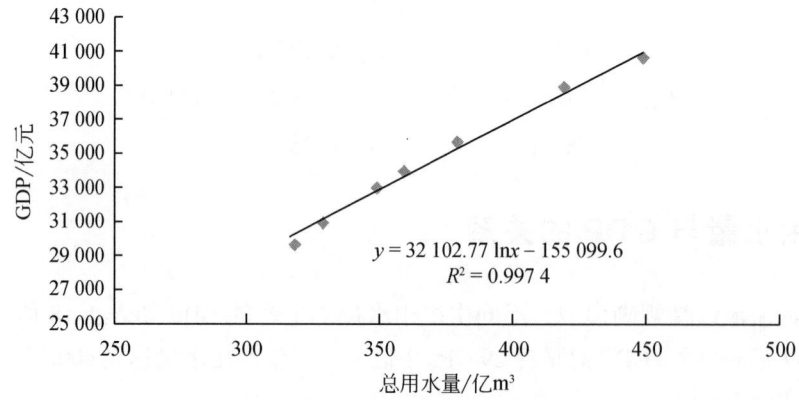

图4-16 海河流域用水量与GDP的关系

根据用水量与GDP的关系点阵进行拟合，得出二者之间的关系如下：

$$GDP = 32\,102.77\ln U_w - 155\,099.6 \tag{4-5}$$

4.6.3 用水量与水资源耗减成本的关系

根据式（3-25），水资源耗减成本等于水资源耗减量与单位耗减成本的乘积，由于用水量与单位水资源耗减成本不是线性关系，而是符合式（4-4）的分段函数关系，对该公式进行积分，即可得出不同用水量状况下发生的水资源耗减成本，用水量小于312.4亿m³时，水资源耗减量为零，对应水资源耗减成本为零，用水量与水资源耗减成本的数学关系如式（4-6），关键节点处发生的水资源耗减成本如表4-19所示。

$$P_{ws} = \begin{cases} 0 & U_w \leq 312.4 \\ 0.441e^{0.0256U_w} - 1312.45 & 312.4 < U_w < 357.0 \\ 2798.51 + 106.0U_w & U_w \geq 357.0 \end{cases} \quad (4\text{-}6)$$

表 4-19 用水量与水资源耗减成本的关系

总用水量/亿 m³	当地供水量/亿 m³	外调水量/亿 m³	水资源耗减量/亿 m³	水资源耗减成本/亿元
260.0	217.2	42.8	0	0
280.0	237.2	42.8	0	0
312.4	269.6	42.8	9.6	0
330.0	287.2	42.8	27.2	−756.5
357.0	314.2	42.8	54.2	−2839.3
360.0	317.2	42.8	57.2	−3157.3
380.0	337.2	42.8	77.2	−5277.3
400.0	357.2	42.8	97.2	−7397.3
420.0	377.2	42.8	117.2	−9517.3

注：总用水量=当地供水量+外调水量。

4.6.4 用水量与水生态环境退化成本的关系

4.6.4.1 地表水生态环境退化成本

采用市场价值法、影子工程法、影响价格法及造林成本法估算，2005 年海河流域湿地生态系统服务功能总价值为 4123.66 亿元，其中直接使用价值为 257.46 亿元，占总价值的 6.2%，间接使用价值为 3866.2 亿元，占总价值的 93.78%，是直接使用价值的 15.0 倍（表 4-20）。湿地生态系统提供的主要服务功能依次是大气调节、调蓄洪水和水资源调蓄，三者价值占到了总价值的 93.2%。

表 4-20 海河流域和白洋淀湿地生态系统服务功能价值量及其构成

项目		直接使用价值		间接使用价值				合计
		提供产品	休闲娱乐	大气调节	调蓄洪水	水资源蓄积	水质净化	
海河流域 (2005)	价值量/亿元	167.51	89.95	2189.34	914.89	760.21	1.76	4123.66
	所占比例/%	4.02	2.18	53.12	22.20	18.44	0.04	100.00
白洋淀 (2007)	价值量/亿元	2.33	5.3	0.83	11.5	6.44	0.03	26.43
	所占比例/%	8.82	20.05	3.14	43.51	24.37	0.11	100.00

注：引自 973 计划项目"海河流域水循环演变机理与水资源高效利用"课题二"水分驱动下的海河流域生态演变机制与修复机理"成果。

2007 年白洋淀湿地生态系统服务功能总价值 26.43 亿元，其中直接使用价值为 7.63 亿元，占总价值的 28.9%，间接使用价值为 18.80 亿元，占总价值的 71.1%（表 4-20）。湿地生态系统提供的主要服务功能依次是调蓄洪水、地表水调蓄和休闲娱乐，三者价值占到了总价值的 87.9%。

由于缺少与海河流域生态系统服务功能价值相对应的水量资料，本次以白洋淀为例，通过类比分析得到海河流域单方水生态系统服务价值范围。

根据水利部海河水利委员会数据及课题二研究成果，白洋淀湿地水位蓄水量关系如图 4-17 所示，而生态服务功能价值与水位呈线性关系如图 4-18 所示。据此，可推求白洋淀湿地蓄水量与价值量、蓄水量与单方水价值量关系（图 4-19）。可见，随着蓄水量增加，生态服务功能价值增加，而单方水服务功能价值减小，当白洋淀蓄水量大于 10 亿 m^3 后，单方水边际生态服务价值趋向于 7.17 元/m^3，根据图 4-19 的关系，计算得出在最大蓄水量状态下，单方水平均生态服务价值为 15.34 元/m^3。

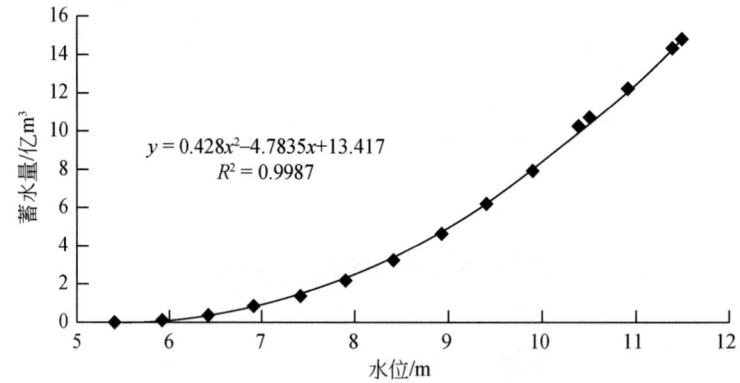

图 4-17　白洋淀湿地水位–蓄水量关系曲线（水利部海河水利委员会数据）

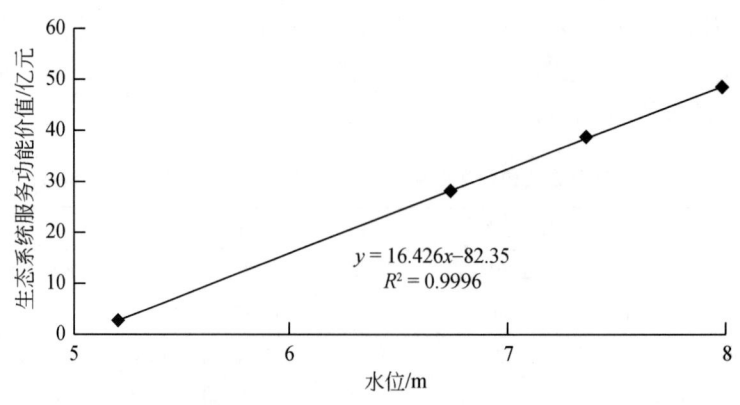

图 4-18　白洋淀水位价值量关系图

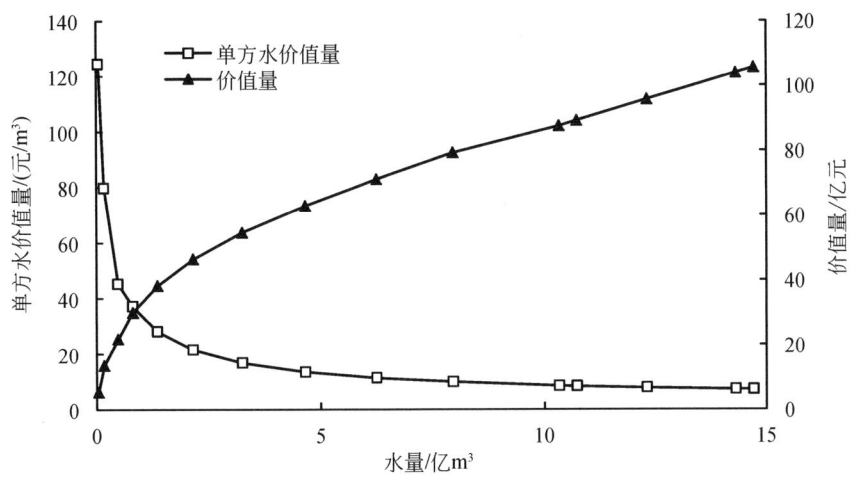

图 4-19　白洋淀蓄水量与价值量及单方水价值量的关系曲线

从表 4-20 可知，对海河流域和白洋淀湿地生态系统服务功能价值的估算均在 2005 年或以后，比较接近现状；两者的直接服务功能价值量在总价值量中的比例均较低，而间接服务功能价值量的比例均较高；且调蓄洪水和地表水蓄积都是重要的水生态服务功能。因此，可以认为海河流域与白洋淀湿地的生态服务功能价值在相似时间段内具有相似的价值量构成，其水量-价值量关系可以类比。

鉴于调蓄洪水和水资源蓄积功能价值量在生态服务功能总价值量中的比例较高，而库塘在调蓄洪水、水量蓄积功能上优于沼泽及湖泊等类型，海河流域的河流和库塘等湿地类型占到总湿地面积的 52.69%，其中库塘湿地面积占到 25.35%，高于湖泊和沼泽的总和（表 4-21），故认为单方水生态服务功能价值海河流域要高于白洋淀。

表 4-21　海河流域湿地类型及其面积

湿地类型	面积/km²	比例/%
滨海	2806.02	32.02
河流	2396.52	27.34
湖泊	779.13	8.89
库塘	2221.90	25.35
沼泽	560.75	6.40
合计	8764.32	100.00

注：引自课题二"水分驱动下的海河流域生态演变机制与修复机理"成果。

根据课题二研究结果，2007 年白洋淀湿地水面面积约 81.30km²，占总面积的 22%，若水面生态服务功能价值按调蓄洪水、水资源蓄积和大气调节三项估算，则其单位水面面积的服务功能价值为 0.231 亿元/km²，非水面价值为 0.027 亿元/km²。2005 年海河流域湿地面积 8764.32km², 其中滨海湿地与沼泽湿地中的水面面积约为 747.4km²（按白洋淀水面面积占湿地面积的 22.2% 类推），加上河流、湖泊、库塘等水面面积，则海河流域总水面面积约为 6144.97km²，单位水面面积的服务功能价值为 0.629 亿元/km²，非水面价值为 0.099 亿元/km²；分别约为白洋淀的 2.72 倍和 3.67 倍（表 4-22），按海河流域水面、非水面面积加权约 3 倍，故本次流域单方水的生态价值采用白洋淀单方水价值的 3 倍，约 46 元/m³，并以此作为经济用水挤占生态用水的单方损失。

表 4-22 海河流域与白洋淀湿地单位价值量分析

地域	生态服务功能价值/亿元		面积/km²		水面/湿地	价值/（亿元/km²）	
	湿地	水面	湿地	水面		按水面计	按非水面计
海河流域	4123.66	3864.44	8764.32	6144.97	0.70	0.629	0.099
白洋淀	26.43	18.77	366.22	81.30	0.22	0.231	0.027
流域/白洋淀	—	—	—	—	—	2.720	3.670

4.6.4.2 地下水生态环境退化成本

根据中国地质大学《城市地下水资源可持续开采模型研究》，综合各种因素，确定了北京市 2010 年因地下水超采造成的地面沉降、地裂缝和地面塌陷综合损失单价以及地下水处理单价，见式 (4-7) 和式 (4-8)。

$$C(\omega_i) = \begin{cases} 0 \text{ 元/m}^2 & (\omega_1 < 0.05\text{m}) \\ 0.24 \text{ 元/m}^2 & (0.05\text{m} \leqslant \omega_2 < 0.1\text{m}) \\ 0.98 \text{ 元/m}^2 & (0.1\text{m} \leqslant \omega_3 < 0.15\text{m}) \\ 6.66 \text{ 元/m}^2 & (\omega_4 \geqslant 0.15\text{m}) \end{cases} \tag{4-7}$$

式中：ω_i 为地面沉降量。

$$C(f_i) = \begin{cases} 1.22 \text{ 元/m}^3 & (f_5 \geqslant 7.2\text{m}) \\ 0.61 \text{ 元/m}^3 & (4.25 \leqslant f_4 < 7.2\text{m}) \\ 0.24 \text{ 元/m}^3 & (2.50 \leqslant f_3 < 4.25\text{m}) \\ 0 \text{ 元/m}^3 & (0.80 \leqslant f_2 < 2.5\text{m}) \\ 0 \text{ 元/m}^3 & (f_1 \leqslant 0.80\text{m}) \end{cases} \tag{4-8}$$

式中：f_i 为地下水埋深。

本书中将北京市计算公式进行外延，研究海河流域因地下水超采造成的水环境退化成本，结果见图 4-20。

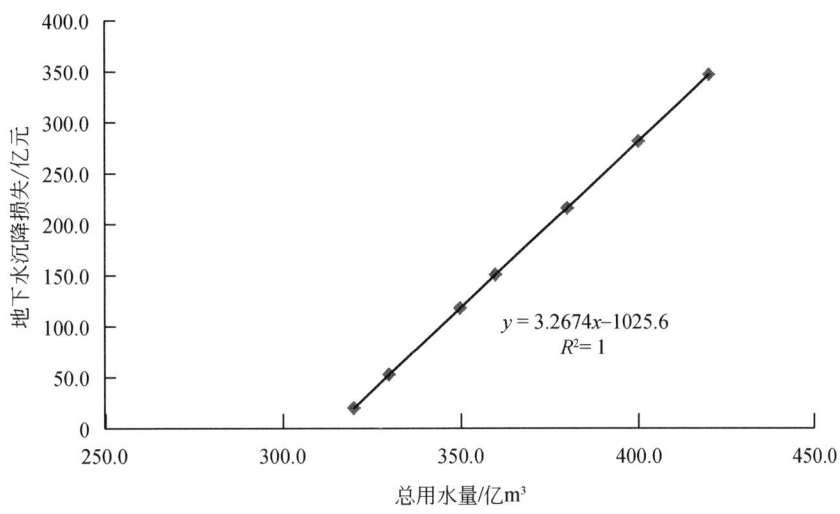

图 4-20　海河流域用水量与地下水沉降损失的关系

4.6.5　用水量与水环境保护成本的关系

生产用水量与产业结构有关，通过线性规划模型，可以模拟出不同生产用水量产生的污水排放量，假设 2007 年生活用水和生活污水排放量保持不变，那么即可建立用水量与污水排放总量的关系（表 4-23）。对关键点进行拟合，可分析得出水资源量与污水排放量的数学关系，见图 4-21。

表 4-23　用水量与水环境保护成本的关系

总用水量/亿 m³	生产污水排放量/亿 m³	生活污水排放量/亿 m³	污水排放总量/亿 m³	防御成本/亿元
319	27.7	13.41	41.1	143.8
330	28.9	13.41	42.3	148.1
350	30.9	13.41	44.3	155.0
360	31.9	13.41	45.3	158.5
380	33.9	13.41	47.3	165.4
420	37.8	13.41	51.2	179.2

由式（3-29）可知，水环境保护成本为污水排放量与单位污水处理成本的乘积。根据相关研究成果[①]，如果按照二级排放标准来处理，污水处理厂处理单方污水的全成本费用为 1.77 元/m³，但是没有包含城市废污水收集系统的成本。随着污水处理等级的提高，将来污水处理厂的排放标准将达到一级 B 或一级 A 的标准，污水处理费用将有较大的增加，由于缺

---

① 中国水资源环境经济核算研究课题组. 中国水资源环境经济核算专题研究. 2009.

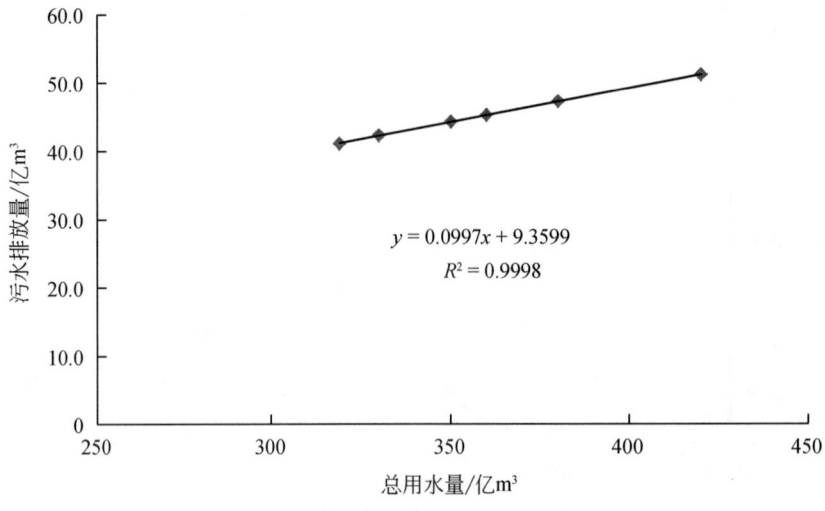

图 4-21 海河流域用水量与污水排放量的关系

乏相关资料，本次研究中单位污水处理成本取现状污水处理成本的两倍，即 3.5 元/m³，则不同用水量状况下的水环境保护成本见表 4-21。用水量与水环境保护成本的数学关系式为

$$C_{\text{wepr}} = 0.349 W_{\text{u}} + 32.76 \tag{4-9}$$

4.6.6 经济用水总量与 GDP 临界阈值

水资源耗减成本、水生态退化成本、水环境保护支出为用水产生的负面效应或需付出的代价，从 GDP 中扣减上述三部分后即为 WEDP。2007 年用水量与 GDP、水资源耗减成本、水生态退化成本、水环境保护支出以及 WEDP 的关系如图 4-22 所示。表 4-24 中列出了某些用水量情景下各指标的具体数量。

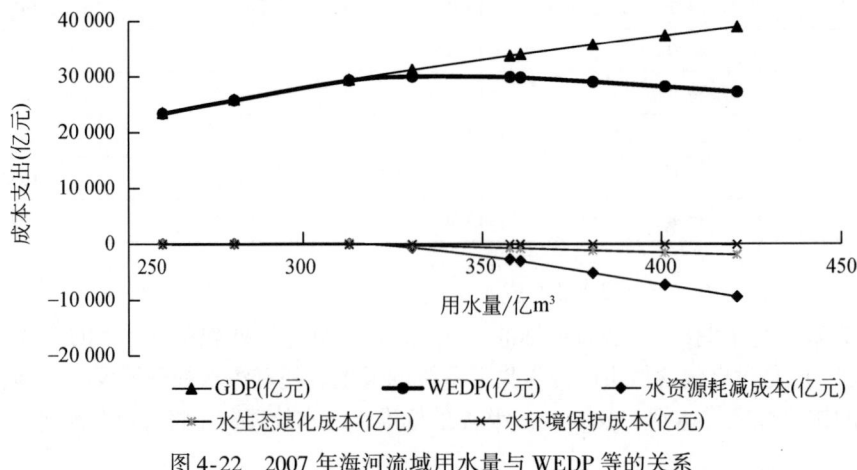

图 4-22 2007 年海河流域用水量与 WEDP 等的关系

表 4-24 总用水量与 GDP 和资源耗减成本的关系

总用水量 /亿 m³	GDP /亿元	水资源耗减 成本/亿元	水生态退化 成本/亿元	水环境保护 支出/亿元	WEDP /亿元
260.0	23 413.7	0	0	−123.5	23 290.2
280.0	25 792.7	0	0	−130.5	25 662.3
312.4	29 307.8	0	0	−141.8	29 166.0
330.0	31 067.3	−756.5	−323.0	−147.9	29 839.9
357.0	33 592.0	−2 839.3	−827.0	−157.4	29 768.4
360.0	33 860.6	−3 157.3	−883.0	−158.4	29 662.0
380.0	35 596.3	−5 277.3	−1 256.3	−165.4	28 897.4
400.0	37 243.0	−7 397.3	−1 629.6	−172.4	28 043.8
420.0	38 809.3	−9 517.3	−2 002.9	−179.3	27 109.8

可以看出，在用水量较低的水平下，流域内水资源耗减较小，随着社会经济总用水量的增加，GDP 增量大于水资源耗减成本、水生态退化成本和水环境保护支出的增量，此时 WEDP 随着用水量的增加而增长；但用水量达到 330 亿~340 亿 m³ 时，单位用水量造成的水资源耗减和水生态退化等成本已经逐渐大于 GDP 增量，WEDP 逐步逼近其拐点，之后随着用水量的增加，WEDP 将呈下降趋势。

根据总用水量与 WEDP 的关系进行拟合，得出 WEDP 与用水量符合多项式函数，公式为

$$\text{WEDP} = 0.000\,001 \times U_w^5 + 0.001\,156 \times U_w^4 - 0.807\,269 \times U_w^3 \\ + 278.02 \times U_w^2 - 47\,054.33 \times U_w + 3\,148\,404.2 \tag{4-10}$$

2007 年海河流域实际用水量为 384.5 亿 m³，当年 GDP 为 3.56 万亿元，但扣减了水资源耗减成本、水生态退化成本和水环境保护成本后，当年的 WEDP 仅为 2.89 万亿元，说明海河流域对水资源消耗和对水环境的污染已经达到了较严重的程度。

通过水资源环境经济模型计算，现状年海河流域 WEDP 最大值为 3.0 万亿元，对应的 GDP、水资源耗减成本、水生态退化成本和水环境保护支出分别为 3.23 万亿元、0.15 万亿元、0.06 万亿元和 0.2 万亿元；对应的最大合理用水量为 343 亿 m³，扣除当年外调水和其他非传统水源后，现状年合理的当地水资源开发利用阈值为 292 亿 m³，超过了该水量，从市场经济的角度分析，用水产生的负面效应将大大消弱用水的正面产出，导致净效益减少。

同理，可以求得 2020 年和 2030 年 WEDP 最大目标分别为 8.35 万亿元和 15.95 万亿元，2020 年 WEDP 最大目标对应的 GDP、水资源耗减成本、水生态退化成本和水环境保护成本分别为 8.71 万亿元、0.16 万亿元、0.11 万亿元和 0.09 万亿元；2030 年 WEDP 最大目标对应的 GDP、水资源耗减成本、水生态退化成本和水环境保护成本分别为 16.71 万亿元、0.30 万亿元、0.28 万亿元和 0.20 万亿元，详见图 4-23 和图 4-24。

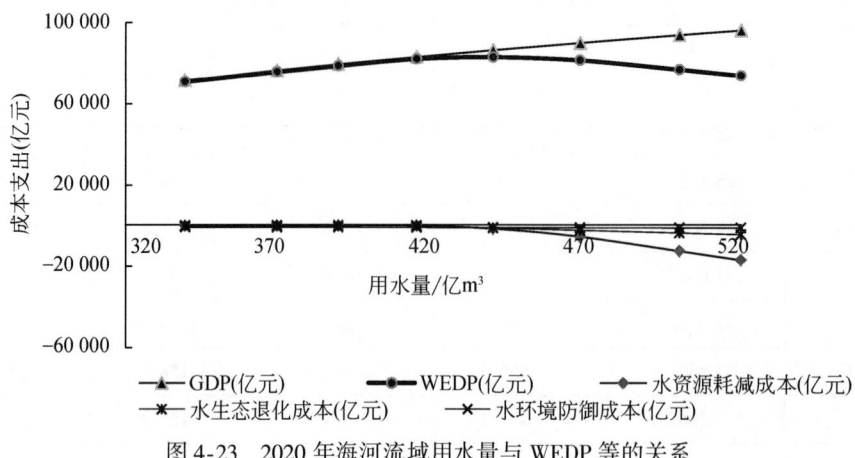

图 4-23　2020 年海河流域用水量与 WEDP 等的关系

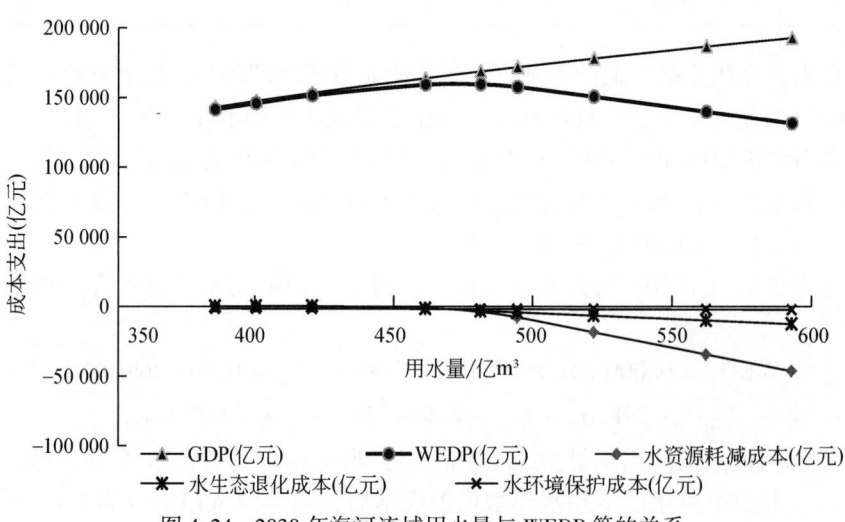

图 4-24　2030 年海河流域用水量与 WEDP 等的关系

2020 年，海河流域合理的最大用水量为 441 亿 m^3，扣除外调水 119 亿 m^3、微咸水 8 亿 m^3 和其他水源 27 亿 m^3，当地水开发利用阈值为 287 亿 m^3；2030 年海河流域合理最大用水量为 474 亿 m^3，扣除外调水 153 亿 m^3、微咸水 9 亿 m^3 和其他水源 32 亿 m^3，当地水开发利用阈值为 280.0 亿 m^3。

第 5 章　海河流域水循环多维整体调控措施与方案

5.1 经济社会发展、生态环境保护及其水资源需求预测

5.1.1 宏观经济及社会发展趋势预测

由于蕴藏着巨大的发展潜力，海河流域未来经济社会将得到迅速发展。以天津滨海新区和河北曹妃甸循环经济示范区为龙头，带动流域经济社会的重心向滨海转移。地区工业仍将呈现快速增长的态势，成为制造业基地。高新技术产业将迅速发展，带动传统产业升级改造，高速铁路、航空将得到进一步发展。海河流域（主要是平原）仍将是我国粮食主产区，并承担一定的增产任务。但海河流域粮食生产总体上以自给自足为目标，未来不能承担调出任务。

总人口仍将持续增长，对流域外人口吸引力加大。人口重心总体上从山区向平原、农村向城市（特别是滨海地区）移动。城镇化进程加快，农村人口减少。近年来，海河流域人口自然增长率已降到比较低的水平，但迁入人口较多，人口机械增长速度较快。预计到 2020 年，海河流域总人口将达到 15 177 万，城镇化率 59%；2030 年达到 15 751 万，城镇化率 66%。2007~2030 年，海河流域总人口年均增长率为 6.1‰，但增速不断下降。

根据海河流域综合规划经济社会发展预测成果（表 5-1），2020 年 GDP 总量将达到 90 074 亿元，2030 年达到 169 515 亿元（2007 年价格），比 2007 年翻了两番多。在 GDP 组成上，"一产"比例下降，"三产"比例上升，"二产"比例将基本稳定。2020 年、2030 年工业增加值分别达到 39 096 亿和 69 427 亿元。有效灌溉面积总体稳定在约 1.12 亿亩，但水田、水浇地面积减少，菜田面积增加，林牧渔业面积增加。

表 5-1　海河流域现状和经济社会发展指标预测

水平年	人口/万 城镇	人口/万 农村	人口/万 小计	GDP/亿元 一产	GDP/亿元 二产	GDP/亿元 三产	GDP/亿元 小计	"三产"比例/%	工业增加值/亿元
2007 年	6 515	7 177	13 692	3 078	17 766	14 795	35 639	8∶50∶42	15 229
基准年	6 515	7 177	13 692	3 078	17 766	14 795	35 639	8∶50∶42	15 229
2020 年	8 857	6 260	15 117	4 167	42 297	43 610	90 074	5∶47∶48	39 096
2030 年	10 456	5 295	15 751	5 932	75 349	88 234	169 515	3∶45∶52	69 427

续表

水平年	耕地面积/万亩	有效灌溉面积/万亩	实际与有效灌溉面积/万亩*				林牧渔面积/万亩
			水田	水浇地	菜田	小计	
2007年	15 372	11 222	217	8 112	1 215	9 544	994
基准年	15 372	11 222	217	9 790	1 215	11 222	994
2020年	17 161	11 186	193	9 510	1 483	11 186	1 151
2030年	17 074	11 196	190	9 359	1 647	11 196	1 276

* 2007年为实际灌溉面积，其他为有效灌溉面积。

5.1.2 需水预测基本方案

5.1.2.1 生活需水量

生活需水包括城镇居民和农村居民两部分。生活需水预测是在现状用水基础上，依据人口预测成果，考虑了采取强化节水措施以及人民居住条件改善、生活水平提高等因素预测。海河流域城镇居民生活需水量随着城镇化加快由2007年的22.5亿m^3，增加到2020年的38.0亿m^3和2030年的48.1亿m^3；农村居民生活需水量随着农村人口减少由2007年的17.3亿m^3，下降到2020年的16.1亿m^3和2030年的15.5亿m^3。

5.1.2.2 工业需水量

工业需水量依据国家经济社会发展规划及相关政策，并参考各省区市发展规划预测确定，并根据二产从业人数进行了合理性分析。考虑到海河流域制造业是工业发展的重点，预测工业需水量将有所增长。在采取强化节水措施条件下，海河流域工业需水量将由2007年的60.4亿m^3增加到2020年的87.8亿m^3和2030年的94.3亿m^3。建筑业和第三产业需水量有较大幅度的增长。

5.1.2.3 灌溉需水量

灌溉需水量根据水田、水浇地和菜田规划有效灌溉面积和非充分灌溉定额预测，考虑承担粮食增产因素。由于2007年存在灌溉缺水，实际灌溉水量只有252亿m^3，远低于现状灌溉需水量307亿m^3。采取强化节水条件下，海河流域多年平均灌溉需水量将由现状的307亿m^3下降到2020年的280亿m^3和2030年的273亿m^3。林牧渔业和牲畜需水量有较大幅度增长。

5.1.2.4 生态环境需水量

生态环境需水量包括城镇和农村两部分。城镇环境需水量包括绿地灌溉、河湖补水和环境卫生，农村生态需水量为白洋淀等5个湿地生态补水量。海河流域城镇环境需水量将由2007年的6.3亿m^3，增加到2020年10.1亿m^3和2030年的12.7亿m^3。农村生态需水量3.46亿m^3。

5.1.2.5 总需水量

在采取强化节水措施条件下，海河流域 2020 年、2030 年经济社会需水量预计达到 494.66 亿 m³ 和 514.78 亿 m³，包括生活、工业、灌溉和生态环境等主要用水行业，并按"三产"进行统计。第一、第二、第三产业用水比例由 2007 年的 79%、18%、3% 改变为 2030 年的 71%、22%、7%。现状供用水量和需水预测结果见表 5-2。

表 5-2 海河流域需水预测 （单位：亿 m³）

类别	水平年	城镇生活	工业*	第三产业	建筑业	城镇环境	合计
城镇	2007 年	22.48	60.39	12.47	2.75	6.34	104.43
	基准年	22.46	60.39	12.47	2.75	6.34	104.41
	2020 年	37.97	87.84	24.78	2.29	10.09	162.97
	2030 年	48.13	94.3	29.24	2.75	12.65	187.07

类别	水平年	农村居民生活	灌溉				林牧渔业				牲畜	农村生态	合计
			水田	水浇地	菜田	小计	林果地	草场	鱼塘	小计			
农村	2007 年	17.34	14.24	185.54	52.23	252.01	16.48	0.48	4.51	21.47	7.83	0	298.65
	基准年	17.34	25.25	216.80	65.35	307.40	16.48	0.48	4.51	21.47	7.83	0	354.04
	2020 年	16.07	13.75	182.23	83.78	279.76	15.04	0.30	8.42	23.76	8.64	3.46	331.69
	2030 年	15.47	13.26	169.77	89.68	272.71	16.76	0.34	9.14	26.24	9.83	3.46	327.71

类别	水平年	需（用）水量合计	按"三产"统计			
			第一产业**	第二产业***	第三产业	小计
总需水量和按"三产"统计	2007 年	403.08	281.31	63.14	12.47	356.92
	基准年	458.45	336.70	63.14	12.47	412.31
	2020 年	494.66	312.16	90.13	24.78	427.07
	2030 年	514.78	308.78	97.05	29.24	435.07

* 考虑到电力工业普遍采用空冷技术，节水水平提高，需水预测不再将其作为高耗水行业单列。

** 包括灌溉、林牧渔和牲畜需水量。

*** 包括工业和建筑业需水量。

5.1.3 供水预测基本方案

海河流域现状主要供水水源有当地地表水、地下水（包括浅层地下水和深层承压水）、黄河水和非常规水源，规划水平年还将增加长江水。

5.1.3.1 当地地表水

地表水可供水量考虑了供水、需求和河流生态三方面因素限制。海河流域 1956~2000 年多年平均地表水可利用量的消耗量为 110.3 亿 m³，可利用量 123.6 亿 m³。水资源供需分析中规定，各二级区的多年平均地表可供水量不能大于可利用量，即不能超过123.6亿m^3（表5-3）。

表5-3　海河流域现状当地地表水多年平均可供水量　　　（单位：亿m^3）

分类	滦河冀东沿海	海河北系	海河南系	徒骇马颊河	流域合计
可利用量的消耗量	27.3	30.0	47.5	5.5	110.3
可利用量	29.8	34.4	53.7	5.7	123.6

5.1.3.2　地下水

地下水可供水量以矿化度小于2g/L的浅层地下水可开采量为控制上限。考虑到补给困难，深层承压水不计为可供水量。

海河流域1980～2000年多年平均地下水可开采量184.52亿m^3，其中海河平原多年平均地下水可开采量135.43亿m^3。以省套三级区地下水为单元控制，海河流域地下水可供水量不能超过184.52亿m^3（表5-4）。

表5-4　海河流域地下水（矿化度小于2g/L）可开采量　　　（单位：亿m^3）

二级区	山丘区	海河平原	山间盆地	合计
滦河冀东沿海	5.64	9.21	0	14.85
海河北系	5.93	28.15	12.40	46.48
海河南系	20.91	71.81	4.21	96.93
徒骇河、马颊河	0	26.26	0	26.26
流域合计	32.48	135.43	16.61	184.52

5.1.3.3　黄河水

黄河分配水量按黄河水利委员会近期完成的《黄河水资源综合规划》确定。在1987年国务院批复的黄河可供水量分配方案中，海河流域有关省市分配水量（包括其他流域）：山西43.1亿m^3，河南55.4亿m^3，山东70亿m^3，河北、天津合计20亿m^3。

由于黄河地表径流量的变化，黄河水利委员会对黄河配置水量进行了调整，配置给海河流域的多年平均黄河水量为52.4亿m^3（从黄河引水口计）。其中，河南（海河流域部分）7.5亿m^3，山东（海河流域部分）33.1亿m^3，河北6.2亿m^3（进入河北省5亿m^3），山西引黄入晋北干线5.6亿m^3，天津未配置引黄水量。进入省界可供水资源配置的水量51.2亿m^3。黄河水可供水量按多年平均不超过51.2亿m^3控制（表5-5）。

表5-5　海河流域黄河水分配水量　　　（单位：亿m^3）

分类	河北	山西	河南	山东	合计
黄河引水口	6.2	5.6	7.5	33.1	52.4
进入省界（用于配置）	5.0	5.6	7.5	33.1	51.2

5.1.3.4 长江水

长江水分配水量根据《南水北调工程总体规划》确定。按南水北调中线一期和东线一、二期工程于2020年以前完成，中线二期、东线三期工程于2030年前完成，2020年分配给海河流域的长江水量中线为62.4亿m³，东线为16.8亿m³，合计79.2亿m³；2030年分配给海河流域的长江水量中线为86.2亿m³，东线为31.3亿m³（均按总干渠分水口计），合计117.5亿m³。长江水可供水量按2020年多年平均不超过79.2亿m³、2030年不超过117.5亿m³控制（表5-6）。

表5-6 海河流域长江水分配水量 （单位：亿m³）

省级行政区	2020年			2030年		
	中线一期	东线二期	小计	中线二期	东线三期	小计
北京	10.5	0	10.5	14.9	0	14.9
天津	8.6	5.0	13.6	8.6	10.0	18.6
河北	30.4	7.0	37.4	42.3	10.0	52.3
河南	12.9	0	12.9	20.4	0	20.4
山东	0	4.8	4.8	0	11.3	11.3
合计	62.4	16.8	79.2	86.2	31.3	117.5
过黄河	71.4	20.8	92.2	98.2	37.7	135.9

5.1.3.5 非常规水源

海河流域的非常规水源包括再生水、微咸水和海水淡化（包括海水直接利用量折合成淡水）三类。根据各省区市和有关行业部门规划，并考虑技术、经济可行性等制约因素，海河流域非常规水源供水量将从2007年的9.78亿m³增加到2020年的35.1亿m³和2030年的41亿m³（表5-7）。

表5-7 海河流域非常规水源供水量预测 （单位：亿m³）

省级行政区	2007年				2020年				2030年			
	再生	微咸	海水	合计	再生	微咸	海水	合计	再生	微咸	海水	合计
北京	4.57	0	0	4.57	5.2	0	0	5.2	5.9	0	0	5.9
天津	0.08	0	0.02	0.1	4.8	0.8	1.3	6.9	5.4	0.8	1.4	7.6
河北	0.51	2.26	0.01	2.78	7.6	4.3	1.8	13.7	9.0	5.1	2.1	16.2
山西	1.67	0	0	1.67	2.5	0	0	2.5	3.3	0	0	3.3
河南	0	0	0	0	2.1	0	0	2.1	2.4	0	0	2.4
山东	0.22	0.44	0	0.66	1.4	2.7	0.3	4.4	2.2	2.7	0.3	5.2
内蒙古	0	0	0	0	0.3	0	0	0.3	0.4	0	0	0.4
辽宁	0	0	0	0	0	0	0	0	0	0	0	0
流域合计	7.05	2.70	0.03	9.78	23.9	7.8	3.4	35.1	28.6	8.6	3.8	41

注：①海水可利用量包括淡化和直接利用折合淡水量；②2007年非常规水源利用量不包括集雨工程。

5.1.3.6 可供水量上限

海河流域 2020 年各类水源的可供水量上限：当地地表水 123.6 亿 m^3，地下水 184.35 亿 m^3，黄河水 51.2 亿 m^3，长江水 79.2 亿 m^3，非常规水源 35.13 亿 m^3。

海河流域 2030 年各类水源的可供水量上限：当地地表水 123.6 亿 m^3，地下水 184.35 亿 m^3，黄河水 51.2 亿 m^3，长江水 117.51 亿 m^3，非常规水源 41.12 亿 m^3（表 5-8）。

表 5-8 海河流域各类水源可供水量上限 （单位：亿 m^3）

水平年	地表水可利用量	地下水可开采量	外调水分配水量				非常规水源				
			黄河水	中线长江水	东线长江水	小计	再生水	微咸水	雨水利用	海水淡化	小计
2007 年	88.60	219.57	43.85	0	0	43.85	7.05	2.69	0.57	0.03	10.34
基准年	123.60	184.35	43.73	0	0	43.73	7.05	2.69	0.57	0.03	10.34
2020 年	123.60	184.35	51.20	62.42	16.80	130.42	23.85	7.86	0	3.42	35.13
2030 年	123.60	184.35	51.20	86.21	31.30	168.71	28.60	8.59	0	3.93	41.12

5.2 基本方案调控效果

5.2.1 供需分析与配置

"基本方案"的水资源供需分析按优先使用非常规水源和长江水、控制使用当地地表水和黄河水、大力压缩使用地下水的原则进行，各类水源可供水量不超过可利用量或分配指标（上限）。

5.2.1.1 现状供需分析

现状供需分析是以 2007 年供水工程和需水水平为基础，按照满足正常用水需求和维持适宜生态标准，重演历史来水系列（1956~2000 年）进行的供需分析。需水量除灌溉采用非充分灌溉定额计算、黄河水按分配指标外，其他为 2007 年实际用水量。海河流域现状多年平均缺水量 96 亿 m^3，缺水率 21%。

现状缺水主要体现在灌溉需水不满足和挤占生态两个方面。海河流域 2007 年灌溉水量 252 亿 m^3，而需水量为 307 亿 m^3，缺水 55 亿 m^3；海河平原地下水超采量达 81 亿 m^3。另外，海河流域 2007 年为径流频率为 94% 的枯水年，地表水实际供水量只有 88.6 亿 m^3，比多年平均可供水量 128.8 亿 m^3 偏少约 40 亿 m^3。

5.2.1.2 2020 年供需分析与配置

海河流域 2020 年总需水量 495 亿 m^3，总可供水量 458 亿 m^3，缺水量 37 亿 m^3，缺水率 7.5%，基本为灌溉缺水。可供水量中，当地地表水 129 亿 m^3，略超过可利用量；地下水175亿 m³，低于可开采量；黄河水48亿 m³，低于分配指标；长江水71亿 m³，低于分配指标；非常规水源35亿 m³。

为实现供需平衡，在一定时期内安排适当超采地下水36亿 m³。

5.2.1.3 2030年供需分析与配置

海河流域2030年总需水量515亿 m³，总可供水量495亿 m³，缺水量20亿 m³，缺水率3.9%。可供水量中，当地地表水约128亿 m³，略超过可利用量；地下水约173亿 m³，低于可开采量；黄河水约50亿 m³，低于分配指标；长江水约103亿 m³，低于分配指标；非常规水源41亿 m³（表5-9）。

表5-9 海河流域水资源供需分析（可供水量） （单位：亿 m³）

水平年	当地地表水	地下淡水			外调水			
		浅层	深层	小计	黄河水	中线长江水	东线长江水	小计
2007年	88.63	219.57	40.69	260.26	43.85	0	0	43.85
基准年	124.20	179.78	0	179.78	48.30	0	0	48.30
2020年	128.84	175.49	0	175.49	48.15	58.70	12.11	118.96
2030年	127.51	172.94	0	172.94	50.01	77.88	25.36	153.25

水平年	非常规水源					合计
	再生水	微咸水	雨水利用	海水淡化	小计	
2007年	7.05	2.69	0.57	0.03	10.34	403.08
基准年	7.05	2.69	0.57	0.03	10.34	362.62
2020年	23.85	7.86	0	3.42	35.13	458.42
2030年	28.6	8.59	0	3.93	41.12	494.82

为实现供需基本平衡，需增加外调水10亿 m³（河北黑龙港地区8亿 m³，山东2亿 m³），缺水率降至1.9%，海河流域可基本实现水资源供需平衡（表5-10）。

表5-10 海河流域水资源供需分析和配置（多年平均） （单位：亿 m³）

水平年	总需水量	供需分析			水资源配置			
		总可供水量	缺水量	缺水率/%	增加供水*	总配置水量	配置后缺水	缺水率/%
2007年	403.08	403.08	0	0	0	403.08	0	0
基准年	458.45	362.62	95.83	20.9	0	362.62	95.83	20.9
2020年	494.66	458.42	36.24	7.3	36.24	494.66	0	0
2030年	514.78	494.82	19.96	3.9	10.00	504.82	9.96	1.9

*2020年为适当超采地下水，2030年为增加外调水量。

5.2.1.4 水资源配置效果

海河流域水资源经过合理配置后，地表水开发利用率从现状基准年的67.2%降至2030年的59%，地下水超采量从2007年的81.4亿 m³ 降至0（采补平衡），入海水量从现状基准年的 55 亿 m³ 提高到 2030 年的 68 亿 m³，见表 5-11。

表 5-11 海河流域水资源配置效果（多年平均）

水平年	地表水开发利用率/%	地下水超采量/亿 m³	入海水量/亿 m³
2007 年	—	81.4	17
基准年	67.2	0	55
2020 年	59.7	36.2	64
2030 年	59.0	0	68

5.2.2 水资源保护规划

5.2.2.1 水功能区现状

海河流域共划分水功能区 524 个。划分一级水功能区 394 个，其中保护区 41 个，保留区 19 个，缓冲区 61 个，开发利用区 273 个。在一级水功能区的 273 个开发利用区基础上划分二级水功能区，共 403 个。

水功能区水质评价表明，海河流域 2007 年水功能区中只有 146 个水质达标，达标率仅为 28%。海河流域 2007 年开展的入河排污口调查，实测入河排污口 1177 个，实测废污水入河量 45.2 亿 t，COD 入河量 105.1 万 t。

5.2.2.2 污染物入河控制量

按水体功能要求的水质目标和设计水文条件，计算确定水功能区 COD 纳污能力；根据需水预测和污水处理程度，预测规划水平年废污水入河量。2020 年，水功能区规划达标率为 63%，相应的 COD 入河控制量为 53.11 万 t，入河废污水量 54.91 亿 m³；2030 年，水功能区规划达标率为 100%，相应的 COD 入河控制总量为 30.71 万 t，入河废污水量 61.43 亿 m³，如表 5-12 所示。

表 5-12 海河流域入河排污量现状与规划

省级行政区	2007 年 废污水/亿 t	2007 年 COD/万 t	2020 年 废污水/亿 t	2020 年 COD/万 t	2030 年 废污水/亿 t	2030 年 COD/万 t
北京	8.59	6.21	11.39	5.95	12.82	6.71
天津	6.06	25.06	7.39	11.63	7.89	3.69
河北	16.07	39.83	21.81	21.8	23.67	10.45
山西	3.01	5.54	3.33	3.25	4.54	2.11
河南	6.63	11.97	6.11	6.01	6.93	3.67
山东	4.69	16.42	4.74	4.41	5.38	4.02
内蒙古	0.10	0.11	0.14	0.06	0.20	0.06
辽宁	0	0	0	0	0	0
流域合计	45.15	105.14	54.91	53.11	61.43	30.71

5.2.3 生态水量配置

生态水量按 95% 保证率进行配置。如果河流控制站 95% 天然径流频率典型年的实测水量满足生态水量，则不进行配置；如果不能满足，则需要进行配置。

经分析，山区 15 条规划河流满足生态水量，不需要进行配置；平原 24 条规划河流中有 11 条河流实测水量不能满足生态水量，需要进行配置，其余 13 条河流不需要进行配置；平原 13 个规划湿地无稳定生态水源，全部需要进行配置。

对平原河流、湿地生态水量配置结果表明：滦河等 11 条河流需要新增生态配置水量 7.37 亿 m^3（表 5-13）。根据水源条件分期安排，2020 年新增配置水量 4.91 亿 m^3，2030 年新增配置水量达到 7.37 亿 m^3。平原 13 个规划湿地中，北大港、衡水湖、大浪淀、恩县洼为南水北调工程调蓄水库，生态水量自然得到满足，其他 9 处湿地 2020 年新增配置水量 4.52 亿 m^3，2030 年增加配置水量达到 6.81 亿 m^3（表 5-14）。

根据以上分析，海河流域 2020 年、2030 年平原河流和湿地需要新增生态配置水量分别为 9.43 亿 m^3 和 14.18 亿 m^3。

表 5-13 海河平原河流生态水源配置和修复效果

河段	生态水量 /亿 m^3	现有水量 /亿 m^3	配置水量/亿 m^3 2020 年	配置水量/亿 m^3 2030 年	达到配置目标河长/km 2020 年	达到配置目标河长/km 2030 年
滦河（大黑汀水库—河口）	4.21	3.63	0.58	0.58	158	158
陡河（陡河水库—河口）	1.02	0.80	0.22	0.22	120	120
永定河（三家店—屈家店）	0.72	0	0.72	0.72	148	148
唐河（西大洋水库—白洋淀）	0.72	0	0.72	0.72	132	132
潴龙河（北郭村—白洋淀）	0.50	0	0.50	0.50	96	96
独流减河（进洪闸—防潮闸）	1.24	0	0	1.24	0	67
滹沱河（黄壁庄水库—献县）	1.00	0	1.00	1.00	190	190
滏阳河（京广铁路桥—献县）	0.73	0	0.73	0.73	343	343
子牙河（献县—第六堡）	0.96	0	0	0.96	0	147
南运河（四女寺—第六堡）	0.26	0	0	0.26	0	306
马颊河（沙王庄—大道王闸）	0.82	0.38	0.44	0.44	275	275
以上 11 条河流小计	12.18	4.81	4.91	7.37	1462	1982
其他 13 条现状有水河流小计	15.93	22.78	0	0	1922	1922
合计	28.11	27.59	4.91	7.37	3384	3904

表 5-14 海河平原湿地生态水源配置和修复效果

湿地	生态水量/亿 m³	配置水量/亿 m³ 2020 年	配置水量/亿 m³ 2030 年	修复水面面积/km² 2020 年	修复水面面积/km² 2030 年
青甸洼	0.34	0.34	0.34	27	27
黄庄洼	1.46	0.65	1.46	115	115
七里海	1.08	0.90	1.08	85	85
大黄堡洼	1.30	0.70	1.30	55	102
白洋淀	1.05	1.05	1.05	122	122
团泊洼	0.88	0.55	0.88	45	72
永年洼	0.12	0.12	0.12	11	11
南大港	0.47	0.10	0.47	12	55
良相坡	0.11	0.11	0.11	10	10
小计	6.81	4.52	6.81	482	599
作为调蓄 4 处湿地*	3.45	—	—	321	321
合计	10.26	4.52	6.81	803	920

* 其生态消耗水量已计入输水损失，不再安排。

5.2.4 基本方案评价

基本方案为《海河流域综合规划》的水资源配置方案。《海河流域综合规划》已于 2010 年 6 月通过水利部专家审查，并征得流域内各省（自治区、直辖市）水行政主管部门的基本认可（表 5-15）。基本方案具有以下几个特点。

（1）总体目标是供需平衡

基本方案的基准年为 2007 年，水平年为 2020 年、2030 年；水文系列为 1956~2000 年；需水预测为采取强化节水措施后的成果；地表水可供水量以二级区为单元按不超过可利用量、地下水可供水量以省套三级区为单元按不超过可开采量控制，黄河水可供水量按黄委分配水量、长江水可供水量按《南水北调工程总体规划》分配水量控制，非常规水源可利用量由各省区市提供。

（2）需水预测结果总体偏于安全

基本方案的需水预测是采取强化节水措施后的结果。但节水技术和产业结构调整以 2007 年为基础，未考虑未来发展的变化，节水潜力估算相对安全。

工业、生活需水预测以国家总体发展布局为主，兼顾了地区发展规划和设想。地区规划和设想存在一些不确定因素，部分地区需水预测存在一定的安全余地。

灌溉需水量采用非充分灌溉定额计算，对未来农业技术发展对粮食产量的影响估计得较为保守，灌溉需水量存在一定的安全度。

（3）供水预测结果宽严各半

地表水可供水量采用的 1956~2000 年水文系列，虽然评价资料可靠、时间系列较长，但却未能反映 1980 年以后海河流域降水、径流持续偏少的特点，多年平均当地地表水可供水量与近年实际供水量相比偏大 30 亿~40 亿 m³。

地下水可供水量以海河流域 1980~2000 年多年平均地下水可开采量为上限，反映了 1980 年以来海河流域的地下水状况，较为合适。

外调水可供水量采用《黄河水资源综合规划》和《南水北调工程总体规划》分配给海河流域的黄河水和长江水多年平均指标为上限，总体较为合理，但在局部地区存在水量配置不均的情况。

非常规水源利用量预测参考了各地区和相关行业部门的规划和预测成果。考虑到目前在经济、技术、工程等方面还存在不确定因素，为保证供水安全，非常规水源利用量以现状为基础对地方和相关部门预测成果进行了扣减。

表 5-15 基本方案的指标体系及规划结果

层次	指标	2007 年	基准年	2020 年	2030 年	备注
边界设置	地下水超采量/亿 m³	81.00	75.00	36.00	0	
	入海水量/亿 m³	17.00	55.00	64.00	68.00	
	南水北调中线/亿 m³	0	0	62.40	86.20	
	南水北调东线/亿 m³	0	0	16.80	31.30	
	引黄水量/亿 m³	43.80	43.70	51.20	51.20	
发展模式	GDP/万亿元	3.56	3.56	9.01	16.95	2007 年价格
	GDP "三产" 比例/%	8:50:42	8:50:42	5:47:48	3:45:52	
	粮食产量/万 t	5230.00	5230	—	5500.00	未做 2020 年预测
	城镇化率/%	47.60	47.60	58.60	66.40	
	废污水入河量/亿 t	45.20	45.20	54.90	61.40	
	COD 入河/万 t	105.40	105.40	53.10	30.70	
	城镇环境用水量/亿 m³	6.34	6.34	10.09	12.65	
	生态新增配置水量/亿 m³	0	0	9.40	14.20	含平原河流湿地
调控措施	海水利用量/亿 m³	0.03	0.03	3.42	3.93	含直接利用折淡
	再生水利用量/亿 m³	7.05	7.05	23.90	28.60	
	微咸水利用量/亿 m³	2.69	2.69	7.90	8.60	
	总需水量/亿 m³	403.00	458.00	495.00	515.00	反映节水力度

（4）综合评价

以上分析表明，基本方案符合国家对海河流域经济社会发展的总体要求，可以保障流域经济社会发展对水资源的需求，并使生态环境得到一定的修复和改善，具有较强的可行性，并具有一定的安全度。

但以上分析同时表明，基本方案并非最优方案。考虑规划应具备的安全性，在需水预测与节水、非常规水源利用等方面留有一定的安全度；在水文系列选取和外调水配置上，虽然符合有关规范和规定，但存在对流域近期水资源情势反映不足和局部配置不合理的情况。

本研究是在基本方案基础上，建立方案集，开展多方案分析，使海河流域的水资源配置方案得到优化，以在今后的规划和管理中得到运用。

5.3 多维临界调控方案的比选与评价

4.3 节中以流域综合规划成果为基础，按照三层次递进构建了 336 套系列组合方案，基本涵盖了资源维（地下水超采量、地表水开发利用率）、经济维（人均 GDP、万元 GDP 综合用水量）、社会维（人均粮食产量、城乡人均生活用水比）、生态维（入海水量、河道内生态用水量）、环境维（COD 入河量、水功能区达标率）各维度变化的可行范围，以下通过深入分析和比较某维变化对其他维的影响，逐步比选出五维整体协调方案。

本次应用协同学衡量五维子系统的有序程度，应用系统熵判别水循环系统的演化方向，应用协调度和协调度综合距离遴选出较理想的系列组合方案。

5.3.1 序参量、有序度和系统熵

协同学是研究开放系统结构有序演化的理论，序参量是协同学为描述系统整体行为引入的宏观参量，它既是子系统合作效应的表征和量度，又是系统整体运动状态的度量，在系统演化中能指示出新结构的形成。协同学认为，当系统逼近临界点时，一些变量主宰着演化进程，支配着其他变量的行为，这些变量就是序参量。因而，本次将概括五维协调性的 10 个主要表征指标作为序参量（表 2-1）。在长系列水文条件下，采用多维临界调控模型系统运算得到的各方案序参量。其中，代表性方案序参量值列于表 5-16 中。

表 5-16　代表性组合方案序参量（1956~2000 年系列）

水平年	方案	资源维		经济维		社会维		生态维		环境维	
		地表水开发利用率/%	地下水超采量/万 m³	人均 GDP/万元	万元 GDP 用水量/m³	人均粮食产量/kg	人均生活用水量（农村/城镇）	入海水量/亿 m³	河道内生态用水量/亿 m³	COD 入河量/万 t	水功能区达标率/%
2020 年	F1	56.0	36	6.8	48.4	356	0.74	64	37.5	58.02	100
	F5	52.6	36	6.8	48.8	356	0.74	64	37.5	58.24	100
	F8	52.4	36	6.8	48.7	356	0.74	64	37.5	58.24	100
	F9	50.6	36	5.8	56.9	372	0.74	64	37.5	55.61	100
	F13	47.1	36	6.8	48.0	356	0.74	64	37.5	56.48	100
	F17	45.8	36	6.7	48.3	356	0.74	64	37.5	56.51	100
	F28	44.3	36	6.8	47.9	356	0.74	64	37.5	56.47	100
	F29	45.8	36	6.7	48.3	356	0.74	64	37.5	56.51	100

续表

水平年	方案	资源维 地表水开发利用率/%	资源维 地下水超采量/万 m³	经济维 人均GDP/万元	经济维 万元GDP用水量/m³	社会维 人均粮食产量/kg	社会维 人均生活用水量（农村/城镇）	生态维 入海水量/亿 m³	生态维 河道内生态用水量/亿 m³	环境维 COD入河量/万 t	环境维 水功能区达标率/%
2020年	F30	45.8	36	6.7	48.3	356	0.74	64	37.5	56.49	100
	F32	47.5	36	6.7	48.2	356	0.74	64	37.5	56.49	100
	F36	46.3	36	4.5	70.9	372	0.74	64	37.5	42.94	100
	F41	48.2	36	6.7	48.3	356	0.74	64	37.5	56.51	100
	F42	53.0	36	6.8	48.7	356	0.74	64	37.5	56.81	100
	F44	47.5	36	6.8	48.0	356	0.74	64	37.5	56.81	100
	F53	61.9	16	6.8	48.8	356	0.74	64	37.5	58.24	100
	F54	60.1	16	6.8	49.0	356	0.74	64	37.5	58.24	100
	F56	59.4	16	6.8	48.7	356	0.74	64	37.5	58.24	100
	F61	62.4	16	6.8	48.9	356	0.74	64	37.5	58.02	100
	F77	56.3	16	6.7	48.1	356	0.74	64	37.5	56.41	100
	F78	54.3	16	6.7	48.2	356	0.74	64	37.5	56.41	100
	F80	56.3	16	6.7	48.1	356	0.74	64	37.5	56.41	100
	F89	55.1	16	6.8	48.2	356	0.74	64	37.5	56.81	100
	F90	57.4	16	6.8	48.7	356	0.74	64	37.5	56.81	100
	F92	56.7	16	6.7	48.2	356	0.74	64	37.5	56.49	100
	F93	48.6	36	5.4	60.6	372	0.74	64	37.5	52.30	100
2030年	F1	48.6	0	10.7	30.5	352	0.79	68	42.3	32.81	100
	F5	54.0	0	10.6	30.6	365	0.79	68	42.3	32.69	100
	F8	51.1	0	10.6	30.5	365	0.79	68	42.3	32.69	100
	F9	48.7	0	8.0	40.4	365	0.79	68	42.3	31.56	100
	F13	50.7	0	10.6	30.0	352	0.79	93	42.3	31.87	100
	F17	43.2	0	10.5	30.1	365	0.79	93	42.3	31.66	100
	F28	43.9	0	10.6	29.9	352	0.79	68	42.3	31.87	100
	F29	43.2	0	10.5	30.1	365	0.79	68	42.3	31.66	100
	F30	69.0	0	10.5	30.1	365	0.79	68	42.3	31.66	100
	F32	68.7	0	10.5	30.0	365	0.79	68	42.3	31.66	100
	F36	63.3	0	6.4	48.7	377	0.79	68	42.3	25.25	100
	F41	61.6	0	10.5	30.1	365	0.79	68	42.3	31.66	100
	F42	63.2	0	10.6	30.1	365	0.79	68	42.3	31.90	100

续表

水平年	方案	资源维		经济维		社会维		生态维		环境维	
		地表水开发利用率/%	地下水超采量/万 m³	人均GDP/万元	万元GDP用水量/m³	人均粮食产量/kg	人均生活用水量（农村/城镇）	入海水量/亿 m³	河道内生态用水量/亿 m³	COD入河量/万 t	水功能区达标率/%
2030年	F44	58.3	0	10.6	30.1	365	0.79	68	42.3	31.90	100
	F53	54.0	0	10.6	30.6	365	0.79	68	42.3	32.69	100
	F54	51.0	0	10.6	30.6	365	0.79	68	42.3	32.69	100
	F56	51.1	0	10.6	30.5	365	0.79	68	42.3	32.69	100
	F61	48.9	0	10.7	30.7	352	0.79	93	42.3	32.81	100
	F77	60.8	0	10.4	30.1	365	0.79	68	42.3	31.64	100
	F78	61.6	0	10.4	30.2	365	0.79	68	42.3	31.63	100
	F80	62.2	0	10.4	30.1	365	0.79	68	42.3	31.63	100
	F89	61.6	0	10.5	30.1	365	0.79	68	42.3	31.66	100
	F90	56.5	0	10.6	30.1	365	0.79	68	42.3	31.90	100
	F92	58.3	0	10.5	30.5	365	0.79	68	42.3	31.66	100
	F93	59.5	0	7.6	42.1	377	0.79	68	42.3	29.96	100

衡量序参量之间协同作用的指标是有序度，用于评价子系统的有序性。根据4.2节确定的各维临界调控目标（理想点）及其阈值，采用下式计算各维的有序度：

$$U_{ji}(e_{ji}) = 1 - \frac{e_{ji} - c}{a_{ji} - b_{ji}} \tag{5-1}$$

$$U_j = \alpha_j U_j(e_{j1}) + \beta_j U_j(e_{j2}) \tag{5-2}$$

式中：$U_{ji}(e_{ji})$ 为第 j 个子系统第 i 个序参量的有序度；e_{ji} 为第 j 个子系统第 i 个序参量的取值；a_{ji}、b_{ji} 分别为 e_{ji} 的最大值、最小值；c 为 e_{ji} 取值范围内的理想值；U_j 为各子系统（维）的有序度；α_j、β_j 分别为序参量 e_{ji} 的权重。

1956~2000年水文系列方案各维有序度计算采用的特征指标见表5-17。

表5-17　五维理想点、取值范围及序参量权重（1956~2000年系列）

项目	资源维		经济维		社会维		生态维		环境维	
	地表水开发利用率/%	地下水开采量/亿 m³	人均GDP/万元	万元GDP用水量/m³	人均生活用水比（农村/城镇）	人均粮食产量/kg	入海水量/亿 m³	河道内生态用水量/亿 m³	COD入河量/万 t	水功能区达标率/%
理想点	50.0	184.0	10.76	30.0	0.78	375.0	75.0	42.3	30.0	100.0
最小值	45.0	184.0	6.00	30.0	0.60	350.0	55.0	35.0	30.0	60.0
最大值	67.0	220.0	10.76	55.0	0.80	375.0	93.0	45.0	60.0	100.0
权重	0.4	0.6	0.40	0.6	0.30	0.7	0.4	0.6	0.5	0.5

海河流域水资源的有限性和用水的竞争性，使五维序参量很难达到其理想值，而某一子系统有序度的提高有可能导致其他子系统有序度的降低，需要五维整体权衡。有序度熵（也称系统熵）是用来衡量整个系统有序度与各子系统有序度关系的指标。水循环系统内部越协调，子系统越有序，即有序度越高，水循环系统熵就越小。水循环五维系统有序度熵函数计算公式如下：

$$S_\gamma = -\sum_{j=1}^{5} \frac{1-U_j(e_j)}{5} \log_2 \frac{1-U_j(e_j)}{5} \tag{5-3}$$

式中：$U_1(e_1)$、$U_2(e_2)$、$U_3(e_3)$、$U_4(e_4)$、$U_5(e_5)$ 分别为资源维、社会维、经济维、生态维、环境维的有序度。

在 1956～2000 年水文系列条件下，系列组合方案（F1～F96）各维有序度及其系统熵计算结果列于表 5-18。

表 5-18　代表性方案五维序参量有序度及系统熵（1956～2000 年系列）

方案	水平年	资源维	经济维	社会维	生态维	环境维	有序度熵
F1	2020	0.290	0.229	0.411	0.711	0.066	1.869
	2030	0.980	0.982	0.333	0.816	0.906	0.731
F5	2020	0.353	0.218	0.411	0.711	0.059	1.856
	2030	0.982	0.971	0.691	0.816	0.910	0.600
F8	2020	0.357	0.220	0.411	0.711	0.059	1.854
	2030	0.870	0.974	0.691	0.816	0.910	0.704
F9	2020	0.389	−0.058	0.872	0.711	0.146	1.653
	2030	0.983	0.520	0.691	0.816	0.948	0.845
F13	2020	0.452	0.233	0.411	0.711	0.117	1.808
	2030	1.088	0.987	0.333	1.474	0.938	无解
F17	2020	0.476	0.222	0.411	0.711	0.116	1.802
	2030	0.976	0.973	0.691	1.474	0.945	无解
F28	2020	0.503	0.235	0.411	0.711	0.118	1.789
	2030	0.950	0.989	0.333	0.816	0.938	0.727
F29	2020	0.476	0.222	0.411	0.711	0.116	1.802
	2030	0.654	0.973	0.691	0.816	0.945	0.803
F30	2020	0.477	0.222	0.411	0.711	0.117	1.802
	2030	0.660	0.974	0.691	0.816	0.945	0.799
F32	2020	0.446	0.226	0.411	0.711	0.117	1.812
	2030	0.789	0.977	0.691	0.816	0.945	0.724
F36	2020	0.307	−0.506	0.871	0.711	0.117	1.812
	2030	0.655	0.184	0.912	0.816	1.158	无解

续表

方案	水平年	资源维	经济维	社会维	生态维	环境维	有序度熵
F41	2020	0.433	0.222	0.411	0.711	0.116	1.817
	2030	0.760	0.973	0.691	0.816	0.945	0.747
F42	2020	0.346	0.217	0.411	0.711	0.106	1.848
	2030	0.850	0.982	0.691	0.816	0.937	0.684
F44	2020	0.446	0.233	0.411	0.711	0.106	1.812
	2030	0.827	0.982	0.691	0.816	0.937	0.700
F53	2020	0.518	0.218	0.411	0.711	0.059	1.799
	2030	0.982	0.971	0.691	0.816	0.910	0.600
F54	2020	0.549	0.215	0.411	0.711	0.059	1.788
	2030	0.980	0.971	0.691	0.816	0.910	0.603
F56	2020	0.563	0.220	0.411	0.711	0.059	1.780
	2030	0.980	0.974	0.691	0.816	0.910	0.599
F61	2020	0.508	0.216	0.411	0.711	0.066	1.802
	2030	0.942	0.978	0.333	1.474	0.906	无解
F77	2020	0.618	0.227	0.411	0.711	0.120	1.742
	2030	0.789	0.970	0.691	0.816	0.945	0.732
F78	2020	0.654	0.226	0.411	0.711	0.120	1.726
	2030	0.778	0.968	0.691	0.816	0.946	0.741
F80	2020	0.619	0.227	0.411	0.711	0.120	1.742
	2030	0.789	0.969	0.691	0.816	0.946	0.732
F89	2020	0.641	0.229	0.411	0.711	0.106	1.734
	2030	0.882	0.973	0.691	0.816	0.945	0.664
F90	2020	0.598	0.217	0.411	0.711	0.106	1.757
	2030	0.850	0.982	0.691	0.816	0.937	0.684
F92	2020	0.611	0.226	0.411	0.711	0.117	1.747
	2030	0.827	0.965	0.691	0.816	0.945	0.713
F93	2020	0.425	-0.180	0.872	0.711	0.257	1.633
	2030	1.033	0.441	1.000	0.816	1.000	无解

分析表 5-18 中五维的有序度和系统熵结果表明，在长系列 96 套系列组合方案中：①与第一层次 $F^1 2$ 和 $F^1 6$（即涉及情景 $R_L 30$-2 入海水量 93 亿 m^3）有关的方案（如 F13、F61 等）生态维有序度超出了 1，表明入海水量过大，扰乱了系统五维的协同性，可排除 2 组×12 个/组=24 个不可行方案；②与第二层次中 $F^2 3$（2020、2030 年人均粮食产量提高到 375kg）有关的组合方案 8 组（如 F9、F36 等），2020 年经济维有序度小于 0，说明在 2020 水平年下，牺牲经济效益保证粮食产量，系统五维协调性差，故可排除 8 组×3 个/组=

24 个方案；③与 $F^3 3$ 有关（非常规水源利用量 2020 年高于 2030 年）的不合理方案 8 组×1 个/组 = 8 个。在排除以上 24+24+8 = 56 个方案后，尚余长系列方案 96-56 = 40 个，作为有效方案参与评价比选。

利用有序度熵评价以水平年为基准的单一调控方案，通过分析确定使五维系统向有序方向调控的主控因子：2020 水平年超采量应控制在 36 亿 m³ 以内，粮食产量控制在 5400 万 t 水平；2030 水平年实现地下水零超采，入海水量控制在 70 亿 m³ 左右，粮食产量控制在 5700 万 t 水平。由以上调控方案按水平年顺次形成组合方案，进行系列组合方案比选。

5.3.2 （系列）组合方案的协调度及其综合距离

根据协同学理论，系统走向有序的机理不在于系统现状的平衡与不平衡，也不在于系统距平衡态多远，而在于系统内部各子系统之间相互关联的协调程度。协调度正是反映系统间在发展过程中彼此和谐的程度，故本次组合方案的比选采用协调度和协调度综合距离。

计算协调度的方法有多种，包括几何平均法、加权平均法、方差法与变异系数法等，但评价效果大体相当，其中几何平均法计算方法较简便，结果反映较为直观，且不需考虑五维综合指标在协调度计算中的权重问题，因此，本次采用几何平均法计算，计算公式为

$$H(t) = \theta \times \sqrt[5]{\prod_{j=1}^{5} U_j}, \quad \theta = \frac{\text{MIN}(U_j)}{|\text{MIN}(U_j)|}, \quad j = 1, 2, 3, 4, 5, \ U_j \neq 0 \quad (5\text{-}4)$$

式中：$H(t)$ 为协调度；t 为 2020 年或 2030 年水平年。

代表性长系列有效方案的五维协调度结果见表 5-19。

表 5-19 代表性有效方案五维序参量协调度（1956~2000 年系列）

方案代码	有序度差	资源维	经济维	社会维	生态维	环境维	协调度
F1	ΔU_{t1}	0.160	0.230	0.410	0.710	0.070	0.240
	ΔU_{t2}	0.840	0.980	0.330	0.820	0.910	0.730
F5	ΔU_{t1}	0.353	0.218	0.411	0.711	0.059	0.270
	ΔU_{t2}	0.982	0.971	0.691	0.816	0.910	0.870
F8	ΔU_{t1}	0.220	0.220	0.410	0.710	0.060	0.240
	ΔU_{t2}	0.870	0.970	0.690	0.820	0.910	0.850
F28	ΔU_{t1}	0.340	0.230	0.410	0.710	0.120	0.310
	ΔU_{t2}	0.950	0.990	0.330	0.820	0.940	0.750

续表

方案代码	有序度差	资源维	经济维	社会维	生态维	环境维	协调度
F29	ΔU_{t1}	0.310	0.220	0.410	0.710	0.120	0.300
	ΔU_{t2}	0.570	0.970	0.690	0.820	0.940	0.780
F30	ΔU_{t1}	0.310	0.220	0.410	0.710	0.120	0.300
	ΔU_{t2}	0.570	0.970	0.690	0.820	0.940	0.780
F32	ΔU_{t1}	0.290	0.230	0.410	0.710	0.120	0.300
	ΔU_{t2}	0.680	0.980	0.690	0.820	0.940	0.810
F41	ΔU_{t1}	0.370	0.220	0.410	0.710	0.120	0.310
	ΔU_{t2}	0.660	0.970	0.690	0.820	0.940	0.810
F42	ΔU_{t1}	0.290	0.220	0.410	0.710	0.110	0.290
	ΔU_{t2}	0.730	0.980	0.690	0.820	0.940	0.820
F44	ΔU_{t1}	0.380	0.230	0.410	0.710	0.110	0.310
	ΔU_{t2}	0.710	0.980	0.690	0.820	0.940	0.820
F53	ΔU_{t1}	0.410	0.220	0.410	0.710	0.060	0.280
	ΔU_{t2}	0.840	0.970	0.690	0.820	0.910	0.840
F54	ΔU_{t1}	0.430	0.210	0.410	0.710	0.060	0.280
	ΔU_{t2}	0.840	0.970	0.690	0.820	0.910	0.840
F56	ΔU_{t1}	0.410	0.220	0.410	0.710	0.060	0.280
	ΔU_{t2}	0.870	0.970	0.690	0.820	0.910	0.850
F73	ΔU_{t1}	0.500	0.230	0.410	0.710	0.120	0.330
	ΔU_{t2}	0.670	0.980	0.330	0.820	0.940	0.700
F77	ΔU_{t1}	0.490	0.230	0.410	0.710	0.120	0.330
	ΔU_{t2}	0.680	0.970	0.690	0.820	0.950	0.810
F78	ΔU_{t1}	0.520	0.230	0.410	0.710	0.120	0.330
	ΔU_{t2}	0.670	0.970	0.690	0.820	0.950	0.810
F80	ΔU_{t1}	0.490	0.230	0.410	0.710	0.120	0.330
	ΔU_{t2}	0.680	0.970	0.690	0.820	0.950	0.810

续表

方案代码	有序度差	资源维	经济维	社会维	生态维	环境维	协调度
F89	ΔU_{t1}	0.510	0.220	0.410	0.710	0.120	0.330
	ΔU_{t2}	0.760	0.970	0.690	0.820	0.940	0.830
F90	ΔU_{t1}	0.510	0.220	0.410	0.710	0.120	0.330
	ΔU_{t2}	0.760	0.970	0.690	0.820	0.940	0.830
F92	ΔU_{t1}	0.490	0.230	0.410	0.710	0.120	0.330
F93	ΔU_{t2}	0.810	0.970	0.690	0.820	0.940	0.840

采用式（5-4）计算的协调度只反映某一水平年五维协同的程度，为了综合评价两个水平年整体协调状况，进一步分析计算协调度综合距离，计算公式如下：

$$H(2020,2030) = \left(\sqrt{\sum_{i=1}^{5}(1-U_{2020,i})^2} \sqrt{\sum_{i=1}^{5}(1-U_{2030,i})^2} \right)^{\frac{1}{2}} \quad (5-5)$$

长系列40个有效方案的协调度综合距离如图5-1所示，综合距离越小，系统的协调性越好，依此可推荐出长系列水文条件下较好的组合方案。

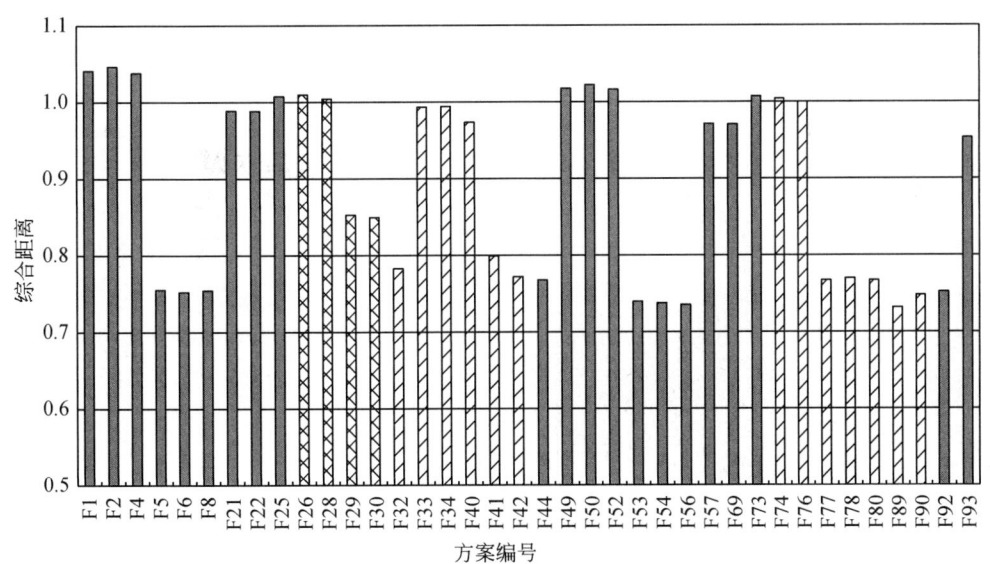

图5-1 协调度综合距离柱状图（1956~2000年系列）

1980~2005年水文系列（短系列）方案各维有序度计算采用的特征指标列于表5-20中。采用与长系列相同的分析方法，在239个短系列组合方案中，逐步剔除不合理或不可行方案，最终遴选出48个有效方案，参与评价与比选。短系列48个有效方案的协调度综合距离如图5-2所示。

表 5-20　五维理想点、取值范围及序参量权重（1980~2005 年系列）

项目	资源维 地表水开发利用率/%	资源维 地下水开采量/亿 m³	经济维 人均 GDP/万元	经济维 万元 GDP 用水量/m³	社会维 人均生活用水比（农村/城镇）	社会维 人均粮食产量/kg	生态维 入海水量/亿 m³	生态维 河道内生态用水量/亿 m³	环境维 COD 入河量/万 t	环境维 水功能区达标率/%
理想点	50.0	184.0	10.76	25.0	0.78	350.0	50.0	42.3	30.0	100.0
最小值	50.0	184.0	5.00	25.0	0.60	350.0	35.0	35.0	30.0	60.0
最大值	75.0	240.0	10.76	56.0	0.80	375.0	70.0	45.0	60.0	100.0
权重	0.4	0.6	0.40	0.6	0.30	0.7	0.4	0.6	0.5	0.5

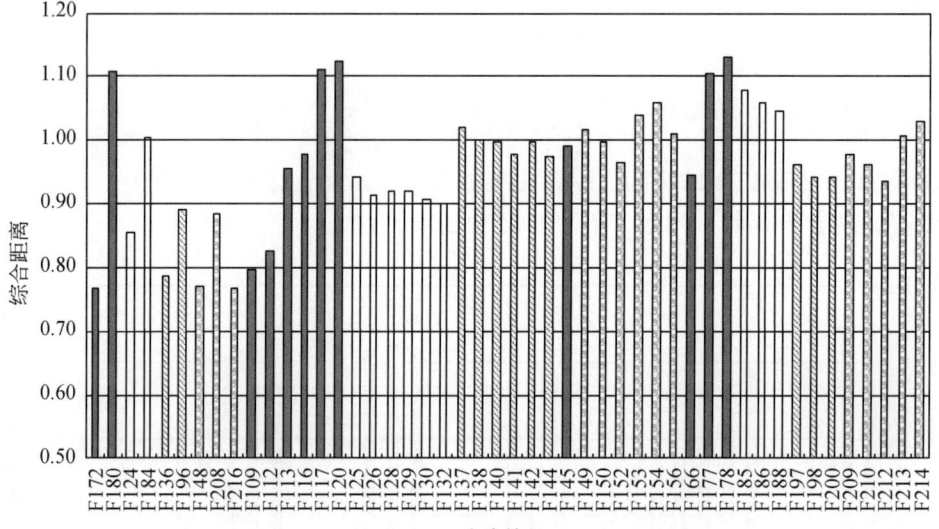

图 5-2　协调度综合距离柱状图（1980~2005 年系列）

5.3.3　方案比较与分析

按照两套水文系列、三种调水工程情景（南水北调二期工程按期实施、未按期实施及加大中线一期引水规模 20%）依次筛选和排列出前 5~6 项协调度综合距离较小的（系列）组合方案，从中可提炼归纳出以下主要信息。

5.3.3.1　长系列调控结果分析

1956~2000 年水文系列（长系列）协调性较好方案的三层次构成及其协调度综合距离列于表 5-21 中，相应的主要控制指标值列于表 5-22 中。

表 5-21 系统协调性较好方案的构成（1956~2000 年水文系列）

调水工程状态	组合方案	层次一：水循环再生利用 构成	编码	层次二：经济社会发展模式 构成	编码	层次三：水资源保障能力 构成	编码	协调度综合距离
二期按期实施	F1	$R_L07\text{-}1 \sim R_L20\text{-}1 \sim R_L30\text{-}1$	F^11	$D07\text{-}1 \sim D20\text{-}1 \sim D30\text{-}1$	F^21	$E07\text{-}1 \sim E20\text{-}1 \sim E30\text{-}1$	F^31	1.076
	F56	$R_L07\text{-}1 \sim R_L20\text{-}2 \sim R_L30\text{-}1$	F^15	$D07\text{-}1 \sim D20\text{-}1 \sim D30\text{-}2$	F^22	$E07\text{-}1 \sim E20\text{-}2 \sim E30\text{-}2$	F^34	0.770
	F54	$R_L07\text{-}1 \sim R_L20\text{-}2 \sim R_L30\text{-}1$	F^15	$D07\text{-}1 \sim D20\text{-}1 \sim D30\text{-}2$	F^22	$E07\text{-}1 \sim E20\text{-}2 \sim E30\text{-}2$	F^32	0.781
	F53	$R_L07\text{-}1 \sim R_L20\text{-}2 \sim R_L30\text{-}1$	F^15	$D07\text{-}1 \sim D20\text{-}1 \sim D30\text{-}2$	F^22	$E07\text{-}1 \sim E20\text{-}1 \sim E30\text{-}2$	F^31	0.783
二期按期实施	F8	$R_L07\text{-}1 \sim R_L20\text{-}2 \sim R_L30\text{-}1$	F^11	$D07\text{-}1 \sim D20\text{-}1 \sim D30\text{-}2$	F^22	$E07\text{-}1 \sim E20\text{-}2 \sim E30\text{-}2$	F^34	0.792
	F5	$R_L07\text{-}1 \sim R_L20\text{-}2 \sim R_L30\text{-}1$	F^11	$D07\text{-}1 \sim D20\text{-}1 \sim D30\text{-}2$	F^22	$E07\text{-}1 \sim E20\text{-}2 \sim E30\text{-}1$	F^33	0.805
	F80	$R_L07\text{-}1 \sim R_L20\text{-}2 \sim R_L30\text{-}3$	F^17	$D07\text{-}1 \sim D20\text{-}1 \sim D30\text{-}2$	F^22	$E07\text{-}1 \sim E20\text{-}2 \sim E30\text{-}2$	F^34	0.835
	F77	$R_L07\text{-}1 \sim R_L20\text{-}2 \sim R_L30\text{-}3$	F^17	$D07\text{-}1 \sim D20\text{-}1 \sim D30\text{-}2$	F^22	$E07\text{-}1 \sim E20\text{-}1 \sim E30\text{-}1$	F^31	0.835
二期未按期实施	F78	$R_L07\text{-}1 \sim R_L20\text{-}2 \sim R_L30\text{-}3$	F^17	$D07\text{-}1 \sim D20\text{-}1 \sim D30\text{-}2$	F^22	$E07\text{-}1 \sim E20\text{-}2 \sim E30\text{-}2$	F^32	0.837
	F32	$R_L07\text{-}1 \sim R_L20\text{-}2 \sim R_L30\text{-}3$	F^13	$D07\text{-}1 \sim D20\text{-}1 \sim D30\text{-}2$	F^22	$E07\text{-}1 \sim E20\text{-}2 \sim E30\text{-}2$	F^34	0.859
	F30	$R_L07\text{-}1 \sim R_L20\text{-}2 \sim R_L30\text{-}3$	F^13	$D07\text{-}1 \sim D20\text{-}1 \sim D30\text{-}2$	F^22	$E07\text{-}1 \sim E20\text{-}2 \sim E30\text{-}2$	F^32	0.920
	F29	$R_L07\text{-}1 \sim R_L20\text{-}2 \sim R_L30\text{-}3$	F^13	$D07\text{-}1 \sim D20\text{-}1 \sim D30\text{-}2$	F^22	$E07\text{-}1 \sim E20\text{-}1 \sim E30\text{-}1$	F^31	0.924
	F89	$R_L07\text{-}1 \sim R_L20\text{-}2 \sim R_L30\text{-}4$	F^18	$D07\text{-}1 \sim D20\text{-}1 \sim D30\text{-}2$	F^22	$E07\text{-}1 \sim E20\text{-}1 \sim E30\text{-}1$	F^31	0.794
加大一期引水20%	F90	$R_L07\text{-}1 \sim R_L20\text{-}2 \sim R_L30\text{-}4$	F^18	$D07\text{-}1 \sim D20\text{-}1 \sim D30\text{-}2$	F^22	$E07\text{-}1 \sim E20\text{-}1 \sim E30\text{-}2$	F^32	0.814
	F92	$R_L07\text{-}1 \sim R_L20\text{-}2 \sim R_L30\text{-}4$	F^18	$D07\text{-}1 \sim D20\text{-}1 \sim D30\text{-}2$	F^22	$E07\text{-}1 \sim E20\text{-}2 \sim E30\text{-}2$	F^34	0.819
	F89	$R_L07\text{-}1 \sim R_L20\text{-}2 \sim R_L30\text{-}4$	F^14	$D07\text{-}1 \sim D20\text{-}1 \sim D30\text{-}2$	F^22	$E07\text{-}1 \sim E20\text{-}2 \sim E30\text{-}2$	F^32	0.832
	F42	$R_L07\text{-}1 \sim R_L20\text{-}2 \sim R_L30\text{-}4$	F^14	$D07\text{-}1 \sim D20\text{-}1 \sim D30\text{-}2$	F^22	$E07\text{-}1 \sim E20\text{-}2 \sim E30\text{-}2$	F^34	0.834
	F41	$R_L07\text{-}1 \sim R_L20\text{-}2 \sim R_L30\text{-}4$	F^14	$D07\text{-}1 \sim D20\text{-}1 \sim D30\text{-}2$	F^22	$E07\text{-}1 \sim E20\text{-}1 \sim E30\text{-}1$	F^31	0.864

表 5-22 系统协调性较好方案的主要调控指标（1956～2000 年水文系列）

水平年	调水工程状态	方案代码	地下水超采量/亿 m³	入海水量/亿 m³	外调水量/亿 m³ 中线	外调水量/亿 m³ 东线	外调水量/亿 m³ 引黄	ET控制量/亿 m³	GDP/万亿元	三产比 一	三产比 二	三产比 三	粮食产量/万 t	废污水产生量/亿 m³	COD入河量/万 t	非常规水利用/亿 m³ 再生水	非常规水利用/亿 m³ 微咸水	非常规水利用/亿 m³ 海水淡化	总用水量/亿 m³
2020年		F1	36	64	62.4	16.8	51.2	335	10.35	4.7	43.7	51.6	5400	84.7	58.0	23.9	7.9	3.4	500.7
		F56						344	10.37	4.6	43.8	51.6		85.1	58.2	36.9		6.4	505.24
		F54	16					340	10.37	4.7	43.6	51.7		85.1	58.2	23.9		3.4	507.60
		F53						340	10.37	4.7	43.8	51.6		85.1	58.2	36.9		3.4	506.30
		F8	36					339	10.37	4.7	43.8	51.6		85.1	58.2	23.9		6.4	505.20
		F5						340	10.37	4.7	43.8	51.6		85.1	58.2	36.9		3.4	506.30
		F80	16					331	10.23	4.7	43.3	52.0		82.2	56.4	23.9		6.4	492.70
		F77						331	10.23	4.7	43.3	52.0		82.2	56.4	36.9		3.4	455.35
	一期工程达效	F78						331	10.23	4.7	43.3	52.0		82.2	56.4	23.9		3.4	493.22
		F32	36					331	10.24	4.7	43.3	52.0		82.4	56.5	36.9		6.8	490.78
		F30						332	10.24	4.7	43.3	52.0		82.4	56.5	23.9		3.4	494.82
		F29						332	10.24	4.7	43.3	52.0		82.4	56.5	23.9		3.4	494.93
		F89	16					336	10.28	4.7	43.2	52.0		83.0	56.8	36.9		6.4	493.21
		F90						332	10.28	4.7	43.2	52.0		83.0	56.8	23.9		3.4	500.00
		F92						331	10.24	4.7	43.3	52.0		82.4	56.5	36.9		6.4	493.21
		F44	36					336	10.28	4.7	43.2	52.0		83.0	56.8	23.9		3.4	494.93
		F42						336	10.30	4.7	43.2	52.0		83.0	56.8	36.9		3.4	500.00
		F41						332	10.24	4.7	43.3	52.0		82.4	56.5	23.9		3.4	494.93

第 5 章 | 海河流域水循环多维整体调控措施与方案

续表

水平年	调水工程状态	方案代码	地下水超采量/亿m³	入海水量/亿m³	外调水量/亿m³ 中线	外调水量/亿m³ 东线	外调水量/亿m³ 引黄	ET控制量/亿m³	GDP/万亿元	三产比 一	三产比 二	三产比 三	粮食产量/万t	废污水产生量/亿m³	COD入河量/万t	非常规水利用/亿m³ 再生水	非常规水利用/亿m³ 微咸水	非常规水利用/亿m³ 海水淡化	总用水量/亿m³
2030年		F1			86.2	31.3	51.2	347	16.72	3.8	45.4	50.8	5500	97.0	32.8	28.6		3.9	510.30
		F56						344	16.56	3.8	45.2	51.0		96.5	32.7	51.1		6.8	504.90
	二期工程按期实施	F54						345	16.56	3.8	45.2	51.0		96.5	32.7	51.1		6.8	507.00
		F53						345	16.56	3.8	45.2	51.0		96.5	32.7	28.6		3.9	506.70
		F8						344	16.56	3.8	45.2	51.0		96.5	32.7	51.1		6.8	504.90
		F5						334	16.30	3.8	45.2	50.9		96.5	32.7	28.6		3.9	506.70
		F80	0	68	62.4	16.8	51.2	334	16.30	3.9	45.2	50.9	5700	93.4	31.6	51.1	8.6	6.8	490.86
		F77						334	16.30	4.7	45.2	50.9		93.4	31.6	28.6		3.9	490.90
	二期工程末期实施	F78						335	16.38	3.9	45.1	51.1		93.4	31.6	51.1		6.8	492.20
		F32						336	16.38	3.9	45.1	51.1		93.5	31.7	51.1		6.8	490.78
		F30						335	16.38	3.9	45.1	51.1		93.5	31.7	51.1		6.8	492.81
		F29						336	16.38	3.9	45.1	51.1		93.5	31.7	28.6		3.9	493.56
		F89			75			340	16.55	3.8	44.7	51.5		94.3	31.9	51.1		6.8	498.83
	加大中线一期引水20%	F90						335	16.38	3.9	45.1	51.1		94.3	31.9	51.1		6.8	498.83
		F92						334	16.38	3.9	45.1	51.1		93.5	31.7	28.6		3.9	493.56
		F44						336	16.55	3.8	44.7	51.5		94.3	31.9	51.1		6.8	498.83
		F42						340	16.38	3.9	45.1	51.1		93.5	31.9	51.1		6.8	498.83
		F41						336	16.38	3.9	45.1	51.1		93.5	31.7	28.6		3.9	493.56

149

1）无论哪种调水工程情景，五维协调性较好（综合距离较小）的前3个方案在层次一水循环再生性维持中，都清一色指向情景 R_L20-2，即2020水平年地下水超采量控制在16亿 m^3（低于地下水压采方案36亿 m^3），而情景 R_L30-2，即2030年入海水量93亿 m^3 无一例入选；在层次二经济社会发展模式中，均选择情景D20-1和D30-2，即人均粮食产量2020年维持在350kg、2030年提高到365kg水平；在层次三提高水资源保障能力中，协调性最好的方案，选择情景E20-2和E30-2，即2020年、2030年均需加大非常规水源利用量依次至41.1亿 m^3 和66.5亿 m^3。

2）无论哪种调水工程情景，五维协调性居二、居三方案与最好方案的区别在于非常规水源利用量2020年维持在基本方案水平（即不加大），或2030年也维持在基本方案水平，而其他情景组合一致。这也说明协调性较好方案在经济发展规模达到一定范围内，对地下水超采量（资源维）、入海水量（生态维）、粮食产量（社会维）和非常规水源利用量的五维权衡目标值保持高度一致。

3）进一步放宽协调度综合距离，协调性居4~6位的方案为层次一中地下水超采量36亿 m^3 情景 R_L20-1。

4）与基本方案F1（流域综合规划方案）相比，五维协调性较好的方案2020年减少地下水开采量约 36-16=20 亿 m^3，2030年增加非常规水源利用量 66.51-41.12=25.39 亿 m^3，至2030年提高粮食生产能力 (5700-5500)/5500×100=3.6%，其不利影响是GDP下降约 (16.72-16.56)/16.72=1.0%。

若取五维理想点的有序度均为1，构建不同方案五维有序度雷达图，在南水北调二期工程按期实施条件下，协调性最好方案F56（南水北调二期工程按期实施）的发展势态如图5-3所示，可见2020~2030年五维有序度逐渐逼近理想点，尽管2030年与理想点尚有距离，但五维协同性已明显好于2020年，并趋向均衡。图5-4中同时展示了偏重不同维度发展方案的状态，其中，方案F56的五维均匀度最好，即协同性最高。

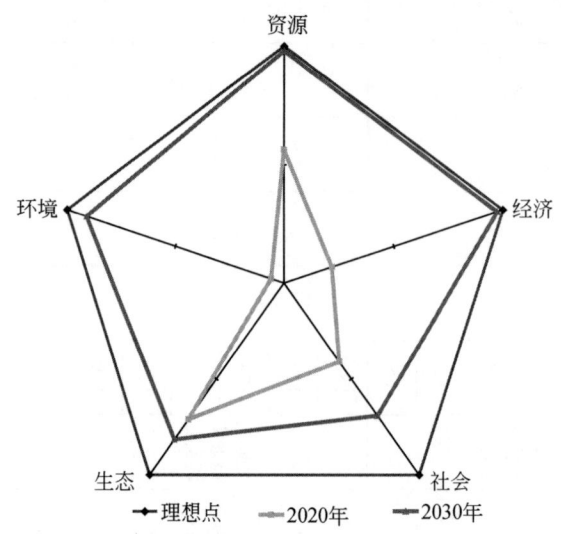

图5-3　推荐方案F56雷达图（1956~2000年系列）

第 5 章 | 海河流域水循环多维整体调控措施与方案

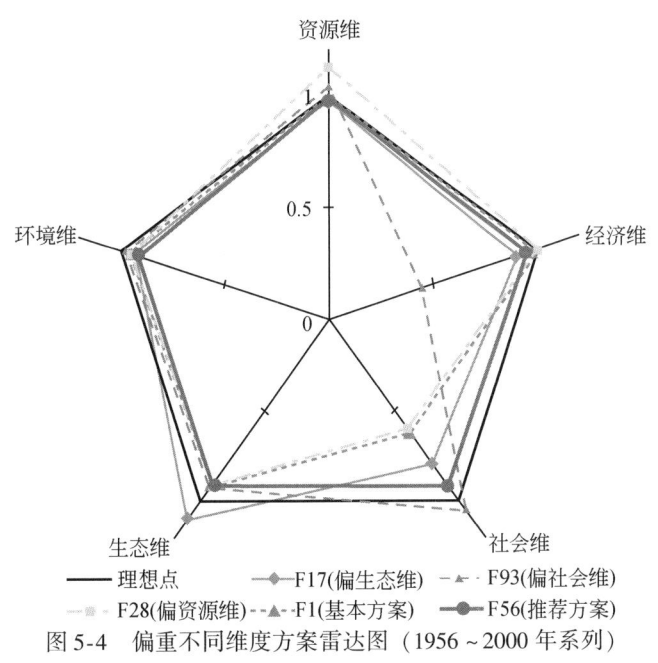

图 5-4 偏重不同维度方案雷达图（1956~2000 年系列）

三类重要方案的调控结果如下所述。

(1) 南水北调二期工程按期实施

对比基本方案 F1 和综合比选得出的五维协调性最好方案 F56 的调控结果可知（表 5-23），在 1956~2000 年水文系列条件下，基本可实现海河流域综合规划成果 F1 要求的地下水超采（2020 年 36 亿 m^3，2030 年零超采）、GDP（2030 年达到 16.72 万亿元）、粮食产量（2030 年 5500 万 t）、COD 入河量（2030 年 32.7 万 t）、非常规水源利用量（2030 年 41.1 亿 m^3，含污水处理回用量）等规划目标，但从水循环系统的整体协调性分析，更理想的方案是 F56，即 2020 年进一步削减超采量至 16 亿 m^3，同时，加大非常规水源利用量 2020 年 16 亿 m^3，2030 年 25.4 亿 m^3，使 2030 年国民经济用水总量控制在 505 亿 m^3 左右，可基本实现 GDP 16.56 万亿元，粮食生产能力提高到 5700 万 t。换句话说，以提高海河流域的非常规水利用量和水资源利用效率，提高流域水循环的再生性能力，促进经济发展，并保障粮食安全。

(2) 南水北调二期工程未按期实施

若南水北调二期工程未能按期实施，2030 年将减少引江水量约 38.3 亿 m^3，更需要在基本方案的基础上，加大非常规水源利用和提高用水效率。对比方案 F32 和 F80 调控结果表明，将 2020 年地下水超采量控制在 16 亿 m^3、2030 年粮食生产能力提高到 5700 万 t 的方案 F80 的系统协调性相对更好，届时，2030 年国民经济用水总量需控制在 491 亿 m^3 左右，GDP 将下降到 16.3 万亿元，与规划值相比降低了 2.5%。

(3) 加大中线一期引水量 20%

加大中线一期引水量 20% 后，2030 年中线引水量达到 75 亿 m^3，与南水北调二期工程按期实施相比，减少引江量约 11.2 亿 m^3，与二期工程未按期实施相比，增加引江量 27.1 亿 m^3，在满足地下水压采、粮食产量提高目标后，2030 年 GDP 发展指标介于两者之间。

表 5-23 重要组合方案的主要调控指标（1956~2000 年水文系列）

调水工程状态	方案代码	水平年	地下水超采量/亿 m³	入海水量/亿 m³	外调水量/亿 m³ 中线	外调水量/亿 m³ 东线	外调水量/亿 m³ 引黄	ET控制量/亿 m³	GDP/万亿元	三产比 一	三产比 二	三产比 三	粮食产量/万 t	废污水产生量/亿 m³	COD入河量/万 t	非常规水利用/亿 m³ 再生水	非常规水利用/亿 m³ 微咸水	非常规水利用/亿 m³ 海水淡化	总用水量/亿 m³
二期工程按期实施	F1	2020年	36	64	62.42	16.8	51.2	335.0	10.35	4.7	43.7	51.6	5400	84.7	58.0	23.9	7.9	3.4	500.7
二期工程按期实施	F1	2030年	0	68	86.21	31.3	51.2	347.0	16.72	3.8	45.4	50.8	5500	97.0	32.8	28.6	8.6	3.9	510.3
二期工程按期实施	F56	2020年	16	64	62.42	16.8	51.2	344.0	10.37	4.7	43.8	51.6	5400	85.1	58.2	36.9	7.9	6.4	505.2
二期工程按期实施	F56	2030年	0	68	86.21	31.3	51.2	344.0	16.56	3.8	45.2	51.0	5700	96.5	32.7	51.1	8.6	6.8	504.9
	F56-F1	2020年	−20	0	0	0	0	8.5	0.01	0	0.1	−0.1	0	0.4	0.2	13.0	0	3.0	4.5
	F56-F1	2030年	0	0	0	0	0	−3.8	−0.16	0	−0.2	0.3	200	−0.5	−0.1	22.5	0	2.9	−5.4
二期工程未按期实施	F32	2020年	36	64	62.42	16.8	51.2	331.0	10.24	4.7	43.3	52.0	5400	82.4	56.5	36.9	7.9	6.4	493.2
二期工程未按期实施	F32	2030年	0	68	86.21	31.3	51.2	335.0	16.38	3.9	45.1	51.1	5700	93.5	31.7	51.1	8.6	6.8	490.8
二期工程未按期实施	F80	2020年	16	64	62.42	16.8	51.2	331.0	10.23	4.7	43.3	52.0	5400	82.2	56.4	36.9	7.9	6.4	492.7
二期工程未按期实施	F80	2030年	0	68	62.42	16.8	51.2	334.0	16.30	3.9	45.2	50.9	5700	93.4	31.6	51.1	8.6	6.8	490.9
	F80-F1	2020年	−20	0	0	0	0	−4.4	−0.12	0.1	−0.4	0.3	0	−2.5	−1.6	13.0	0	3.0	−8.1
	F80-F1	2030年	0	0	−23.80	−14.5	0	−13.7	−0.42	0.1	−0.2	0.1	200	−3.7	−1.2	22.5	0	2.9	−19.4
加大一期引水20%	F89	2020年	16	64	62.42	16.8	51.2	332.0	10.24	4.7	43.3	52.0	5400	82.4	56.5	23.9	7.9	3.4	494.9
加大一期引水20%	F89	2030年	0	68	75	31.3	51.2	336.0	16.38	3.9	45.1	51.1	5700	93.5	31.7	28.6	8.6	3.9	493.6

从总体上看，在长系列水文条件下，降水量较丰沛，ET 对国民经济用水的制约作用有限。通过对非常规水源的开发利用、常规水源的高效利用，五维竞争权衡达到整体协调的国民经济用水量在 500 亿 m³ 左右，在南水北调二期工程按期实施条件下约 505 亿 m³，若二期工程未按期实施则约 490 亿 m³。

5.3.3.2 短系列调控结果分析

1980~2005 年水文系列（短系列）协调性较好方案的三层次构成及其协调度综合距离列于表 5-24，相应的主要控制指标值列于表 5-25 中。

与长系列情景类似，四种调水工程情景（与长系列相比增加了"加大中期一期引水量且引黄达到 87 分水方案"情景），五维协调性较好（综合距离较小）的前三个方案标向集中，在层次一水循环可再生性维持中，都清一色指向情景 R_S30-2~4，即 2030 年仍需超采 36 亿 m³，入海水量控制在 55 亿 m³；在层次二经济社会发展模式中，均选择情景 D20-2 和 D30-2，即人均粮食产量保持在 350kg 或 2030 年提高到 375kg 水平；在层次三提高水资源保障能力中，选择情景 E20-2 和 E30-2，即 2020 年、2030 年均加大非常规水源利用量至 41.1 亿 m³ 和 66.5 亿 m³。分析结果再一次说明协调性较好方案在经济发展规模达到一定范围内，对地下水超采量（资源维）、入海水量（生态维）、粮食产量（社会维）和非常规水源利用量的五维权衡目标值保持高度一致。

短系列方案调控结果区别于长系列方案的显著特点是，由于降水量偏少约 1712.4 - 1594.0 = 118.4 亿 m³，ET 成为制约国民经济用水量的重要指标，为了维持基本的经济发展速度，即使到 2030 年也需要超采地下水约 36 亿 m³。

在短系列方案中，协调性最好方案为 F172（南水北调二期工程按期实施），其雷达图和偏重不同维度发展方案的雷达图分别参见图 5-5 和图 5-6。

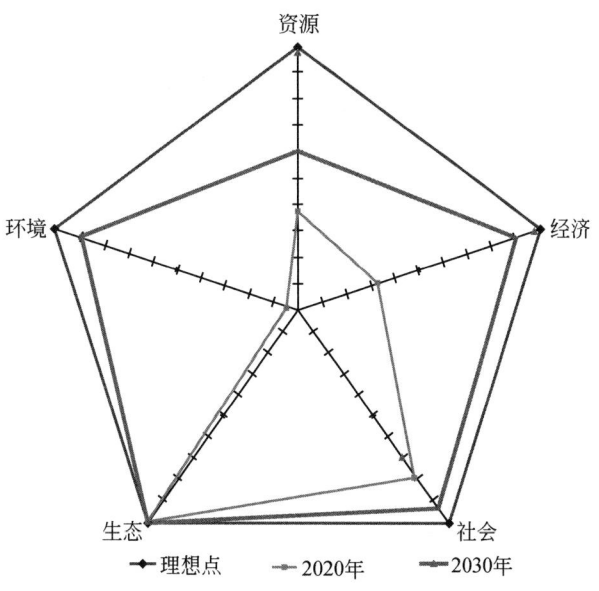

图 5-5 推荐方案 F172 雷达图（1980~2005 年系列）

表 5-24 系统协调性较好方案的构成（1980~2000 年水文系列）

调水工程状态	组合方案	层次一:水循环再生利用 编码	层次一:水循环再生利用 构成	层次二:经济社会发展模式 编码	层次二:经济社会发展模式 构成	层次三:水资源保障能力 编码	层次三:水资源保障能力 构成	协调度 综合距离
二期按期实施	F172	$F^1$15	R_S07-1~R_S20-2~R_S30-2	$F^2$1	D07-1~D20-1~D30-1	$F^3$4	E07-1~E20-2~E30-2	0.654
	F109	$F^1$10	R_S07-1~R_S20-1~R_S30-2	$F^2$2	D07-1~D20-1~D30-1	$F^3$1	E07-1~E20-2~E30-1	0.722
	F112	$F^1$10	R_S07-1~R_S20-1~R_S30-2	$F^2$2	D07-1~D20-2~D30-1	$F^3$4	E07-1~E20-2~E30-2	0.746
	F113	$F^1$10	R_S07-1~R_S20-1~R_S30-2	$F^2$2	D07-1~D20-2~D30-1	$F^3$1	E07-1~E20-1~E30-1	0.815
二期未按期实施	F124	$F^1$11	R_S07-1~R_S20-1~R_S30-3	$F^2$3	D07-1~D20-1~D30-1	$F^3$4	E07-1~E20-2~E30-2	0.773
	F132	$F^1$11	R_S07-1~R_S20-1~R_S30-3	$F^2$3	D07-1~D20-2~D30-2	$F^3$4	E07-1~E20-2~E30-2	0.767
	F130	$F^1$11	R_S07-1~R_S20-1~R_S30-3	$F^2$2	D07-1~D20-2~D30-2	$F^3$2	E07-1~E20-2~E30-2	0.767
	F126	$F^1$11	R_S07-1~R_S20-1~R_S30-3	$F^2$1	D07-1~D20-1~D30-2	$F^3$2	E07-1~E20-2~E30-2	0.837
加大中线一期,引水规模 20%	F136	$F^1$12	R_S07-1~R_S20-1~R_S30-4	$F^2$1	D07-1~D20-1~D30-2	$F^3$4	E07-1~E20-1~E30-2	0.709
	F196	$F^1$17	R_S07-1~R_S20-1~R_S30-4	$F^2$3	D07-1~D20-2~D30-2	$F^3$4	E07-1~E20-2~E30-2	0.755
	F144	$F^1$12	R_S07-1~R_S20-2~R_S30-4	$F^2$1	D07-1~D20-2~D30-2	$F^3$4	E07-1~E20-2~E30-2	0.780
加大中线一期,引黄达到 87 分水方案	F148	$F^1$13	R_S07-1~R_S20-2~R_S30-5	$F^2$3	D07-1~D20-1~D30-1	$F^3$4	E07-1~E20-2~E30-2	0.656
	F216	$F^1$18	R_S07-1~R_S20-2~R_S30-5	$F^2$3	D07-1~D20-1~D30-1	$F^3$4	E07-1~E20-1~E30-2	0.674
	F208	$F^1$18	R_S07-1~R_S20-2~R_S30-5	$F^2$1	D07-1~D20-1~D30-1	$F^3$4	E07-1~E20-2~E30-2	0.743
	F212	$F^1$18	R_S07-1~R_S20-2~R_S30-5	$F^2$2	D07-1~D20-2~D30-2	$F^3$4	E07-1~E20-2~E30-2	0.801

表 5-25　系统协调性较好方案的主要调控指标（1980~2005 年水文系列）

水平年	调水工程状态	方案代码	地下水超采量/亿 m³	入海水量/亿 m³	外调水量/亿 m³ 中线	外调水量/亿 m³ 东线	外调水量/亿 m³ 引黄	ET控制量/亿 m³	GDP/万亿元	三产比 一	三产比 二	三产比 三	粮食产量/万 t	废污水产生量/亿 m³	COD入河量/万 t	非常规水利用/亿 m³ 再生水	非常规水利用/亿 m³ 微咸水	非常规水利用/亿 m³ 海水淡化	总用水量/亿 m³
2020年		F172	55	55			51.2	308	10.35	4.6	44.4	51.0		85.3	58.9	36.9		6.4	470.02
		F109	36	64	62.4	16.8	51.2	293	9.45	5.1	43.1	51.8	5400	72.5	50.3	23.9	7.9	3.4	438.6
		F112	36	64	62.4	16.8	51.2	293	9.47	5.0	43.1	51.9		72.6	50.4	36.9		6.4	438.84
		F124	36	64	62.4	16.8	51.2	293	9.46	4.9	43.1	52.9	5400	72.6	50.3	36.9		6.4	438.8
		F132	36	64	62.4	16.8	51.2	294	9.58	4.9	43.0	52.1	5670	73.3	50.9	36.9		6.4	446.4
	一期工程达效	F130	36	64	62.4	16.8	51.2	294	9.57	4.9	43.0	52.1	5670	73.2	50.9	23.9	7.9	3.4	446.3
		F136	36	64	62.4	16.8	51.2	293	9.44	5.0	43.2	51.8	5400	72.4	50.26	36.9		6.4	438.6
		F196	55	55	86.2	31.3	51.2	305	10.35	4.6	44.4	50.9		85.1	58.76	36.9	7.9	6.4	465.7
		F200	55	55			51.2	306	10.35	4.6	44.4	50.9		85.2	58.8	36.9		6.4	467.6
		F148	36	64	62.4	16.8	51.2	293	9.51	5.0	43.1	51.9	5400	72.9	50.5	36.9		6.4	439.1
		F216	55	55	62.4	16.8	51.2	304	10.26	4.6	43.9	51.4	5650	83.0	57.5	36.9	7.9	6.4	465.7
		F208	55	55			51.2	308	10.35	3.9	46.5	49.6	5400	85.3	58.9			6.4	469.5
2030年	二期工程按期实施	F172	50	55				327	16.49	3.9	46.4	49.8		97.1	32.9	51.1	8.6	6.8	488.3
		F109	36	55	86.2	31.3		317	16.31	3.9	44.7	51.4	5500	93.1	31.7	28.6	8.6	3.9	471.3
		F112	55	55				317	16.29	3.9	44.7	51.4		93.0	31.7	51.1		6.8	456.8
	二期工程未按期实施	F124	36	55	62.4	16.8		309	16.23	3.9	44.7	51.4	5500	92.5	31.5	51.1		6.8	461.1
		F132	36	55	75.0	16.8		314	16.40	3.9	45.3	50.9	5700	91.2	31.1	51.1	8.6	6.8	444.9
		F130	36	55				302	15.95	4.0	45.3	50.9	5700	91.4	31.1	51.1		6.8	444.9
	加大中线一期引水20%	F136	36	55	75.0	16.8		313	16.31	3.9	44.7	51.4	5500	93.0	31.7	51.1		6.8	465.9
		F196	55	55				314	16.40	3.9	46.4	49.8	5700	96.8	32.9	51.1	8.6	6.8	471.0
		F200	36	55				302	15.95		46.4	49.8	5700	96.8	32.9			6.8	466.8
	加大中线一期,引黄达到87	F148	36	55	75.0	16.8		315	16.23	3.9	44.8	51.2	5500	93.0	31.6	51.1		6.8	468.7
		F216	36	55			63.1	306	16.17	3.8	46.5	49.7	5700	94.9	32.3	51.1	8.6	6.8	462.1
	分水方案	F208						322	16.48	3.9	46.5	49.6	5500	97.1	33.0				481.2

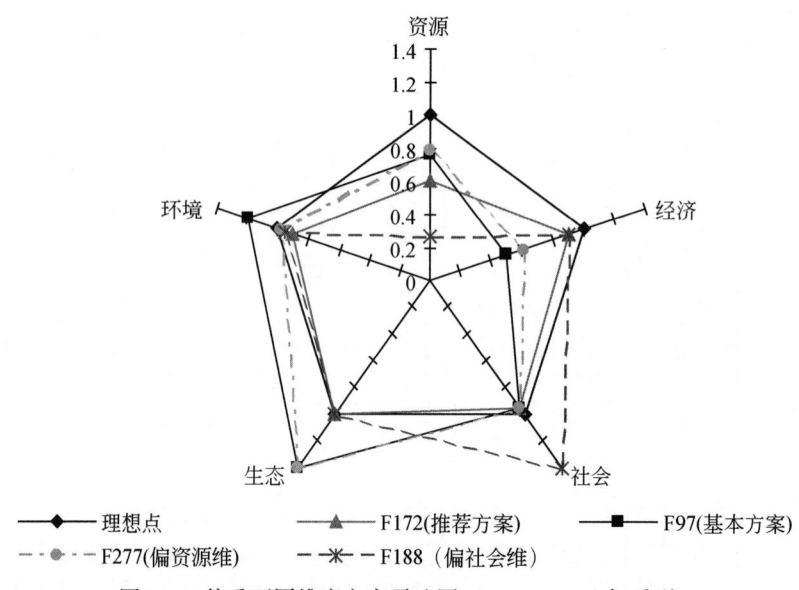

图 5-6 偏重不同维度方案雷达图（1980～2005 年系列）

四类重要方案的调控结果如下所述。

(1) 南水北调二期工程按期实施

1）F97：采用水资源综合规划成果（基本方案）的超采量、入海水量、调水量等目标，在短系列条件下，2030 年国民经济可供水量约 425 亿 m³，在保障粮食生产目标 5500 万 t 后，可实现 GDP 11.15 万亿元，仅为规划目标值的 67%，即在短系列条件下，要达到基本方案要求的资源、环境和生态目标，则无法保证基本的 GDP 增长速度要求（图 5-6）。

2）F112：2030 年在基本方案的基础上，增加地下水开采量 36 亿 m³，减少入海水量至 55 亿 m³，加大非常规水源利用量 25.4 亿 m³，在保障粮食生产目标 5500 万 t 后，可实现 GDP 16.29 万亿元，仍不能满足 GDP 基本增长需求。

3）F172：2030 年在 F112 基础上，进一步减少入海量到 50 亿 m³，GDP 可提高到 16.49 万亿元，可实现规划目标值的 97%。即通过适度牺牲资源和生态环境维持基本的 GDP 增长，是协调性相对较好的方案。

(2) 南水北调二期工程未按期实施

1）F124：南水北调二期工程未按期实施，2030 年超采地下水量 36 亿 m³、入海水量控制在 55 亿 m³，通过进一步强化节水，并加大非常规水利用量至 66.5 亿 m³（增加约 25.4 亿 m³），2030 年可实现 GDP 16.23 万亿元，约为规划目标值的 97%。

2）F132：在 F124 基础上，提高 2030 年粮食生产能力至 5700 万 t，GDP 将减少到 16.09 万亿元。

以上两个方案都采用加大非常规水利用量弥补二期工程未按期实施的缺憾，其中，F124 偏重于经济；F132 提高 2030 年人均粮食产量，偏重于粮食安全，影响了 GDP 总量；两者相比，F124 是系统协调性相对较好的方案。

(3) 加大中线一期引水量 20%

方案 F136 加大中线一期引水量 20% 至 75 亿 m³，与二期工程按期实施相比，减少引江水量约 11.2 亿 m³，与二期未按期实施相比增加引江水量 27.1 亿 m³，在保障粮食产量 5500 万 t 的前提下，2030 年 GDP 可达到 16.3 万亿元；若 F196 进一步增加超采量、减少入海水量，GDP 可进一步提高，但系统协调性不及方案 F136。

(4) 加大中线一期引水量 20%，引黄水量达到黄河"87"分水方案值

方案 F124 在 F136 的基础上，充分利用引黄水量，达到国务院黄河"87"分水方案指标 63.1 亿 m³，加上中期一期引水量增加 20%，外调水量可达到 154.9 亿 m³，与南水北调二期工程按期实施的外调水量 168.71 亿 m³ 相比，减少水量 13.8 亿 m³，与仅加大中线一期引水量相比，增加水量 11.9 亿 m³，2030 年可支撑 GDP 发展规模介于两者之间。

总体上看，在 1980～2005 年偏枯水文系列条件下，ET 对国民经济用水的制约作用显著。通过对非常规水源的开发利用、常规水源的高效利用，五维竞争权衡达到整体协调的国民经济用水量在 460 亿（F124 二期工程未按期实施，超采 36 亿 m³）～480 亿 m³（F172 二期工程按期实施，超采 36 亿 m³）。为了保持基本的 GDP 增长速度，三产比例从 3.9：46.4：49.7（F172 二期工程按期实施）调整为 3.9：44.7：51.4（F124 二期工程未按期实施），详见表 5-25。

5.3.4 调控结论

运用协同学和信息熵理论对 336 套系列组合调控方案进行了比选，结果表明：

1) 在 1956～2000 年系列条件下，降水量较丰沛，ET 对国民经济用水的制约作用有限。通过加强对非常规水源的开发利用、常规水源的高效利用，可进一步控制 2020 年地下水超采量下降到 16 亿 m³，2030 年实现采补平衡，入海水量控制在 55 亿～60 亿 m³。五维竞争权衡达到整体协调的国民经济用水量应控制在 505 亿（南水北调二期工程按期实施）～490 亿 m³（二期工程未按期实施），在保障 2030 年粮食生产能力达到 5700 万 t 条件下，可实现 GDP 总量 16.30 万亿～16.56 万亿元，南水北调二期工程未能按期实施与按期实施相比将减少 GDP 1.57%。系统整体协调性较好方案列于表 5-26。①南水北调二期工程按期实施：方案 F56 和 F54；②南水北调二期工程未按期实施：方案 F80 和 F77；③二期工程未按期实施、加大中线一期引水量 20%：方案 F89 和 F90。

2) 在 1980～2005 年偏枯水文系列条件下，ET 对国民经济用水的制约作用显著。若采用基本方案设定的地下水超采量（2020 年 36 亿 m³、2030 年采补平衡）、入海水量（2020 年 64 亿 m³、2030 年 68 亿 m³）目标，即使南水北调二期工程按期实施，非常规水利用量提高到 66.5 亿 m³，仅可实现规划 GDP 目标值的 67%。因而，五维目标需综合协调，受水资源量限制，近期偏枯系列年推荐方案的整体协调程度劣于长系列推荐方案，竞争权衡的结果如图 5-7 所示。

表 5-26 推荐组合方案的主要调控指标

水文系列	调水工程状态	方案代码	水平年	地下水超采量/亿 m³	入海水量/亿 m³	外调水量/亿 m³ 中线	外调水量/亿 m³ 东线	外调水量/亿 m³ 引黄	ET控制量/亿 m³	GDP/万亿元	三产比 一	三产比 二	三产比 三	粮食产量/万 t	废污水产生量/万 t	COD入河量/亿 m³	非常规水利用/万 t 再生水	非常规水利用/万 t 微咸水	非常规水利用/万 t 海水利用	总用水量/亿 m³
1956~2000系列	二期工程按期实施	F56	2020年	16	64	62.4	16.8	51.2	344	10.37	4.6	43.8	51.6	5400	85.1	58.2	36.9	7.9	6.4	505.2
			2030年	0	68	86.2	31.3	51.2	344	16.56	3.8	45.2	51.0	5700	96.5	32.7	51.1	8.6	6.8	504.9
	二期工程末按期实施	F54	2020年	16	64	62.4	16.8	51.2	340	10.37	4.7	43.6	51.7	5400	85.1	58.2	23.9	7.9	3.4	507.6
			2030年	0	68	86.2	31.3	51.2	345	16.56	3.8	45.2	51.0	5700	96.5	32.7	51.1	8.6	6.8	507.0
		F80	2020年	16	64	62.4	16.8	51.2	331	10.23	4.7	43.3	52.0	5400	82.2	56.4	36.9	7.9	6.4	492.7
			2030年	0	68	62.4	16.8	51.2	334	16.30	3.9	45.2	50.9	5700	93.4	31.6	51.1	8.6	6.8	490.9
		F77	2020年	16	64	62.4	16.8	51.2	331	10.23	4.7	43.3	52.0	5400	82.2	56.4	23.9	7.9	3.4	455.4
			2030年	0	68	62.4	16.8	51.2	334	16.30	4.7	45.2	50.9	5700	93.4	31.6	28.6	8.6	3.9	490.9
	加大中线一期引水20%	F89	2020年	16	64	62.4	16.8	51.2	336	10.30	4.7	43.2	52.0	5400	83.0	56.8	23.9	7.9	3.4	494.9
			2030年	0	68	75.0	16.8	51.2	336	16.38	3.9	45.1	51.1	5700	93.5	31.7	28.6	8.6	3.4	493.6
		F90	2020年	16	64	62.4	16.8	51.2	332	10.28	4.7	43.2	52.0	5400	83.0	56.8	23.9	7.9	3.4	500.0
			2030年	0	68	75.0	16.8	51.2	335	16.55	3.8	44.7	51.5	5700	94.3	31.9	51.1	8.6	6.8	498.8

续表

水文系列	调水工程状态	方案代码	水平年	地下水超采量/亿m³	入海水量/亿m³	外调水量/亿m³ 中线	外调水量/亿m³ 东线	外调水量/亿m³ 引黄	ET控制量/亿m³	GDP/万亿元	三产比 一	三产比 二	三产比 三	粮食产量/万t	废污水产生量/万t	COD入河量/亿m³	非常规水利用 再生水	非常规水利用 微咸水	非常规水利用 海水利用/万t	总用水量/亿m³
1980~2005系列	二期工程按期实施	F172	2020年	55	55	62.4	16.8	51.2	306	10.35	4.6	44.5	50.9	5400	85.3	58.9	36.9	7.9	6.4	466.3
			2030年	36	50	86.2	31.3	51.2	327	16.49	3.9	46.4	49.7	5500	97.1	32.9	51.1	8.6	6.8	488.3
		F109	2020年	36	64	62.4	16.8	51.2	293	9.45	5.1	43.1	51.8	5400	72.5	50.3	23.9	7.9	3.4	438.6
			2030年	36	55	86.2	31.3	51.2	317	16.31	3.9	44.7	51.4	5500	93.1	31.7	28.6	8.6	3.9	471.3
	二期工程未按期实施	F124	2020年	36	64	62.4	16.8	51.2	293	9.46	5.0	43.1	51.9	5400	72.6	50.3	36.9	7.9	6.4	438.8
			2030年	36	55	62.4	16.8	51.2	309	16.23	3.9	44.7	51.4	5500	92.5	31.5	51.1	8.6	6.8	461.1
		F132	2020年	36	64	62.4	16.8	51.2	294	9.58	4.9	43.0	52.1	5650	73.3	50.9	36.9	7.9	6.4	446.4
			2030年	36	55	62.4	16.8	51.2	296	16.09	3.9	45.3	50.9	5700	91.2	31.1	51.1	8.6	6.8	444.9
1980~2005系列	加大中线一期引水20%	F136	2020年	36	64	62.4	16.8	51.2	293	9.44	5.0	43.2	51.8	5400	72.4	50.3	36.9	7.9	6.4	438.6
			2030年	36	55	75.0	16.8	51.2	313	16.31	3.9	44.7	51.4	5500	93.0	31.7	51.1	8.6	6.8	465.9
		F196	2020年	55	55	62.4	16.8	51.2	305	10.35	4.6	44.4	50.9	5400	85.1	58.8	36.9	7.9	6.4	465.7
			2030年	36	64	75.0	16.8	51.2	314	16.40	3.9	46.4	49.8	5500	96.8	32.8	51.1	8.6	6.8	471.0
	加大中线一期，引黄达到87分水方案	F148	2020年	36	55	62.4	16.8	63.1	293	9.51	5.0	43.3	51.9	5400	72.9	50.5	36.9	7.9	6.4	439.1
			2030年	36	55	75.0	16.8	51.2	315	16.23	4.0	44.8	51.2	5500	92.9	31.6	51.1	8.6	6.8	468.7
		F216	2020年	55	55	62.4	16.8	63.1	302	10.26	4.7	44.1	51.2	5650	83.3	57.6	36.9	7.9	6.4	465.2
			2030年	36	55	75.0	16.8	63.1	306	16.17	3.8	46.5	49.7	5700	94.9	32.3	51.1	8.6	6.8	462.1

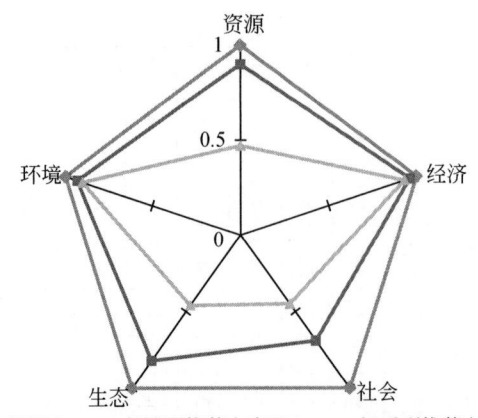

图 5-7 长、短系列推荐方案五维竞争协同有序度雷达图（2030 年）

在 1980～2005 年系列条件下，应以大力提高常规水资源的利用效率、加大非常规水利用量为前提，2030 年地下水超采量控制在 36 亿 m³，入海水量控制在 50 亿 m³ 左右，粮食生产能力维持在 5500 万 t，国民经济用水量控制在 460 亿（F124 二期工程未按期实施，超采 36 亿 m³）～480 亿 m³（F172 二期工程按期实施，超采 36 亿 m³）。为了保持基本的 GDP 增长速度，三产比例从 3.9：46.5：49.6（F172 二期工程按期实施）调整为 3.9：44.7：51.4（F124 二期工程未按期实施），可实现 GDP 总量 16.23 万亿～16.48 万亿元。分析结果表明，在短系列水文条件下，南水北调二期工程按期实施非常必要。系统整体协调性较好方案（表 5-26）如下。①南水北调二期工程按期实施：方案 F172 和 F109；②南水北调二期工程未按期实施：方案 F124 和 F132；③二期工程未按期实施、加大中线一期引水量 20%：方案 F136 和 F196；④加大中线一期引水量 20%，引黄达"87"分水方案：方案 F148 和 F216。

两套水文系列理想点、基本方案、推荐方案五维竞争权衡结果如图 5-8 所示。

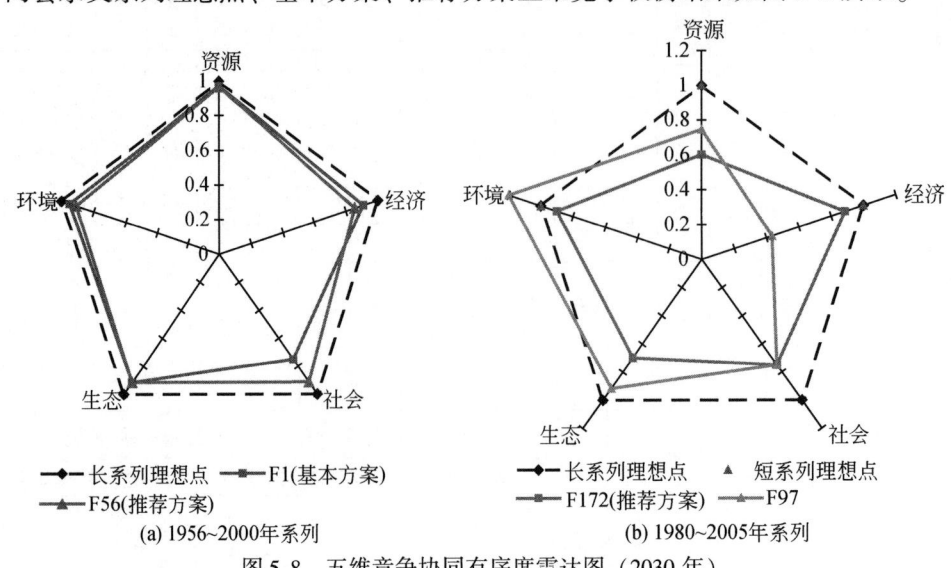

(a) 1956~2000 年系列　　　　　　　　(b) 1980~2005 年系列

图 5-8　五维竞争协同有序度雷达图（2030 年）

5.4 调控方案风险分析

任何尚未发生的事件，在未来能否达到期望水平，都存在着风险。五维临界调控系统是极其复杂的系统，受多种不确定因素的干扰，任何单一因素或多因素组合的不确定性变化都会导致多维临界调控方案的风险。其中最大的风险来自南水北调二期工程能否按期实施。因而，本次设置了二期工程按期实施、未按期实施、加大中线一期引水规模等情景，以规避风险。

对三种情景的分析结果表明，在 1956~2000 年水文系列条件下，由于降水量丰沛，二期工程按期实施与否对调控结果影响不大，而在 1980~2005 年近期偏枯水文系列条件下，即使南水北调二期工程 2030 年达效，为保证基本的经济发展用水，2030 年尚需适量超采地下水，故二期工程按期实施十分必要。

第6章 总量控制策略及生态环境效应分析

6.1 总量控制指标分析

6.1.1 总量控制策略

总量控制策略是落实多维临界调控实施方案的关键，需要将合适的情景调控方案与管理措施相关联，根据多维临界整体调控分析之后的推荐方案建立一整套具备可操作性的流域层面管理控制实施方案，满足推荐方案下的流域总量控制管理，实现预定的多维调控模式。根据五维调控的情景分析方案，总量控制策略应以包括水量的时空配置和污染负荷的时空调控，实现经济社会与生态环境均衡协调的水资源和水环境综合解决方案。通过对推荐情景方案的效应分析，提出总量控制指标。

总量控制主要围绕多维调控的各维调控目标，结合水资源管理制度和可操作性提出可供管理实施的总量限制措施。纳入总量控制的指标应具备以下几个特征：①具有反映一维或多维调控准则的特征；②各项指标之间应具有相对独立性；③指标应具备可监测性和可控性，可以进行统计分析，纳入管理实施的平台和整体方案；④指标应具有总量特征，表征流域整体的调控效果；⑤指标应具备全面性，水循环的五维特性均应有所反映；⑥指标选取必须精炼，避免指标过多相互关联和干扰，不利于从控制目标到实施方案的制定。一个指标可以代表多个维的状态特征，每一维的状况应该有相应总量指标予以反映。

资源维主要表征协调自然水循环与社会用水之间的均衡，其总量控制目标应落实到流域主要水循环通量和用水量的控制。经济维主要体现在水资源对经济发展的支撑状况，因此可以通过国民经济供用水总量反映。社会维以公平性为准则，可以农业用水总量及其分布反映水资源利用的公平合理性。生态维表征系统的可持续性和水循环的支撑作用，可以生态用水总量以及水循环自身健康的总量指标表达。环境维核心在于水环境功能的维持，应当以用水对水环境产生影响的总量指标反映。

6.1.2 总量控制指标选取

根据上述总量控制的总体策略和指标选取原则，本次在五维十项宏观表征指标整体调控、水资源供用过程和污染物迁移转化等分析的基础上，结合海河流域水资源与水环境管理现状，针对流域水资源与水环境的问题，以推进海河流域水资源与水环境综合管理为目标，按照"取、用、耗、排"四种口径提出六大总量控制目标。各项总量指标在模拟分析水资源与水环境的合理配置方案分析基础上得出，达到提高水资源利用效率和效益、修复生态环境和改善海河流域及渤海水环境质量等目的。六项指标选取及其依据如下所述。

(1) 地表水取水总量

地表水取水总量为资源维控制指标之一，通过对地表水取水总量的控制使地表水资源开发利用率控制在合理范围内，同时对保障入海水量和生态用水量、改善生态环境具有积极影响。模拟分析中，地表水取水控制以行政区界为边界，控制取水许可，遵循点面结合、水量水质结合、规划与管理结合的原则，辅助分析以河道行政区边界为主体的区域地表水资源断面出流控制、以重点地表工程为中心的供水量控制和以分水端口为中心的外调水分水量控制。

(2) 地下水开采总量

地下水开采总量为资源维控制目标，通过地下水开采总量控制将地下水超采量和地下水位控制在较合理范围内，逐步实现地下水的采补均衡，有利于系统的生态维持。模拟分析中，地下水开采量以省套三级区为单元，地下水可开采量采用1980~2000年平均浅层地下水可开采量184.5亿 m^3。

(3) ET总量及国民经济用水总量

ET总量控制是实现流域水循环稳定和再生性维持的宏观控制指标，是在资源维（水文系列、地下水超采量）和生态维（入海水量）合理组合情景目标下进行流域和区域总耗水量（蒸腾蒸发量）控制，结合课题四提出的自然ET和经济社会ET成果，进而提出国民经济用水总量，作为经济维用水控制目标，实现经济维与资源维、生态维、社会维之间的综合协调。模拟分析中，ET总量和国民经济用水总量以流域和省级行政区域为单元，以水资源高效利用为目标，使万元GDP用水量达到高效用水范围。

(4) 排污总量

COD入河排放总量为环境维控制目标，以实现水功能区达标为目的。对保护区和饮用水源区以现状纳污能力作为各规划水平年污染物入河控制量；对其他水功能区，若污染物入河量小于纳污能力，则以入河量作为入河控制量；反之，则以纳污能力作为2030年入河控制量。

(5) 生态用水总量

生态用水总量为生态维控制目标，根据海河流域生态现状、修复目标和功能定位，按照山区河流、平原河流、湿地及河口分别确定生态水量。其中平原区有11条河流实测流量不能满足生态水量，13个湿地无稳定生态水源，均需要科学配置以保障生态修复目标的实现。

(6) 入海水总量

入海水总量为生态维控制目标，根据有关科研成果分析，维持海河流域河口海相淤积动态平衡的多年平均水量为75亿（最小）~121亿 m^3（适宜）；维持主要河口水生生物（鱼类）栖息地盐度平衡的多年平均水量为18亿（最小）~50亿 m^3（适宜）。五维整体协调结果表明，入海水总量控制应以维持河口水生生物栖息地盐度的基本平衡为目标。

通过分析调控方案计算成果，分析得出上述各指标的总量控制值如下。

6.1.3 地表水取水总量

海河流域地表水水源工程分为蓄水、引水、提水、调水工程。蓄水工程包括蓄水水库及小型塘坝，其中大型水库是最主要的地表水资源开发工程；引水工程包括从河道、湖泊等地表水体自流引水的工程；提水工程指利用扬水泵站从河道和湖泊等地表水体提水的工程；调水工程指水资源一级区或独立流域之间的跨流域调水工程，主要包括引黄工程和南水北调东中线工程。推荐方案地表供水结果见表6-1。

表6-1 海河流域推荐方案地表水工程供水量　　　　（单位：亿 m³）

方案	水平年	蓄水工程	引提水	河网水	外调水工程	当地地表水
F89	2007年	72.8	16.9	12.1	43.2	101.8
	2020年	73.2	21.2	16.4	130.2	110.9
	2030年	83.9	11.7	11.8	142.2	107.5
F56	2007年	72.8	16.9	12.1	43.2	101.8
	2020年	82.0	22.7	17.3	130.2	122.0
	2030年	80.7	11.2	9.7	166.5	101.6
F136	2007年	72.8	16.9	12.1	43.2	101.8
	2020年	56.6	10.1	14.2	134.4	81.0
	2030年	63.3	12.2	15.6	143.0	91.1
F172	2007年	72.8	16.9	12.1	43.2	101.8
	2020年	59.2	10.5	14.0	134.4	84.1
	2030年	65.4	7.0	8.6	166.0	81.0

从表6-1可以看出，1956~2000年水文系列方案（F89、F56），2030年当地地表水取水量控制在107.5亿 m³ 和 101.6亿 m³，地表水开发利用率依次为50%和47%[①]。1980~2005年水文系列方案（F136、F172），2030年当地地表水取水量控制在91.1亿 m³ 和 81.0亿 m³，地表水开发利用率依次为57%和51%，与基准年相比分别减少10.7亿 m³ 和 20.8亿 m³。说明南水北调来水后，不仅能够满足新增的社会经济用水，而且使当地地表供水有所减少。

根据推荐调控方案结果分析，在南水北调中线二期（东线三期）工程实施的前提下，地表水取水总量控制指标在长系列水文条件下应为101.6亿 m³，与现状地表供水量基本持平，地表水开发利用率维持在47%左右。短系列水文条件下地表取水总量应控制在81亿 m³，地表水利用率51%。这说明在水文形势不利的条件下必须采用更为严格的地表水取

[①] 1956~2000年系列多年平均地表水资源量为216.1亿 m³，1980~2005年系列多年平均地表水资源量为158.6亿 m³，地表水开发利用率分别采用相应系列的地表水资源量计算得出。

用总量控制指标,以保证水循环的资源维健康。考虑未来来水与近期枯水年一致,海河流域地表水取水总量应控制在 81 亿 m³。

6.1.4 地下水开采总量

地下水开采总量为深浅层地下水实际开采量之和。地下水水源包括浅层地下水和深层地下水。海河流域推荐方案下地下水工程供水量组成情况见表 6-2。

表 6-2 海河流域推荐方案地下水供水量　　　　(单位:亿 m³)

方案	水平年	浅层地下水	深层地下水	地下水合计
F89	2007 年	211.6	35.2	246.8
	2020 年	183.8	29.5	213.3
	2030 年	178.6	24.2	202.8
F56	2007 年	211.6	35.2	246.8
	2020 年	178.6	28.8	207.3
	2030 年	166.5	17.2	183.7
F136	2007 年	211.6	35.2	246.8
	2020 年	198.7	20.3	219.1
	2030 年	205.7	15.7	221.4
F172	2007 年	211.6	35.2	246.8
	2020 年	219.3	24.2	243.5
	2030 年	207.6	14.6	222.2

对 1956~2000 年水文系列方案 (F89、F56) 进行分析,可见全流域浅层地下水可开采量以 184.5 亿 m³ 作为控制上限,深层地下水开采量全部作为超采量,则地下水超采量由现状年的 63 亿 m³,逐步递减到 2020 水平年的 23 亿~29 亿 m³,2030 年若南水北调二期工程按期实施 (方案 F56) 可实现零超采。1980~2005 年水文系列方案 (F136、F172),2030 年地下水超采量控制在 36 亿 m³ 左右。

考虑未来水文条件与近期的一致性,海河流域在南水北调通水后地下水开采总量近期应控制在 220 亿 m³,远期应控制在 184 亿 m³,实现地下水总体零超采和地下水位的逐步回升。

6.1.5 ET 总量与国民经济用水总量

海河流域水循环多维临界调控中,资源维是调控的核心,其总量控制指标以 ET 总量表示。以 ET 总量作为全流域水量平衡的主要指标,兼顾自然水循环过程和社会水循环过程,对资源维、经济维和社会维的状态均有反映。国民经济用水总量反映了经济维的状况,同时国民经济用水中的农业用水总量反映了社会公平性。

从水资源循环过程来说，ET是海河流域水循环过程中的主要流失量。在自然水循环过程中，降雨是海河流域的主要流入水量，而主要流出量包括ET和入海水量。从海河流域的层次上分析，水量平衡主要就是流入量和流出量的平衡，即降水量和ET以及入海水量的平衡。海河流域多年平均降水量为1712亿m³，而入海水量多年平均只有93亿m³，平衡后的ET为1619亿m³，占总流失量的95%。考虑到调水量及超采量的变化，海河流域的ET目标如表6-3所示。

表6-3 ET控制目标 （单位：亿m³）

水文系列年	水平年	降水量	地下水超采量	入海水量	南水北调中线	南水北调东线	引黄水量	可耗水量	ET控制目标（考虑允许超采量后）
2007年	2007年实际	1558.5	81	17	0	0	43.8	1585.3	1666.3
1956~2000年	2020年	1712.4	36	64	62.42	16.8	51.2	1778.8	1814.8
			16					1778.8	1794.8
	2030年	1712.4	0	68	86.21	31.3	51.2	1813.1	1813.1
			0	93				1788.1	1788.1
			0	68	62.42	16.8		1774.8	1774.8
1980~2005年	2020年	1594	36	64	62.42	16.8	51.2	1660.4	1696.4
			55	55				1669.4	1724.4
			45	35				1689.4	1734.4
			26	68				1656.4	1682.4
	2030年	1594	0	68	86.21	31.3	51.2	1694.7	1694.7
								1707.7	1743.7
			36	55	62.42	16.8		1669.4	1705.4
					75	16.8		1682.0	1718.0
							63.1	1693.9	1729.9

从表6-3可以看出，1956~2000年长系列年的情况下，海河流域的可耗水量（水量平衡情况下的ET）在1774.8亿~1813.1亿m³变化，容许超采后，ET控制目标变化范围为1774.8亿~1814.8亿m³，再进一步增加非常规水源的利用（微咸水和海水利用，与外调水相同处理），ET目标最大可以达到1829亿m³。

而1980~2005年短系列年的情况下，海河流域的可耗水量在1660.4亿~1707.7亿m³变化，容许超采后，ET控制目标变化范围为1682.4亿~1743.7亿m³，增加非常规水源的利用后，ET目标最大可以达到1759.1亿m³。

海河流域目标ET主要由自然ET和社会经济ET组成，其中社会经济ET为人类社会经济活动所消耗的水量，而自然ET则是在自然界演化进程中消耗的水量。由于自然ET的产生量主要受降雨、日照、温度、地表植被等因素影响，受人类活动影响程度较小，可以忽略。根据对历史情况及参考相关文献的分析，1956~2000 年长系列年情况下，海河流域自然 ET 主要在 1423.9 亿~1498.7 亿 m³ 变化；1980~2005 年短系列年情况下，海河流域自然 ET 主要在 1358.2 亿~1489.9 亿 m³ 变化。

社会经济 ET 为海河流域人类社会活动所消耗的水量，主要包括人类社会生存所需要的生活用水消耗，社会发展过程中需要的生产用水消耗以及维护人类社会活动范围生态系统所消耗的生态水量。考虑到人口规模发展、社会经济发展模式和生态系统维护规模和范围的大小，社会经济 ET 有较大的变化范围，1956~2000 年长系列年的社会经济 ET 目标如图 6-1 和图 6-2 所示。

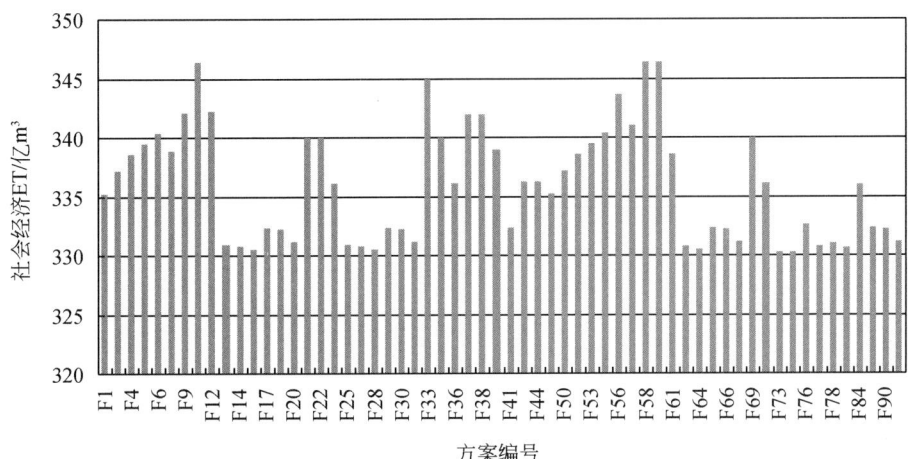

图 6-1 长系列 2020 年社会经济 ET 目标

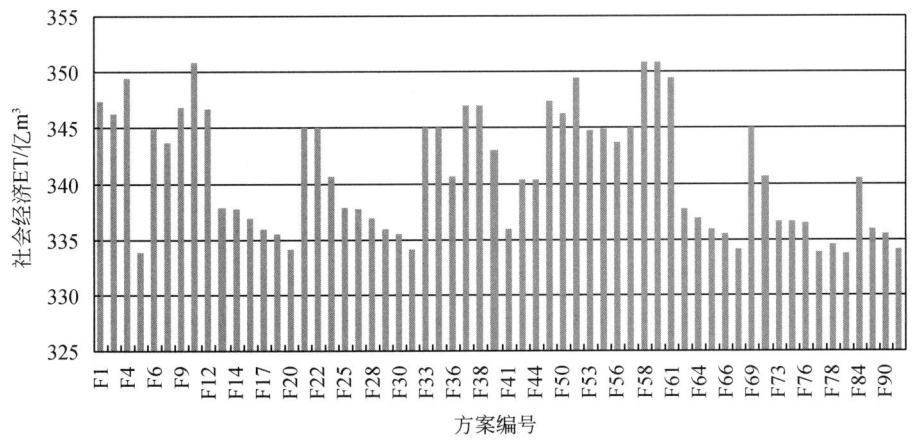

图 6-2 长系列 2030 年社会经济 ET 目标

由图 6-2 可以看出，社会经济 ET 主要在 333.8 亿~350.9 亿 m³ 变化，变化幅度在 20 亿 m³ 左右，这主要是由于地下水超采、流域外调水水量变化以及入海水量的变化综合而形成的。

相应地，1980~2005 年短系列年的社会经济 ET 变化如图 6-3 和图 6-4 所示。

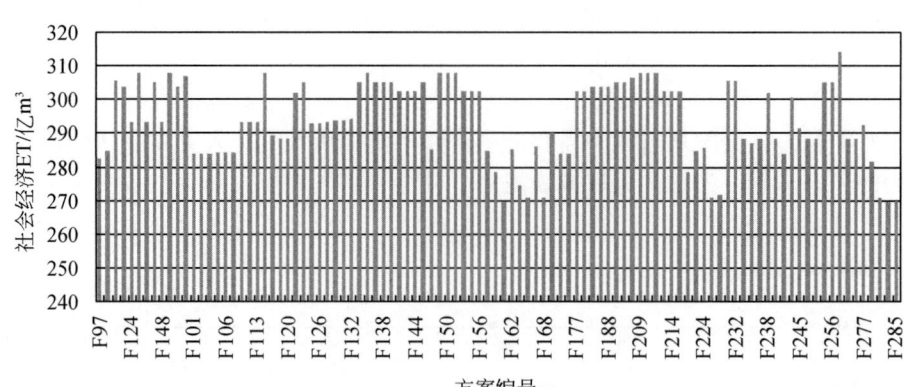

图 6-3　短系列 2020 年社会经济 ET

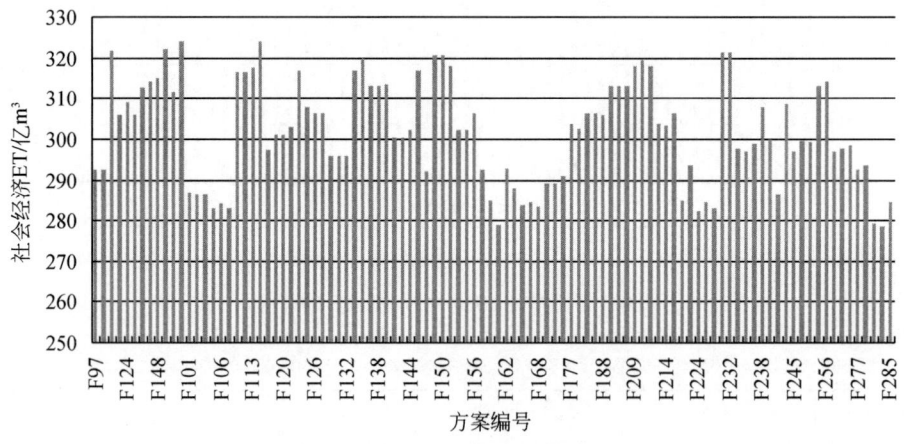

图 6-4　短系列 2030 年社会经济 ET

与长系列相似，由于外调水量、地下水超采以及入海水量的变化，短系列的社会经济 ET 变化范围为 269.2 亿~324.2 亿 m^3。短系列由于处于干旱期，地下水超采量和入海水量差别幅度相对较大，因此，变化幅度在 55 亿 m^3 左右。综合长短系列水量平衡分析成果，海河流域的经济用水 ET 控制总量上限为 324 亿 m^3。

根据方案计算中供用相等的原则，各方案的供水总量即为国民经济用水总量。随着外调水的增加，国民经济可用水总量增加，其中当地地表水和地下水供水量均有不同程度的减少。表 6-4 为推荐调控方案下各方案各行业的用水总量。可以看出，在 1956~2000 年水文系列条件下，2030 年国民经济用水总量达到 509.1 亿 m^3，在 1980~2005 年水文系列条件下可以达到 480 亿 m^3。根据调控方案分析，在维持资源维和生态维合理需求、协调经济发展与生态环境保护协同均衡条件下，未来国民经济用水总量应控制在 485 亿 m^3 左右。为保持社会维的行业公平和缓解发展与生存的矛盾，农业用水总量应保持在 260 亿 m^3 以上。

表 6-4　海河流域推荐方案国民经济用水总量　　　　（单位：亿 m³）

方案	水平年	需水总和	供水总和	城镇生活	农村生活	工业及三产	农业	城镇生态	农村生态	缺水总和
F89	2007 年	458.7	402.0	22.4	17.1	71.5	285.5	5.4	0	56.7
	2020 年	504.2	503.3	38.0	16.1	128.9	306.8	10.1	3.5	0.9
	2030 年	503.0	503.0	48.1	15.1	118.4	304.0	12.6	4.4	0.1
F56	2007 年	458.7	402.0	22.4	17.1	71.5	285.5	5.4	0	56.7
	2020 年	509.5	508.5	38.0	16.1	133.0	308.0	10.1	3.4	1.0
	2030 年	509.2	509.1	48.1	15.4	122.2	306.4	12.7	4.4	0.1
F136	2007 年	458.7	402.0	22.4	17.1	71.5	285.5	5.4	0	56.7
	2020 年	439.9	439.1	38.0	16.1	107.3	264.0	10.1	3.7	0.8
	2030 年	467.4	466.6	48.1	15.4	115.6	271.2	12.7	3.6	0.8
F172	2007 年	458.7	402.0	22.4	17.1	71.5	285.5	5.4	0	56.7
	2020 年	467.6	466.8	38.0	16.1	133.0	266.0	10.1	3.6	0.8
	2030 年	479.9	479.8	48.1	15.4	122.7	276.6	12.7	4.4	0.1

6.1.6　排污总量

为表达污染负荷总量和分布两种特征，排污总量采用 COD 污染物入河控制量和水功能区达标率两项指标反映。

(1) COD 污染物入河控制量

污染物入河控制总量是根据水体的纳污能力、污染物排放量、排污口分布等条件，以实现水功能区达标为目的，对入河污染物进行限量控制的定额指标，也可称做允许纳污量。在海河流域各类水功能分区中，保护区和饮用水源区采用现状纳污能力作为各规划水平年污染物入河控制量，其他水功能区的污染物入河控制量分别按以下方法确定。

2020 年，对于入河量小于纳污能力的水功能区，则以其入河量作为入河控制量；对于现状入河量超过纳污能力的河系干流及主要支流功能区或现状入河量未超过其纳污能力两倍的其他功能区，按照 2020 年的纳污能力进行控制，达到水质目标；对于其他污染比较严重的水功能区，按照现状入河量的 50% 确定入河控制量。2030 年，若入河量小于纳污能力，则以入河量作为入河控制量；若入河量大于或等于纳污能力，则以纳污能力作为入河控制量。

根据上述原则方法，通过对不同水平年污染物入河量进行预测，确定海河流域 2020 年 COD 入河控制总量为 53.11 万 t；2030 年 COD 入河控制总量为 30.71 万 t。

海河流域入河污染物总量主要集中在大中型城市的纳污河流。根据流域水功能区的 COD 现状入河量分析，污染最为严重的 40 个水功能区现状入河量占流域总入河量的 74%。因此，提高大中城市污水集中处理率，是完成污染物削减任务的关键措施。海河流域不同水平年污染物入河控制量见表 6-5，全流域 COD 入河总量控制指标为 53.10 万 t/a 和 30.71 万 t/a。

表 6-5 海河流域不同水平年 COD 污染物入河控制量表　　（单位：万 t/a）

河系	2020 年	2030 年	行政区	2020 年	2030 年
滦河	2.42	2.19	北京	5.95	6.71
北三河	7.64	6.96	天津	11.63	3.69
永定河	3.67	2.68	河北	21.80	10.45
大清河	6.51	2.67	山西	3.25	2.11
子牙河	11.83	4.37	河南	6.01	3.67
海河干流	9.50	3.05	山东	4.41	4.02
漳卫河	6.93	4.35	内蒙古	0.06	0.06
黑龙港运东	0.67	0.59	—	—	—
徒骇河、马颊河	3.93	3.85	—	—	—
流域合计	53.10	30.71	流域合计	53.11	30.71

（2）水功能区达标率

按照污染物入河控制量进行控制，流域水功能区的一级区中的保护区、保留区，二级区中的饮用水源区、景观娱乐用水区（共 173 个、规划河长 5676km）与人民生活直接相关，应在 2020 年前先行达标；河系干流及重要支流的水功能区在 2020 年达到水功能区水质标准，2020 年海河流域 63% 的水功能区将达标，2030 年将全部达标。海河流域省界断面水质保护目标详见表 6-6。省界控制断面的水质是行政区域污染物总量削减考核的重要依据之一。根据《海河流域综合规划》的目标，现状水质污染较重（劣Ⅴ类水质）的省界缓冲区 2020 年比现状水质提高一个水质类别，其他省界缓冲区水质在 2020 年达到水功能区水质标准；2030 年全部达到水功能区水质标准。海河流域 34 条重要河流的 36 个省界控制断面，2020 年达到水功能区水质标准的有 24 个，占 67%，2030 年全部达到水功能区水质标准。

表 6-6 海河流域省界断面水质保护目标表

序号	河系	河流	省界	控制断面	现状水质	水质保护目标 2020 年	水质保护目标 2030 年
1	滦河	闪电河	河北—内蒙古	黑城子牧场	Ⅲ	Ⅲ	Ⅲ
2		滦河	内蒙古—河北	郭家屯	Ⅳ	Ⅲ	Ⅲ
3	北三河	潮河	河北—北京	古北口	Ⅱ	Ⅱ	Ⅱ
4		潮白河	北京—河北	赶水坝	Ⅴ	Ⅳ	Ⅳ
5		白河	河北—北京	下堡	Ⅲ	Ⅱ	Ⅱ
6		黑河	河北—北京	三道营	Ⅱ	Ⅱ	Ⅱ
7		汤河	河北—北京	喇叭沟门	Ⅱ	Ⅱ	Ⅱ
8		沟河	北京—河北	双村	Ⅳ	Ⅲ	Ⅲ
9		沟河	河北—天津	辛撞闸	劣Ⅴ	Ⅴ	Ⅲ
10		北京排污河	北京—天津	大沙河	劣Ⅴ	Ⅴ	Ⅴ
11		蓟运河	河北—天津	张头窝	劣Ⅴ	Ⅴ	Ⅳ
12		潮白新河	河北—天津	吴村闸	Ⅴ	Ⅳ	Ⅳ
13		北运河	河北—天津	土门楼	劣Ⅴ	Ⅴ	Ⅳ

续表

序号	河系	河流	省界	控制断面	现状水质	水质保护目标 2020年	水质保护目标 2030年
14	永定河	永定河	河北—北京	八号桥	Ⅳ	Ⅳ	Ⅳ
15		南洋河	山西—河北	水闸屯	Ⅲ	Ⅲ	Ⅲ
16		洋河	山西—河北	西洋河	Ⅳ	Ⅲ	Ⅲ
17		桑干河	山西—河北	册田水库	Ⅳ	Ⅲ	Ⅲ
18		御河	内蒙古—山西	堡子湾	劣Ⅴ	Ⅴ	Ⅲ
19		二道河	内蒙古—河北	友谊水库	Ⅳ	Ⅲ	Ⅲ
20	大清河	拒马河	河北—北京	张坊	Ⅲ	Ⅲ	Ⅲ
21		唐河	山西—河北	倒马关	Ⅳ	Ⅲ	Ⅲ
22		大清河	河北—天津	台头	劣Ⅴ	Ⅴ	Ⅲ
23	子牙河	子牙河	河北—天津	王口	劣Ⅴ	Ⅴ	Ⅳ
24		绵河	山西—河北	地都	Ⅳ	Ⅲ	Ⅲ
25		漳沱河	山西—河北	小觉	Ⅲ	Ⅲ	Ⅲ
26		子牙新河	河北—天津	御甲庄	劣Ⅴ	Ⅴ	Ⅳ
27		沧浪渠	河北—天津	窦庄子南	劣Ⅴ	Ⅴ	Ⅳ
28	漳卫河	清漳河	山西—河北	刘家庄	Ⅴ	Ⅲ	Ⅲ
29		浊漳河	山西—河南	天桥断	劣Ⅴ	Ⅴ	Ⅲ
30		浊漳河	河南—河北	合漳	Ⅲ	Ⅲ	Ⅲ
31		漳河	河南—河北	观台	Ⅳ	Ⅲ	Ⅲ
32		南运河	山东—河北	第三店	Ⅴ	Ⅱ	Ⅱ
33		卫河	河南—河北	龙王庙	劣Ⅴ	Ⅴ	Ⅳ
34		卫运河	河北—山东	馆陶	劣Ⅴ	Ⅴ	Ⅲ
35	徒骇河、马颊河	马颊河	河南—河北	南乐	Ⅴ	Ⅳ	Ⅳ
36		徒骇河	河南—山东	大清集	劣Ⅴ	Ⅴ	Ⅳ

6.1.7 入海水总量

海河流域推荐方案下的入海水总量如表6-7所示。

表6-7 海河流域推荐方案入海水总量 （单位：亿 m³）

方案	水平年	入海水量
F89	2007年	49.0
	2020年	62.1
	2030年	71.4

续表

方案	水平年	入海水量
F56	2007年	49.0
	2020年	65.5
	2030年	68.6
F136	2007年	49.0
	2020年	66.5
	2030年	49.7
F172	2007年	49.0
	2020年	59.2
	2030年	51.0

从计算结果可以看出，在1956~2000年水文系列条件下，入海水量应控制在70亿 m³ 左右，在1980~2005年水文系列条件下，应控制在50亿 m³ 左右。

6.1.8 生态用水总量指标

根据海河流域生态现状、修复目标和功能定位，考虑河流、湿地、河口现状生态质量不下降或进行改善与修复，按照山区河流、平原河流、湿地及河口分别确定枯水年生态水量。规划的山区河段基本属于自然状态，蒸发渗漏损失已在现状实测水量中反映，生态水量为基流量；平原河流不同河段有不同的物理结构、动态的过流蓄水、植被、地下水位等情况，应根据实际情况进行估算。

对于水体连通和生境维持功能的河段，要保障一定的生态基流，原则上采用 Tennant 法计算，取多年平均天然径流量的10%~30%作为生态水量，山区河流原则上取15%~30%，平原河流10%~20%；对于水质净化功能的河流，对于水体连通功能河段，不考虑增加对污染物稀释水量；对景观环境功能的河段，植被的灌水量或所维持的水面部分用槽蓄法计算蒸发渗漏量；北运河、陡河、独流减河等大量接纳城市排水的河流，生态水量根据现状实测水平确定。

湿地生态规划水量采用湿地最小生态需水量，该水量用生态水位法计算，考虑维持水生动植物生存条件的最低水位和水面，以蒸发渗漏损失为最小生态水量。现状水位低于最低生态水位的湿地，需一次性补水。

河口生态水量采用入海水量，以河系为单元进行整合，扣除河流上下段之间、山区河流与平原河流之间、河流与湿地及入海的重复量。2020年和2030年河流生态水量采用同一标准。

(1) 河流生态水量

经计算，平原24个河段最小生态水量为28.51亿 m³（表6-8）。上述河流最小生态水量对应耗损量约14亿 m³。扣除与河流连通的湿地蒸发渗漏损失3.64亿 m³，并考虑沿海地区直流入海河流现状入海水量 1.83 亿 m³ 后，平原规划河流最小入海水量为 18.19 亿 m³，河流、湿地不重复生态水量 35.47 亿 m³。

表 6-8　海河流域平原河流规划生态水量　　　　　（单位：亿 m³）

序号	河系	河流名称	规划河段	最小生态水量	入海水量	沿海诸河入海水量
1	滦河	滦河	大黑汀水库—河口	4.21	4.21	0.32
2	滦河	陡河	陡河水库—河口	1.02	1.02	
3	北三河	蓟运河	九王庄—新防潮闸	0.95	0.85	
4	北三河	潮白河	苏庄—宁车沽	1.38	0.70	
5	北三河	北运河	通县—子北汇流口	1.53	1.00	1.30
6	永定河	永定河	卢沟桥—屈家店	1.42	—	
7	永定河	永定新河	屈家店—河口	0.68	1.10	
8	大清河	白沟河	东茨村—新盖房	0.68		
9	大清河	南拒马河	张坊—新盖房	0.35	1.24	—
10	大清河	潴龙河	北郭村—白洋淀	0.50		
11	大清河	唐河	西大洋—白洋淀	0.68		
12	大清河	独流减河	进洪闸—防潮闸	1.24		
13	海河	海河干流	子北汇流口—海河闸	0.60	0.60	
14	子牙河	滹沱河	黄壁庄水库—献县	1.00	—	
15	子牙河	滏阳河	京广铁路桥—献县	0.73	—	0.21
16	子牙河	子牙河	献县—第六堡	0.96	0.96	
17	漳卫河	漳河	铁路桥—徐万仓	0.32		
18	漳卫河	卫河	合河—徐万仓	3.25	1.60	—
19	漳卫河	卫运河	徐万仓—四女寺	2.07		
20	漳卫河	漳卫新河	四女寺—辛集闸	1.20		
21	漳卫河	南运河	四女寺—第六堡	0.66		
22	徒骇河、马颊河	徒骇河	毕屯—坝上挡水闸	1.90	1.90	
23	徒骇河、马颊河	马颊河	沙王庄—大道王闸	0.82	0.82	—
24	徒骇河、马颊河	德惠新河	王凤楼闸—白鹤观闸	0.36	0.36	
		合计		28.51	16.36	1.83

（2）湿地生态水量

全流域规划的 13 个湿地最低生态水面面积为 836km²，最小生态水量为水面蒸发渗漏量扣除降水量，经计算为 8.77 亿 m³。其中水面蒸发量 8.65 亿 m³，渗漏量 3.83 亿 m³，降水量 3.71 亿 m³；另需一次性补水量 8.23 亿 m³，由丰水年或外流域调水补给。各湿地生态水量见表 6-9。

表6-9　海河流域平原主要湿地规划生态水量

序号	湿地名称	生态水面面积/km²	年蒸发量/亿 m³	年降水量/亿 m³	年渗漏量/亿 m³	规划生态水量/亿 m³	一次性补水量/亿 m³
1	青甸洼	5	0.05	0.02	0.04	0.06	0.06
2	黄庄洼	95	0.84	0.44	0.61	1.01	0.93
3	七里海	85	0.85	0.39	0.62	1.08	0.74
4	大黄堡洼	95	0.84	0.44	0.61	1.01	0.93
5	白洋淀	122	1.34	0.53	0.24	1.05	1.22
6	团泊洼	60	0.60	0.31	0.30	0.60	0.55
7	北大港	177	1.95	0.76	0.97	2.16	1.78
8	永年洼	11	0.12	0.04	0.04	0.12	0.12
9	衡水湖	55	0.60	0.22	0.13	0.51	0.55
10	大浪淀	49	0.54	0.21	0.10	0.43	0.49
11	南大港	55	0.61	0.24	0.10	0.47	0.55
12	恩县洼	17	0.19	0.07	0.04	0.16	0.16
13	良相坡	10	0.12	0.04	0.03	0.11	0.15
	合计	836	8.65	3.71	3.83	8.77	8.23

(3) 流域生态水量

流域生态水量由河流、湿地、河口三部分水量组成，规划生态水量详见表6-10。

枯水条件下，河流生态水量为30.34亿 m³，湿地生态水量为8.77亿 m³，河流与湿地重复量为3.64亿 m³，入海水量为18.19亿 m³，总规划生态水量为35.47亿 m³。生态水量占海河流域多年平均天然径流量的16.2%，占特枯年流域天然径流量的35%。考虑南水北调工程的实施，生态用水控制总量在未来枯水年应达到35.47亿 m³，其中入海水量18.19亿 m³，其余为河道内和湿地生态用水量。

表6-10　海河流域生态规划水量（枯水年）　　（单位：亿 m³）

河系	河流生态水量	湿地生态水量	河流与湿地重复量	入海水量	总规划生态水量（不重复）
滦河及冀东沿海	5.55	—	—	5.55	5.55
北三河	5.16	3.17	1.40	3.85	6.93
永定河	2.10	—	—	1.10	2.10
大清河	4.05	3.81	1.62	1.84	6.24
子牙河	2.90	0.62	0.62	1.17	2.90
黑龙港运东	—	0.90	—	—	0.90
漳卫河	7.50	0.27	—	1.60	7.77
徒骇河、马颊河	3.08	—	—	3.08	3.08
合计	30.34	8.77	3.64	18.19	35.47

注：山区河流生态水量与平原河流生态水量重复；河流水量中含直流入海河流的入海水量1.83亿 m³。

6.2 南水北调工程通水后海河流域生态环境效应预测

6.2.1 南水北调工程主要生态环境效应影响因子

南水北调工程通水后，2020年和2030年水平年流域生态效应可以分为初级、次级和高级三类（图6-5），受调入水量的直接影响，海河流域的河湖洼淀以及入海河口等不同生态单元的水文情势将随之改变，这是南水北调工程产生的初级生态效应；受水区地下水因调入水源的替代而得到禁采和限采，地下水位下降趋势将逐步得到缓解，这是次级生态效应；为了保护调入水源，改善当地水功能区达标状况，实现与2020年和2030年经济社会发展目标要求相匹配的水质目标，流域需要大力节水减排，使水质改善和水功能区全面达标，这也是次级生态效应；而随着河湖洼淀水文情势的改变，生物栖息地状况将得到改善，生物多样性提高，鱼类、鸟类以及哺乳类等高等动物将逐步恢复，这是高级生态效应。以下从地下水水位变化效应、河湖洼淀生态效应、水功能区纳污能力和河口生态环境效应四个方面进行分析。

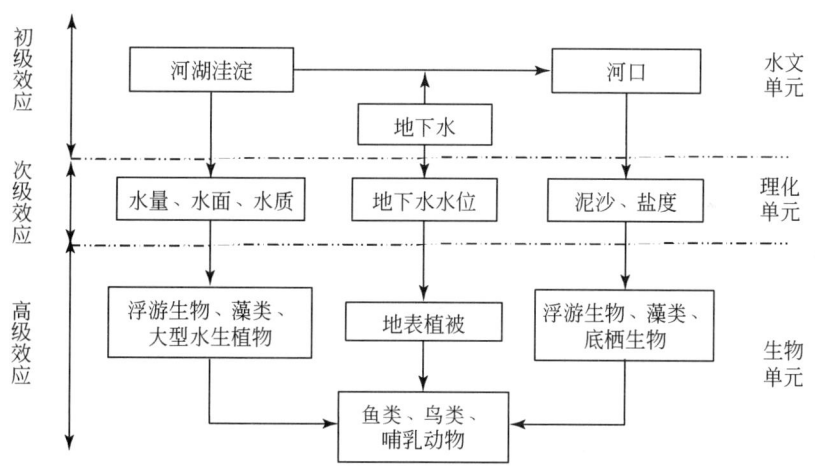

图6-5 南水北调工程通水后海河流域生态效应图

6.2.2 推荐方案南水北调生态环境效应综合评估

6.2.2.1 地下水位变化效应

(1) 总体思路

地下水模拟采用国际上广泛应用的Modflow模型，模拟分析在2020年和2030年两个水平年不同水资源配置情景下海河流域平原区地下水的补给、排泄量变化及其地下水位变化趋势。

现状、2020年及2030年水资源配置情景方案（F89、F56）结果是进行地下水模拟计算的主要输入项，但配置方案是分别针对基准年（2007年）、2020年、2030年水平年进行的1980~2005年两个调控方案（F89、F56）。而在地下水模拟过程中，由于地下水位变化呈现累积效应，需要逐年递推模拟计算，因而，需对各水平年、不同水资源配置情景结果进行组合，以反映经济发展用水需求与不同水源联合运用条件下各项供水量的逐年变化，得到的逐年配置水量作为地下水模拟计算的上通量边界条件。本次对地下水模拟计算，以2007年初流场为基础，一期工程按2015年通水，不同地下水模拟情景采用的各年水资源配置供水量按表6-11进行组合计算。

表6-11 海河流域平原区地下水模拟中采用的供水系列方案

模拟年 i	2007, 2008, …, 2015, …, 2019, 2020 0, 1, …, 8, …, 12, 13	2021, 2022, …, 2029, 2030 0, 1, …, 9, 10
F89	$P_0 \times (13-i)/13 + P^0_{89,2020} \times i/13$	$P^0_{89,2020} \times (10-i)/10 + P^0_{89,2030} \times i/10$
F56	$P_0 \times (13-i)/13 + P^1_{56,2020} \times i/13$	$P^1_{56,2020} \times (10-i)/10 + P^1_{56,2030} \times i/10$

注：P_0 为基准年配置方案，$P^i_{j,k}$（$i=0,1$；$j=89,56$；$k=2020,2030$）为规划水平年方案，上标为0表示无南水北调二期调水，为1表示有南水北调二期调水；j 代表方案，k 为规划水平年。

(2) 模拟结果

A. 地下水补给和排泄量变化

浅层地下水。在1982~2005年降水系列条件下，不同情景浅层地下水2007~2030年年均补、排量预测结果列于表6-12中。结果表明，从南水北调一期加大情景（F89）到有南水北调二期调水情景（F56），在补给侧，随着南水北调引水渗漏量的增加，浅层地下水获得的地表水补给量增大；随着浅层地下水开采量的减少，井灌回归水量减少。在排泄侧，从情景F89到情景F56，浅层开采量减少，向深层越流排泄减少，潜水蒸发量有所增加。以上补、排特征表明浅层地下水补、排结构正在向良性循环方向转变。2030年二期工程通水后与2007~2030年平均值相比，地表引水渗漏补给量比例增高，而井灌回归补给比例显著减小。

表6-12 海河流域平原区浅层地下水补给、排泄及蓄变量预测（2007~2030年）

（单位：亿 m³）

方案	补给量							排泄量					蓄变量
	降水入渗补给量	山前侧向补给量	地表水补给量				井灌回归补给量	海水入侵	合计	开采量	潜水蒸发量	越流排泄	入海排泄	合计	
			引黄渗漏	引水渗漏	河道渗漏量	小计									
现状	130.1	17.3	—	—	—	—	12.3	—	192.8	152.8	20.8	—	0.3	—	—
F89	126.1	18.4	9.6	12.2	14.1	35.9	10.4	0.2	191.0	140.9	29.1	36.1	0.5	206.6	-15.6
F56	126.1	18.4	9.6	12.6	14.1	36.3	10.2	0.2	191.2	135.6	30.4	35.9	0.6	202.5	-11.3

注：现状指1980~2000年海河流域水资源评价成果，其中潜水蒸发量统计范围为矿化度是<2g/L范围。

从总体上看,二期工程通水后浅层地下水补、排量向良性循环状态发展,但浅层含水系统仍然呈现负均衡,浅层地下水超采状况仍未根本改变。

深层地下水。不同情景深层地下水2007~2030年年均补、排量见表6-13。从总体上看,二期通水条件下深层地下水开采量有所减少,深层承压水水头较无二期工程情景更高,深浅层之间的越流补给排泄量更低。结果表明,二期通水条件下深层含水系统循环更为良性,总体上处于基本均衡状态。

表6-13 海河流域平原区深层地下水补给、排泄及蓄变量预测(2007~2030年)

(单位:亿 m^3)

方案	补给量			排泄量				蓄变量
	越流补给	海水入侵	合计	开采量	越流排泄	入海排泄	合计	
现状	—	—	—	—	—	—	—	—
F89	36.10	0.21	36.31	31.66	6.10	0.37	38.13	-1.82
F56	35.90	0.20	36.10	30.70	5.91	0.35	36.96	-0.86

B. 地下水位变化

为了较准确地模拟海河流域平原区地下水位分布状况及发展态势,本次将平原区按4km×4km剖分为8050个网格,分深、浅层模拟计算。

2007年年初,浅层地下水流场(地下水位等值线)如图6-6所示,在太行山前以保定、宁(晋)隆(尧)柏(乡)、肥乡为中心形成浅层地下水降落漏斗群;深层地下水流场如图6-7所示,以天津、冀枣衡为中心形成深层地下水降落漏斗;南水北调二期工程2020年通水,在优先满足城镇用水需求并强化节水条件下(方案F56),至2030年浅、深层地下水流场如图6-8和图6-9所示。与现状流场对比可知,现有漏斗依然存在,从总体上看,浅层漏斗继续下降,深层漏斗有所回升。

为了较直观地了解未来漏斗变化状况,本次以保定、宁隆柏浅层漏斗,天津、冀枣衡深层漏斗为代表,沿东西向横穿漏斗中心勾绘垂向剖面图,剖面位置如图6-10所示,定量展现在规划经济发展水平及一期工程通水条件下,4个地下水降落漏斗两种情景下的变化对比,详见图6-11。①保定浅层漏斗。2007年年初,漏斗中心水位埋深约39m,至2030年,若二期工程未按期实施(F89),漏斗中心水位埋深将达到48m,增加降深约9m;若2020年二期工程按期实施(F56),2030年漏斗中心水位埋深将减小到47m,低于现状水位约8m。②宁隆柏浅层漏斗。2007年年初,漏斗中心水位埋深约56m,至2030年,若二期工程未按期实施(F89),漏斗中心水位埋深将达到68m,增加降深约12m;若2020年二期工程按期实施(F56),2030年漏斗中心水位埋深减小到62m,低于现状水位约6m。③天津深层漏斗。2007年年初,漏斗中心水位埋深约96m,至2030年,若二期工程未按期实施(F89),漏斗中心水位埋深将达到71m,减少降深约25m;若二期工程按期实施(F56),2030年漏斗中心水位埋深将减小到70m,高于现状水位约26m。④冀枣衡深层漏斗。2007年年初,漏斗中心水位埋深约78m,至2030年,若二期工程未按期实施

（F89），漏斗中心水位埋深将达到 100m，增加降深约 22m；若二期工程按期实施（F56），2030 年漏斗中心水位埋深将减小到 77m，高于现状水位约 1m。

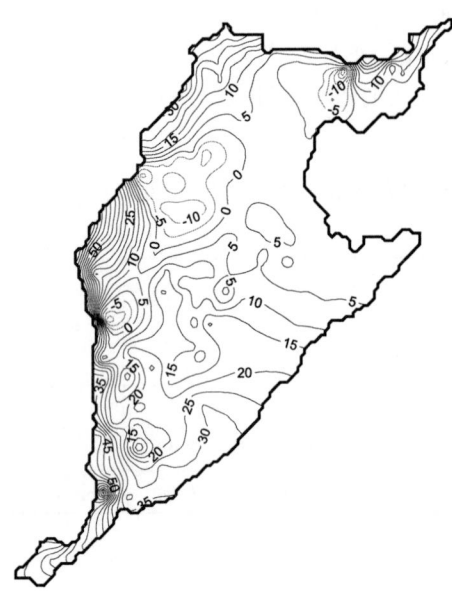

图 6-6　2007 年年初海河流域平原区浅层地下水位等值线图

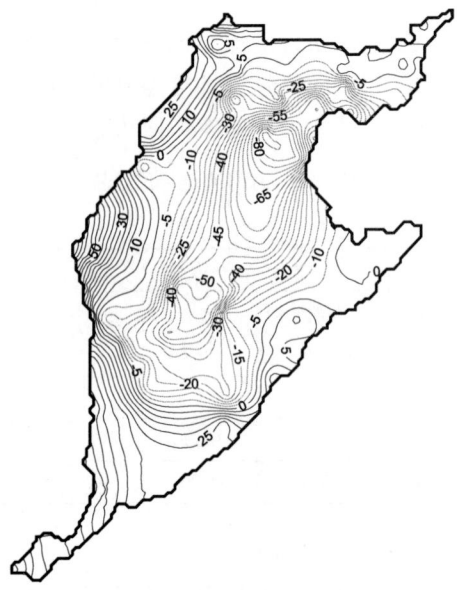

图 6-7　2007 年年初海河流域平原区深层地下水位等值线图

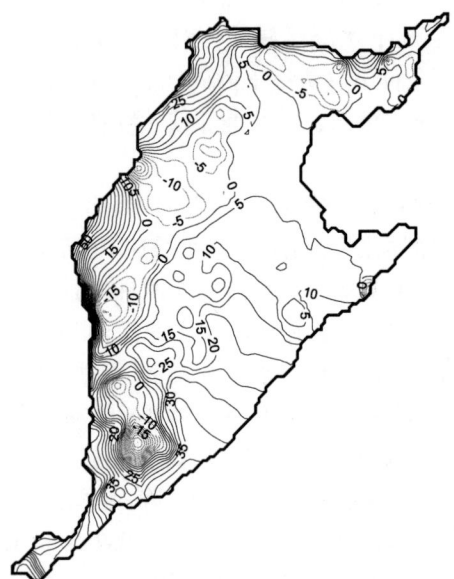

图 6-8　2030 年年末海河流域平原区浅层地下水位等值线图

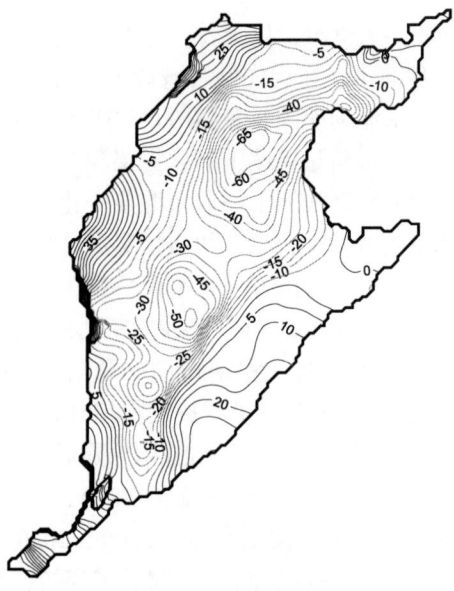

图 6-9　2030 年年末海河流域平原区深层地下水位等值线图

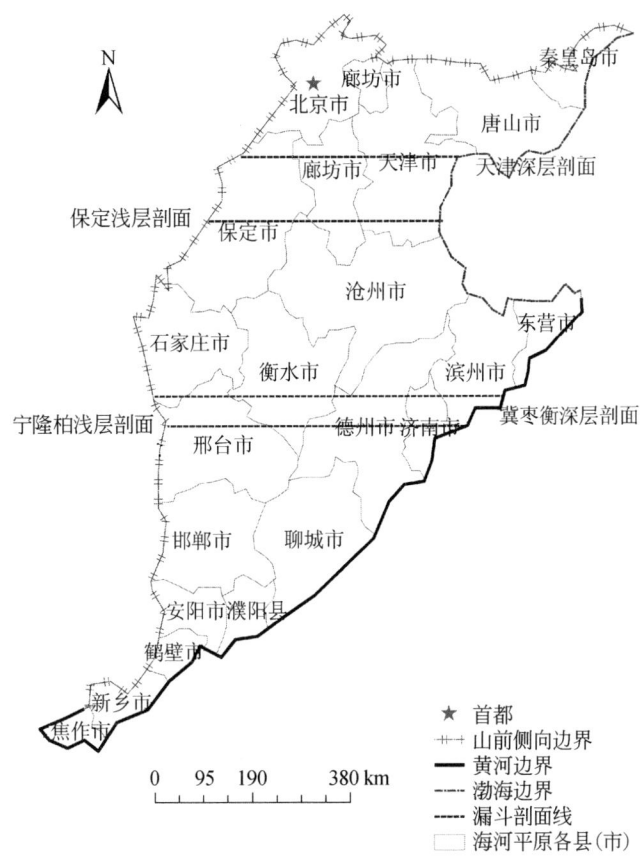

图 6-10 海河流域平原区地下水模型典型剖面线

6.2.2.2 河湖洼淀生态效应分析

研究表明，海河流域最小生态需水量 28.51 亿 m³，适宜生态需水量为 70 亿 m³。南水北调工程实施后，部分原先被挤占的生态用水将归还河道生态，在推荐方案情景下，2020 年和 2030 年流域平原河流生态水量在 33.14 亿~76.98 亿 m³（表 6-14）。在 1980~2005 年系列条件下（方案 F172），可以满足 2020 年和 2030 年流域河流最小生态需水量，但不能满足适宜生态需水量，在 1956~2000 年系列条件下（方案 F56），则基本能满足各水平年的适宜生态需水量。通过采用生态补水、生态修复、水质改善、以绿代水等措施，可使 65% 的平原河道常年有水，严重沙化的永定河、滹沱河、漳河、潴龙河等河段生态状况得到明显改善，实现河流水体连通、水质净化、生境维持、景观环境改善等生态目标。

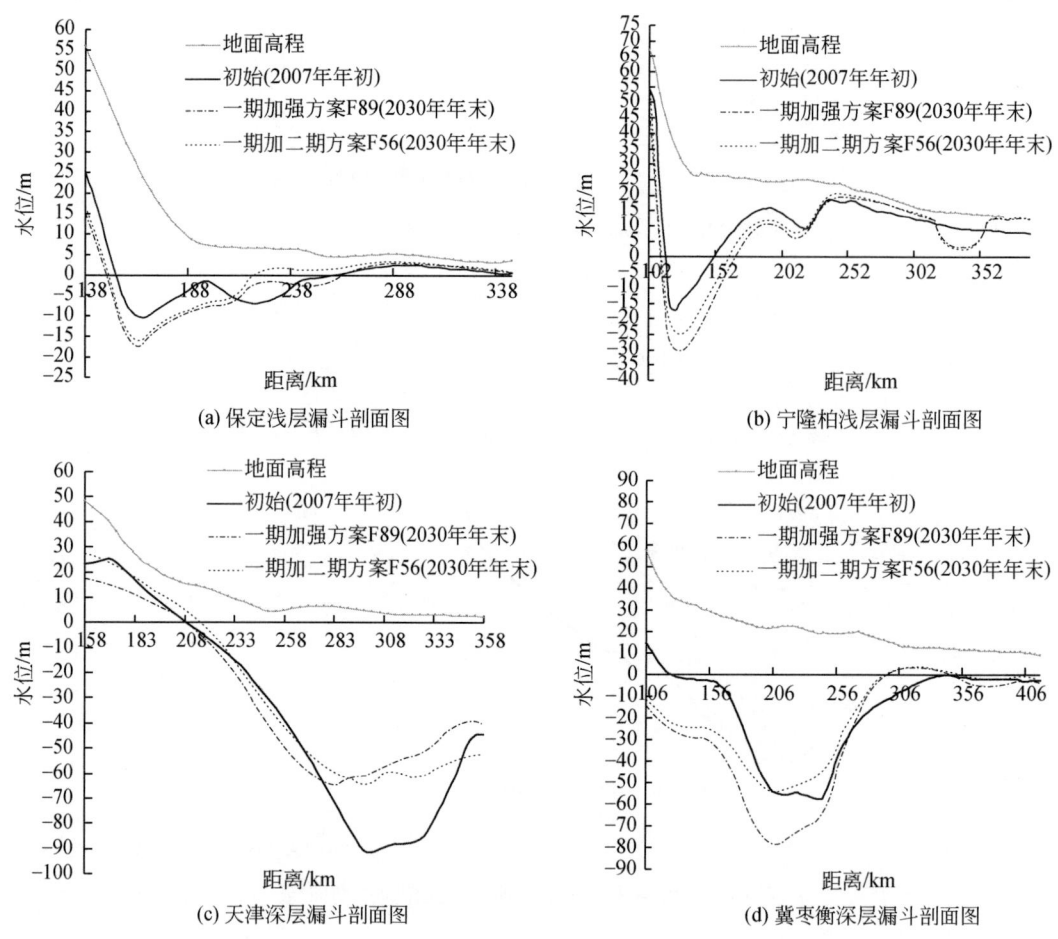

图 6-11 地下水漏斗剖面图

表 6-14 各推荐方案海河流域平原河流生态水量及湖泊湿地调蓄量

(单位：亿 m³)

水平系列年	方案编号	水平年	河流生态水量	湖泊湿地年调蓄水量
1980~2005 年	F136	2020 年	52.12	25.32
		2030 年	33.14	22.25
	F172	2020 年	54.45	19.70
		2030 年	63.87	16.63
1956~2000 年	F89	2020 年	74.75	29.42
		2030 年	74.44	34.50
	F56	2020 年	67.02	31.47
		2030 年	76.98	36.32

海河流域有青甸洼、黄庄洼、七里海、大黄堡洼、白洋淀、团泊洼、北大港、衡水湖、大浪淀、南大港、永年洼、恩县洼 12 处主要湿地,目前已有 8 处列为各级湿地保护区(公园),是流域生态需要优先加以保护和恢复的重点。维持 12 处主要湿地所需的最小生态需水量为 8.77 亿 m^3,相应的最小生态水面为 816km^2。根据 2009 年 TM 遥感影像,采用遥感影像处理软件和地理信息系统操作平台进行分析,目前 12 处湿地的水面积仅为 142.7km^2,远未达到最小生态水面的目标,多个洼淀基本处于干淀状态。在推荐配置方案情景下,南水北调工程实施后,12 处湿地年调蓄水量在 16.63 亿~36.32 亿 m^3(表 6-14),从宏观上分析,所调蓄水量在满足最小生态需水量后,多出水量还可满足经济社会用水,不仅减少了干淀的概率,还能在一定时间内进一步扩大洼淀生态水面面积,将发挥明显的生态效益。其中衡水湖、大浪淀、北大港和大屯水库(恩县洼)作为南水北调工程蓄水湖库,生态水面将得到稳定维持。白洋淀、南大港、团泊洼等湿地保护区可以通过江水直接补给恢复生态水面,其他洼淀则通过当地水源补给得以恢复。同时,南水北调配套工程将规划建设中小型调蓄工程 27 座,可新增调蓄总库容 1.58 亿 m^3,海河流域将形成"两纵六横"的新水网骨干工程框架体系,沿输水线路形成总体呈南北走向的网状湿地群。

白洋淀、北大港、南大港、衡水湖等湿地是我国东亚飞蝗的主要滨湖蝗区。随着最小生态水位的稳定维持和湿地水位的抬升,现有的湖滨湖滩草地的禾本植物将大面积地被水生植被所替代,从而改变东亚飞蝗产卵和发育的环境,减少发生蝗灾的风险和程度,有利于提高飞蝗生态防治能力,增强流域农业生产安全性。

以北大港湿地为例,进一步分析调水对湿地恢复的生态效应。20 世纪 50~60 年代,北大港湿地水面面积为 360km^2,随着上游地区来水减小,生态水源没有保障,湿地水面大幅减小,生物多样性下降,生态系统结构趋于单一化。作为北大港湿地保护区主体的北大港水库,2000 年以来除引黄蓄水期间,基本上处于死水位,2007 年水面面积仅占库区总面积的 9.30%,主要植被类型为芦苇-碱蓬群落(表 6-15),占库区植被总面积的 36.97%,其次为芦苇群落,占库区植被总面积的 36.28%,碱蓬群落占植被总面积的 25.32%。鱼类由 1963 年的 33 种下降为 11 种,河蚌、田螺等底栖生物已基本绝迹。南水北调工程实施后,北大港水库年均调蓄水量 4.0 亿 m^3,蓄水水位抬升,水面面积将扩大到 107km^2,芦苇为代表的水生植物群落面积可达 32km^2,对于生物多样性的恢复、保护区鸟类及鱼类资源保护具有重要作用。

表 6-15 北大港水库植被类型统计表

植被类型	斑块数	面积/km^2	面积比例/%
旱地	3	1.78	1.40
芦苇群落	36	45.95	36.28
碱蓬群落	24	32.07	25.32
芦苇-碱蓬群落	9	46.84	36.97
草地	3	0.01	0.01
合计	75	126.65	100.00

6.2.2.3 水功能区纳污能力

水功能区纳污能力计算，设计流量采用75%保证率枯水期的平均流量。按照《水域纳污能力计算规程（SL348-2006）》，通过计算现状年海河流域524个水功能区，COD的纳污能力为29.27万t/a，氨氮为1.39万t/a。考虑到南水北调通水后，受水区的部分水功能区的设计流量将有所增大，2020年、2030年水功能区COD的纳污能力分别为32.28万t/a和34.30万t/a，氨氮为1.55万t/a和1.64万t/a。

2007年海河流域年排放污水56亿t，COD排放量165万t，COD入河量105万t，超过COD纳污能力近3倍。因此，必须实行最严格的水污染防治政策，按照不增总量、压减存量的原则进行污染物总量控制和限排管理。

截至2007年，海河流域已建成城市污水处理厂121座，年处理能力37.81亿t，实际处理水量24.86亿t，若能将现有实际处理率提高到95%，也仅能处理现状污水量的65%，可消减COD 25万t左右。若按照最高标准将目前的污水处理率分别提高到80%和90%，则能够分别消减COD 100万t和120万t。然而，目前的治污速度和强度是无法满足要求的。

海河流域南水北调工程受水区涉及北三河等8个主要河系，北京、天津、河北、河南和山东5个省市，其中河北省滦河及冀东沿海诸河将通过流域内水资源再次分配受到间接影响。受南水北调工程影响的区域共涉及水功能区155个，河长总计7487.3km，2020年和2030年主要污染物COD纳污能力分别约为19.6万t/a和20.7万t/a，约占全流域的70%，见表6-16。

表6-16 南水北调工程调水影响水功能区统计

河系	行政区	个数/个	长度/km	COD纳污能力/（t/a） 2020年	COD纳污能力/（t/a） 2030年
滦河及冀东沿海	河北	10	533.5	10 606.5	10 606.5
北三河	北京	10	222.8	39 679.02	42 542.1
北三河	天津	9	358.0	1 593.0	1 708.0
北三河	河北	5	224.5	3 406.1	3 651.9
永定河	天津	2	33.1	1 956.5	2 100.6
永定河	河北	1	17.0	730.8	784.6
海河干流	天津	5	214.0	23 166.7	24 705.9
大清河	北京	1	30.0	712.8	783.8
大清河	天津	6	174.7	244.1	268.4
大清河	河北	17	957.0	10 574.9	11 628.4
子牙河	天津	1	31.6	52.6	57.4
子牙河	河北	26	1 587.1	22 543.3	24 578.1
黑龙港运东	河北	13	907.6	1 820.9	2 027.1

续表

河系	行政区	个数/个	长度/km	COD 纳污能力/（t/a）	
				2020 年	2030 年
漳卫河	河北	1	42.0	0	0
	河南	23	646.3	36 768.9	38 300.9
	山东	2	322.0	7 359.2	7 665.8
徒骇河、马颊河	河北	1	27.0	0	0
	河南	3	103.1	4 760.5	4 971.3
	山东	19	1 056.0	29 600.3	30 910.9
合计		155	7 487.3	195 575.82	207 291.7

四种推荐情景方案受水区水功能区达标率见表 6-17。可以看出，为保障经济社会发展对水体功能的需求，通过全面实行最严格的水资源管理制度和水污染防治政策，采用用水总量控制、用水效率控制、纳污能力控制以及节能减排和污水再生利用等措施，可以实现水功能区目标。

表 6-17 受水区各推荐方案纳污能力及功能区达标情况

方案	水平年	规划水功能区达标个数	入河 COD 量/万 t	水功能区达标率/%
F136	2020 年	75	20.2	97
	2030 年	155	22.0	99
F172	2020 年	75	19.6	94
	2030 年	155	21.4	96
F89	2020 年	75	20.5	93
	2030 年	155	22.4	96
F56	2020 年	75	19.4	97
	2030 年	155	21.1	98

6.2.2.4 河口生态环境效应

海河流域入海河口大约有 62 个，主要特点包括：①河口多，但过流量都不大；②属淤泥质河口，颗粒非常细；③河口多为潮流所控制；④多人工开挖河口。自北向南，主要包括滦河口、冀东沿海诸河河口、永定新河口（北塘口）、海河干流河口、独流减河河口、子牙河口、漳卫新河口及徒骇马颊河口等共 12 个河口，基本上都属于缓混合陆海相三角洲河口，主要功能是泄洪排沥，兼有航运、水产养殖和维持生态平衡等功能。图 6-12 为海河流域水资源系统及其入海水量概化图。

随着水资源开发利用程度的提高，加上气候变化的影响，海河流域入海水量逐渐减少。丰水的 20 世纪 50 年代平均为 241.8 亿 m³，枯水的 80 年代只有 22.2 亿 m³。2001～

2007 年平均入海水量只有 16.76 亿 m³（表 6-18）。海河流域 1956～2007 年平均年入海水量 89.66 亿 m³，占多年平均地表水资源量的 41.5%，其中约 80% 集中在汛期。

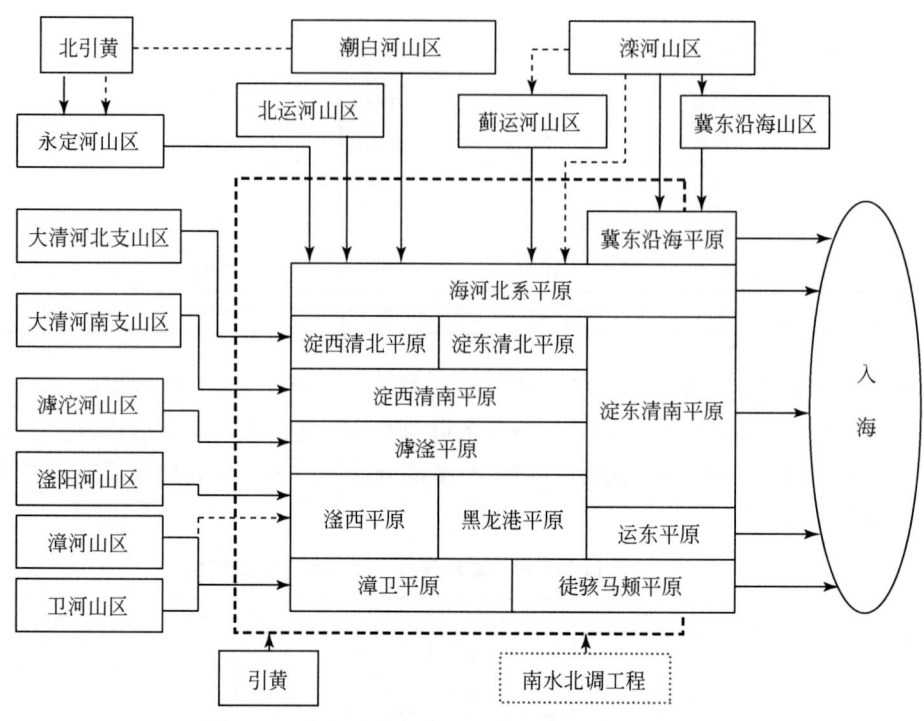

图 6-12　海河流域水资源系统及其入海水量概化图

表 6-18　海河流域不同年代年平均入海水量　　　　　　　（单位：亿 m³）

统计时间	滦河及冀东沿海	海河北系	海河南系	徒骇河、马颊河	流域合计	天津	河北	山东
1956～1959 年	76.30	54.80	109.00	1.70	241.80	149.00	86.40	6.00
1960～1969 年	42.70	24.30	77.50	16.50	161.00	79.20	58.90	22.80
1970～1979 年	44.60	26.70	32.40	11.80	115.50	39.80	60.80	14.90
1980～1989 年	9.80	7.80	2.90	1.70	22.20	9.40	11.00	1.90
1990～2000 年	21.00	12.90	9.70	11.40	55.00	18.30	24.20	12.50
2001～2007 年	0.77	2.57	4.95	8.47	16.76	5.13	3.16	8.47

入海水量直接影响到河口的淤积和近岸海域的盐度。20 世纪 50 年代平均为 241.8 亿 m³，60 年代平均为 161.0 亿 m³，各河口基本上处于冲淤平衡状态。随着入海水量的减少，加上 60 年代各主要入海河口陆续修建了挡潮闸，河口淤积情况逐渐加重，近岸海域的年均盐度已由 29‰～30‰ 逐渐上升到 32‰，致使很多海洋生物的产卵场退化或消失，严重影响了渤海的生物资源。

南水北调工程实施后，2020 年和 2030 年推荐情景方案海河流域入海水量为 49.6 亿～71.4 亿 m³（表 6-19），各方案的入海水量均比目前流域最小入海水量有大幅度的提高，主要河口及近岸海域盐分恢复程度为19.1%~35.8%，盐度下降10%面积为15.0~31.6km²（表6-20），入海水量的增加对河口地区生态保护具有重要作用。

表6-19 各推荐方案入海水量　　　　　　　　　　（单位：亿m³）

水资源分区		行政区	基准年	F136		F172		F89		F56	
二级区	三级区			2020年	2030年	2020年	2030年	2020年	2030年	2020年	2030年
滦河及冀东沿海	滦河及冀东沿海	唐山	5.4	3.9	2.5	3.7	3.1	3.5	3.5	3.2	2.6
		秦皇岛	6.39	9.1	6.7	7.4	5.8	6.6	6.7	6.5	6.9
海河北系	北四河	唐山	1.29	1.4	1.1	1.1	1.0	1.0	1.1	1.1	1.2
		天津	12.53	19.2	13.4	17.4	15.5	18.0	21.5	19.4	22.3
海河南系	大清河	沧州	0.66	1.3	1.1	1.2	1.0	1.4	1.5	1.5	1.2
		天津	11.07	7.2	5.8	6.3	6.3	6.3	8.0	6.4	6.6
	潴泷河	沧州	0.01	0	0	0	0	0	0	0	0
	黑龙港运东	沧州	5.65	8.2	6.1	9.1	7.4	11.3	14.0	13.2	13.7
徒骇马颊河系	徒骇河、马颊河	德州	2.57	10.2	8.0	7.9	6.7	8.3	9.0	8.7	8.3
		东营	0.91	1.5	1.3	1.2	1.0	1.4	1.5	1.4	1.3
		滨州	2.52	4.6	3.6	3.8	3.2	4.1	4.6	4.1	4.5
入海水量合计			49.00	66.6	49.6	59.1	51.0	62.9	71.4	65.5	68.6

表6-20 各推荐方案河口盐度恢复情况

方案	水平年	恢复度/%	面积/km²			
			下降10%	下降5%	下降2%	下降1%
F136	2020年	31.2	26.1	129.5	642.3	1811.3
	2030年	19.1	15.0	72.6	439.7	1146.8
F172	2020年	24.1	19.9	96.7	532.8	1420.7
	2030年	19.5	15.4	74.6	448.1	1167.7
F89	2020年	26.9	22.7	110.2	579.8	1580.8
	2030年	35.8	31.6	152.9	728.8	2087.7
F56	2020年	30.2	26.0	125.9	634.7	1767.5
	2030年	33.0	28.8	139.4	681.7	1927.6

6.2.3 不同方案生态环境影响差异性分析

根据不同的水文系列，综合考虑河道生态水量、湿地年调蓄水量、水功能区达标率、地下水水位和入海水量等流域生态效应的差异性，得到生态效益最优方案，不同推荐方案生态环境影响差异性分析见表6-21。

表 6-21 不同推荐方案生态环境影响差异性分析

生态效应因子	1980~2005 年系列				1956~2000 年系列			
	F136		F172		F89		F56	
	2020 年	2030 年	2020 年	2030 年	2020 年	2030 年	2020 年	2030 年
河道生态水量/亿 m³	52.12	33.14	54.45	63.87	74.75	74.44	67.02	76.98
湿地年调蓄水量/亿 m³	25.32	22.25	19.70	16.63	29.42	34.5	31.47	36.32
水功能区达标率/%	97.00	99.00	94.00	96.00	93.00	96.00	97.00	98.00
入海水量/亿 m³	66.52	49.71	59.20	51.00	62.10	71.41	65.52	68.60

在 1980~2005 年系列条件下，河道生态水量变化于 33.14 亿~63.87 亿 m³，湿地年调节水量 16.63 亿~25.32 亿 m³，水功能区达标率 94%~99%，入海水量 49.71 亿~66.52 亿 m³。

在 1956~2000 年系列条件下，河道生态水量变化于 67.02 亿~76.98 亿 m³，湿地年调节水量 29.42 亿~36.32 亿 m³，水功能区达标率 93%~98%，入海水量 62.1 亿~71.41 亿 m³。

6.3 生态环境评估技术

南水北调工程实施后，不同推荐方案的宏观生态效应主要表现在流域内不同生态单元的水文情势变化，同时不同单元内的理化指标和生物多样性也将随之改变。对于生态环境效应的评估目前仍处于发展探索阶段，本研究应用卫星遥感技术进行了宏观生态环境效应的评估，并应用咖啡因示踪技术和微囊藻毒素测定等先进技术对微观水生态环境效应的识别与评价进行了探索，以期为今后南水北调工程生态效应的评估及相关科学研究提供新的技术方法。

6.3.1 卫星遥感技术用于流域生态多样性评价

6.3.1.1 基于 MODIS 数据的海河流域土地覆盖研究

土地覆盖类型识别是土地覆盖/土地利用研究的首要基础性内容，而在区域及其全球尺度区域通过遥感手段获取细致、准确而实时的土地覆盖数据已成为当前全球变化研究中的热点。中国作为全球变化研究的重要部分，在获取大面积的土地覆盖数据研究中则显得相对滞后。本课题在新一代 MODIS 遥感数据的支持下，采用景观生态学分析方法，对海河流域土地利用类型及动态变化进行了深入研究和探讨。

遥感数据来源于美国 NASA 网站，具体类别是 MODIS land cover 12Q1 数据，该数据是通过 Terra 和 Aqua 整个一年的卫星合成数据输入后得到的土地覆盖特性，分辨率 500m。根据 IGBP 的 17 类土地覆盖类型进行分类，其中包括 11 个自然植被类型，3 个发展的或混合土地类型及 3 个非植被覆盖类型。分类方法采用决策树演算方法与用于提高分类准确性的 boosting 算法。输入数据具体包括 16 天的经过 BRDF 调整的反射率数据、7 个光谱波段及 16 天最大化合成 EVI。

下载 2001 年、2005 年、2008 年三期 h26v04、h26v05、h27v04、h27v05 四景的土地利用遥感影像，利用 MODIS 投影处理工具 MRT（MODIS reprojection tools）进行遥感影像投影转换、遥感影像拼接及切割。根据 MODIS 数据的 17 个分类系统，结合我国土地覆盖情况，将海河流域土地利用类型分为林地、灌丛、草地、农田、水域和湿地、自然人工复合单元、居住和建设用地及未利用地 8 类（图 6-13）。

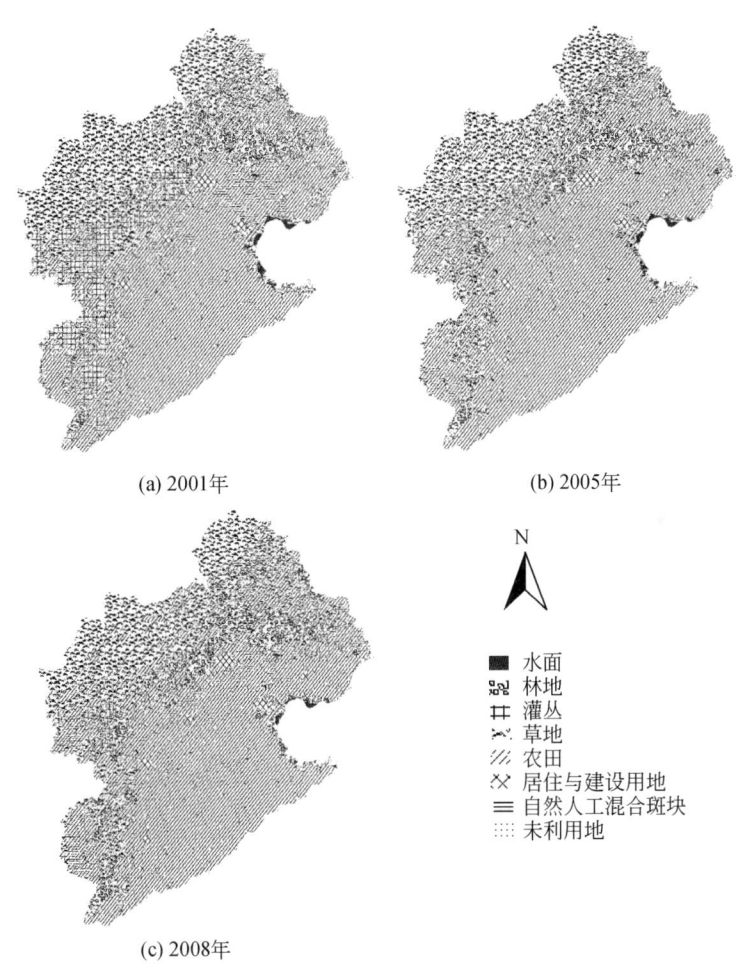

图 6-13 海河流域 2001 年、2005 年、2008 年三期土地利用图

从表 6-22 中可看出，土地利用类型中农田面积最大，占流域总面积的 50%~60%，是流域中主要的土地利用类型。其面积从 2001 年至 2005 年升高，随后至 2008 年又降低。至 2005 年，沿山体分布的灌丛面积大量减少，被农田所代替。至 2008 年该部分农田面积又逐渐减少，被自然人工混合斑块代替，该自然人工混合斑块大多为草地农田混合斑块。林地面积持续增加，水域、居住与建设用地面积变化不大，而未利用地则持续减少。

表 6-22　海河流域三期土地利用面积动态　　　　　　　　（单位：km²）

土地利用类型	林地	灌丛	草地	农田	水域和湿地	自然人工混合斑块	居住与建设用地	未利用地
2001 年	18 655	32 746	75 432	163 175	1 758	14 735	11 282	704
2005 年	22 496	5 821	66 162	202 708	1 839	7 686	11 126	648
2008 年	27 637	6 230	76 662	180 828	1 415	14 312	11 206	198

利用景观生态指数分析景观格局动态。各景观空间格局特征指数及生态学含义如表 6-23 所示。

表 6-23　景观空间格局特征指数及生态学含义

指数	计算公式	含义
香农多样性指数（SHDI）	$SHDI = -\sum_{i=1}^{m}(P_i \times \ln P_i)$	度量系统结构组成的复杂程度，反映景观要素多少和各景观要素所占比例的变化，SHDI=0 表示景观仅由 1 个斑块组成，增大表示斑块类型增加或各斑块类型在景观中呈均衡化趋势分布
香农均匀度指数（SHEI）	$SHEI = \dfrac{-\sum_{i=1}^{m}(P_i \times \ln P_i)}{\ln m}$	景观各类型空间分布的均匀程度，其值介于 0~1，0 表明景观由一种斑块组成，无多样性，1 表示各斑块类型均匀分布，有最大的多样性
景观优势度指数（D）	$D = \ln m + \sum_{i=1}^{m}(P_i \times \ln P_i)$	表示景观多样性对最大多样性的偏离程度，或斑块支配景观格局的程度
景观破碎化指数（FN）	$FN = MPS \times (N_f - 1)/N_c$	某景观类型在特定时间里和特定性质上的破碎化程度，在一定程度上反映了人类对景观的干扰强度。其值介于 0~1，0 表示景观完全未被破坏，1 表示景观完全被破坏
斑块密度（F）	$F = m_i/A_i$	单位面积的斑块个数，值越大表示破碎程度越小，值越小表示破碎程度越大

注：P_i 为景观类型 i 所占面积的比例，m 为景观类型的数目，MPS 为景观内所有斑块的平均面积除以最小斑块面积，N_f 为某景观类型的斑块总数，N_c 为研究区景观总面积除以最小斑块面积之值；m_i 为某一景观类型的斑块个数；A_i 为某一景观类型的总面积。

表 6-24 为海河流域不同景观类型景观格局指数统计。从中可以看出，流域多样性指数和均匀度指数均先降低后升高，前期由于人类活动干扰强烈致使流域多样性降低，随后加强了水土保持措施以及退耕还林（草）等使流域多样性升高，但还未达到 2001 年的水平。各景观类型中农田的破碎度最高，斑块密度最低，说明受人为干扰最为强烈。破碎度随时间变化先升高后降低，斑块密度先降低后升高，说明在前期有不断干扰使破碎度增加的过程，随后有一定的恢复。而自然人工混合斑块虽破碎度较低，但变化较明显，与农田相对应有一个明显的降低随后又升高的过程。

表6-24　海河流域不同景观类型景观格局指数统计

景观格局指数		林地	灌丛	草地	农田	水域和湿地	自然人工混合斑块	居住和工业用地	未利用地	流域
SHDI	2001年	—	—	—	—	—	—	—	—	1.387
	2005年	—	—	—	—	—	—	—	—	1.124
	2008年	—	—	—	—	—	—	—	—	1.239
SHEI	2001年	—	—	—	—	—	—	—	—	0.118
	2005年	—	—	—	—	—	—	—	—	0.098
	2008年	—	—	—	—	—	—	—	—	0.107
D	2001年	—	—	—	—	—	—	—	—	0.693
	2005年	—	—	—	—	—	—	—	—	0.955
	2008年	—	—	—	—	—	—	—	—	0.840
FN	2001年	0.059	0.103	0.237	0.512	0.006	0.046	0.035	0.002	—
	2005年	0.071	0.018	0.208	0.636	0.006	0.024	0.035	0.002	—
	2008年	0.087	0.020	0.241	0.568	0.004	0.045	0.035	0.001	—
F	2001年	0.791	0.830	0.443	0.128	0.169	1.466	0.827	1.650	—
	2005年	0.602	1.959	0.365	0.073	0.390	2.176	0.838	0.864	—
	2008年	0.538	2.286	0.440	0.095	0.583	1.568	0.832	1.586	—

6.3.1.2　基于MODIS数据和CASA模型的海河流域植被净初级生产力（NPP）

(1) 影像与计算模型

遥感影像采取美国NASA网站的中分辨率成像光谱议MODIS数据。MODIS光学设计可为地学应用提供0.4～14.5μm的36个离散波段的图像，星下点空间分辨率可为250m、500m或1000m，视场宽度为2330km。MODIS每两天连续提供地球上任何地方白天反射图像和白天/昼夜的发光光谱图像数据，包括对地球陆地、海洋和大气观测的可见光和红外波谱数据。

CASA模型中植被NPP的计算是根据植被光合有效辐射（APAR）和光转换效率［the light transfer efficiency（ε）］进行。

$$NPP = APAR \times \varepsilon \qquad (6-1)$$
$$APAR = SOL \times FPAR \times 0.5 \qquad (6-2)$$

式中：SOL为某一月每个单元的总太阳辐射（MJ/m^2）；FPAR为植被光合有效辐射吸收比，0.5是被植被利用的有效太阳辐射与总太阳辐射的比值。FPAR数据可直接从MODIS数据中获得。ε的计算以及各参数选取的值可参照Glassmeyer等（2005）的文献。

气候数据包括月均温、月均降水和太阳辐射数据，均由海河流域约85个气象观测站的数值插值而成。

模型校验采用海河流域某些区县的作物产量统计数据，经由作物收获指数转成植被 NPP 的值后与模拟所得的数值进行比较。

(2) 海河流域植被 NPP 值

海河流域植被 NPP 值在 2000~2006 年为 1.25×10^{14}~1.54×10^{14} g C/a，占中国植被总 NPP（1.59Pg C，$1Pg = 10^{15}$ g）的 7.8%~9.7%。年均 NPP 值 7 年间为 403.2~496.8g C/($m^2 \cdot a$)。海河流域总面积均占全国面积的 3.3%，NPP 占全国的 7.8%~9.7%，年均 NPP 值远高于全国平均水平 [165.6g C/($m^2 \cdot a$)]，这主要是因为海河流域作为华北的粮食主产区，其作物面积占的比例比较大，导致较高的 NPP 值。

(3) 海河流域植被空间分布

图 6-14 为 2000~2006 年的平均 NPP 分布图。东部平原区是中国重要的粮食产区，植被 NPP 值较高，西部主要是山区，植被 NPP 值较低。

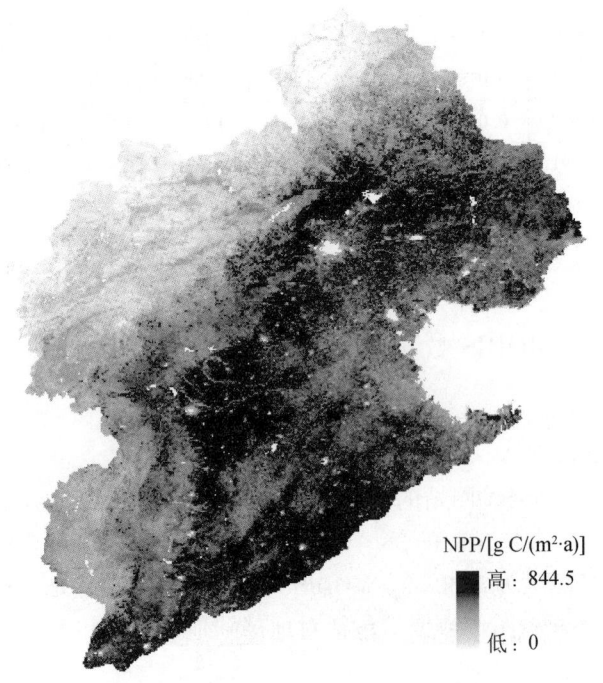

图 6-14　2000~2006 年的平均 NPP 值

根据 2003 年的土地利用图，主要植被类型有四种，分别是一年两熟或两年三熟作物（A 类）、一年一熟和耐寒作物两类经济作物（B 类）、温带落叶灌丛（C 类）和温带草原两类天然植被（D 类）。7 年平均 NPP 值在四种类型植被中的排序为 A 类>C 类>B 类>D 类。在自然植被中，温带落叶灌丛高于温带草原；人工植被中，熟制高的 NPP 值高于熟制低的。

(4) 海河流域植被 NPP 时间分布变化

从四种主要植被类型来看，平均 NPP 值几年间变化不大（图 6-15），只有在 2001 年各值均低于其余几年，经分析与 2000 年和 2001 年海河流域各省气候干旱有关（分析《中国统计年鉴》中各省市旱灾受灾面积而得）。由于这两年的持续干旱导致 2001 年作物产量明显低于其余年份。

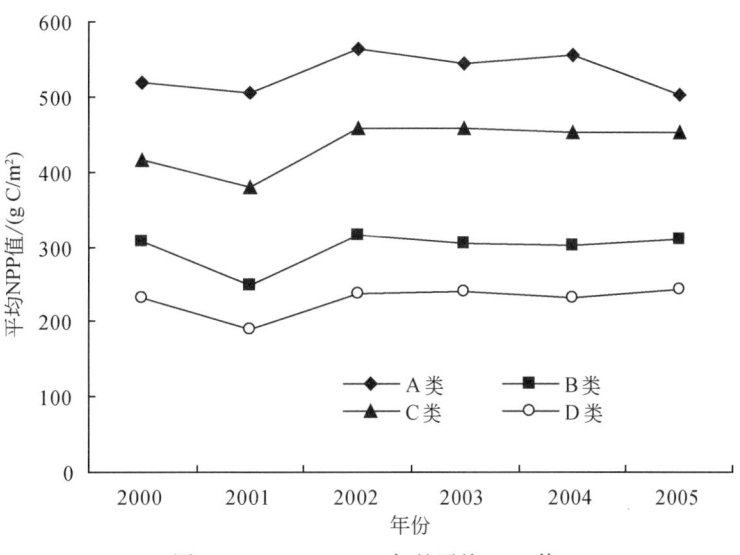

图 6-15 2000~2005 年的平均 NPP 值

将 2000~2002 年和 2003~2006 年两个序列进行分析，植被 NPP 如图 6-16 所示。图中比例越高说明两个时间序列的变化越大。西部和北部自然植被变化率均为正变化，而中部和南部人工植被变化率多为负变化。由前述可知后三年比前三年水分条件改观，自然植被随之改善，而人工植被变化却相反，说明自然植被更多地受到气候条件的影响和制约。

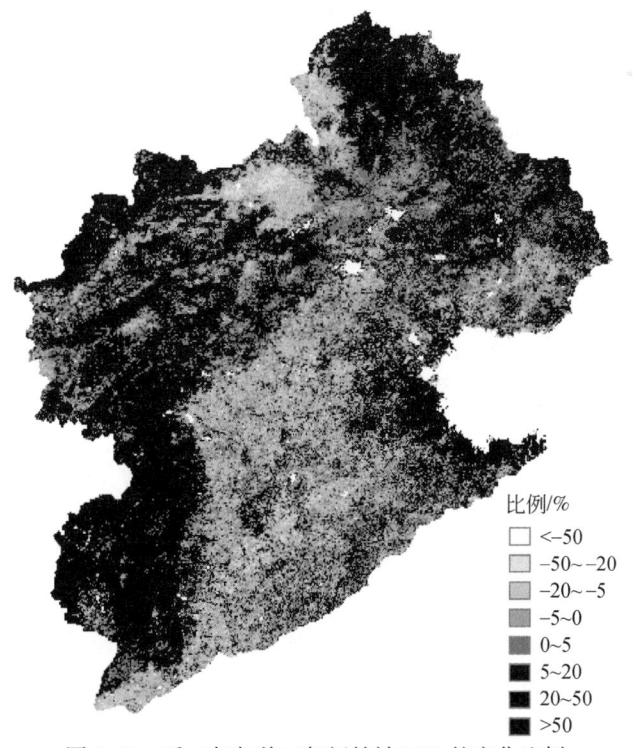

图 6-16 后三年与前三年间植被 NPP 的变化比例

(5) 模型校验

根据河北、山西、山东、河南省 168 个县的粮食产量数据经作物收获指数转换后与模拟的 NPP 值进行比较，Person 相关系数是 0.849，达到极显著水平，说明模型模拟结果可信。

6.3.2 咖啡因示踪技术在潘家口-大黑汀水库的应用

6.3.2.1 人类对地表水生活污染示踪技术的需求

从源头控制污染物的扩散，准确定位及跟踪生活污染源，是一项应用价值较高的研究技术。目前，用于追踪及定位生活污染源的指标主要有指示生物和化学示踪剂两类。化学示踪剂中最受关注的是咖啡因（Leeming and Nichols，1996；Seiler et al.，1999；Piocos and de la Cruz，2000；Gardinali and Zhao，2002；Weigel et al.，2004）。

6.3.2.2 咖啡因示踪技术原理

咖啡因在自然环境中非常稳定，水体中，咖啡因不会从水中挥发到大气中，不会在鱼类体内生物积聚，也不会吸附在沉淀物上。即使在经废水处理之后，残余浓度仍足以供化学分析，在污水处理厂的去除率可以达到 81%～99.9%，在自然水体中的检出浓度仍较高，并可区分人为污染源及动物污染源，所以它很适合用来作为追踪水污染的指标（Seiler et al.，1999）。

咖啡因作为示踪剂已有一些研究和应用基础，但目前国内外对于咖啡因作为生活污染源示踪剂的研究仍不多见（Chen et al.，2002；Peeler et al.，2006），国内关于示踪剂追踪生活污染源的研究也尚未见报道。

6.3.2.3 咖啡因 UPLC-MS 检测技术方法的建立

(1) 咖啡因检测仪器与试剂

超高效液相色谱-质谱联用仪（Waters，UPLC-MS［SQD］）、Masslynx V4.1 软件处理系统、甲醇、甲酸、三氟乙酸、去离子水、固相萃取装置（Supelco）、固相萃取小柱（Waters Oasis HLB 30 μm）、玻璃式抽滤器（购于天津玻璃仪器厂）、咖啡因标准样品。

(2) 水样品前处理

水样抽滤：取 600mL 的水样用玻璃式抽滤器抽滤，依次经 1μm 孔径的玻璃纤维滤膜和 0.45μm 乙酸纤维酯滤膜过滤，准确量取 500mL 滤液备用。

活化小柱：取 3mL 甲醇注入 HLB 固相萃取小柱，使之自然滴下，当液面接近上层筛面加入 3mL 纯水活化。

富集：固相萃取，将抽滤好的水样连接活化后的小柱，流速控制为 8mL/min。

淋洗：用 20% 的甲醇溶液 3mL 淋洗固相萃取小柱。

洗脱：用含有 0.1% 三氟乙酸的甲醇溶液 3mL 洗脱固相萃取小柱（分两次，每次分别为 1.5mL）。

氮吹：在40℃下，用氮吹仪把样品浓缩至干。
定容：用甲醇定容至1.5mL。
混匀：在漩涡振荡器中把样品混匀。

（3）UPLC-MS 检测咖啡因方法

色谱条件：流动相用甲醇、0.1%的甲酸；流动相流速为0.25mL/min；进样运行时间1.6min。

质谱条件：离子选择为ES+，质荷比为195.0，驻留时间为0.1s，锥孔电压为35V，扫描时间为1.8min。

工作梯度结果：如表6-25所示。

表6-25 咖啡因标样梯度结果

样品类型	浓度/ppb*	响应峰面积	检测浓度/ppb
空白	—	62.854	—
标准样品	10	21 734.066	11.03
标准样品	50	105 085.070	53.85
标准样品	100	185 402.080	95.11

* 1ppt = 10^{-3} ppb。

工作曲线如图6-17所示。工作曲线方程为 $y=1948x+156.43$，回归系数为 $r^2=1$。

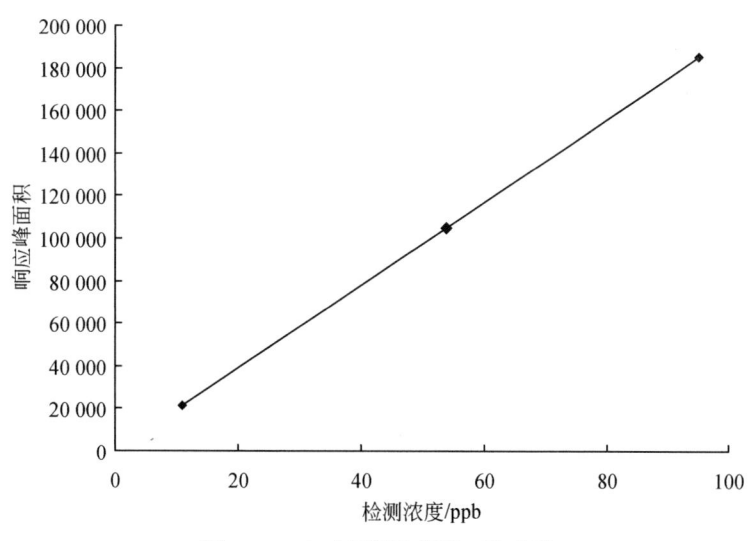

图6-17 咖啡因标准样品工作曲线

6.3.2.4 潘家口-大黑汀水库系统咖啡因检测实验

（1）采样断面

潘家口-大黑汀水库系统是引滦工程的源头，共设置8个采样断面，如图6-18所示。其中潘家口水库4个，为瀑河口、燕子峪、潘家口、潘家口坝上；下池调水枢纽1个采样点，为下池；大黑汀水库 3 个，为大黑汀榆树峪、大黑汀库心和大黑汀坝上。

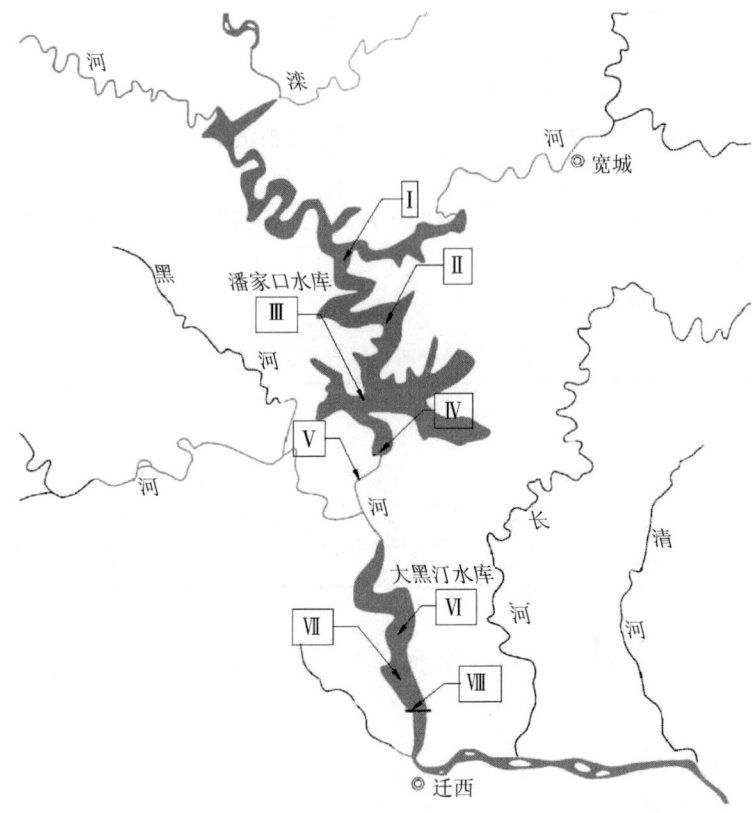

图 6-18　潘家口-大黑汀水库采样点的布设

Ⅰ表示瀑河口、Ⅱ表示燕子峪、Ⅲ表示潘家口、Ⅳ表示潘家口坝上、Ⅴ表示下池、
Ⅵ表示大黑汀榆树峪、Ⅶ表示大黑汀库心、Ⅷ表示大黑汀坝上

(2) 测定结果

样品的浓缩倍数为 333.3，经换算后咖啡因的测定结果如表 6-26 所示。

表 6-26　潘家口-大黑汀水库咖啡因浓度测定结果

监测点		咖啡因/ppt*
潘家口水库	瀑河口	19.5
	燕子峪	13.0
	潘家口	1.44
	潘家口坝上	<DL（未检出）
下池	下池	27.3
大黑汀水库	榆树峪	12.6
	大黑汀库心	55.0
	大黑汀坝上	11.5

* 1ppt = 10^{-3} ppb。

由表6-26可知潘家口-大黑汀水库系统咖啡因的实际测定浓度最高的样点为汀库心，为55.0ppt，其次为下池，为27.3ppt，最低浓度在潘家口坝上，咖啡因含量浓度未检出。在潘家口水库的4个采样点测定浓度自上游至下游呈依次递减的趋势，而在下池又增大，变成27.3ppt，在大黑汀水库的库心浓度最大，达55.0ppt，而在榆树峪和汀坝上相对较小。

滦河为潘家口的主要水来源，滦河上游为承德市，其经处理或未经处理的生活用水注入下游水体，致使其含有浓度较高的咖啡因，而潘家口水库的库容相对较大，注入水中所含有的咖啡因进一步稀释，而出现从上游到下游咖啡因浓度依次递减的现象；大黑汀水库由于库心附近有居民区及酒店的生活用水注入，而库容为2亿m^3，承载能力相对于潘家口水库较小，致使其咖啡因浓度相对较高。

（3）咖啡因在潘家口-大黑汀水库中与其他营养盐的浓度关系

本研究将咖啡因浓度沿程变化与富营养化指标进行对比。潘家口-大黑汀水库系统各样点其他营养盐的浓度如表6-27所示，与咖啡因浓度的变化趋势成反比，pH与咖啡因浓度的变化趋势有较小的负相关。

表6-27　潘家口-大黑汀水库系统各样点其他营养盐的浓度

监测点		COD_{Mn}/(mg/L)	TP/(mg/L)	TN/(mg/L)	SD/m	Chl_a 浓度/(mg/L)
潘家口水库	瀑河口	4.24	0.155	6.37	0.3	0.031 1
	燕子峪	4.00	0.026	5.62	1.8	0.009 8
	潘家口	3.38	0.022	4.81	5.4	0.008 2
	潘坝上	3.06	0.019	4.29	8.5	0.007 1
下池	下池	2.65	0.132	4.94	5.0	0.001 4
大黑汀水库	汀库心	4.04	0.042	3.74	3.8	0.011 2
	汀坝上	3.8	0.026	3.33	4.6	0.007 9

从表6-27中可以得出咖啡因在潘家口-大黑汀水库中与其他营养盐浓度的关系，咖啡因的浓度自上游至下游的变化趋势与高锰酸盐指数和叶绿素a浓度变化趋势最接近，其次为总氮、总磷等参数，咖啡因的浓度变化与以上各参数的变化趋势较为一致；而透明度的变化趋势与咖啡因浓度变化相反。

高锰酸盐指数、叶绿素a、总氮、总磷等参数变化在瀑河口至潘坝上呈递减的趋势，与咖啡因沿程变化趋势基本相同，初步说明采用咖啡因作为生活污水来源表征因子是可行的。

6.3.3　潘家口-大黑汀水库及白洋淀湿地的藻类调查

本研究对潘家口-大黑汀水库和白洋淀湿地的浮游植物状况进行了调查，在此基础上重点研究了潘家口-大黑汀水库多年来浮游植物的变化趋势，以期为进一步开展流域生态水文过程的演变对流域水源地保护的影响研究提供科学依据。

6.3.3.1 研究方法

浮游植物定性，采用25号浮游生物网，在水下0.15m处作"∞"字形拖曳3min，加福尔马林固定，保存于100mL标本瓶中；浮游植物定量，取1L水样于样品瓶中，加鲁哥氏液固定，再静置24h后，浓缩后采用显微镜进行镜检，用浮游生物计数框进行全片计数，根据浓缩倍数计算其密度；按照《中国淡水藻类——系统、分类及生态》（胡鸿钧和魏印心，2006）和《水生生物监测手册》（国家环境保护总局，1993）的方法进行浮游植物分类。

相似性分析采用Jensen指数的计算公式 $S = \frac{2a}{b+c} \times 100\%$ 计算。式中：S 是相似性系数；a 为对比两地的共有属数；b、c 为两地分别具有的物种的属数。对比两地的共有类群越多，其S值就越大，其相似性就越大。

6.3.3.2 采样点与采样时间

共设置8个采样点，其中潘家口水库5个，为清河口、瀑河口、燕子峪、潘家口、潘家口坝上；下池调水枢纽1个采样点，为下池；大黑汀水库两个，为大黑汀库心和大黑汀坝上。采样时间为5~11月，每月采样一次，在月初进行采样测定。白洋淀湿地共设置3个采样点，分别为泥李庄、端村和圈头。

6.3.3.3 潘家口-大黑汀水库系统的藻类现状与变化趋势

(1) 潘家口-大黑汀水库系统的藻类现状

通过2008~2009年的藻类监测，共鉴定出藻类8门、34科、62属，其中绿藻门和硅藻门种类较多，绿藻门为11科27属，分别占所鉴定科类的32.4%和属类的43.6%，硅藻门为8科14属，分别占所鉴定科类的23.5%和属类的22.6%，其次为蓝藻门，共6科9属，占属类的14.5%，隐藻门和黄藻门种类较少，各为1属；绿藻门的小球藻科种类最多，为6属，其次为栅藻科，为4属（表6-28）。

表6-28 潘家口-大黑汀水库的藻类属类组成

门类	属类	属数	门类	属类	属数
绿藻门 Chlorophyta	弓形藻 Schroederia	27	绿藻门 Chlorophyta	棘接鼓藻 Sphaerozosma	27
	顶棘藻 Chodatella			空星藻 Coelastrum	
	四角藻 Tetraedron			四鞭藻 Carteria	
	衣藻 Chlamydomonas			浮球藻 Planktosphaeria	
	栅藻 Scenedesmus			盘藻 Gonium	
	纤维藻 Ankistrodesmus			胶网藻 Dictyosphaerium	
	卵囊藻 Oocystis			实球藻 Pandorina	
	十字藻 Crucigenia			空球藻 Eudorina	
	鼓藻 Cosmarium			小球藻 Chlorella	
	角星鼓藻 Staurastrum			水绵 Spirogyra	
	新月鼓藻 Closterium			微孢藻 Microspora	

续表

门类	属类	属数	门类	属类	属数
绿藻门 Chlorophyta	集星藻 Actinastrum	27	硅藻门 Bacillariophyta	羽纹藻 Pinnularia	14
	芒锥藻 Errerella			波缘藻 Cymatopleura	
	蹄形藻 Kirchneriella			异极藻 Gomphonema	
	多突藻 Polyedriopsis			双眉藻 Amphora	
	多芒藻 Golenkinia			直链藻 Melosira	
硅藻门 Bacillariophyta	针杆藻 Synedra	14	蓝藻门 Cyanophyta	假鱼腥藻 Pseudanabaena	9
	舟形藻 Navicula			鱼腥藻 Anabaena	
	星杆藻 Asterionella			色球藻 Chroococcus	
	平板藻 Tabellaria			颤藻 Oscillatoria	
	小环藻 Cyclotella			柱胞藻 Cylindrospermum	
	脆杆藻 Fragilaria			平裂藻 Merismopedia	
	布纹藻 Gyrosgma			螺旋藻 Spirulina	
	双菱藻 Surirella			微囊藻 Microcystis	
	桥弯藻 Cymbella			尖头藻 Raphidiopsis	

（2）潘家口-大黑汀水库的藻类的年内变化

潘家口水库主要水域的平均藻密度、叶绿素 a 浓度的年内变化情况如图 6-19 所示。总体来看，呈现春末和夏初较小，盛夏和初秋较大的趋势，浮游植物的生长高峰出现在 8 月、9 月。生长曲线呈双峰现象与其他湖泊的变化情况相类似（张克峰等，2005）。在藻类生长的高峰时期，藻密度达到 3000 万个/L，叶绿素达到 0.012mg/L，达到中营养到中度富营养化水平（国家环境保护总局和国家质量监督检验检疫总局，2002），局部水域出现藻类聚集现象。叶绿素 a 浓度和藻密度峰值出现时间略有不同，可能是浮游植物群落结构不同以及叶绿素 a 在浮游植物个体的含量不同所致。

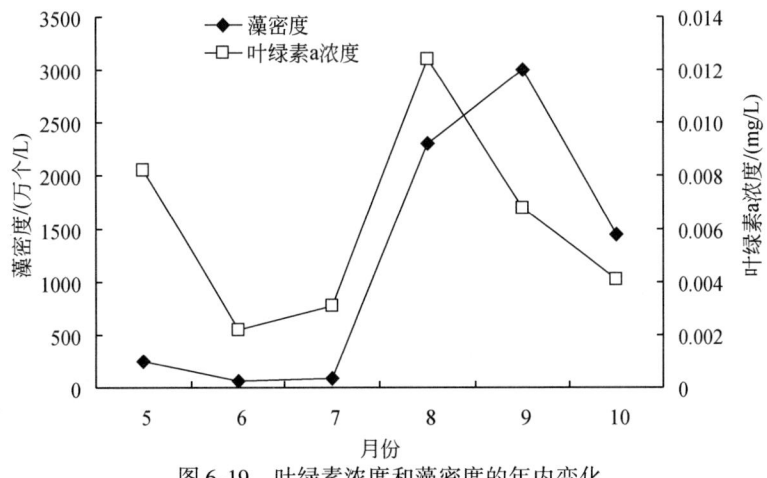

图 6-19 叶绿素浓度和藻密度的年内变化

（3）潘家口-大黑汀水库的藻类年际变化趋势

潘家口-大黑汀水库系统在 20 世纪 80 年代末期 5 月和 9 月的优势种群是扭曲小环藻，

群落结构为硅藻型（水利部海委引滦工程管理局，1989）；在 2001 年 9 月调查优势种群为菱形藻、角甲藻，群落结构为硅藻-甲藻型，2002 年 5 月调查优势种群为锥囊藻、星杆藻和舟形藻，其群落结构为金藻-硅藻型（王新华等，2004）；而在 2009 年 5 月调查的优势种群为针杆藻、小环藻和假鱼腥藻，其群落结构为硅藻-蓝藻型，2009 年 9 月调查的优势种群为假鱼腥藻、栅藻和衣藻，其群落结构为蓝藻-绿藻型。80 年代末常见的扭曲小环藻如今在库区很难发现其踪迹。20 多年来潘家口水库的浮游植物呈现由硅藻逐渐向硅甲藻，再向蓝绿藻演变的趋势（表 6-29）。

表 6-29　潘家口-大黑汀水库多年浮游植物组成表

时间	5 月优势类群	9 月优势类群
1987～1989 年	扭曲小环藻	扭曲小环藻
2001～2002 年	锥囊藻、星杆藻、舟形藻	菱形藻、角甲藻
2008～2009 年	针杆藻、小环藻、假鱼腥藻	假鱼腥藻、栅藻、衣藻

6.3.3.4　白洋淀湿地藻类现状

（1）白洋淀湿地的藻类现状

2008～2009 年对白洋淀湿地的藻类监测鉴定出藻类 7 门、32 属，其中绿藻门和硅藻门种类较多，绿藻门为 18 属，分别占所鉴定属类的 56.3%，硅藻门为 5 属，占属类的 15.6%，其次为蓝藻门，共 4 属，占属类的 12.5%，金藻门、隐藻门和黄藻门种类较少，各为 1 属，如表 6-30 所示。

表 6-30　白洋淀湿地的藻类属类组成

门类	属类	属数	门类	属类	属数
绿藻门 Chlorophyta	弓形藻 Schroederia	18	绿藻门 Chlorophyta	蹄形藻 Kirchneriella	18
	顶棘藻 Chodatella			多突藻 Polyedriopsis	
	四角藻 Tetraedron		蓝藻门 Cyanophyta	鱼腥藻 Anabaena	4
	衣藻 Chlamydomonas			颤藻 Oscillatoria	
	栅藻 Scenedesmus			平裂藻 Merismopedia	
	卵囊藻 Oocystis			螺旋藻 Spirulina	
	十字藻 Crucigenia		硅藻门 Bacillariophyta	针杆藻 Synedra	5
	四星藻 Tetrastum			星杆藻 Asterionella	
	盘星藻 Pediastrum			小环藻 Cyclotella	
	鼓藻 Cosmarium			脆杆藻 Fragilaria	
	新月鼓藻 Closterium			直链藻 Melosira	
	月牙藻 Selenastrum		裸藻门 Euglenophyta	裸藻属 Euglena	2
	浮球藻 Planktosphaeria			囊裸藻 Trachelomonas	
	实球藻 Pandorina		黄藻门 Chrysophyta	黄丝藻 Tribonema	1
	空球藻 Eudorina		金藻门 Chrysophyta	锥囊藻 Dinobryon	1
	水绵 Spirogyra		隐藻门 Cryptophyta	隐藻 Cryptomonas	1

(2) 白洋淀湿地的藻类的年内变化

白洋淀水域的叶绿素 a 浓度的年内变化情况如图 6-20 所示。总体来看，春末和夏初较小，盛夏和初秋较大，浮游植物生长高峰出现在 7~9 月，其中 7 月藻类生长最旺盛。生长曲线双峰出现在 7 月和 9 月，而后叶绿素 a 浓度呈下降趋势。

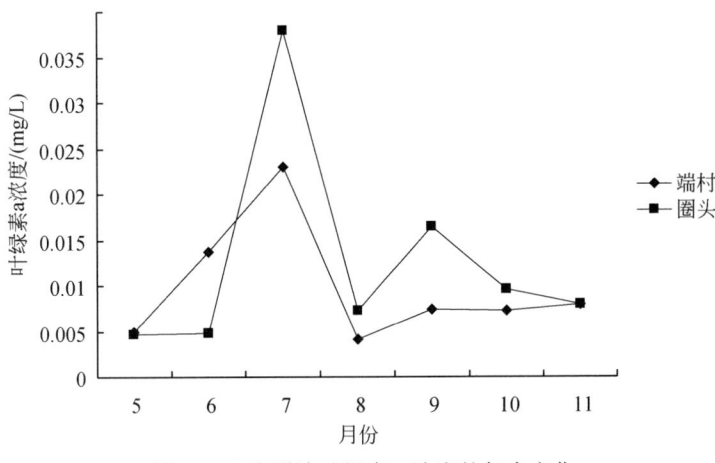

图 6-20 白洋淀叶绿素 a 浓度的年内变化

(3) 白洋淀湿地的藻类的优势类群

由表 6-31 可以看出，2008~2009 年白洋淀湿地藻类的优势类群，5 月为硅藻门的针杆藻、小环藻，蓝藻门的平裂藻和隐藻门的隐藻；9 月为绿藻门的实球藻、卵囊藻，蓝藻门的平裂藻和隐藻门的隐藻。

表 6-31 白洋淀的藻类的优势类群

2008~2009 年	5 月优势类群	9 月优势类群
圈头	针杆藻、平裂藻、隐藻	实球藻、卵囊藻
端村	小环藻、平裂藻	隐藻
泥李庄	针杆藻、小环藻	隐藻、平裂藻

6.3.4 潘家口-大黑汀水库微囊藻毒素的测定

微囊藻毒素（microcystin，MC）是蓝藻产生的一类天然毒素，是一种在蓝藻水华污染中出现频率最高、产生量最大和造成危害最严重的藻毒素种类。常见微囊藻毒素有三种形态（Gago-Martínez et al.，2003），即 MC-LR、MC-RR、MC-YR。

6.3.4.1 检测技术方法

本研究应用了 UPLC-MS 对微囊藻毒素进行了检测，实现了微囊藻毒素的快速检测，且不必关注色谱条件的优化，一次进样同时检测 MC-LR 和 MC-RR，且 MC-LR 和 MC-RR

分开检测，峰型互不影响。

（1）检测仪器与试剂

UPLC-MS、Masslynx V4.1 软件处理系统、甲醇、甲酸、三氟乙酸、去离子水、固相萃取装置（Supelco）、固相萃取小柱（Waters Oasis HLB 30μm）、玻璃式滤器、MC-LR 和 MC-RR 标准样品。

（2）水样品前处理

与咖啡因测试相同。

（3）UPLC-MS 检测微囊藻毒素方法

色谱条件：流动相用甲醇、0.1% 的甲酸；流动相流速为 0.3mL/min；进样运行时间 3min。

质谱条件：离子选择为 ES+，其中 MC-LR 质荷比为 996.8，MC-RR 质荷比为 520.1，驻留时间为 0.1s，锥孔电压为 60V，扫描时间为 2.3min。

标样梯度：MC-LR 和 MC-RR 标样分别配置 1ppb、5ppb、10ppb、25ppb、50ppb、100ppb、150ppb 七个梯度。

峰值检测时间：MC-LR 峰值出现在 1.13min，MC-RR 峰值出现在 1.08min。

工作曲线结果：MC-LR 曲线方程为 $Y = 44.005X$，回归系数 $R^2 = 0.9975$。MC-RR 曲线方程为 $Y = 1241.4X$，回归系数 $R^2 = 0.9965$。MC-LR 和 MC-RR 标准样品曲线如图 6-21 所示。

6.3.4.2 检测结果

潘家口–大黑汀水库采样样品的浓缩倍数为 333.3，经换算后 MC-LR 浓度和 MC-RR 浓度的测定结果如表 6-32 所示。

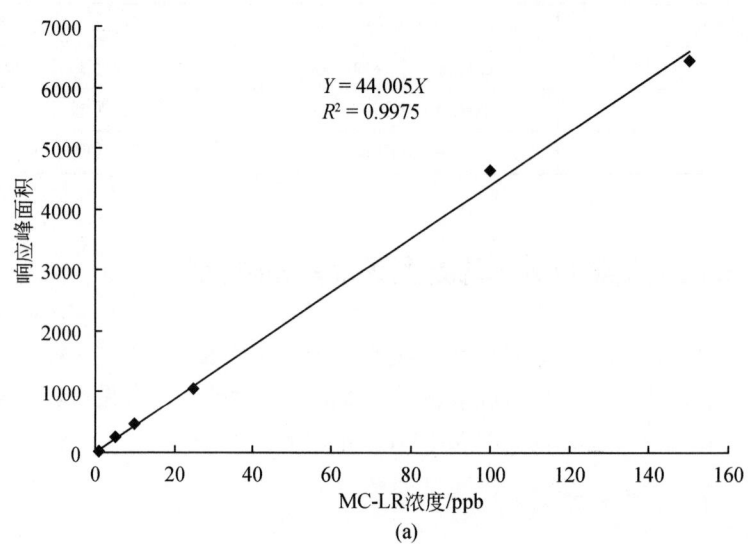

(a)

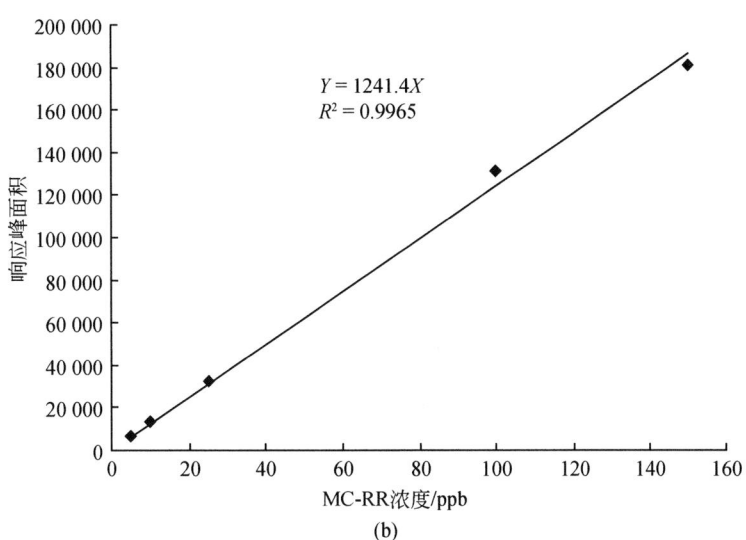

(b)

图 6-21　MC-LR 和 MC-RR 标准样品工作曲线

表 6-32　潘家口–大黑汀水库 MC-LR 和 MC-RR 测定结果

监测点		MC-LR 浓度/ppb	MC-RR 浓度/ppb
潘家口水库	瀑河口	0.0199	<DL
	燕子峪	0.0073	<DL
	潘家口	0.0004	<DL
	潘坝上	<DL	<DL
下池	下池	<DL	<DL
大黑汀水库	榆树峪	0.0011	<DL
	汀库心	0.0034	<DL
	汀坝上	<DL	<DL

　　由表 6-32 可知，潘家口–大黑汀水库系统 MC-LR 的浓度范围为 0~0.0199ppb，最高浓度出现在瀑河口，其次为大黑汀库心和燕子峪，再次为潘家口和榆树峪，在潘坝上、下池和汀坝上均未检出。MC-RR 在潘家口–大黑汀水库系统的各个采样点均未检出。MC-LR 的含量未超出《地表水环境质量标准》（GB3838–2002）中规定的标准限值 1ppb。

（1）MC-LR 与水体叶绿素 a 浓度的关系

　　微囊藻毒素由藻类直接产生，而水体叶绿素 a 浓度反映藻类的总体生长状况，取各样点的 MC-LR 与水体叶绿素 a 浓度的值作图，如图 6-22 所示。

　　由图 6-22 可知，潘家口–大黑汀水库系统各样点的 MC-LR 与叶绿素 a 浓度的值呈明显

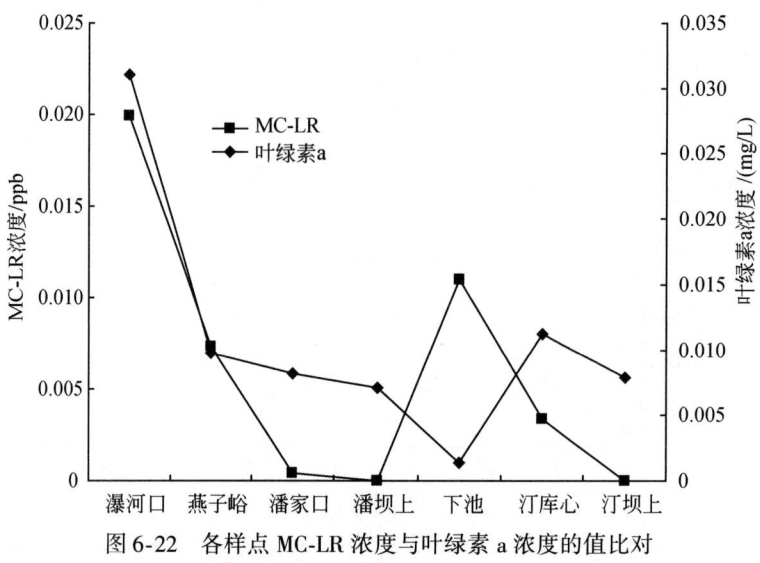

图 6-22　各样点 MC-LR 浓度与叶绿素 a 浓度的值比对

的正相关，藻类的总体生长状况为 MC-LR 浓度的决定因素。而库区藻类的物种多样性较大，蓝藻门是库区浮游植物的主要类群，存在微囊藻、鱼腥藻、假鱼腥藻、柱孢藻等多种可能产毒素的种类，有待进一步进行研究。

（2）水体的 MC-LR 与咖啡因浓度变化关系

咖啡因浓度变化与叶绿素 a 浓度的变化呈正相关，而 MC-LR 也与叶绿素 a 浓度的值正相关，将咖啡因和 MC-LR 的各样点浓度变化相对比，如图 6-23 所示，可以看出 MC-LR 与咖啡因浓度变化也呈明显的正相关。

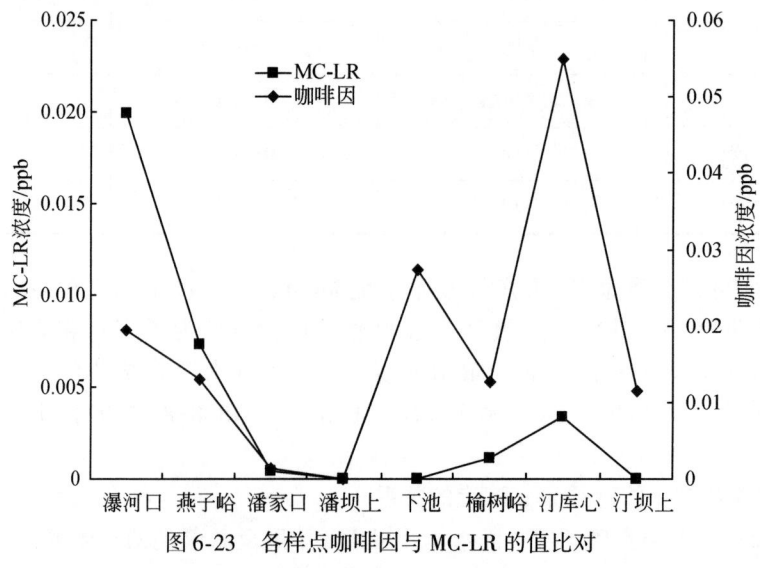

图 6-23　各样点咖啡因与 MC-LR 的值比对

在瀑河口至潘家口坝上咖啡因和 MC-LR 浓度变化都呈下降趋势，两者变化趋势相一致，而在下池咖啡因浓度呈上升趋势，MC-LR 浓度则未检出，在汀库心则两者都呈上升趋势，而后在汀坝上浓度又回落。咖啡因浓度在大黑汀水库和下池浓度较高，而 MC-LR 高浓度出现在潘家口水库，大黑汀水库和下池浓度相对较低。

6.3.5 水资源环境经济核算应用

国民经济核算体系（也称国民账户体系，SNA）是当前国际上通用的经济统计框架，是市场经济体制下非常有效的国民经济分析和管理工具，其中的 GDP 指标为衡量一国经济状况提供了一个最为综合的衡量尺度。但是，在国民经济核算框架中，经济过程与环境之间是割裂开来的，没有体现环境因素对于经济过程的作用，也没有反映经济过程对环境的影响。综合环境经济核算体系（SEEA）是针对国民经济核算体系的不足，考虑了自然资源与环境因素，将经济活动中自然资源的价值和环境保护及修复成本予以扣除，进行资源、环境、经济综合核算，不仅体现直接成果，而且体现负面影响，形成一套既能够描述资源环境与经济活动之间的关系，又能提供资源环境核算数据的综合核算体系。

水资源环境经济核算体系（简称水资源核算，SEEAW）是综合环境经济核算体系的子账户，是把水资源信息和经济信息按照协调兼容的方式结合起来的概念性框架，按照综合环境经济核算的基本框架针对水资源本身及涉水经济活动进行综合核算，将水资源纳入到国民经济核算体系中，建立起经济信息与水资源信息的关联关系，核算水资源对经济的贡献以及经济发展造成的水资源耗减和水环境退化问题，并进一步指导水资源管理和涉水政策制定。

水资源核算基本框架包括水资源实物量核算、水经济核算以及水的综合核算三部分。水资源实物量核算的主要目标是从水资源供、用、耗、排的循环过程进行核算，将水资源及其供给与使用在实物量意义上导入国民经济核算体系，体现水资源与经济活动的关系，反映水资源对于经济体系的重要性以及保障程度。水经济核算将与水有关的经济活动从一般经济活动中分离出来，以便反映经济体系针对水资源开发、利用、管理、保护所发生的经济活动规模以及其中的经济利益关系。水的综合核算的基本思路是在存量和流量不同层面上，将水资源作为一个有机要素纳入国民经济核算内容之中，进行总量调整，以全面评价水资源对国民经济的贡献和影响。

水的经济核算需要涉水税费、补贴、水环境保护支出等数据，在流域层面难以获得，本书不做深入分析。在 4.6 节已经利用水的综合核算方法对水资源价值、水资源耗减成本和水环境退化成本进行了评价，本节重点开展水资源实物量核算，建立起海河流域水资源与国民经济的关系，分析经济社会取水、供水、用水、耗水和排水过程对水资源和水环境造成的影响。

6.3.5.1 水的实物量供给使用核算

水的实物量供给使用核算的重点是研究水在人工侧支循环过程中的规律，分析社会水循环的特征状态，摸清进入社会循环系统的水的来源与去向，定量评估不同行业的用水现状。

从使用量核算，2005 年海河流域经济社会系统取用地表水 123.29 亿 m³，取用地下水 252.64 亿 m³，直接利用海水量 17.79 亿 m³，经济社会取用新水量（不包含海水直接利用量）为 375.93 亿 m³，其中生产取水量 350.63 亿 m³，生活和环境取水量 25.30 亿 m³；自来水供水总量为 30.02 亿 m³，其中供给生产用户 16.73 亿 m³，供给生活和环境用水 13.29 亿 m³；污水处理回用量 3.83 亿 m³，其中生产用水回用 3.37 亿 m³，环境回用 0.46 亿 m³。

从供给量核算，自来水生产供应业和污水处理业共对外供给 33.85 亿 m³，自来水供应和再生水供应量分别为 30.02 亿 m³ 和 3.83 亿 m³；各用户排入污水处理厂水量为 11.81 亿 m³，其中生产和城镇住户分别供给 7.05 亿 m³ 和 4.76 亿 m³；各用户直接排入环境污水量为 109.6 亿 m³，其中排放到内陆水域和海洋的水量分别为 83.14 亿 m³ 和 26.46 亿 m³。

综合考虑取水和供、排水状况，当年经济社会耗水总量为 266.34 亿 m³。详见表 6-33。

6.3.5.2 污染物排放核算

污染物排放核算详细描述排放的废污水中各种污染物质含量。从污染物的处理（经济体的源内处理、集中处理）、排放去向（内陆水域、海洋）两个环节，系统地分析了污染物的来源、排放量、排放去向及治理情况。

2005 年海河流域 COD 排放总量为 863.23 万 t。直接排入水域 842.81 万 t，其中排入内陆水域和海域 COD 量分别为 823.59 万 t 和 19.22 万 t。排入污水处理厂 20.42 万 t，经处理后排入环境 2.79 万 t。当年 COD 净排放量 845.60 万 t，实际入河量为 89.21 万 t。详见表 6-34。

2005 年海河流域氨氮排放总量为 89.96 万 t。直接排入水域 86.71 万 t，其中排入内陆水域和海域 COD 量分别为 85.91 万 t 和 0.80 万 t。排入污水处理厂 3.25 万 t，经处理后排入环境 0.64 万 t。当年 COD 净排放量 87.35 万 t，实际入河量为 8.42 万 t。详见表 6-35。

6.3.5.3 水质核算

水质核算通过质量标准描述水资源质量在核算期初、期末的存量及存量变化情况，可以综合反映水资源的质量及其变化状况，既是综合环境经济核算中生态核算的基础，又是进行水资源科学管理和废污水综合治理的依据。水质核算分河流、水库和湖泊分别核算。

2005 年评价河长 11808.1km，其中水质优于 Ⅱ 类的河长为 2676.1km，占总评价河长的 22.6%；水质为 Ⅲ 类和 Ⅳ 类的河长分别为 2075.0km 和 428.8km，分别占总评价河长的 17.6% 和 3.6%；低于 Ⅴ 类的河长 6329.0km，占总评价河长的 53.6%。总体来看，河流水质与上年相差不大（表 6-36）。

第6章 | 总量控制策略及生态环境效应分析

表 6-33 海河流域水的实物量供给使用表

项目		生产（亿 m³）							生活（亿 m³）		生态环境（亿 m³）		合计（亿 m³）
		第一产业	第二产业					第三产业	生产合计	城镇住户	农村住户	城镇环境	农村环境	
			一般工业	自来水生产供应业	污水处理业	建筑业							
使用量	直接取自环境的水量	地表水量	93.10	12.63	14.50	0.00	0.11	0.61	120.95	0.00	1.24	0.67	0.43	123.29
		地下水量	175.22	33.98	15.51	0.00	0.61	4.36	229.68	7.48	15.08	0.36	0.04	252.64
		海水直接利用量	0.00	17.79	0.00	0.00	0.00	0.00	17.79	0.00	0.00	0.00	0.00	17.79
		小计	268.32	46.61	30.01	0.00	0.72	4.97	350.63	7.48	16.32	1.03	0.47	375.93
	取自其他经济体的水量	自来水供水量	0.00	9.59	0.00	0.00	1.13	6.01	16.73	11.31	0.10	1.88	0.00	30.02
		污水处理回用量	2.77	0.60	0.00	0.00	0.00	0.00	3.37	0.00	0.00	0.38	0.08	3.83
		废污水量	0.00	0.00	0.00	11.81	0.00	0.00	11.81	0.00	0.00	0.00	0.00	11.81
		小计	2.77	10.19	0.00	11.81	1.13	6.01	31.91	11.31	0.10	2.26	0.08	45.66
	总使用量（总取水量）		271.09	56.80	30.01	11.81	1.85	10.98	382.54	18.79	16.42	3.29	0.55	421.59
	其中:新水取用量		268.32	56.20	30.01	0.00	1.85	10.98	367.36	18.79	16.42	2.91	0.47	405.95
供给量	供给其他经济体的水量	对外供水量	0.00	0.00	30.01	3.83	0.00	0.00	33.84	0.00	0.00	0.00	0.00	33.84
		排入污水处理厂水量	0.00	6.72	0.00	0.00	0.02	0.31	7.05	4.76	0.00	0.00	0.00	11.81
		小计	0.00	6.72	30.01	3.83	0.02	0.31	40.89	4.76	0.00	0.00	0.00	45.65
	回归及排入环境的水量	排入内陆水域水量	40.84	21.28	0.00	6.38	0.29	7.28	76.07	5.05	1.84	0.17	0.01	83.14
		排入海洋水量	22.10	0.48	0.00	1.60	0.00	0.01	24.19	0.98	1.16	0.13	0.00	26.46
		输定回归量	0.00	0.00	0.00	0.00	0.00	0.00	0.00	0.00	0.00	0.00	0.00	0.00
		小计	62.94	21.76	0.00	7.98	0.29	7.29	100.26	6.03	3.00	0.30	0.01	109.60
	总供给量		62.94	28.48	30.01	11.81	0.31	7.60	141.15	10.79	3.00	0.30	0.01	155.25
耗水量			208.15	28.32	0.00	0.00	1.54	3.38	241.39	8.00	13.42	2.99	0.54	266.34

注：账户中仅统计了海水直接利用量，但不参与供给量核算，供给量利使用量中均不包含海水直接利用量。

表 6-34 海河流域污染物（COD）排放账户

COD 排放量 （万 t/a）	经济行业分类					城镇住户	农村住户	城镇环境	总计
	农业	一般工业	建筑业	服务业	合计				
t. 总排放量	586.45	56.61	0.02	3.27	646.35	65.58	133.70	17.60	863.23
a. 直接排入水域	586.45	50.61	0.01	2.80	639.87	51.64	133.70	17.60	842.81
a1. 排入内陆水域	586.45	35.37	0.01	1.99	623.82	48.47	133.70	17.60	823.59
a2. 排入海域	0.00	15.24	0.00	0.81	16.05	3.17	0.00	0.00	19.22
b. 陆域中入污水处理厂量	0.00	6.00	0.01	0.47	6.48	13.94	0.00	0.00	20.42
d. 分配污水处理厂排放的污染物	0.00	1.29	0.00	0.22	1.51	1.28	0.00	0.00	2.79
n. 净排放	586.45	51.90	0.01	3.02	641.38	52.92	133.70	17.60	845.60
r. 入河量	34.31	32.84	0.00	1.82	68.97	19.92	0.20	0.12	89.21

表 6-35 海河流域污染物（氨氮）排放账户

氨氮排放量 （万 t/a）	经济行业分类					城镇住户	农村住户	城镇环境	总计
	农业	一般工业	建筑业	服务业	合计				
t. 总排放量	71.79	6.05	0.00	0.20	78.04	7.65	3.63	0.64	89.96
a. 直接排入水域	71.79	4.76	0.00	0.15	76.70	5.74	3.63	0.64	86.71
a1. 排入内陆水域	71.79	4.17	0.00	0.13	76.09	5.55	3.63	0.64	85.91
a2. 排入海域	0.00	0.59	0.00	0.02	0.61	0.19	0.00	0.00	0.80
b. 陆域中入污水处理厂量	0.00	1.29	0.00	0.05	1.34	1.91	0.00	0.00	3.25
d. 分配污水处理厂排放的污染物	0.00	0.03	0.00	0.10	0.13	0.51	0.00	0.00	0.64
n. 净排放	71.79	4.79	0.00	0.25	76.83	6.25	3.63	0.64	87.35
r. 入河量	3.73	3.43	0.00	0.10	7.26	1.15	0.01	0.00	8.42

表 6-36 海河流域河流水质账户

项目		期初存量（2004 年）	期末存量（2005 年）	存量变化
评价河长（km）		11 670.3	11 808.1	137.8
Ⅰ类	河长（km）	294.5	217.5	-77.0
	占评价河长（%）	2.5	1.8	-0.7
Ⅱ类	河长（km）	1908.1	2458.6	550.5
	占评价河长（%）	16.4	20.8	4.5
Ⅲ类	河长（km）	2540.4	2075.0	-465.4
	占评价河长（%）	21.8	17.6	-4.2

续表

项目		期初存量（2004年）	期末存量（2005年）	存量变化
Ⅳ类	河长（km）	502.4	428.8	-73.6
	占评价河长（%）	4.3	3.6	-0.7
Ⅴ类	河长（km）	387.2	299.2	-88.0
	占评价河长（%）	3.3	2.5	-0.8
劣Ⅴ类	河长（km）	6037.7	6329.0	291.3
	占评价河长（%）	51.7	53.6	1.9

2005年评价水库蓄水量63.5亿 m^3，其中水质优于Ⅱ类水量的48.9亿 m^3，占总评价蓄水量的77.1%；水质为Ⅲ类的水量为11.6亿 m^3，占总评价蓄水量的18.3%；低于Ⅴ类的水量2.6亿 m^3，占总评价蓄水量的4.1%。总体来看，当年参与评价的水库水质状况良好，超过95.5%的水量在Ⅲ类以上，同时较上年也有所改善（表6-37）。

表6-37 海河流域水库水质账户

项目		期初存量（2004年）	期末存量（2005年）	存量变化
蓄水量（亿 m^3）		259.4	259.4	
评价蓄水量（亿 m^3）		44.6	63.5	18.9
Ⅰ类	蓄水量（亿 m^3）	2.0	0.3	-1.6
	占评价蓄水量（%）	4.4	0.5	-3.9
Ⅱ类	蓄水量（亿 m^3）	21.7	48.6	26.9
	占评价蓄水量（%）	48.7	76.6	27.9
Ⅲ类	蓄水量（亿 m^3）	18.0	11.6	-6.4
	占评价蓄水量（%）	40.4	18.3	-22.1
Ⅳ类	蓄水量（亿 m^3）			
	占评价蓄水量（%）			
Ⅴ类	蓄水量（亿 m^3）	0.0	0.3	0.3
	占评价蓄水量（%）	0.0	0.4	0.4
劣Ⅴ类	蓄水量（亿 m^3）	2.9	2.6	-0.3
	占评价蓄水量（%）	6.5	4.1	-2.4

2005年评价湖泊面积152.8 km^2，没有优于Ⅱ类水质湖泊水面。水质为Ⅲ类和Ⅳ类的水面分别为11.6 km^2 和24.0 km^2，分别占总评价面积的7.6%和15.7%；低于Ⅴ类的水面117.2 km^2，占总评价面积的76.7%。总体来看，参与评价的湖泊水质总体较差，优于Ⅲ类的湖泊面积仅占总评价面积的7.6%，与上年相比，劣Ⅴ类水面面积增加了22.1%，有变差的趋势（表6-38）。

表 6-38 海河流域湖泊水质账户

项目		期初存量（2004 年）	期末存量（2005 年）	存量变化
湖泊面积（km²）		439.1	439.1	0.0
评价面积（km²）		155.1	152.8	-2.3
Ⅰ类	面积（km²）	0.0	0.0	0.0
	占评价面积（%）			
Ⅱ类	面积（km²）	0.0	0.0	0.0
	占评价面积（%）			
Ⅲ类	面积（km²）	0.0	11.6	11.6
	占评价面积（%）	0.0	7.6	7.6
Ⅳ类	面积（km²）	65.5	24.0	-41.5
	占评价面积（%）	42.3	15.7	-26.5
Ⅴ类	面积（km²）	51.7	46.1	-5.6
	占评价面积（%）	33.3	30.2	-3.2
劣Ⅴ类	面积（km²）	37.9	71.1	33.2
	占评价面积（%）	24.4	46.5	22.1

第 7 章　海河流域水资源可持续利用对策

为落实多维临界整体调控推荐方案，实现水资源的可持续利用，海河流域应从节水与非常规水源利用、完善水资源配置工程体系、加强水资源保护、落实河流湿地水生态修复、实行最严格的水资源管理制度五个方面开展工作。

7.1　节水与非常规水源利用

7.1.1　节水潜力分析与节水目标

7.1.1.1　节水潜力分析

节水潜力是采取工程、技术、产业结构调整等措施，在未来一定时间内可能实现的最大节水量。由于技术进步及产业结构调整等产生的节水潜力不易准确定量，故重点分析工程节水潜力。节水潜力分析表明，海河流域在城镇生活、工业、灌溉三个主要领域尚有约 43 亿 m^3 的节水潜力，如表 7-1 所示。

表 7-1　海河流域城镇生活、工业和灌溉节水潜力　　（单位：亿 m^3）

省级行政区	城镇生活	工业	灌溉	合计
北京	0.90	2.02	1.13	4.05
天津	0.60	1.86	1.66	4.12
河北	1.70	9.20	13.25	24.15
山西	0.18	1.02	0.53	1.73
河南	0.35	1.65	1.12	3.12
山东	0.22	2.12	2.69	5.03
内蒙古	0.01	0.07	0.60	0.68
辽宁	0	0	0.03	0.03
流域合计	3.96	17.94	21.01	42.91

城镇生活节水潜力主要表现在自来水管网漏损率降低和节水器具普及率提高两个方面。将海河流域城镇自来水管网漏损率从现状的 17% 降低到 9%，将城镇节水器具普及率从现状的 45% 提高到 99%，可实现节水潜力 3.96 亿 m^3。

工业节水潜力主要表现在用水重复利用率的提高。将海河流域现状工业用水重复利用率由 81% 提高到 95%，万元工业增加值用水量从 62 m^3 降低到 17 m^3，可实现工业节水潜力 17.94 亿 m^3。

农业灌溉节水潜力主要表现在采取工程节水措施提高灌溉水利用系数方面。灌溉水利用系数从现状的 0.64 提高到 0.76，可实现农业节水潜力 21.01 亿 m^3。

7.1.1.2 节水目标

海河流域节水的总目标是，按照科学发展观的要求，贯彻落实建设"资源节约型、环境友好型社会"的总方针，树立全社会节水意识，在全国率先建成节水型流域，城镇生活、工业、农业节水指标达到国际先进水平。

节水型流域社会制度建设目标是，通过水资源管理体制改革、水资源开发利用管理、经济调控、节水型产业、公众参与等制度建设，建立起较为完善的节水型社会管理制度框架，提高水资源利用效率和效益，促进社会发展与资源、环境状况相协调。各行业节水目标具体见表 7-2。

表 7-2 海河流域主要行业节水目标

水平年	省级行政区	节水器具普及率/%	供水管网漏损率/%	工业用水重复利用率/%	节水灌溉面积/万亩	灌溉水有效利用系数
2020年	北京	100	12	93	332	0.78
	天津	100	10	90	530	0.72
	河北	95	9	85	5550	0.74
	山西	95	9	86	480	0.70
	河南	90	9	82	816	0.68
	山东	81	9	85	153	0.64
	内蒙古	90	9	86	25	0.58
	辽宁	100	12	80	8	0.65
	流域平均	95	11	87	8780*	0.73
2030年	北京	100	10	94	332	0.86
	天津	100	8	92	530	0.80
	河北	100	9	88	5948	0.78
	山西	100	8	88	722	0.70
	河南	95	8	86	918	0.68
	山东	95	8	88	1210	0.64
	内蒙古	95	8	88	31	0.66
	辽宁	100	10	85	10	0.68
	流域平均	99	9	90	9701*	0.76

*合计数据。

城镇生活节水目标：到 2030 年，全面普及生活节水器具，城镇供水管网漏损率不超过 10%；节水器具普及率接近 100%。

工业节水目标：到2030年，流域万元工业增加值用水量降低到20m³以下，工业用水重复利用率达到90%，主要工业产品单位用水量指标总体上达到同期国际先进水平。

农业灌溉节水目标：逐步提高灌溉水有效利用率和水分生产效率，建立既适应海河流域水资源特点又满足农业生产目标的生产体系。到2030年，节水灌溉面积达到9701万亩，节水灌溉率达到85%，灌溉水有效利用系数提高到0.76。

7.1.2 节水规划措施

7.1.2.1 节水型社会制度建设

主要包括以下五个方面的措施。

一是改革现有水资源管理体制，建立较完善的节水型社会管理制度框架，不断提高水资源的利用效率和效益，促进经济社会的发展与资源、环境状况相协调。

二是建立健全用水总量控制和定额管理相结合的水资源管理制度。完善并严格取水许可和建设项目水资源论证制度。建立节水减排机制，通过制度建设，保障节水目标实现。

三是建立合理的水价形成机制和节水良性运行机制。建立稳定的节水投入保障机制和良性的节水激励机制，确立节水投入的专项资金。

四是节水型产业建设。通过采取工程、经济、技术、行政等措施，减少水资源开发利用各个环节的损失和浪费，降低单位产品的水资源消耗量，提高产品、企业和产业的水资源利用效率，建立节水型农业、节水型工业和节水型城市。

五是积极推动公众参与。通过制度建设，增强全民的节水意识。

7.1.2.2 城镇生活节水

加快城市供水管网技术改造，降低输配水管网漏损率。有计划地推进城市供水管网的更新改造工作，对运行使用年限超过50年，以及旧城区严重老化的供水管网，争取在2020年前完成更新改造。到2030年，全流域城镇供水管网漏损率要达到10%以下，其中30万人以下的城市自来水管网漏损率要降低到8%左右，100万人以上的大城市要降低到10%以下。

全面推行节水型用水器具，提高生活用水节水水平。强化国家有关节水政策和技术标准的贯彻执行力度，制定推行节水型用水器具的强制性标准。制定鼓励居民家庭更换使用节水型器具的配套政策，大力推广"节水型住宅"。2020年前，企事业单位生活用水节水器具普及率要达到100%，城镇新建商品住宅节水器具使用率要达到100%。2030年城镇居民生活用水和企事业单位公共用水节水器具普及率均要达到100%。

加大城镇生活污水处理和回用力度。大力倡导再生水回用，新建20万m²以上规模的住宅小区，年生活用水量在10万m³以上企事业单位，强制建设生活污水处理回用站，推广中水冲厕和绿地灌溉。加强城市雨水的利用，城市建设中要增加雨水的收集和存蓄工程，逐步增加城市河湖和公共绿地灌溉雨水使用量。

通过采取以上措施，海河流域城镇生活（包括公共）用水到2020年可实现节水量

3.5 亿 m³，到 2030 年可实现节水量 4.0 亿 m³。

7.1.2.3 工业节水

积极发展节水型产业和企业。控制经济布局，促进产业结构调整，积极发展节水型产业。新建企业必须采用国际先进的节水技术。加强建设项目水资源论证和取水管理，限制缺水地区高耗水项目上马，禁止引进高耗水、高污染工业项目，以水定产，以水定发展。逐步降低单位产品新鲜水使用量，提高用水效率，做到节水减排，实现清洁生产。

强化现有企业的节水力度。通过技术改造，促进企业向节水型方向发展，通过企业技术升级、工艺改革、设备更新，逐步淘汰耗水大、技术落后的工艺设备，限期达到产品节水标准。推进清洁生产战略。加快污水资源化步伐，促进污水、废水处理回用。采用新型设备和新型材料，提高循环用水浓缩指标，减少取水量。加强计量，强化企业内部用水管理，建立完善三级计量体系。加强用水定额管理，改进不合理用水因素。

工业节水重点是高用水行业。七个高用水行业采取的节水对策如下。

火电行业要强化新建电厂取水许可管理，原则上不再批准使用新鲜水的循环冷却机组。山西、河北北部、内蒙古、辽宁新建电厂原则上应采用空冷机组，天津、河北、山东滨海地区新建电厂应采用海水冷却，在城市周边兴建的热电厂原则上应采用再生水。对于有空冷条件的地区，要逐步完成对现有冷却设施的空冷改造。推广浓浆成套输灰、干除灰、冲灰水回收利用等节水技术和设备，减少除灰、输灰工序用水量。

石油石化行业节水的重点是系统节水改造，回收工艺冷凝水、蒸汽凝结水，减少循环冷却补充水。推广串联用水或处理净化回用技术。推广应用采油污水处理的高效水质净化与稳定、反渗透水处理等污水深度处理回用技术。开发循环冷却水高浓缩技术等。天津、河北、山东滨海地区要加大石化行业冷却海水使用量。

钢铁行业要提高废水处理回用能力、实施系统节水技术改造、利用非常规水源替代新水。推广干法除尘、干熄焦等节水工艺。有条件的企业实现废水零排放，缺水地区循环冷却水系统推广浓缩倍数大于 4.0 的节水技术。开发和推广高氨氮及高 COD 等废水处理、含油（泥）、高盐废水处理回用及酸洗液回收利用技术。天津、河北、山东滨海地区要加大钢铁行业冷却海水的使用量。

纺织行业要推广喷水织机节水技术、棉纤维素新制浆工艺节水技术及逆流漂洗、印染废水深度处理回用、缫丝废水循环利用、一浴法工艺、冷轧堆一步法工艺、生物酶处理技术、超柔软新型涂料印花等技术。缺水地区严格限制建设漂洗、印染等产业。

造纸行业要完善原料洗涤水循环使用系统，推广应用制浆封闭筛选、无氯漂白、中浓操作工艺、纸机白水回用、生化处理后污水回用等技术，以及超效浅层气浮白水回收、多圆盘白水回收等技术和工艺。

化工行业要发展和推广循环用水系统、串联用水系统、再生水回用系统、水处理技术和药剂、高效冷却节水技术以及化肥、氯碱、纯碱等行业节水工艺技术，提高水的重复利用率。

食品行业要推广高效循环冷却水处理技术、敞开式循环冷却水系统、原麦汁一般冷却节水技术、二次蒸汽回收利用技术，推广浓缩倍数大于 4.0 的水处理运行技术等，根据不同产品和不同生产工艺，开发干法、半湿法和湿法制备淀粉取水闭环流程工艺。

通过采取以上节水措施，到 2030 年，海河流域工业用水重复利用率将提高至 95%，万元工业产值用水定额降至 20 m³；可实现工程节水量 17.9 亿 m³。

7.1.2.4 农业灌溉节水

优化农业种植结构。根据水资源条件合理安排作物种植结构和发展灌溉规模，优化农业结构和布局，发展高效节水农业和生态农业。黑龙港和滨海平原地下咸水区通过政策措施限制冬小麦等高耗水作物的种植面积，优先发展旱作节水农业，积极培育和推广耐旱的优质高效作物品种，适当发展一定规模的设施农业。

加快灌区节水改造。加大大中型灌区更新改造力度，重点解决骨干工程设施不配套、老化失修、渠系不配套、渗漏损失严重等问题。开展大中型灌区末级渠系和田间节水改造，提高用水效率。小型灌区普遍存在灌溉规模小、设施老化、配套不全、用水效率偏低等问题，应结合农田水利基本建设，加快进行节水改造，重点解决水源脆弱、输水漏损严重和田间用水效率低的问题。

加大田间节水改造力度。大力发展田间渠道防渗和管道输水，因地制宜发展喷微灌、膜下滴灌和膜上灌等节水灌溉技术，逐步加大设施农业的比重，水稻区全面推广浅湿灌等灌溉方式。改革传统耕作方式，发展保护性耕作，推广各种生物、农艺节水技术和保墒技术，研究开发和推广耐旱、高产、优质农作物品种。

大力发展旱作节水。在丘陵、山区和干旱地区因地制宜建设水窖等小型集雨工程，开展覆盖集雨、雨水积蓄补灌、保墒固土、生物节水、保护性耕作等措施。积极推广深松蓄水保墒等旱作节水技术。

通过采取以上措施，到 2030 年，海河流域节水灌溉面积将达到 9500 万亩，节水灌溉率达到 85%，灌溉水有效利用系数达到 0.76。可实现工程节水量 21.0 亿 m³。

7.1.2.5 工程总节水量及效果分析

综合城镇生活、工业和农业灌溉三个行业节水措施，到 2020 年，海河流域可实现工程节水量 33.29 亿 m³；到 2030 年，可实现工程节水量 42.91 亿 m³，其中城镇生活 3.96 亿 m³，工业 17.94 亿 m³，农业灌溉 21.01 亿 m³，如表 7-3 所示。

表 7-3　海河流域主要行业节水量　　　　　　　　　（单位：亿 m³）

省级行政区	2020 年				2030 年			
	城镇生活	工业	农业灌溉	小计	城镇生活	工业	农业灌溉	小计
北京	0.73	1.04	0.80	2.57	0.90	2.02	1.13	4.05
天津	0.50	0.93	1.53	2.96	0.60	1.86	1.66	4.12
河北	1.61	6.83	11.78	20.22	1.70	9.20	13.25	24.15
山西	0.15	0.77	0.42	1.34	0.18	1.02	0.53	1.73

续表

省级行政区	2020年				2030年			
	城镇生活	工业	农业灌溉	小计	城镇生活	工业	农业灌溉	小计
河南	0.31	0.73	0.95	1.99	0.35	1.65	1.12	3.12
山东	0.20	0.94	2.56	3.70	0.22	2.12	2.69	5.03
内蒙古	0.01	0.03	0.45	0.49	0.01	0.07	0.60	0.68
辽宁	0	0	0.02	0.02	0	0	0.03	0.03
流域合计	3.51	11.27	18.51	33.29	3.96	17.94	21.01	42.91

强化节水措施对需水抑制效果显著。如不采取强化节水措施，海河流域2030年多年平均总需水量将从514.8亿 m³ 增加到557.7亿 m³，增加42.9亿 m³，增幅8.3%。其中，城镇生活需水量增加8.1%，工业和农业灌溉分别增加20.4%、7.7%，如表7-4所示。

表7-4 海河流域强化节水措施对需水量的影响

分项	2020年需水量			2030年需水量		
	有节水措施/亿 m³	无节水措施/亿 m³	增加幅度/%	有节水措施/亿 m³	无节水措施/亿 m³	增加幅度/%
城镇生活	38.0	41.5	9.2	48.1	52.0	8.1
工业	60.4	71.6	18.5	87.7	105.6	20.4
灌溉（多年平均）	279.6	298.1	6.6	272.7	293.7	7.7
总需水量（多年平均）	494.6	527.8	6.7	514.8	557.7	8.3

7.1.2.6 控制ET的节水措施

从水资源宏观管理到水资源开发利用各个层面，贯彻ET节水理念，控制无效蒸发，提高雨水资源利用效率。通过全社会各种有效的节水措施减少耗水，提高利用效率，逐步使海河流域水循环步入良性轨道。

在水资源配置方面，要优化水资源配置布局，减少潜水和地表水体蒸发。对浅层地下水位较高的地区，加大潜水和微咸水开发利用，降低地下水位，减少地下水潜水蒸发。科学配置与调度水源，实施地表水和地下水联合调度，充分发挥地下水含水层的调蓄作用，优先利用地表水，降低地表水体的水面蒸发。加强输水渠道防渗工程，减少输水损失，降低由于渠道渗漏产生的水分散失量。

在农业灌溉方面，要调整农业种植结构，减少土壤和作物蒸发。优化作物种植结构，减少水稻和冬小麦种植面积，增加节水作物种植。实施灌溉节水，在灌溉渠系节水的同时，大力发展管道输水、微灌、滴灌、膜下滴灌等高效节水灌溉面积以及蔬菜大棚等设施农业，减少土壤水无效蒸发量。通过发展秸秆覆盖、薄膜种植等作物耕作和农艺措施，实行田间蓄水保墒。

在水生态修复和水环境建设方面，要注意与当地的气候及地理环境相适应。在水土保持生态建设和林业发展中，要推广耐旱品种，因地制宜地布设与气候及地理环境相适应的乔、灌、草，控制高耗水林草种植。在河流水生态修复和水环境建设中，要规范与控制人造水面面积，合理确定城市绿地林草布局，推广节水林草种植。

7.1.3 灌溉节水的重点——大型灌区节水改造

大型灌区是海河流域农业及农村经济发展的重要基础设施和粮棉油等农产品生产基地，承担着保障粮食安全的任务，也是灌溉节水的重点。

7.1.3.1 基本情况

海河流域共有大型灌区48个，设计灌溉面积4902万亩，有效灌溉面积3740万亩。其中，有效灌溉面积大于200万亩的灌区有河北省石津、漳滏河灌区和山东省位山、潘庄、李家岸灌区5个。

大型灌区总干渠共50条，总长度1973km；干渠471条，总长度7081km；支渠6926条，总长度19 920km；排水总干渠155条，总长度3683km；排水干支渠3152条，总长度17 043km。斗渠以上渠系建筑物近10万座。

48个大型灌区中，包括31个当地水灌区和17个引黄灌区。当地水灌区主要分布在各河系中下游，多数为井渠合灌，有22个以地下水灌溉为主。引黄灌区分布在山东、河南两省沿黄地区，其中山东省12个大型灌区全部为引黄灌区。

大型灌区2007年实际灌溉水量88.0亿 m^3，占流域灌溉水量的35%。其中，当地地表水13.3亿 m^3，占15%；地下水33.8亿 m^3，占38%；引黄水40.9亿 m^3，占47%。大型灌区2007年实灌面积2768万亩，粮食产量1558.7万t，占流域粮食总产量的29%；平均亩产419kg（按有效灌面计），比流域平均亩产346kg高21%（表7-5）。

表7-5 海河流域大型灌区2007年基本情况

省级行政区	灌区	粮食产量/万t	灌溉面积/万亩				灌溉用水量/万 m^3			灌溉水系数
			设计	有效	实灌	节水	地表水	地下水	小计	
北京（2）	新河	6.0	51.9	49.9	49.9	34.8	9 685	8 385	18 070	0.540
	海子水库	4.5	30.4	30.4	30.4	28.9	0	6 088	6 088	0.550
天津（1）	里自沽	13.9	46.8	41.8	36.5	14.0	25 200	0	25 200	0.540
河北（21）	万全洋河	6.1	35.0	31.0	15.0	13.5	551	2 137	2 688	0.540
	宣化洋河	18.5	34.9	34.9	24.6	24.0	923	3 578	4 500	0.430
	滦河下游	31.8	95.9	95.8	53.0	0.0	6 744	26 155	32 899	0.590
	陡河	29.5	65.0	75.0	45.0	0.8	1 886	7 314	9 200	0.610
	通桥河	10.3	31.7	29.0	22.5	3.0	2 177	8 443	10 620	0.290
	抚宁洋河	9.3	32.0	30.0	17.9	8.9	1 322	5 128	6 450	0.380
	涿鹿桑干河	6.0	34.5	32.9	12.0	1.0	593	2 299	2 892	0.330
	壶流河	1.9	36.0	31.7	2.6	9.0	214	829	1 043	0.540

续表

省级行政区	灌区	粮食产量/万t	灌溉面积/万亩 设计	有效	实灌	节水	灌溉用水量/万 m³ 地表水	地下水	小计	灌溉水系数
河北（21）	引青	11.9	38.0	31.1	16.0	16.0	1 230	4 770	6 000	0.350
	朱野	9.4	31.0	30.7	12.6	0.0	715	2 771	3 486	0.350
	绵河	15.4	38.5	32.5	22.8	10.7	1 968	7 633	9 601	0.460
	唐河	13.5	75.0	42.5	23.7	2.0	1 591	6 168	7 759	0.410
	冶河	21.8	56.3	40.0	27.2	7.1	2 270	8 805	11 075	0.485
	磁县跃峰	8.7	36.0	33.5	21.8	6.0	1 232	4 780	6 012	0.340
	邯郸市跃峰	9.0	64.4	30.5	18.0	4.0	1 471	5 706	7 177	0.540
	沙河	6.5	130.6	76.0	13.5	0	2 050	7 950	10 000	0.360
	石津	62.4	250.0	200.0	83.0	196.0	6 786	26 315	33 100	0.440
	易水	5.8	39.0	32.0	8.2	0	636	2 466	3 102	0.420
	漳滏河	36.3	304.5	201.0	66.4	2.6	6 250	24 238	30 488	0.350
	军留	14.8	33.0	33.0	21.8	0.0	1 394	5 406	6 800	0.340
	房涞涿	2.5	30.2	23.3	4.5	0.0	226	875	1 100	0.350
山西（3）	桑干河	13.7	36.0	27.3	17.2	0.0	4 500	145	4 645	0.480
	册田	11.9	30.0	19.5	5.6	0.0	1 977	0	1 977	0.430
	滹沱河	12.3	40.0	32.5	22.4	0.0	2 517	1 702	4 219	0.340
河南（9）	红旗渠	4.1	54.0	54.0	45.0	5.0	17 647	0	17 647	0.436
	跃进渠	7.6	30.5	18.9	8.0	6.0	10 500	0	10 500	0.300
	漳南	31.5	120.0	45.0	6.0	0.0	14 620	0	14 620	0.320
	群库	19.0	50.4	32.0	30.0	1.3	4 638	2 889	7 527	0.450
	武嘉	31.5	36.0	26.3	19.0	3.0	7 615	3 310	10 925	0.400
	人民胜利渠	60.3	145.8	118.0	64.0	20.0	29 023	14 511	43 534	0.460
	渠村	75.0	193.0	115.0	115.0	12.0	21 472	8 376	29 848	0.400
	南小堤	35.7	110.0	57.9	57.9	14.0	16 044	4 192	20 236	0.350
	大功灌区	33.0	103.0	80.3	61.6	8.5	22 308	8 500	30 808	0.380
山东（12）	位山	215.0	540.0	507.0	487.5	165.0	65 025	43 000	108 025	0.520
	陶城铺	20.5	114.0	76.9	76.9	3.8	18 620	1 600	20 220	0.480
	郭口	16.0	37.2	33.0	30.0	7.9	5 000	2 400	7 400	0.510
	彭楼	26.0	200.0	60.0	60.0	18.9	9 000	4 869	13 869	0.450
	潘庄	261.7	500.0	370.0	321.9	—	55 186	38 767	93 953	0.550
	李家岸	168.5	321.5	260.0	226.2	—	35 544	24 969	60 512	0.550
	邢家渡	34.4	118.0	93.0	93.0	0	27 900	0	27 900	0.500
	簸箕李	55.1	163.5	142.0	139.0	0	31 765	0	31 765	0.530
	白龙湾	13.0	35.0	28.0	14.7	0	4 050	0	4 050	0.500
	韩墩	26.2	96.0	90.0	62.4	0	17 835	0	17 835	0.490
	小开河	22.5	110.0	110.0	110.0	0	27 897	0	27 897	0.530
	王庄	8.4	98.0	59.0	46.4	0	14 848	0	14 848	0.500
合计（48）		1558.7	4902.5	3740.1	2768.0	647.7	542 645	337469	880 110	0.484

7.1.3.2 存在的问题

海河流域大型灌区当前主要存在以下四个方面的问题。

一是渠系设施配套不完善。海河流域大型灌区大多建设于 20 世纪 50~60 年代。因建设标准较低，缺少必要的资金投入，工程自然老化、破损，导致灌溉水利用系数不高，造成水资源浪费。另外，多数灌区水量计量设施不足。

二是田间节水程度不高。据初步调查分析，大型灌区适宜发展节水灌溉的面积约 1000 万亩。现状实行喷灌、微灌、管灌的节水面积仅有 647 万亩，占适宜发展节水灌溉面积的 64.7%，发展田间节水还有较大潜力。

三是引黄灌区渠道泥沙淤积严重。受地形条件及资金不足的限制，经多年运行，沉沙池拦沙率低，导致绝大部分泥沙淤积在各级渠道中，影响了渠道正常输水，清淤占用大片土地，造成渠道两岸沙化，环境恶化。

四是管理体制不当，机制不健全。目前灌区管理体制不健全，终端用水户节水积极性不高，灌区节水不能扎实有效推进。

在水源的合理利用上，水价具有调节作用。目前，地表水与地下水的水价定价机制存在一定问题，部分灌区抽取地下水成本较引用灌区地表水成本低很多，因此导致大量超采地下水进行灌溉。与此同时，部分引黄灌区因引黄便利，地下水反而得不到充分利用。

7.1.3.3 主要规划措施

大型灌区续建配套与节水改造，应以增加各级渠道的衬砌率和提高完好率为主，有条件的灌区适当发展喷、滴灌等高效节水灌溉，同时加强管理，强化节水，提高用水效率。主要措施如下：一是渠系续建配套。海河流域大型灌区骨干渠系布局基本合理，主要对渗漏严重的渠道进行衬砌，加固、改造渠系建筑物。二是实行高效节水。实施田间节水工程，在有条件的地方发展喷灌、微灌和管灌等先进技术。三是引黄灌区泥沙处理。引黄灌区普遍存在沉沙池淤积严重、沉沙效果差、渠首受占地限制新建沉沙池困难等问题，各灌区应根据自身实际情况采取相应措施解决渠首沉沙问题。四是加强管理。通过深化灌区管理体制的改革，进一步明确各级渠系的责任主体，建立起权责明确、管理科学的管理体制。

通过大型灌区续建配套及节水改造，可提高用水效率和效益。

7.1.4 非常规水源利用

7.1.4.1 海水淡化和直接利用

海水利用包括直接利用和淡化。直接利用主要用于电厂冷却，海水淡化后可用于生活。海水淡化技术目前有蒸馏法、反渗透法和电渗析法三种。其中，反渗透法是用压力驱使海水通过反渗透膜，具有节能的优点，能量消耗量只有电渗析的一半，蒸馏法的2.5%，是近年来发展得最快、最有前途的方法。

随着天津滨海新区、河北曹妃甸工业区，以及京唐港、黄骅港的建设，利用海水的潜力很大。根据天津、河北、山东三省市有关部门规划，海河流域 2020 年海水直接利用量可达 65 亿 m³，按 1/20～1/30 比例折合成淡水为 2.5 亿 m³，海水淡化利用量 0.9 亿 m³，合计 3.4 亿 m³；2030 年海水直接利用量可达 75 亿 m³，折合淡水 2.9 亿 m³，海水淡化利用量 0.9 亿 m³，合计 3.8 亿 m³。

7.1.4.2 微咸水利用

微咸水（苦咸水）利用一般包括农业灌溉和经淡化后供农村生活使用两个方面。微咸水利用主要采取咸淡水混浇的方法进行灌溉。苦咸水淡化方法有蒸馏法、电渗析法和反渗透法，当前海河平原苦咸水区农村主要使用反渗透法。

海河流域矿化度 2～3g/L 的微咸水资源约有 17.7 亿 m³。根据天津、河北、山东三省市规划，2020 年微咸水可利用量将达到 7.8 亿 m³，开发利用率达到 44%；2030 年微咸水可利用量将达到 8.6 亿 m³，开发利用率达到 49%。

7.1.4.3 再生水利用

再生水具有不受气候影响、不与临近地区争水、可以就近取水、水源稳定可靠且保证率高等优点，与海水淡化、跨流域调水相比成本较低，还有助于改善水生态环境。再生水可用于农业灌溉、城市绿化、河湖环境、市政杂用、生活杂用、工业冷却、湿地湖泊等方面，而且不存在任何技术问题。

随着污水处理程度的提高，到 2020 年海河流域一般城市再生水利用率将达 20%，无外来水源的严重缺水城市要达到 40%。根据各省市区有关部门规划，预计 2020 年流域再生水可利用量可达到 24 亿 m³，2030 年达到 29 亿 m³。

7.1.4.4 非常规水源总供水量

海河流域 2020 年非常规水总供水量可达 35.1 亿 m³，2030 年可达 41.0 亿 m³（表 7-6）。

表 7-6　海河流域非常规水源供水量　　　　　（单位：亿 m³）

省级行政区	2007 年				2020 年				2030 年			
	再生	微咸	海水	合计	再生	微咸	海水	合计	再生	微咸	海水	合计
北京	4.57	0	0	4.57	5.2	0	0	5.2	5.9	0	0	5.9
天津	0.08	0	0.02	0.1	4.8	0.8	1.3	6.9	5.4	0.8	1.4	7.6
河北	0.51	2.26	0.01	2.78	7.6	4.3	1.8	13.7	9.0	5.1	2.1	16.2
山西	1.67	0	0	1.67	2.5	0	0	2.5	3.3	0	0	3.3
河南	0	0	0	0	2.1	0	0	2.1	2.4	0	0	2.4
山东	0.22	0.44	0	0.66	1.4	2.7	0.3	4.4	2.2	2.7	0.3	5.2
内蒙古	0	0	0	0	0.3	0	0	0.3	0.4	0	0	0.4
辽宁	0	0	0	0	0	0	0	0	0	0	0	0
流域合计	7.05	2.70	0.03	9.78	23.9	7.8	3.4	35.1	28.6	8.6	3.8	41.0

注：海水可利用量包括淡化和直接利用折合淡水量；2007 年其他水源利用量不包括集雨工程。

7.2 水资源配置工程

7.2.1 总体布局

海河流域目前已初步形成了当地地表水、地下水、引黄水和非常规水源利用相结合的水资源配置工程体系。

7.2.1.1 配置工程体系

南水北调工程通水后,海河流域将在现有工程体系基础上,建设完善以"二纵六横"为骨干的流域水资源配置工程体系,形成"南北互济"、"东西互补"的水资源配置工程体系(图7-1)。

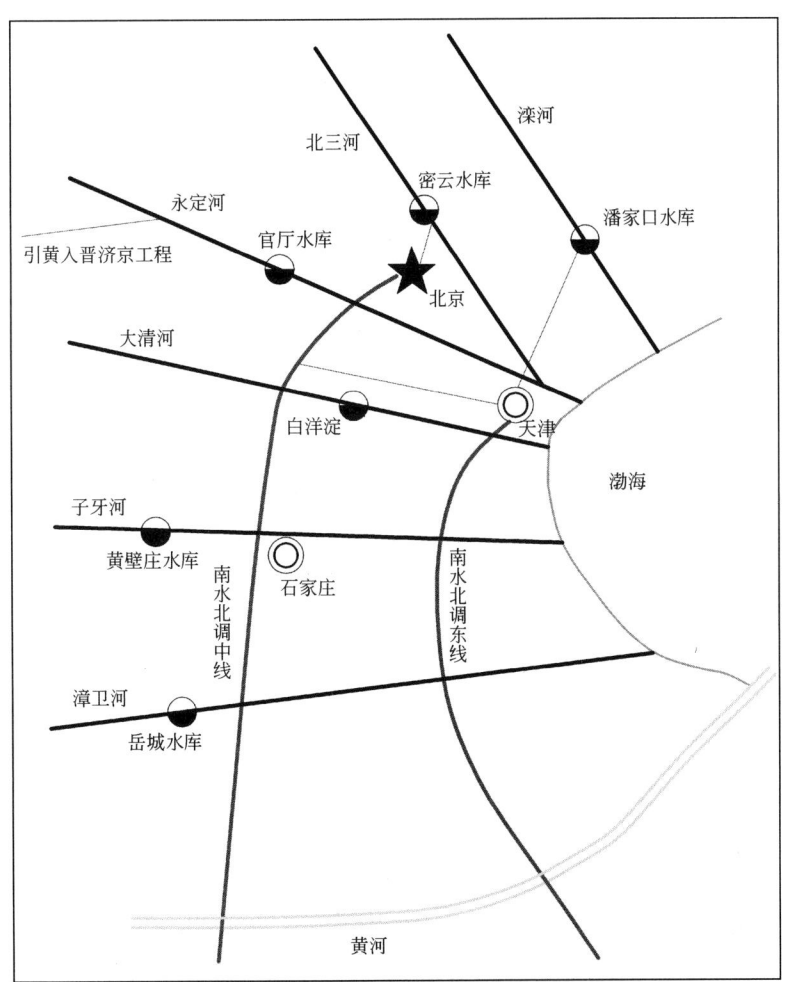

图 7-1 海河流域水资源配置工程体系示意图

其中,"二纵"是指南水北调中线、东线两条总干渠,以及鲁北、豫北、河北、天津的引黄工程。"六横"是指滦河、北三河、永定河、大清河、子牙河、漳卫河六个天然河系,以及进入永定河上游的引黄入晋北干线、南水北调支渠和配套工程、现有引水工程等。

7.2.1.2 主要规划项目

海河流域规划重点水资源配置工程包括外调水和当地水开发两类,共12项。

外调水主要项目有南水北调中线、南水北调东线、山西省引黄入晋北干线、河北省引黄(引黄入淀),以及引黄入晋北干线济京和引黄济津潘庄线路两项应急引黄工程,共计6项。

当地水开发主要项目有山西省浊漳河吴家庄、河北省承德市武烈河双峰寺、河北省张家口市清水河乌拉哈达3座大型水库,32座中型水库(含南水北调配套水库8座),中线总干渠与各河系、大型水库与河系、河渠湖库等连通工程,以及农村饮水安全工程,共6项(类)。

7.2.2 跨流域调水工程

7.2.2.1 南水北调中线

南水北调中线工程从长江支流汉江丹江口水库陶岔渠首闸引水,沿线开挖渠道,沿黄淮海平原西部边缘,在郑州以西孤柏咀处穿过黄河,沿京广铁路西侧北上,可基本自流到北京、天津。

中线总干渠从丹江口水库至北京团城湖全长1246km,其中黄河以北764km,天津干渠154km。渠首至北拒马河段长1192km,采用明渠输水,进入河北设计流量235m³/s,加大流量280m³/s;北京段长80km,采用全管涵输水;天津干渠从河北省徐水县分水向东至天津外环河,长154km,其中明渠长93km,管道长61km。北京段、天津段渠首均为设计流量50m³/s,加大流量60m³/s。石家庄至北京段307.5km作为北京应急调水工程已于2008年完成。

中线一期工程全线平均水价为0.62~1.21元/m³,其中北京1.20~2.31元/m³,天津1.19~2.28元/m³。

7.2.2.2 南水北调东线

南水北调东线工程从长江下游扬州附近抽引长江水,利用京杭大运河及与其平行的河道逐级提水北送,经洪泽湖、骆马湖、南四湖、东平湖,在位山附近经隧洞穿过黄河,经扩挖现有河道进入南运河,自流到天津。

东线干线全长1156km,其中黄河以南646km,穿黄段17km,黄河以北493km;胶东输水线路从东平湖至引黄济青240km。一期工程干渠从长江至大屯水库全长855km,其中黄河以北干渠长192km。工程规模:抽江500m³/s,经13个抽水站至东平湖,总扬程65m,入东平湖100m³/s,穿黄规模50m³/s(考虑与二、三期工程结合,倒虹吸隧洞按输水 200m³/s、两岸衔接工程按 100m³/s 设计），其中位山—临清长 104km，规模 50m³/s；临清—大屯水库段，长 88km，规模 30m³/s。总投资 191 亿元。二期工程需扩挖小运河，输水能力扩大至 150~200m³/s。在吴桥城北入南运河—天津九宣闸，经马厂减河入北大港水库，输水规模 100~150m³/s。

东线第一期工程江苏省境内平均口门水价为 0.17~0.23 元/m³，山东省平均口门水价为 0.59~0.81 元/m³。

7.2.2.3　山西省引黄入晋北干线

引黄入晋北干线是解决大同、朔州等地区水资源短缺和生态恶化的大型跨流域调水工程，是引黄入晋的第二期工程，已于 2009 年开工建设。向太原调水的第一期工程已于 2002 年建成通水。引黄入晋北干线工程西起引黄入晋总干线下土寨分水闸，向东经平鲁、朔州、山阴、怀仁，至大同南郊赵家小村水库，全部采用封闭式管涵（PCCP 管）自流输水。沿途设有朔州供水线路和山阴、怀仁分水口，线路全长 164km，输水损失率 6.7%。

引黄入晋北干线年供水量 5.6 亿 m³，扣除沿途损失后的有效供水量为 4.8 亿 m³。其中 2010 年引水量 2.3 亿 m³，有效供水量 1.9 亿 m³。

7.2.2.4　河北省引黄

河北省中南部平原（主要是黑龙港地区）是粮食主要产区，粮食增产潜力较大，在《全国新增 1000 亿斤粮食生产能力规划（2009—2020 年）》中，河北省 54 个县承担了粮食增产任务，其中有 32 个县位于该区域。该区域水资源严重短缺，地下水超采严重，近年来地下水年超采量达 30 亿 m³ 以上，出现了多个地下水漏斗，浅层地下水漏斗中心埋深超过 50m，深层承压水漏斗中心埋深接近 100m，部分含水层疏干；湿地生态环境恶化，白洋淀等湿地多次干涸，不得不采取应急生态调水。

南水北调工程通水后，由于供水目标限于城市和工业，河北省中南部平原农业和生态供水量不会显著增加。因此，在河北省现有河网工程体系基础上，结合河南省、山东省引黄工程，进一步完善引黄工程体系，实现向河北省中南部平原农业和白洋淀、衡水湖、大浪淀等重要湿地补水，并分散城镇、工业和农村生活供水，对于改善该地区平原粮食生产用水条件和生态环境是十分必要的，同时也为缓解漳河、子牙河、大清河山区用水紧张状况创造了条件。

该工程利用河南省境内灌溉工程体系，引黄河水进入卫河（或穿卫河），再进入河北省的东风渠，经老漳河、滏东排河等河道输水至白洋淀。该工程可向河北省中南部平原的邯郸东部、邢台中东部、衡水西部、沧州大部等地区补充农业用水，也将为白洋淀等重要湿地提供生态水源。引黄入淀工程设计渠首引水规模 80~100m³/s，河北省入境规模 60~80m³/s。

7.2.2.5　引黄入晋工程向北京应急供水工程

该工程从万家寨引黄工程北干线 1 号隧洞和南干线 7 号隧洞引水，在恢河张家河处汇合，经恢河入太平窑水库，沿桑干河入东榆林水库、册田水库至官厅水库，线路全长

389km，设计最大引水量 6 亿 m³。

7.2.2.6 引黄济津潘庄线路应急输水工程

自山东省潘庄渠首引水，经潘庄总干渠入马颊河，在马颊河与六五河间分两路输水，一路经王庄泵站提升入旧城河后入六五河，另一路在李家桥闸上入沙杨河、头屯干渠后入六五河，然后经新建穿漳卫新河倒虹吸输水涵箱后入南运河，最终到达天津市九宣闸，线路全长 390km。每年调水时间为 10 月至次年 1 月，共 4 个月，潘庄渠首取水量 9.7 亿 m³，天津市九宣闸收水 5.4 亿 m³。

7.2.3 当地水配置工程

7.2.3.1 吴家庄水库

吴家庄水库坝址位于山西省黎城县浊漳河干流，属山西省长治市黎城县。水库坝址以下距河北省界 88km，距岳城水库 159km；坝址以上距长治市 50km。水库坝址以上流域面积 9410km²，占漳河上游流域面积的 51%。水库总库容 3.64 亿 m³，兴利库容 2.11 亿 m³，死库容 1.38 亿 m³。水库可控制漳泽、后湾、关河水库弃水和区间径流，由供水工程、枢纽工程组成。吴家庄水库列入 1993 年国务院批复的《海河流域综合规划》和 2009 年国家发展和改革委员会批复的《全国大型水库建设规划》。

吴家庄水库任务：在提供上游山西省工业一定高保证率供水量的同时，兼顾下游沿河村庄、四大灌区和河道生态用水，尽量减少对下游的不利影响。具体如下：①向长治市工业供水 4000 万 m³，保证率 95%，供水对象共计 12 个，需水量 4215 万 m³；②向山西省勇进、漳南、漳北渠 14 万亩农田灌溉供水，增加灌溉消耗水量 700 万 m³，保证率 50%；③在灌溉期 3~6 月向下游沿河村庄供水 1100 万 m³，保证率 95%（沿河村庄总需水量 2500 万 m³，其他 1400 万 m³ 水量由吴家庄水库至侯壁、匡门口区间产流满足）；④下泄生态基流 0.4m³/s，保证浊漳河河道不断流。

吴家庄水库建设对下游的影响分析可得出如下结论：①为山西省长治地区提供高保证率工业供水量 4000 万 m³ 以及一定的灌溉用水，将有力地支撑当地经济社会发展。②安排 95% 保证率下泄水量 1100 万 m³，可保障晋冀豫三省沿漳河村庄用水，为根本解决漳河上游水事矛盾创造了条件。③减少浊漳河侯壁断面多年平均径流量 11%，但不会对浊漳河下游生态、辛安泉出流量和岳城水库城市供水造成影响。④多年平均减少河南、河北四大灌区引水量 6.5%，丰水年、平水年减幅较大，枯水年较小，但连续枯水年后期减幅较大。⑤对沿河电站发电有一定的影响。⑥不会对南水北调中线、东线工程通水后的河北子牙河平原和河南漳卫河平原水资源供需形势产生影响。

吴家庄水库具有经营性又具有公益性，公益性主要体现在通过水库调度有助于消除漳河上游的水事矛盾，以及流域水资源配置和管理功能，因此水库整体定性为准公益性水利工程。为保证有关用水户供水，由流域机构负责水库工业和灌溉取水口门及下游河道引水口门的运行调度管理。

由于吴家庄水库建设对下游用水有一定的影响，应在积极推进相关工作的同时，充分征求相关省意见，依据有关法规和规定的程序，统筹研究，择机建设。

7.2.3.2 双峰寺水库

双峰寺水库位于河北省承德市滦河支流武烈河上，控制流域面积2303km²。水库的作用主要是提高承德市防洪标准，同时还具有改善生态环境、城市供水及发电等效益。经中国国际工程咨询公司评估后（咨农水【2008】154号）确定水库总库容1.31亿m³，防洪库容0.70亿m³，兴利库容0.42亿m³；正常蓄水位389.0m，防洪汛限水位387.0m，设计洪水位392.82m，校核洪水位395.21m，死水位382.0m；电站总装机1660kW。工程总投资13.8亿元。

防洪方面，双峰寺水库建成后，可将承德市区防洪标准从现状的20年一遇提高到100年一遇。供水方面，承德市区现状年用水量3300万m³，主要从武烈河和滦河两处河滩水源地集中取水。预计2020年承德市区需水量6400万m³。双峰寺水库建成后，将为承德市区提供75%保证率年供水量5600万m³，与现有地下水源联合调度，可满足承德市区2020年6400万m³的用水需求。

双峰寺水库建设对下游用水影响较小。承德市区2020年新增用水量3100万m³，新增耗水量仅1000万m³，仅为下游潘家口水库近年平均入库径流量（1999~2006年连续枯水段平均年实际入库水量为7.2亿m³）的1.4%。

7.2.3.3 乌拉哈达水库

乌拉哈达水库位于河北省张家口市清水河支流东西沟汇合口以上15km，控制流域面积1183km²，坝址处多年平均径流量4636万m³，总库容1.59亿m³，兴利库容5100万m³。乌拉哈达水库是提高张家口市防洪标准和解决城市缺水问题的重要枢纽工程，可将市区防洪标准提高到百年一遇，向张家口市区年供水量3500万m³。主要建筑物包括黄土石坝、开敞式宽顶堰溢洪道、泄洪洞和输水廊道等。

海河流域规划新建大型水库主要指标列于表7-7中。

表7-7　海河流域规划新建大型水库主要指标　　　　（单位：亿m³）

序号	水库名称	位置	总库容	防洪库容	兴利库容	供水量
1	吴家庄	山西黎城浊漳河干流	3.64	0	2.11	0.51
2	双峰寺	河北承德滦河支流武烈河	1.31	0.70	0.42	0.56
3	乌拉哈达	河北张家口清水河支流东西沟	1.59	0.56	0.51	0.35

7.2.3.4 中型水库建设

海河流域规划建设中型水库32座（表7-8），总库容11.8亿m³（含南水北调配套水库8座）。新建中型水库主要任务是解决城镇分散供水问题。

表 7-8 海河流域规划新建中型水库主要指标 （单位：万 m³）

序号	水库名称	位置	主要作用	总库容
1	西峰山	北京昌平温榆河	北京城镇供水	2150
2	王庆坨*	天津武清	天津城市供水	4790
3	大杨	天津宁河	城镇供水	1450
4	陈嘴	天津武清龙凤河、北运河	城镇供水	1978
5	泗村店	天津武清龙凤河	城镇供水	2620
6	西庙	河北承德滦河支流兴洲河	城镇供水	3970
7	四道河	河北承德滦河支流老牛河	城镇供水	6163
8	广阳	河北廊坊	城镇供水	3093
9	茅岭底	河北邯郸清漳河支流茅岭底沟	灌溉供水	1670
10	下滩	河北石家庄滹沱河支流险溢河	平山农村供水	7900
11	坪上	山西忻州滹沱河干流	忻州城市供水	9578
12	恋思	山西晋中清漳河东支张翼河	和顺城镇供水	1600
13	大保	山西忻州滹沱河支流峨河	代县、繁峙城镇供水	2239
14	孤山湖	河南焦作卫河支流大沙河	城镇供水	1500
15	潭头	河南新乡卫河支流峪河	城镇供水	8100
16	白龙庙	河南鹤壁卫河支流淇河	城镇供水	3300
17	寒坡洞	河南鹤壁卫河支流淇河	城镇供水	4000
18	无影山	河南鹤壁卫河支流恒河	城镇供水	2000
19	濮阳市调节	河南濮阳第三濮清南引黄干渠	城镇供水	2000
20	曹庄*	山东聊城	聊城城镇供水	3200
21	祁庄	山东德州	陵县城镇供水	9800
22	临盘	山东德州	临邑城镇供水	5400
23	信源	山东聊城	茌平城镇供水	1500
24	孤河*	山东胜利油田	胜利油田供水	3800
25	神仙沟*	山东东营	东营河口区城镇供水	3000
26	黄河故道*	山东东营	东营河口区城镇供水	6000
27	镇东*	山东东营	东营河口区城镇供水	2000
28	仙河*	山东东营	东营河口区城镇供水	1200
29	陈庄*	山东东营	利津城镇供水	2000
30	城东	山东滨州	无棣城镇供水	1200
31	燕子窝	内蒙古锡林郭勒滦河支流吐力根河	多伦城镇供水	6000
32	于家沟	内蒙古乌兰察布桑干河支流饮马河	丰镇城镇供水	2370

*南水北调工程配套水库。

7.2.3.5 河系沟通工程

河渠湖库连通工程包括南水北调中、东线与海河各河系、沿线大型水库的沟通，大型水库与平原各河系的沟通,以及海河平原各河系之间和河系内部的沟通工程。

(1) 中线总干渠与各河系连通工程

在南水北调中线总干渠与主河道交叉位置兴建退水闸工程,实现南水北调中线与卫河支流沧河、淇河、安阳河、漳河、滏阳河及其支流洺河、沙河、七里河、牛尾河、白马河、小马河、泜河、槐河、洨河,滹沱河,大清河支流磁河、沙河、唐河、界河、漕河、拒马河,以及永定河等多条河流的连接。在汉江丰水年时利用南水北调中线总干渠向海河流域河流和地下水超采区实施生态补水。

(2) 大型水库与河系连通工程

进一步完善引岳(岳城水库)济淀(白洋淀)、引岳济衡(衡水湖)、引黄(黄壁庄水库)济衡(衡水湖)、王(王快)大(大浪淀)引水等大型水库与平原河系的连通工程,实现水资源优化配置,提高供水可靠性,改善生态环境。建设太行山沿线大型水库与中线总干渠的连接工程,实现南水北调中线与当地地表水的联合调度。

(3) 河系之间连通工程

利用西关引河和卫星引河两条河道沟通潮白新河和蓟运河。利用筐儿港以下北运河,可沟通北运河与永定河。利用津唐运河、曾口河河道,沟通永定新河与潮白河、蓟运河。通过新开河和金钟河连通海河干流与永定新河。利用永定河北村、北马庄、杨官村等闸及永清渠与大清河清北地区沟通。

利用老子牙河沟通子牙河支流滹沱河、滏阳新河与大清河。扩建献县枢纽处滏阳新河右堤杨庄涵洞,沟通滏阳新河与黑龙港运东地区。在滏阳新河右堤艾辛庄以下,新建北陈海涵洞,连接滏阳新河与滏东排河。

南运河沟通漳卫河系、子牙河系、大清河系及海河干流。利用东风渠沟通卫河、漳河与黑龙港运东地区。恢复治理跃进、跃丰河,通过宁津新河沟通漳卫新河与马颊河。利用小运河沟通卫运河与徒骇河、马颊河。

7.2.3.6 农村饮水安全工程

当前海河流域农村饮水困难的原因包括水量不足和水质低劣两类。

到2009年,海河流域农村存在饮水困难的人口为3724万,占农村总人口的52%。其中,有1229万人面临水量短缺或取水困难的问题,主要分布在山区。有2495万人面临水质不达标的困难,主要分布在海河平原东部和南部的微咸水或咸水区,以及一些地下水受污染的地区,如表7-9所示。

表7-9 海河流域2009年农村饮水困难人口统计 (单位:万)

分类	北京	天津	河北	山西	河南	山东	内蒙古	辽宁	合计
水量不足	0	44	880	169	51	56	19	10	1229
水质不达标	0	6	1653	38	383	399	16	0	2495
合计	0	50	2533	207	434	455	35	10	3724

规划到2013年,解决1800万人的饮水安全问题。到2020年,解决全部农村人口的

饮水困难问题。

对于缺水或取水困难的地区，居住分散的农户采取以兴建雨水集蓄工程为主的措施。

对于水质不达标的地区，如海河平原东部地下水高氟和苦咸水区，以兴建集中供水站为主。另外，对人口密度较大的地区或城市郊区，有条件时，可以采取建立集中供水设施或扩大城区自来水网等措施。

7.3 水资源保护

水资源保护包括污染源防治、重要水库水源地保护、地下水压采、地下水污染防治四个方面。

7.3.1 污染源防治

7.3.1.1 点污染源防治和污水处理

根据污染源预测和水功能区水体纳污能力分析，海河流域2020年COD入河削减量为58.44万t，削减率为52%；2030年COD入河削减量为101.20万t，削减率为77%，如表7-10所示。

表7-10 海河流域2020年、2030年COD削减量

省级行政区	2020年		2030年	
	削减量/万t	削减率/%	削减量/万t	削减率/%
北京	4.55	43	11.16	62
天津	9.31	44	19.99	84
河北	29.08	57	45.38	81
山西	3.26	50	7.09	77
河南	2.40	29	4.73	56
山东	9.58	68	12.45	76
内蒙古	0.26	80	0.40	86
流域合计	58.44	52	101.20	77

工业污染源治理主要是加强企业治理力度，积极调整产业结构，推进清洁生产，严格环保准入，继续实施工业污染物总量控制，加强对重点工业污染源监管等。

海河流域河流水量小、纳污能力低，污水处理设施建设成为改善河流水质的关键因素。要合理确定污水处理厂设计标准及处理工艺，出水直接排入渤海及富营养化水域的污水处理厂要具有除磷脱氮功能。要提高城市再生水利用水平，根据有关部门规定，省辖市2020年再生水利用量要达到污水处理量的20%以上，2030年达到30%以上。要加强污水处理厂配套工程建设，确保污水处理费足额征收，加大污水处理费收缴力度。

结合需水预测分析，海河流域2030年城镇生活和工业废污水量可达到约80亿m^3。根

据国家有关规定和当前污水处理厂建设进展情况分析，海河流域 2030 年大城市污水集中处理率可达到近 100%，中等城市和县城达到 90%，城市集中污水处理总规模接近每年 80 亿 m³，城镇生活和工业废污水可基本上全部得到处理。结合河流生态净化等措施，水功能区规划目标是可以达到的。

7.3.1.2 面源污染防治

面源污染源主要有畜禽养殖、化肥施用、城镇地表径流、农村生活污水及固体废弃物、水土流失五个方面。

分析表明，海河流域现状面污染源产生的 COD 达 738 万 t，氨氮 76 万 t，总氮 216 万 t，总磷 69 万 t。其中，COD 入河量 35 万 t，氨氮 3.7 万 t，总氮 12 万 t，总磷 4 万 t。入河面源污染物主要来自禽畜养殖污水和化肥施用。在点、面污染物入河量总负荷中，COD 和氨氮的面源污染负荷贡献率分别为 21% 和 25%，而极易造成水库富营养化的总氮和总磷则分别达到 66% 和 87%。面污染源已成为海河流域地表水污染的主要来源。

面污染源的防治，要结合社会主义新农村建设，加强农村畜禽圈舍、厕所、肥场建设，建立有机肥料加工厂，加工生产商品有机肥料，回归自然；推广测土配方施肥，提高化肥有效利用率，减少化肥施用量；推广生物防治病虫害技术，减少农药使用量。

7.3.2 重要水库水源地保护

海河流域主要水库水源地有密云、官厅、潘家口、大黑汀、于桥、怀柔、岗南、黄壁庄、岳城、陡河、洋河、石河、西大洋、王快、桃林口、漳泽 16 座。

7.3.2.1 划定水源保护区和准保护区

目前，已有密云、官厅、于桥、怀柔、岗南、黄壁庄、陡河、洋河、石河 9 个水库由地方省级或地市级人民政府（人大）完全划定或划定了水源保护区，其余 7 个水库尚未划定或完全划定。

根据保护程度，水源地应划分保护区和准保护区。

保护区的范围为大中型山区水库库区居民迁移线以下的区域（根据水库设计时的移民安置规划），其中大Ⅰ型水库为所在水功能区对应的范围和其对应的库岸外延 1km 所包含的区域。

准保护区的范围是水库周边分水岭至移民沿线之间的区域，其中大Ⅰ型水库为其保护区外延 3~5km 以内（保护区外）的区域。保护区及准保护区陆域边界不应超过相应分水岭。

水源地保护的主要措施包括建设水源地保护区物理或生物隔离带；开展准保护区内的点污染源以及泥沙、农村面污染源治理，按照准保护区规定的水质标准和纳污能力核定污染物入河控制量；加强水库上游污染源防治和污水处理，或在河流入库口设置水质净化工程，改善入库水质；控制或关闭库区内水产养殖，减少库区周边的人口和生产活动等，控制库区内污染源。

7.3.2.2 潘家口、大黑汀水库水源地保护措施

潘家口、大黑汀水库是引滦入津、引滦入库的源头。目前在水源地保护方面存在的主要问题一是上游入库河流水污染严重，影响水库水质；二是上游存在水土流失和农村污染源，面污染源问题突出；三是库区内污染源较多，如网箱养鱼、库区周边农村生活、库区底泥等污染源。规划采取以下三项主要水源地保护措施。

一是划定水源地保护区。潘家口、大黑汀水库水源地保护区范围为居民迁移线（大黑汀水库 135m 高程线、下池水库 146.5m 高程线、潘家口水库 226.7m 高程线）以下区域，面积为 102.7km^2。在保护区外延 5km，周边山脊线以下区域，划为准保护区，面积约为 648km^2。

二是加强对上游点面污染源的治理。潘家口、大黑汀水库上游的主要点污染源有承德市、承德县（滦河干流）、兴隆（瀑河）、宽城（柳河）等城镇和工业污染源，还有水土流失面积 1.5 万 km^2，以及化肥农药施用、农村生活污水和固体废弃物等面源污染物。规划采取加强点源治理、建设污水处理厂等点源治理措施，以及采取坡面工程、林草措施、沟道整治、农村生活垃圾和污水集中处理等人工措施和封山禁牧等自然修复措施，控制面污染源。

三是开展库区污染源治理。这包括对滦河干流、瀑河等主要河流入库口的水质净化，水库周边居住区废弃物和污染的处置和处理，减少和控制库区网箱养鱼数量，对潘家口水库下池进行整治，开展对潘家口、大黑汀水库之间滦河河道的治理，开展对潘家口、大黑汀大水库区间汇入的潵河的整治，开展两库周边的生态防护等措施。

7.3.2.3 岳城水库水源地保护措施

岳城水库是邯郸、安阳城市和河北民有、河南漳南灌区的主要供水水源。目前在水源地保护方面存在的主要问题是库区内污染源较多，如库区周边小煤矿企业、网箱养鱼、库区周边农村生活等污染源，且上游入库河流存在一定的水污染隐患。规划采取以下三项主要水源地保护措施。

一是调整和完善保护区。河北省邯郸市人民政府在 2003 年制定了《邯郸市区饮用水源地保护规划》，将岳城水库河北省境内部分分别划为一级、二级和准保护区。根据有关规定，对岳城水库饮用水水源保护区和准保护区范围适当调整如下：岳城水库保护区为环库公路以下（高程大多在 160m），保护区外延 5km 划为准保护区。以上保护区面积约 64km^2，准保护区面积约 303km^2。

二是开展库区污染源治理。对库区内煤炭行业的小型企业采取关闭排污口等措施，减少废渣、废水排放对水库水质的直接或间接影响。对库区养殖场进行治理，距离岸边较近的养殖场实施关闭或搬迁，距离岸边较远的适当采取防护措施。对库区工业废渣、生活垃圾等固体废弃物进行清理处置，减少固体废弃物受暴雨冲刷造成的污染物入库量。取缔库区网箱养鱼，减少总磷、总氮等营养物质。

三是加强上游河流的水污染治理。目前岳城水库上游入库河流对水库水质的影响尚不明显，但存在较大隐患。应加强对清漳河、涉县等工业污染源的治理，同时也要开展对漳

河干流、浊漳河、清漳河水土流失、农村面污染源和沿河小企业污染源的治理。

7.3.2.4 其他主要水库水源保护

密云水库规划在水库周边易受人为因素干扰的区域，在保护区边界处设置物理隔离网（栏）30.4km；为控制泥沙和面源污染，规划坡面治理工程80km²，沟道治理工程20km，林草保护工程26km²，农村污染控制179处。

官厅水库根据水库保护区范围内当前水土流失和污染状况，为控制泥沙和面源污染，规划坡面治理工程36km²，沟道治理工程30km，林草保护工程18.4km²，农村污染控制202处。

于桥水库规划在水库周边设置隔离防护措施，物理隔离工程量为14.3km。针对坡面水土流失规划治理面积为86km²，其中坡面治理工程15.4km²，沟道治理工程57km，林草措施30km²，自然修复措施40.6km²，农村污染控制措施120处。

岗南、黄壁庄水库规划坡面治理工程29.14km²，沟道治理工程13km，林草保护措施66.9km²，农村污染控制105处，控制保护区范围内的水土流失、泥沙和农村污染源等面源污染。

陡河水库规划拦截污染物直接进入水源保护区，兴建物理隔离工程23km，生物隔离工程0.92km²。取缔区内的直接排污口7个、迁移周边人口1645人。为控制面源污染，规划坡面治理工程为2.52km²，林草措施为23.69km²。

洋河水库规划在水库周边设置隔离防护网，设物理防护网35.2km，生物隔离带0.09km²。取缔区内的排污口3个，治理农田径流污染控制工程7.1km²，关闭库区内的水产养殖，库区坡面治理工程为1.25km²，林草措施27.1km²。

石河水库规划在水库周边设置隔离防护网20.4km，规划坡面治理工程1.8km²，沟道治理工程1.15km，林草保护工程17.37km²。

西大洋、王快水库规划采用生物隔离，兴建生物隔离防护工程83.5km²。为控制泥沙和面源污染，规划坡面治理工程21.72km²，沟道治理工程0.47km，林草保护工程97.54km²。

桃林口水库规划在水库周边建设生物隔离防护工程36.8km²。为控制入库泥沙和面源污染，规划坡面治理工程1.47km²，沟道治理工程0.27km，林草保护工程28.6km²。

漳泽水库规划在水库周边建设生物隔离防护工程8km²。为控制入库泥沙和面源污染，规划坡面治理工程1.47km²，林草保护工程8km²，农村污染控制42处。取缔区内的直接排污口1个、迁移周边人口500人。

怀柔水库规划坡面治理工程16km²，沟道治理工程6km，林草措施4km²，自然修护措施4.4km²，农村污染控制措施216处。

7.3.3 地下水压采

7.3.3.1 平原地下水压采

海河平原2007年地下水开采量为208.23亿m³，包括浅层地下水、深层承压水（不含微咸水）。以水资源三级区套省级行政区为单元统计，当年地下水超采量达 81.41 亿 m³，占总供水量的 20%。

南水北调工程通水后，通过水资源优化配置，平原地下水 2030 年配置开采量下降至 129.05 亿 m³，已低于平原地下水可开采量 135.27 亿 m³，地下水总体上实现采补平衡。与 2007 年相比，海河平原 2030 年需压采地下水 80.60 亿 m³，其中河北平原压采量达 60.35 亿 m³，占总压采量的 75%。山东徒骇马颊河平原因有引黄便利的条件，目前地下水总体不超采，未来可以适当加大开采量，压采量计为零，如表 7-11 所示。

表 7-11　海河平原 2030 年地下水压采量　　　　　　（单位：万 m³）

省级行政区	可开采量	2007 年开采量	2007 年超采量	2030 年配置开采量	压采量
北京	21.32	22.64	2.66	17.19	5.45
天津	4.16	8.16	5.58	4.16	4.00
河北	74.28	134.10	60.10	73.75	60.35
河南	11.01	21.54	10.53	10.74	10.80
山东	24.50	21.79	2.54	23.21	0
合计	135.27	208.23	81.41	129.05	80.60

平原地下水压采的基本原则：先压南水北调工程直接受水区、后压间接受水区，先压深层承压水、后压浅层地下水，先压严重超采区、后压一般超采区。南水北调工程受水区范围内的城镇生活和工业地下水开采井，在南水北调工程通水后，逐步减少或停止地下水开采。其中，报废的开采井予以封填，停止抽取地下水；其余开采井予以封存备用，一般年份不开采，在特殊干旱情况下，可按照规定的程序启用，以发挥抗旱作用。南水北调工程受水区范围内的农业地下水开采井，在南水北调工程通水后，根据被挤占的农业用水量返还情况，采取有封有留的措施，严格控制开采量。

地下水压采的主要措施：对有替代水源的超采区，结合替代水源的建设情况，对现有的地下水开采井采取限采或限期封存（填）等措施，逐步压缩地下水开采量。现状城镇公共供水管网已覆盖范围内的自备井，能够利用公共供水管网的要尽快完成水源替换工作，取消自备井开采，有特殊需要的要对其取水量进行核定并加强监督和管理。

7.3.3.2　平原地下水回灌补源

根据水源条件，因地制宜地采取地下水回灌补源措施，可增加地下水的有效补给及地下水的资源储量，提高水资源的利用效率和抗风险能力。规划修建地下水人工回灌补源工程 32 处。

北京市规划通过集雨和提高地下水入渗率，增加雨水下渗量补给地下水；利用通惠河、潮白河等河道和蓄滞洪区拦蓄洪水，增加地下水补给量。

河北省规划建设七里河、白马河、滹沱河、沙河及一亩泉等回灌补源工程，利用南水北调中线工程退水补给地下水。另外，在汉江丰水年时，利用中线总干渠的加大流量和富余容量也可以将汉江弃水或丹江口余水用于农业和生态环境，建立受水区生态补水的长效机制。

河南省规划建设的回灌补源工程多数是引黄河水，少数是引当地地表水进行替代和补源。引黄补源工程主要是通过调节引黄灌区的灌溉用水量进行的。通过规划的工程措施，适当加大黄河两岸灌区浅层地下水开采量，节约引黄水量，扩大引黄补源范围；在引黄灌区或引黄补源工程下游，兴建、续建配套工程，利用引黄退水补源，还可以利用现有工程在非灌溉季节进行引水拦蓄补源。

7.3.3.3 山间盆地地下水压采

海河流域的大同、蔚（县）阳（高）、张（家口）宣（化）、涿（鹿）怀（来）、天（镇）阳（高）、延庆、遵化、忻（州）定（襄）、长治9个山间盆地2007年浅层地下水开采量为15.2亿 m^3，超采量为0.76亿 m^3，总体上超采量不大，但局部超采较为严重。盆地地下水超采较为严重的是大同和延庆盆地。大同市城郊地下水超采区现状漏斗中心水位下降速率超过3.5m/a，最大埋深近80m，局部含水层被疏干。

山间盆地地下水保护措施主要是增加引黄水（引黄入晋北干线）、当地地表水（建设一些供水水库）、再生水利用，加大节水力度，逐步压缩地下水开采量，实现盆地地下水系统的良性循环。到2020年，山间盆地地下水可实现采补平衡，部分山间盆地浅层地下水实现补大于采。

7.3.3.4 重要泉域保护

海河流域主要岩溶大泉有山西省娘子关泉、神头泉、坪上泉、辛安泉，河北省黑龙洞泉、百泉、一亩泉、威州泉，河南省珍珠泉，共9个。岩溶大泉具有调节性能强、集中出露、水流相对稳定、水质优良等特性。由于地下水过度开采、煤矿开采排水等原因，以上9个大泉现状泉水流量平均比20世纪50年代减少了一半以上，百泉、一亩泉已干涸。与泉水流量衰减相伴，泉域地下水水位呈持续下降趋势，其中娘子关泉近20年来泉域地下水水位整体下降约20m。

泉域的保护措施主要包括通过划定保护区、分区制定地下水开采量控制方案和污染治理方案等。对山区重要泉域进行保护，要遏制地下水水位下降和水质恶化的趋势。对已干涸的平原泉口采取河湖沟通等措施逐步予以恢复，其中，一亩泉恢复工程主要为王快、西大洋水库联合向一亩泉调水；百泉恢复工程主要为各泉坑之间建连接渠，泉区出口建节制闸及泉坑周围岸坡护砌、绿化等。

7.3.4 地下水污染防治

因受自然和人为因素影响，海河流域平原和山间浅层地下水环境质量总体状况较差。其中，浅层地下水矿化度大于2g/L的面积3.58万 km^2，占平原和盆地面积的24%，矿化度分布总体趋势为从山前平原向滨海平原逐渐增大。受人为污染的地下水面积9万 km^2，其中重污染面积达3万 km^2。综合评价表明，海河平原和山间盆地地下水质劣于Ⅲ类的面积达到 11.3 万 km², 占总面积的 76%。

地下水污染主要来自地表污水入渗、污水灌溉和垃圾废弃物，水质改善难度大。地下水污染防治的重点是做好地下水源地的保护。主要措施如下。

7.3.4.1 采取保护区隔离防护设施

采取物理隔离设施进行防护，防止人类活动等对水源地保护和管理的干扰。

7.3.4.2 开展保护区的污染治理

建立固体废物消纳场，设置防渗层，进行卫生填埋，改变随意堆放垃圾的状况，逐步提高垃圾无害化处理水平。

控制农药及氮肥使用量，结合适宜、先进、高效、科学的灌溉技术，有效地减少灌溉入渗水对地下水水质的影响。

对畜禽集中养殖业要建立卫生防护带，发展沼气，利用生态工程净化污水；建设高效简易的污水处理设施，治理废水，逐步提高畜禽类粪便无害化处理水平。

关闭地下水饮用水水源地保护区内的排污口，采取点源分散治理和集中治理等措施，使生产、生活废污水资源化，减轻和防止废污水对地下水的入渗污染，清理保护区范围内填埋的有毒、有害物质。

在 2030 年前，规划修建地下水饮用水水源地污染治理工程 7796 处。

7.4 河流湿地水生态修复

7.4.1 主要河流生态水量配置

山区河流和平原 13 条河流生态水量不需配置，主要通过水资源管理维持，其余 11 条河流需要进行生态水量配置，配置方案如下。

(1) 滦河（大黑汀水库—河口）

生态水量 4.21 亿 m³，现状典型年实测水量 3.63 亿 m³，缺水量 0.58 亿 m³，由潘家口、大黑汀、桃林口水库联合调度补充。

(2) 陡河（陡河水库—河口）

生态水量 1.02 亿 m³，现状典型年实测水量 0.80 亿 m³，缺水量 0.22 亿 m³，由陡河水库及唐山市再生水和其他退水补充。

(3) 永定河（三家店—屈家店）

生态水量 0.72 亿 m³，现状常年干涸，安排北京城区再生水作为生态水源，官厅水库作为备用生态水源。

(4) 唐河（西大洋水库—白洋淀）

生态水量 0.72 亿 m³，现状常年干涸，安排西大洋水库下泄补充。

（5）潴龙河（北郭村—白洋淀）

生态水量 0.50 亿 m³，现状常年基本干涸，安排王快水库下泄水量补充。

（6）独流减河（进洪闸—防潮闸）

生态水量 1.24 亿 m³，现为泄洪河段，多数时间干涸，汛期有少量涝水和污水排入，安排 2030 年南水北调东线通水后补充长江水，保持常年有水面。

（7）滹沱河（黄壁庄水库—献县）

生态水量 1.00 亿 m³，现状常年干涸，安排黄壁庄水库下泄水量和石家庄市区再生水补充。

（8）滏阳河（京广铁路桥—献县）

生态水量 0.73 亿 m³，现状基本干涸，安排邯郸、邢台、石家庄等城市再生水排入补充，或将滏阳新河水调入。

（9）子牙河（献县—第六堡）

生态水量 0.96 亿 m³，现状基本干涸，安排 2030 年由滏阳河来水由献县枢纽分泄至子牙河补充。

（10）南运河（四女寺—第六堡）

生态水量 0.26 亿 m³，现状干涸，南运河为南水北调东线输水线路，2030 年通水后能满足生态需求。

（11）马颊河（沙王庄—大道王闸）

生态水量 0.82 亿 m³，现状典型年实测水量 0.38 亿 m³，缺水量 0.44 亿 m³，由 2014 年南水北调东线一期通水后的长江水补充。

7.4.2 主要湿地生态水量配置

北大港、衡水湖、大浪淀、恩县洼 4 处湿地为南水北调工程的调蓄水库，蓄水后生态水量自然满足，其余 9 处需要进行生态水源配置，配置方案如下。

（1）青甸洼

生态水量 0.34 亿 m³。补水水源有三种：一是青甸洼汇水区地表径流，枯水年有 0.20 亿 m³ 水量汇入；二是从州河、沟河年引水约 150 万 m³；三是蓟县县城再生水，蓟县城关污水厂每年可提供再生水 0.19 亿 m³。上述水源枯水年可供水量共计 0.41 亿 m³，扣除用于农业灌溉水量 700 万 m³，可供青甸洼生态水量 0.34 亿 m³，基本满足生态用水要求。

（2）黄庄洼

生态水量 1.46 亿 m³。补水水源有三种：一是黄庄洼汇水区地表径流，枯水年有 0.10 亿 m³；二是从潮白新河枯水年可引入水量 0.36 亿 m³；三是宝坻城区再生水，宝坻污水处理厂每年可提供再生水 0.19 亿 m³。上述水源枯水年可供水量共计 0.65 亿 m³。缺水量 0.81 亿 m³ 在南水北调工程 2030 年通水后通过与水库置换补充。

（3）七里海

生态水量 1.08 亿 m³。补水水源有三种：一是枯水年利用潮白新河和永定新河入境水

0.20亿 m³；二是宁河可引北运河水约 0.25亿 m³ 进入七里海；三是东郊污水处理厂提供的再生水 0.45亿 m³。上述水源枯水年可供七里海的水量共计 0.90亿 m³。缺水量 0.18亿 m³ 在南水北调工程 2030 年通水后通过与水库置换补充。

（4）大黄堡洼

生态水量 1.30亿 m³。补水水源有三种：一是大黄堡洼汇水区地表径流，枯水年 0.53亿 m³；二是北运河来水，供大黄堡洼水量 0.15亿 m³；三是武清城区污水处理厂提供的再生水 0.02亿 m³。上述水源枯水年可供水量 0.70亿 m³。缺水量 0.60亿 m³ 在南水北调工程 2030 年通水后通过与水库置换补充。

（5）白洋淀

生态水量 1.05亿 m³。补水水源有三种：一是上游王快、西大洋、安各庄三座大型水库枯水年可供白洋淀水量 0.50亿 m³；二是引黄河水；三是利用南水北调东线补水。安排黄河水和长江水供白洋淀约 0.55亿 m³。上述水源可以保证白洋淀枯水年生态水量。另外，还可视大清河和漳河丰枯情况采取引岳济淀应急补水措施。

（6）团泊洼

生态水量 0.88亿 m³。补水水源有三种：一是团泊洼汇水区涝水，枯水年为 0.11亿 m³；二是天津市纪庄子污水厂深度处理的再生水可供水量 0.32亿 m³；三是天津市南北水系沟通工程枯水年可补水 0.12亿 m³。上述水源枯水年可供水量共计 0.55亿 m³。缺水量 0.33亿 m³ 由南水北调东线三期工程 2030 年通水后的长江水补充。

（7）永年洼

生态水量 0.12亿 m³。主要水源是邯郸城市污水处理厂提供的再生水，可满足生态用水。

（8）南大港

生态水量 0.47亿 m³。补水水源一是南排河、新石碑河、廖家洼排干河和捷地减河，枯水年可供南大港 0.10亿 m³；二是 2030 年南水北调东线三期工程补充长江水 0.37亿 m³。

（9）良相坡

生态水量 0.11亿 m³。补水水源为淇河、共产主义渠、思德河、夺丰水库及淇县污水处理厂再生水，合计 0.11亿 m³，可以满足生态用水。

7.4.3 水生态修复重点项目

7.4.3.1 北京市永定河绿色生态走廊建设

永定河北京段全长 170km，其中官厅山峡段（幽州—三家店拦河闸）92km，平原城市段（三家店拦河闸—南六环路）37km，平原郊野段（南六环路—梁各庄）41km。

存在的主要问题：一是三家店以下河段常年干涸，成为北京市的风沙源；垃圾堆放和污水入河，生态环境恶劣。二是永定河平原段局部河段存在防洪安全隐患。三是永定河沿线经济社会发展相对滞后。

规划目标：将永定河北京段建成自上而下的溪流—湖泊—湿地连通的健康河流生态系统，形成"一条生态走廊、三段功能分区、六处重点水面、十大主题公园"的空间景观布局，为两岸创造优美的水生态环境。

河流治理方案：山峡段维护生态环境和生物多样性，保护天然河道和水质。治理水土流失面积500km^2；建设景观湿地6处；挖掘自然山水文化资源，发展旅游经济。平原城市段治污蓄清，增加河道蓄水，重点河段形成水面。规划建成溪流串联湖泊6处；建设十大主题公园，实现河流与城市的相互融合。平原郊野段彻底消除防洪安全隐患，打造田园生态景观。在河道及两侧200～500m建成乔、灌、草相结合的绿色保护带；恢复历史人文景观。治理后，永定河北京段可增加水面360hm^2，溪流型河槽60km，湿地380hm^2，绿化面积9000hm^2。

水源配置方案：永定河北京段适宜生态水量每年为1.30亿 m^3，主要水源为再生水和雨洪水。再生水由清河污水处理厂每年供5000万 m^3，小红门污水厂每年供7000万 m^3，门城污水厂每年供300万 m^3，五里坨污水厂每年供500万 m^3，合计1.28亿 m^3。雨洪水为三家店以下河道110km^{2}范围内的雨洪水，每年雨洪量约200万 m^3。另外，官厅水库作为补充、备用水源。远期还可考虑山西引黄入晋北干线水源。

工程措施及投资分期：包括山峡段河道生态治理、再生水利用、官厅水库拦门沙清淤、三家店至大宁循环及配水、堤防加固、防汛指挥系统、支流治理等工程。规划投资169亿元，计划2010年启动，2014年完成。

7.4.3.2 北运河干流综合治理

北运河干流由北京市通州区北关闸（为2007年下移800m后的位置，下同）至天津市区子（牙河）北（运河）汇流口，全长141.9km。

北运河干流面临的主要问题有以下两个方面：一是防洪能力低。北运河干流防洪治理标准为50年一遇，但因河道淤积、堤防超高不足等原因，现状过流能力不到20年一遇；还存在工程老化失修问题。二是生态环境恶化。北运河接纳北京市区污水，河流水质存在污染，水面和两岸环境景观差；由于沿线大量引水，部分河段出现断流。

防洪治理：通过治理达到50年一遇防洪标准。治理范围包括北运河干流、青龙湾减河、运潮减河等。北关闸—甘棠段堤防加高培厚；甘棠—土门楼段河道清淤复堤，扩建榆林庄闸、土门楼泄洪闸；青龙湾减河清淤复堤；木厂闸—筐儿港枢纽段堤防加高，木厂闸、筐儿港泄洪闸和节制闸维修加固；北京排污河筐儿港枢纽—狼尔窝退水闸段、运潮减河北关分洪闸—东堡村堤防加高；对河道上49处险工采用生态护砌，对127处穿堤建筑物进行维修加固。

水生态修复：通过治理达到水清、岸绿的生态景观目标。主要措施包括河道生态整治、水面恢复、湿地建设、生态治污、河滨带及堤防绿化、人文景观建设等。堤防采用自然和生物护岸，构建河滨带，绿化堤防；建设十余处共764hm^{2}面积的沿河湿地，作为生物栖息地并净化水质；建设河道内设置水生动植物，净化水质；建设人文景观，保护和弘扬运河文化；保证北运河干流一定的水量，利用多级闸坝改善河流连通性。

7.4.3.3 白洋淀生态综合整治工程

白洋淀总面积366km²（按千里堤、新安北堤、障水埝和四门堤、淀南新堤环绕区域面积计），上游有北支的白沟引河和南支的潴龙河、唐河、府河等河流汇入，流域面积31 199km²。淀区人口约40万。

白洋淀目前面临的问题主要有以下两个方面：一是入淀水源不足。由于降水径流减少和上游用水等原因，近年来入淀水量严重不足，包括上游水库补水在内每年只有1亿～1.5亿m³，而淀区蒸发渗漏损失就达2亿m³以上，多次出现干淀（水位6.5m）。二是淀区生态环境差。受上游城市污水汇入和淀区人类活动影响，淀区水质总体上为Ⅰ～Ⅳ类，局部劣于Ⅴ类，呈富营养化状态；淀区淤积严重。

水源工程建设：一是建设王快、西大洋水库连通向白洋淀补水工程，通过两库联合调度，向白洋淀补水，同时回补一亩泉地下水。二是孝义河治理。采用河道疏浚和局部堤防生态护岸，清淤河道及入淀口，减少王快水库补淀水量损失。三是中易水河治理。采用生态护岸对原有沙堤和护村埝加高培厚，疏浚河道，营造生态河床，减少安各庄水库补淀水量损失。

淀区生态环境治理：采取生态清淤方法，进行淀底和航道清淤，对各入淀河流河口进行治理，减少淀区内源污染，改善生态环境。

7.4.3.4 其他生态修复项目

天津市北大港生境修复工程。按照北大港湿地自然保护区规划进行，分核心区、缓冲区和实验区。核心区为北大港水库西库，面积110km²，蓄水量3.0亿m³，为天津市城市供水水源地，也是湿地保护区的核心区。缓冲区为北大港水库300m宽绿化带及李二湾水库，主要是进行水产养殖和芦苇生产。实验区为官港湖和北大港水库的东库，主要为次生的自然生态系统或人工生态系统，可进行资源的适度开发利用，并进行持续发展模式的实验与推广。规划对现有的北大港水库、官港湖、钱圈水库、沙井子水库以及李二湾水库进行治理，以保护水库水质；建立姚塘子泵站、十号口门、排咸闸监测站3个监测站以监测水质；建设当地及入境水引提水工程和本区再生水回用工程，保证生态水源，修复生态环境。

河南省淇河生境保护工程。近20年来，随着上游引提水工程和拦蓄工程的建设，对淇河水资源开发利用的力度加大，淇河下游河道基流减少，淇河盘石头水库—淇门入卫河口河段湿地面积日益萎缩，主要的湿地分布在许家沟、天然太极图等地。其中，许家沟湿地属于泉域出露地区。随着盘石头水库的兴建，在库区将形成宽阔水面，沿岸湿地将随蓄水量增加得到充分的恢复。规划改扩建8座拦河坝，恢复河道常年蓄水。规划建设盘石头水库（千鹤湖）、白龙庙水库（白龙湖）、天然太极图生态区、淇河淇滨生态园、人工湖湿地5个重点生态区；修复许家沟泉域湿地，形成自然保护区；建设生态护岸、形成绿色生态走廊；中下游河道恢复河流生态水面；改善生境维持功能和恢复景观环境功能。

山东省徒骇河聊城段生境修复工程。规划围绕聊城"江北水城"这一城市特色，开发整治古运河，使其与周公河、西新河连通蓄水。在城区东南部，扩挖班滑河，将四新河与徒骇河相连通。扩挖西王分干将小运河与周公河上游相连。通过上述措施使徒骇河、赵王河、运河、四新河、班滑河、周公河、西王分干、东昌湖构成蓄水网络。东昌湖内通过设置生态净化功能区，布置生物浮床和浮岛，岸边引种净水能力较强的植物，利用生态治污工程净化水质。

山西省云中河、牧马河生境修复工程。规划将忻州市城北的南云中河和城南的牧马河城区段进行整治并修建蓄水工程。开挖两条蓄水明渠，把修建后的南云中河和牧马河在城东和城西两处连通，将市区公园人工湖与沿河公园相互联络起来，形成完整的城市水系网络。工程主要建设内容：城市河道整修，开挖引蓄水人工河道，修建橡胶坝，河道防渗处理，市内湖泊整修开挖等配套工程，续建上游水库。

漳卫新河生态综合整治工程。以山东省德州城市生态景观河流修复为龙头，通过建造潜流式人工湿地、沟渠型人工湿地、河口湿地、河道湿地等多种湿地系统，形成功能性湿地区、景观湿地区、自然保护区有机衔接的生态河流，改善水质、恢复河道常年蓄水；改造取水口、建设特殊枯水年份补水工程；实施入海口生态综合治理工程；增加入海水量，降低漳卫新河入海污染物量。

7.5 实行最严格的水资源管理制度

7.5.1 流域水资源管理现状和实行最严格的水资源管理制度意义

7.5.1.1 水资源管理得到加强，管理能力不断提高

流域机构的水资源管理地位得到明确。《中华人民共和国水法》规定："国务院水行政主管部门在国家确定的重要江河、湖泊设立的流域管理机构，在所管辖的范围内行使法律、行政法规规定的和国务院水行政主管部门授予的水资源管理和监督职责"，"赋予流域管理机构在管辖范围内行使法律、行政法规规定和国务院水行政主管部门授予的水资源管理和监督职责"。经过多年努力，海河流域现已初步建成了流域管理与行政区域管理相结合的水资源管理体制。

全面实行了取水许可制度。国务院1993年发布的《取水许可制度实施办法》（第119号令）规定，取水单位和个人从江河、湖泊或者地下取水（除特殊规定外），都应申请取水许可证，并依照规定取水。根据水利部授权，海河水利委员会（以下简称海委）1995年发布了《海河流域实施〈许可制度实施办法〉细则》，规定了滦河、蓟运河、大清河、子牙河、漳卫南运河等主要跨省河流和地下水全额或限额取水许可管理河段。国务院2006年发布的《取水许可和水资源费征收管理条例》（第460号令）重申了取水许可有关规定，并规定应缴纳水资源费（第119号令同时废止）。

建立了建设项目水资源论证制度。为落实取水许可管理，水利部、国家发展计划委员会2002年发布了《建设项目水资源论证管理办法》（水利部、国家发展计划委员会令第15

号），规定直接从江河、湖泊或地下取水并需申请取水许可证的新建、改建、扩建的建设项目，业主单位应进行建设项目水资源论证，编制建设项目水资源论证报告书。自开展取水许可管理以来，海委已颁布取水许可证 148 套，开展建设项目水资源论证 37 次。通过加强涉及流域全局和敏感区域的取水许可管理，遏制了水资源的无序开发，促进了节水型社会建设。

初步建立了用水总量控制和定额管理相结合的制度。在总量控制方面，提出了海河流域 2020 年、2030 年水资源配置方案。制定了滦河（1983 年）、漳河（1989 年）、永定河（2007 年）水量分配方案，得到国务院正式批复，并建立了相应的管理机构；以纪要、规划、协议的形式规定了一些河流、水库的水量分配。在定额管理方面，流域内各省（自治区、直辖市）均颁布了行业用水定额，从微观层面强化了对用水户用水的管理，制定了用水效率的"红线"，促进了用水效率和节水水平的提高。

水资源管理体制改革进一步深化。城乡水务一体化进程全面展开，北京、天津两市已分别于 2004 年和 2009 年成立了省级水务局，实现了供水、排水、节水等工作的统一管理。到 2009 年，海河流域已有 250 多个市、县成立了水务局。

节水型社会建设取得显著成效。海河流域各省（自治区、直辖市）均成立了省级和地市级的节水管理机构，出台了省级节水法规和规章 30 多部。通过行政、管理、经济、法律等手段，促进产业结构调整，鼓励发展节水和高新技术产业。目前，海河流域用水效率和节水水平在全国处于领先地位，实现了在经济社会快速发展的同时总用水量总体保持在 400 亿 m³ 左右的水平。

7.5.1.2 水资源保护制度初步建立，水生态修复初见成效

积极推进水功能区管理制度。编制了海河流域水功能区划，将全流域 209 条河流（河长 20 182km）和 33 座湖库（面积 1519km²）划分为 524 个水功能区。制定和颁布了水功能区限制排污总量意见，根据水体纳污能力确定了主要污染物入河总量控制指标，作为入河污染物控制的"红线"。开展了水功能区分级管理，水利部 2008 年批复了海河流域入河排污口监督管理权限，规定了流域内各省（自治区、直辖市）水行政主管部门和海委在入河排污口的设置审查、登记、整治、档案、监测五个方面的监督管理权限，入河排污口登记、监测和审查三项制度已开始起步。

加强了重要供水水源地的保护。海河流域已有密云水库等 19 个地表水源地和 46 个地下水源地划为省级或市级水源保护区。加强了对重要水源地的水质监测和突发水污染事件应急能力，制定了应对突发水污染事件的应急预案。

河流水生态修复工作开始起步。海河流域在水资源严重短缺的情势下，抓住有利时机，积极开展水生态修复。海河流域分别于 2004 年、2005 年实施了引岳济淀、引岳济衡、引岳济港应急生态输水，2006 年、2008 年两次开展引黄济淀等生态输水。通过以上措施，改善了"华北明珠"白洋淀及衡水湖、南大港等重要湿地和调水沿线水生态状况。北京、天津、石家庄等大中城市对城市河湖进行了治理，利用有限的水资源或再生水改善了城市河段的生态环境。

水土保持管理得到加强。开展了水土保持治理、预防保护和监督的"三区"划分，强

化了建设项目水土保持管理，初步形成了流域中心站、省级总站和地市分站及监测站点等构成的水土保持监测网络体系。

7.5.1.3 防汛抗旱管理能力明显提升，应急调水成效显著

防汛抗旱组织保障得到加强。经国家防汛抗旱总指挥部批准，海河防汛抗旱总指挥部于 2008 年 5 月成立，在海河流域行使防汛抗旱工作的组织、指导、协调、调度和监督职能，为做好海河流域防汛抗旱工作提供了强有力的组织保障。海河防汛抗旱总指挥部由河北省省长担任总指挥，北京、天津、河北、山西、河南和山东 6 省（直辖市）人民政府主管副省长（副市长）和北京军区副参谋长担任副总指挥，水利部海河水利委员会主任担任常务副总指挥，以上 6 省（直辖市）水利（水务）厅（局）的厅（局）长、北京军区作战部副部长和海委主管副主任为成员，办公室设在海委。

防洪非工程体系初步建立。初步建立了信息管理系统和防汛会商系统，为防汛调度决策、抢险救灾指挥提供了信息保障。开展了海河流域洪水风险图编制试点，编制了永定河、大清河等主要河系防御洪水方案、洪水调度方案和流域抗旱预案。初步建立了应急体系和机制，加强了专业、群众和部队抢险队伍相结合的防汛队伍体系建设。强化了非防洪项目洪水影响评价工作。开展了洪水资源利用试点工作，提出了《海河流域洪水资源利用应急方案》。

抗旱应急调水管理能力不断提高。为应对 1999 年以来出现的连续枯水年，海河流域采取了一系列应急调水措施。海委积极组织制定应急供水方案，先后组织开展了 5 次引黄济津应急调水，5 次永定河、潮白河上游晋冀两省向北京的集中输水，两次从河北省黄壁庄等水库向北京的应急输水。通过采取以上应急供水措施，保障了京津等城市的供水安全，提高了海河流域应急供水管理能力。

7.5.1.4 实行最严格的水资源管理制度的意义

针对我国（特别是北方地区）水资源短缺的严峻形势，国家开始实行最严格的水资源管理制度，通过完善并全面贯彻落实水资源管理的各项法律、法规和政策措施，划定水资源管理"红线"，即明确水资源开发利用红线，严格实行用水总量控制；明确水功能区限制纳污"红线"，严格控制入河排污总量；明确用水效率控制"红线"，坚决遏制用水浪费。

实行"最严格的水资源管理制度"的核心是确定水资源开发利用、用水效率、水功能区限制纳污的"三条红线"；同时要加强水利信息化建设、完善水资源监测体系，提高水利社会管理和公共服务能力，建成体制顺畅、机制完备、制度健全的现代化流域管理体系，社会管理和公共服务能力能够适应经济社会发展要求，具备应对极端气候和突发事件的应急能力。

7.5.2 严格取水总量控制

7.5.2.1 严格控制用水总量增长

海河流域工业用水应按微增长的原则进行控制，新增工业用水主要依靠节水和再生水

解决。海河流域农业用水除列入全国千亿斤粮食规划区的可适当新增用水外，不再增加用水指标。

完善水资源需求管理制度。以法律、行政、经济、科技、宣传等手段引导用水户优化用水方式，规范用水行为，提高用水效率、优化资源配置、改善和保护环境，实现最小成本水资源服务。对水资源利用工程、结构、技术、方式等因素进行管理。在总量控制和定额管理的框架下，提高用水效率。宏观上提出经济社会发展对水资源需求的合理性管理，积极开展产业结构调整，使良性需求和有力保障相结合，达到水利发展和经济社会发展协调一致；研究制定水资源需求管理措施，为流域水资源需求管理提供依据。

建立耗水管理制度。建立基于 ET（蒸腾蒸发）的耗水管理制度，控制流域用水消耗，实现流域水资源进出平衡。为实现 ET 控制指标，水资源管理除要进行"供需平衡"以外，还要实施以控制 ET 为核心的耗水管理，不但要控制取水量，还要控制消耗量。为工业企业发放取水许可证，在明确允许取水量的同时，还要明确消耗量、排放量和水质要求。农业要加强节水，根据海河流域干旱的特点，采取滴灌、微灌、膜下灌等先进的灌水技术来减少无效蒸发。建立 ET 管理制度，强化流域、区域 ET 控制管理，逐步将 ET 管理纳入水权管理，并逐步形成法规。加强流域 ET 监测中心建设，实现 ET 监测常规化和制度化，为实施 ET 管理提供保障。

7.5.2.2 建立省级行政区取水许可控制指标体系

以水资源配置方案为基础，编制《海河流域用水总量控制指标》，制定海河流域省级行政区取水许可总量控制指标，包括生活、工业、农业、生态环境等用水行业的地表水、地下水、外调水和非常规水源取用水指标。

在明晰流域水资源总量和可利用量的基础上，制定全流域及各省级行政区域水资源配置方案，为流域层面的用水总量控制管理提供依据。制定用水效率控制红线，进一步完善用水定额及其标准体系，在现状用水水平分析、流域和区域水资源配置方案的基础上，制定更为科学、更为严格的行业用水定额。

7.5.2.3 制定或调整主要跨省河流水量分配方案

制定跨省河流水量分配方案是控制省级行政区取水总量最有效、也是难度最大的措施。

海河流域已经国务院正式批复水量分配方案的河流有滦河、漳河、永定河。另外，《21 世纪初期首都水资源可持续利用规划》（国函【2001】53 号批复）规定，河北省平水年进入官厅水库水量为 3 亿 m^3，潮白河进入北京水量 6 亿 m^3。

海河流域需要制定水量分配方案的主要跨省河流（水库）有滦河、蓟运河、潮白河、北运河、永定河、拒马河、滹沱河、漳河、岳城水库、卫河 10 条。其中，国务院已批复的滦河、漳河、永定河水量分配方案，应根据南水北调工程通水后新的水资源情势进行调整，并制定水量调度方案和水量调度管理办法。各主要跨省河流水量存在的问题和水量分配的重点如下。

滦河流经河北、内蒙古、辽宁三省区，并通过引滦入津工程向天津市供水。由于近年降水径流减少，潘家口可供水量较国办发【1983】44号文件规定的水量锐减约50%。滦河水量分配重点是保证山区河流不断流，复核潘家口水库可供水量，以及为滦河河口生态安排的一定的生态水量，研究津冀分水比例调整。

蓟运河流经河北、北京、天津三省市，有泃河、州河、还乡河等支流。蓟运河水事矛盾主要在泃河。因津京冀地域交叉，互相包围，泃河省际出入境水量极其复杂，争水矛盾突出。蓟运河水量分配的重点是合理地分配泃河三省市可利用水量。

潮白河流经河北、北京、天津三省市，上游有潮河、白河两大支流。密云水库是北京市重要供水水源。水库下游潮白河及潮白新河经常断流。潮白河水量分配重点是复核河北上游出境水量和密云水库入库水量，以及密云水库安排的一定生态下泄水量。

北运河流经北京、河北、天津三省市，是京杭大运河的北端。北运河除汛期有少量自产水外，水量主要来自北京市污水以及灌溉退水。北运河水量分配的重点是确定北京市在加强再生水利用条件下的合理出境水量，以维持北运河水生态和保证下游北京市通州区、河北省廊坊市、天津市武清区灌溉水量。

永定河流经内蒙古、山西、河北、北京、天津五省区市。上游有洋河、桑干河两大支流。官厅水库是北京市的重要水源地，水库以下永定河干流常年干涸。永定河水量分配的重点是复核上游河北、山西出境水量，以及官厅水库安排的一定生态下泄水量。

拒马河流经河北、北京两省市，属于大清河北支。拒马河水量分配的重点在于协调河北省拒马河山区、北京市和河北省拒马河下游平原三个区域的用水关系，要保证张坊站有一定的下泄水量，满足涞水等地区特枯年基本用水，然后再在两省市间分配。

滹沱河流经山西、河北两省，为子牙河的支流。滹沱河上游山西省晋中地区工业未来用水将有一定的增长，进入河北省后滹沱河汇入岗南、黄壁庄水库，是石家庄城市、石津灌区等地供水的水源。滹沱河水量分配的重点是协调好山西、河北两省的用水关系，明确山西省可利用水量和出境水量。

漳河上游（岳城水库以上）流经山西、河南、河北三省，有浊漳河、清漳河两大支流，其中浊漳河三省桥以下至岳城水库为河南、河北界河，是水事矛盾高发地区。上游山西省长治地区能源、电力等工业将有一定的发展，用水量将增加；下游河南、河北两省有红旗、跃进、大跃峰、小跃峰四大灌区，生活生产主要依靠漳河水，漳河沿河村庄在灌溉用水高峰时极易发生争水矛盾。漳河上游水量分配的重点是协调三省的用水关系，在保障上游供水增加的同时，尽可能减少对下游的影响。

岳城水库是漳河的控制性水利工程，承担着防洪和向邯郸、安阳城市和河北民有、河南漳南灌区供水的任务。国发【1989】42号文规定的河南、河北分水比例主要由岳城水库实现。由于岳城水库可控制海河南系的大部分地区，对于平原的生态修复有着重要的作用，因此，岳城水库水量分配的重点是确定水库的生态预留水量，其余仍按国发【1989】42号文精神分配给河南、河北。

卫河（卫运河、漳卫新河）流经山西、河南两省，卫运河、漳卫新河基本上为山东、河北两省界河。卫河、卫运河、漳卫新河正常年份有水，争水矛盾目前不突出。但随着水污染治理加强和再生水利用量增加，进入卫河的水量有可能会减少。卫河水量分配的重点是保证一定的生态水量，确定卫河河南省出境水量，确定河北、山东两省可引水量和漳卫新河的入海水量。

7.5.2.4 健全水资源论证制度

水资源论证审批应以取水许可控制指标体系、河流水量分配方案等为依据，对超过指标的项目应停止审批。

加强水资源论证管理立法工作，建议将《建设项目水资源论证管理办法》上升为行政法规，提升其法律地位；完善流域水资源论证管理法规体系，强化水资源论证管理。同时，大力推进国民经济和社会发展规划、城市总体规划和重大建设项目布局的水资源论证工作，完善相关管理制度，从源头上把好水资源开发利用关，增强水资源论证管理在国家宏观决策中的作用。

进一步加强取水许可管理规章制度建设。以已有法律法规为基础，完善流域取水许可管理法规体系，为取水许可管理提供法规保障；提出流域取水许可总量控制指标，并进一步细化分解，建立覆盖流域和省、市、县三级行政区域的取水许可总量控制指标体系；制定《海河流域取水许可总量控制管理办法》，严格取用水管理。

逐步探索并建立水权交易制度，促进水资源优化配置和高效利用。在政府宏观调控和监管下，水行政主管部门制定有关的交易程序和交易规则，促进取水权从低效用户向高效用户转移，促进水资源同经济社会发展相适应。

7.5.2.5 严格地下水开发利用管理

加强地下水管理，合理划分地下水资源保护区，明确地下水超采地区、严重超采区、禁止开采区和限制开采区的开发利用及管理制度，对于超采区不允许增加开采量。加强山区泉域和矿山开采区地下水保护。

完善地下水管理制度。水资源配置方案给出的地下水配置开采量，是地下水开采管理的"红线"。应落实地下水水功能区划，明确开发区、保护区和保留区的开发、保护规则。加强对地下水位的动态监测，对地下水压采效果进行实时评价，定期向社会公布地下水动态信息，强化舆论的监督作用。根据地下水功能区开展地下水管理，逐步完善地下水管理制度，加强对地下水水源地的保护。结合南水北调工程，制定海河流域地下水压采方案及压采的保障措施，实行地下水压采、限采。

制定海河流域地下水管理条例。地下水是海河流域主要供水水源，超采严重。南水北调工程的实施为海河流域受水区地下水压采创造了有利的条件。为了保障地下水压采工作的有序开展，实现地下水资源的可持续利用，亟须出台加强地下水管理方面的规定。《海河流域地下水管理条例》（以下简称《条例》）拟主要包括以下内容：一是明确《条例》的适用范围；二是确定地下水管理组织机构及其职责；三是建立地下水资源开发、利用与保护相关制度；四是完善地下水取水许可和水资源论证制度；五是加强地下水资源动态监测站网的建设；六是建立地下水资源开发利用及保护的奖惩机制；七是建立地下水开采及水资源保护监督管理制度。

7.5.2.6 强化水资源统一配置和调度

南水北调工程通水前，海河流域要以保证京津等大城市供水安全为重点，做好各项应急调水工作。南水北调工程通水后，要根据水资源配置方案，优先使用长江水和非常规水源，控制当地地表水和黄河水利用量，大力压缩地下水开采量。

建立流域水资源开发利用协商机制。在跨省河流和地下水源地、省际边界河流新建、扩建、改建各类水工程，应当按照有关规定与相关省（自治区、直辖市）水行政主管部门充分协商，并按法定程序报批。

建立流域供水安全应急保障机制。完善大中城市和重点地区应急调水预案，确保供水安全。地级以上城市要全面完成城市供水应急预案编制，制定干旱和紧急情况下的供水措施，建立干旱期动态配水管理制度、紧急状态用水调度制度，保障正常生活生产用水。

建立水资源战略储备制度。按照重要程度，区分深层地下水、浅层地下水、非常规水资源等，建立水资源储备，规定水资源储备量和使用条件。

建立洪水资源利用管理制度。海河流域已在潘家口、岗南、黄壁庄、于桥和岳城等综合利用水库开展了洪水预报和主汛期动态控制汛限水位研究，应在管理中不断探索，在不增加工程措施和承担有限风险的情况下，减少汛期弃水，增加供水。同时加强河系沟通，以利于洪水资源利用。还可采取雨水集流、入渗回灌、雨水储存、管网输送及调蓄利用等措施，实现城市雨洪资源的有效利用。

7.5.3 加快推进节水型社会建设

7.5.3.1 完善用水定额管理制度

国家有关部门将开展重点行业用水定额国家标准修订，省级水行政主管部门也将开展定额标准制定工作，同时开展典型灌区、用水企业和服务性用水单位的用水监测和考核。制定和发布耗水量大的产品的淘汰名录。

7.5.3.2 建立和完善水价形成机制

南水北调工程通水后，海河流域将形成外调水、当地水和非常规水等多水源供水局面。应建立各水源合理的水价关系，从经济政策上使长江水和非常规水源得到优先使用，当地水利用（特别是地下水开采）得到控制。

完善水价形成和征收管理机制。水资源费和供水水价是水资源配置中的价格因素，为充分发挥市场机制和价格杠杆在水资源配置、水需求调节和水污染防治中的作用，充分利用外调水源，需对水资源费和水价结构、标准、计价方式、征收与补偿等方面进行改革，建立充分体现海河流域水资源紧缺状况和水资源配置特点的水资源费和水价形成及管理机制，以合理利用各种水源、提高用水效率、促进水资源优化配置。

合理调整供水水价，理顺水价结构。按照不同用户的承受能力，建立多层次供水价格体系。逐步提高工程供水水价和城市供水水价，合理确定再生水价格，特别是要理顺南水北调水和当地水源供水水价的协调关系，使外调水源得到充分利用。

扩大水资源费征收范围，合理确定征收标准。积极探索农业地下水资源费征收和财政补贴机制，限制深层承压水的使用量。改革水价计价方式，强化征收管理，积极探索实施两部制水价和阶梯式水价的计价方式。

7.5.3.3 深化节水型社会建设试点

海河流域列入第一批（2001 年）节水型社会建设试点的城市有天津市和廊坊市，列入第二批（2006 年）的有北京市海淀区以及石家庄市和德州市。要总结经验，加强对试点工作的指导，深入推进节水型社会建设。

7.5.4 加强水功能区监督管理和水生态修复

7.5.4.1 开展水功能区监督管理

严格入河排污口管理，对现状排污量超过水功能区限制排污总量的地区，限制审批新增取水和入河排污口。根据水利部批复的海河流域入河排污口监督管理权限，开展在入河排污口的设置审查、登记、整治、档案、监测等方面的监督管理工作。

加强水功能区入河排污口管理制度建设。落实水利部水资源【2008】217 号《关于海河流域入河排污口监督管理权限的批复》文件精神。进一步加强入河排污口监督管理，全面推动入河排污口常规化监测，适时开展入河排污口监督性监测工作以及污染物总量通报工作。进一步细化落实入河排污口监督管理权限及分级管理制度，各省、自治区、直辖市水利（水务）厅（局）主管部门继续加强对入河排污口监测的支持、入河排污口的常规性监测，加强入河污染物总量通报工作。建立入河排污口登记和审批制度，将水功能区限排总量分解到入河排污口。新建、改建、扩建入河排污口要进行严格论证，强化对主要河流和湖泊的入河排污口管制，坚决取缔饮用水水源保护区内的排污口。严格取水和退水水质管理，合理制定取水用水户退排水的监督管理控制标准，严禁直接向河流湖库排放超标工业废污水，严禁利用渗坑向地下退排污水。

完善流域水资源保护与水污染防治协作机制。建立流域水污染监测预警系统与流域水污染事件应急处理机制，实行跨省河流闸坝调度通报制度，减少水污染突发事件及其造成的损失。落实《海河流域水资源保护与水污染防治协作机制》，充实"海河流域水系保护协调小组"，进一步完善联席会议、联合检查、重大水污染事件应急处理、跨省河流闸坝调度通报、水系保护信息共享和技术支持与科技合作 6 项工作制度，全面开展流域水污染联防联治。

完善水量水质监测和通报制度。按照流域水文状况和经济社会发展需要，结合水资源及水功能区管理，进一步完善流域水量水质监测制度，通过水资源监测网络建设，采取自动监测、遥感监测和生物监测等技术手段，扩大水量水质的监测覆盖面，提高监测频次，全面掌握流域内水资源动态和水质状况。编制水资源监测通报，及时向社会公布。完善应急监测制度，及时有效地应对突发性水环境事件，为提高水污染处理速度和质量奠定基础。

建立省界断面水量水质联合监测制度。建立和完善海河流域省界断面水功能区水质考核指标体系和评价标准。流域管理机构应对流域内省界断面水量水质状况及污染物入河总量实施监测通报，定期将有关情况以文件形式通报有关部门。

7.5.4.2 加强对饮用水源地的保护

海河流域已有密云、怀柔、潘家口、大黑汀、岗南、岳城、于桥、西大洋、大浪淀9座水库和滹沱河、北京北四河平原、滦冀沿海、邯郸羊角铺、大同御河、安阳洹河6处地下水源地列入国家重要饮用水源地第1批、第2批名录。应加强水源地的监督检查和治理保护，做好突发事件应急预案。

制定引滦水资源保护管理条例。近年来，滦河上游点、面污染源排污量有所增加。引滦水资源保护涉及不同省市和部门，亟须在国家层面出台加强引滦工程水质保护的法律法规。《引滦水资源保护管理条例》主要包括以下内容：一是明确水源地保护区；二是理顺引滦水资源保护管理体制；三是完善滦河入河污染物总量控制制度；四是加强各级水质监测机构建设；五是建立水资源保护奖惩机制；六是建立完善的监督管理制度；七是建立水资源保护的公众参与机制。

加强重点饮用水水源地和跨省市供水工程的水质保护监督与协调工作。建立重点水域水质监测制度，维护饮用水源地和重要水体功能区的良好水质。

7.5.4.3 加强水生态保护与修复

加强对山区河流水生态的保护，保证特枯水年实测水量不低于生态水量。南水北调工程通水前，要抓住来水有利时机开展平原河流、湿地生态修复，特别是保证白洋淀等重要湿地具有一定水面；南水北调工程通水后，开展大规模生态修复工作，落实各河流、湿地的生态水源和相关工程、管理措施。

建立水库闸坝的生态调度制度。以维护河流健康、促进人水和谐为宗旨，统筹防洪、兴利与生态，运用先进的调度技术和手段，实施生态调度，在保障水库防洪、供水安全的同时，兼顾下游河道的生态需求，减免和消除水库对平原河道生态造成的负面影响，发挥水利工程在改善生态方面的积极作用。加强水库来水的科学预报预测，增强水库防洪安全和生态调度的灵活性。根据水库蓄水量和来水预测情况，对岳城、岗南、黄壁庄、王快、西大洋等重点大型水库，在非汛期结合供水任务，制定合理放水计划，汛前集中下泄的水量分摊到各月中，以保障平原河道的基流量，维持河道一定的水体连通功能，改善河道生态环境，同时还要避免污水集中下泄。

逐步建立与水有关的生态补偿制度。近年来海河流域组织实施了多项应急生态补水工作，制定了海河流域生态补水方案的保障措施，按照水价形成机制制定了应急调水补偿制度。应根据建立与水有关的生态补偿管理机制的要求，建立健全与水有关的生态补偿监测、生态服务功能和价值评估、监督、评价和后评价等相关制度，规范与水有关的生态补偿行为。强化流域管理机构在统筹协调解决流域上下游、左右岸利益相关者关系中的作用，建立与水有关的生态补偿协调、协商、仲裁等有关制度，确保与水有关的生态补偿工作的有序开展。加强水生态补偿资金和项目的监管，确保资金的合理使用和工程效益的充分发挥。

建立河流生态管理"三线"制度。划定河流湖泊"蓝、绿、灰"三条控制线，其中"蓝线"是水体控制线，包括岸线区域、水体空间范围及必要的涨落带，以保证水体具有一定的面积、生态流量和水位及生态功能上的完整性，杜绝减少水面、分割水面和对水体进行过度人为干扰导致水生态系统功能下降的情况发生。"绿线"是蓝线外所控制陆域植物区域的控制线，绿线区域为水体的保护和水生态系统的稳定提供缓冲空间，在产生经济效益的同时，必须保证河流湖泊的主体功能和作用，进行绿化压尘保持植被覆盖率，防治水土流失，实施不同的管理对策。"灰线"主要是被确定为影响滨水景观的开发建设区域，应在滨水景观塑造、天际轮廓线控制和生态通道等方面体现人水和谐的理念。

7.5.5 加强水利信息化建设，完善流域水资源监测网

7.5.5.1 水利信息化建设

海河流域水利信息化建设总目标：在充分利用、整合、挖掘现有资源的基础上，形成布局合理、高度共享、快速反应的流域水利信息化体系，提高各级水利部门的管理能力、决策能力、应急处理能力和公共服务能力。具体包括以下五个方面。

一是扩建改造信息监测采集系统。扩大信息采集点范围，提高信息采集点密度，提升站网综合监测能力和移动监测能力，提高信息采集自动化程度。到2020年水情测报自动化率达到70%以上，工程监控、地下水监测自动化率均达到50%以上，水质监测、旱情监测、灾情监测自动化率均达到30%以上；到2030年水情测报自动化率达到100%，工程监控自动化率达到80%以上，水质监测、旱情监测、灾情监测自动化率均达到70%以上。

二是实现流域机构和流域内各级水利部门信息传输网络全部互联互通，建成覆盖全流域的信息传输网络系统、视频会议系统及完备的应急通信保障系统。到2020年县级水利部门连通覆盖率、局域网覆盖率、视频会议系统覆盖率均达到100%。

三是整合信息资源，建设各类基础数据库，完成流域数据中心和省级水利部门数据中心建设，建立数据交换和共享机制。

四是在充分挖掘已有信息资源、整合业务应用系统的基础上，加强业务应用系统业务功能协作，为流域水事管理提供现代化管理手段。到2020年业务应用信息化率达到80%以上，电子公文通达率、电子公文流转覆盖率、政务公开实现程度、行政审批事项网上办理率均达到100%；2030年业务应用信息化率达到90%以上。

五是建立水利信息化安全保障系统，完成安全体系、标准体系和运维体系建设，保证信息化建设成果安全、持续、稳定发挥效益。

7.5.5.2 完善水资源监测体系

以保障供水安全、防洪安全和生态安全为目标，完善海河流域水资源监测网。重点是调整站网结构，加强省级行政区边界、重要城市、重要取水和退水口、湿地的监测站密度，逐步实现实时监测。

基本水文站规划的重点是通过水文站新增或改造，调整现有站网布局，增设省界出入境断面、重要城市、重要取水和退水口的监测站，强化水文站服务于水资源配置和管理的整体职能。充分依托流域水文站网（流量站）加强地表水资源监测。到2030年，建成覆盖全流域的地下水水质监测网络。

地下水监测站网规划以海河平原为重点，加强对山前平原浅层地下水超采区、中东平原深层承压水开采区以及重要地下水源地的实时监测。海河流域地下水监测信息中心由流域中心、省市中心、地市分中心组成。到2020年建成覆盖全流域的地下水监测网络。

地表水水质监测站规划的重点是加强对水系上游、干流、省界、污染源排放集中等河段的监测。同时要提升单站综合监测能力，实现水文、水质联合监测。加强实验室仪器设备、实验室基础设施、水质移动监测、水质自动监测、监测机构和队伍建设，提升流域水质监测能力。到2030年建成覆盖全流域的地表水水质监测网络。

地下水水质监测站规划建设的重点是增加在地表水污染区、地下水重要水源地等地区的站点密度。水环境监测中心与地表水站点共用，不再新建。到2030年建成覆盖全流域的地下水水质监测网络。

海河流域水文监测站网规划内容详见表7-12。

表 7-12　海河流域水文监测站网规划

分类	2007 年	2020 年	2030 年	2007~2030 年增加
基本水文站/处	347	413	478	131
地下水位自动监测井/眼	1773	4227	4227	2454
地表水质监测站/处	1261	1408	1525	264
地下水质监测井/眼	546	669	841	295

7.5.6　提高水利的社会管理和公共服务能力

"宏观调控、市场监管、社会管理、公共服务"是政府的四大职能。水利部门作为专业性的行业管理部门，基本职能主要体现在社会管理和公共服务两方面。流域管理机构和流域内地方水行政主管部门，要着重加强7个方面的能力建设，以提高水利部门社会管理和公共服务水平。

7.5.6.1 依法行政能力

围绕建设法治政府的目标，树立法制意识，强化执法，健全监督机制，坚持依法治水，形成尊重法律、崇尚法律、遵守法律的浓厚氛围。认真贯彻实施《行政许可法》、《水行政许可实施办法》等法规。建立健全水资源论证报告书审查、取水许可审批、入河排污口审批、水工程规划同意书签署、建设项目洪水影响评价报告书审批、生产建设项目水土保持方案审批等行政审批制度，进一步规范行政行为。

按照全面推进依法行政、建设法治政府的要求，更新管理理念、创新管理方式，努力提高社会主义市场经济条件下政府管理经济和社会事务的能力和水平。在依法履行政府职能中突出社会管理和公共服务。重视市场在水资源配置中的基础性作用，建立和完善水价形成机制、水权制度，培育水市场，集中力量搞好统筹规划、政策制定、信息引导、组织协调，切实提高社会管理和公共服务水平。

加强水行政队伍建设和管理。要按照科学发展观的要求，紧紧围绕水利中心工作，大力加强党政领导人才、公务员队伍、专业技术人才、经营管理人才和高技能人才队伍建设，紧紧抓住提高现有人才素质、培养和引进紧缺人才、加快培养青年人才三个环节，提高管理水平。加强流域水政执法队伍基础设施建设。为流域执法队伍配备必要的执法设施和装备，提高快速反应能力，提供多样化的调查取证方式和多样化的信息处理手段，提高行政执法的效率。

7.5.6.2 管理创新能力

加强思路创新。改变思想观念，根据经济社会发展对水利的新要求和水资源的新情况、新问题，不断创新水利发展的思路，转变水利发展模式，促进经济增长方式转变，使得经济社会发展与水资源和水环境承载能力相协调。

加强体制机制创新。全面深化水行政管理体制，水资源管理体制，水利投资、融资体制，水利建设管理体制，水价形成机制方面的改革，不断给水利发展注入新的活力，促进水利走上良性发展的道路。

加强制度创新。建立健全水法律法规体系，加大依法行政力度，完善各种监督制度。规范政府从政行为，防止行政权力的滥用，确保政府行政按法制化的轨道运行；约束社会行为，使得涉水行为规范、有序。

7.5.6.3 规划计划能力

逐步完善水利规划体系，使规划发挥指导水资源开发利用的重要作用。加快重点建设项目前期工作。围绕国家发展战略和投资政策，适应新形势下经济社会发展需要，做好以民生水利为重点的建设项目前期工作，搞好规划安排的重点工程。

重视和加强与水利长远发展相关的基础工作和重大问题研究工作。各项工作紧紧围绕流域水资源情势变化、南水北调实施后流域水资源合理配置与高效利用、防洪与洪水资源利用、河流和饮用水水源地保护、河流湿地生态修复技术与方法、以水权制度为中心的管理能力建设等流域水利工作中的重大问题。

加快科技创新步伐,加强科技成果的引进和推广,不断提高科技在流域水利工作中的支撑力和贡献率。

7.5.6.4 决策执行能力

建立和完善重大问题集体决策制度、专家咨询制度、社会公示和听证制度。完善公众参与、专家讨论和政府决策相结合的决策机制,规范决策程序,改进决策方法,提高决策效率,推进流域涉水事务决策的科学化和民主化。

建立决策监督制约制度、决策责任制度、决策效果评估体系。加强决策的制度化、法制化,使行政决策更加合理,避免重大失误。对因违反决策程序和决策失误给社会和公众造成重大损失的,必须追究相关部门以及决策者的公共责任。

健全社会信息反馈机制以及重大决策的公众论证、议案、民意表决制度。使公众直接或间接地参与涉水公共事务管理与决策,努力为公众参与提供充分而有效的渠道。积极推行政务公开,扩大信息公开的范围,拓宽信息沟通的渠道,提高行政的透明度,切实保障公民的参与权和知情权。

7.5.6.5 行业管理能力

全面加强流域内水利行业管理。以行业规划、政策引导、法律规范为主要手段,逐步改变部门行政、部门管理的形象。要制定和完善各项水利发展规划,包括流域综合规划和水土保持、防洪减灾、节约用水等专项规划,及时发布与规划相关的水利信息和水利发展指导意见,表明政府的政策主张和宏观战略意图,明确行业工作目标,引导行业发展。

研究行业内重大经济技术政策。制定行业规程规范、技术标准、工作流程等,用政策调控行业行为,管理行业发展。要建立和完善水管理法制体系,按照法律法规开展行业管理工作,规范政府从政行为,规范市场,规范企业经营,使行业管理逐步纳入法制化的轨道。

大力发展水利行业组织。按照《国务院办公厅关于加快推进行业协会商会改革和发展的若干意见》的要求,将一部分属于行业服务的职能转移给中介机构,更好地发挥行业协会、学会等社会组织在提供服务、反映诉求、规范行为方面的作用,通过行业组织加强行业管理。

7.5.6.6 应急管理能力

全面提高水利部门应急管理能力。提高水利应对水污染突发事件、水利行业社会突发事件、水事纠纷和地震等事件的应急管理水平,进一步建立健全水利突发事件的应急管理组织体系,加强应急管理机构和应急救援队伍建设,构建统一指挥、反应灵敏、协调有序、运转高效的应急管理机制。

抓紧编制和修订各类应急预案。建成完善的应急预案体系,狠抓预案落实工作,经常性地开展预案演练,做到居安思危、未雨绸缪。加快水利突发事件预测预警、信息报告、应急响应、恢复重建及调查评估等机制建设，充分发挥社会力量在水利突发事件预防与处置等方面的作用。

积极开展面向社会的宣传、教育和培训工作。提高公众危机意识和责任意识，提高公众的防灾、减灾、避险、自救、互救能力，形成全民动员、预防为主、全社会防灾减灾的良好局面，从而降低水利突发事件的发生概率，减少灾害造成的损失。

7.5.6.7 科技支撑能力

全面构建科技创新体系。针对海河流域亟待解决的问题，大力开展科研项目的研究工作。建设高水平的科学研究与技术开发体系，建设高质量的科技推广与技术服务体系，建设高效率的科技管理体系。继续深化科技体制改革和机制创新，不断加强科技基础条件平台建设。

深入研究重大科技问题，大力推广优秀科技成果。加强基础和应用基础研究，加强应用技术研究开发，加强高新技术的应用。加大科技推广的资金扶持力度，制定有效的制度与办法，加大水利科学技术普及力度。

积极引进国际先进技术。持续不断地跟踪国际水利科技前沿，引进先进实用水利技术，高度重视引进基础上的消化吸收再创新。

加速培养高素质科技人才。树立科学的人才观，制定科学合理的水利科技人才培养计划和使用管理办法，建立激励机制，营造创新环境。

加大科技投入，多方开辟经费渠道，制定水利科技发展计划，并争取列入各级财政专项预算。

加强科技交流，扩大国际交流与合作，加强水利相关行业的科技交流与合作，继续加强中央、流域和地方科技力量的交流与合作。

参 考 文 献

艾萍，倪伟新.2003.基于构件的水利领域软件标准化基础研究.水利学报，（12）：104-108.
白宪台，郭元裕，关庆滔，等.1987.平原湖区除涝系统优化调度的大系统模拟模型.水利学报，（5）：14-27.
保罗·萨缪尔森，威廉·诺德豪斯.2004.微观经济学（第17版）.萧琛译.北京：人民邮电出版社：218.
邴建平.2007.基于多目标群决策的区域水资源配置方案评价研究.南京：河海大学硕士学位论文.
蔡金傍，李文奇，逄勇，等.2007.洋河水库水质主成分分析.中国环境监测，23（2）：62-65.
曹利军.1999.可持续发展评价理论与方法.北京：科学出版社.
常炳炎，薛松贵，张会言.2003.多水源多用户大型水资源系统优化模型.水利学报，（3）：91-96.
常炳炎，薛松贵，张会言，等.1998.黄河流域水资源合理分配和优化调度.郑州：黄河水利出版社.
畅建霞，黄强.2005.黄河流域水资源多维临界调控模型体系的设计.西安理工大学学报，21（4）：365-369.
陈家琦.1986.现代水文学发展的新阶段——水资源水文学.自然资源学报，1（2）：46-53.
陈家琦，王浩.1996.水资源学概论.北京：中国水利水电出版社.
陈俊贤.2008.灰色与模糊理论在正常库水位选择中的应用.人民长江，39（1）：26-27.
陈明忠，何海，陆桂华.2005.水资源承载能力阈值空间研究.水利水电技术，36（6）：6-8.
陈守煜.1990.模糊水文学与水资源系统模糊优化原理.大连：大连理工大学出版社.
陈守煜，丘林.1993.水资源系统多目标模糊优选随机动态规划及实例.水利学报，（8）：43-48.
陈文艳，王好芳.2009.基于模糊识别的流域水资源配置评价.水电能源科学，27（4）：29-30.
崔亚莉，王亚斌，邵景力，等.2009.南水北调实施后华北平原地下水调控研究.资源科学，31（3）：382-387.
丁义中.1989.水资源开发方案评价模型及应用.软科学研究，（4）：23-27.
段绍伟，沈蒲生.2004.模糊综合评价与数据包络分析在工程方案设计选择中的应用.水利学报，35（5）：1-8.
丰华丽，王超，李勇.2001.流域生态需水量的研究.环境科学动态，（1）：27-37.
丰伟，杨学堂.2004.基于熵权和改进AHP法的模糊优选方法.三峡大学学报（自然科学版），26（6）：482-483.
冯尚友.1990.多目标决策理论、方法与应用.武汉：华中理工大学出版社.
冯尚友.1991.水资源系统工程.武汉：湖北科学技术出版社.
冯尚友，刘国全.1997.水资源持续利用的框架.水科学进展，8（4）：301-307.
冯尚友，刘国全，梅亚东.1995.水资源生态经济复合系统及其持续发展.武汉水利电力大学学报，（6）：624-629.
冯耀龙，韩文秀，王宏江，等.2003.面向可持续发展的区域水资源优化配置研究.系统工程理论与实践，（2）：133-136.
甘泓，李令跃，尹明万.2000.水资源合理配置浅析.中国水利，（4）：20-23.
甘泓，汪林，倪红珍，等.2008.水经济价值计算方法评价研究.水利学报，39（11）：1161-1166.
甘治国，蒋云钟，鲁帆，等.2008.北京市水资源配置模拟模型研究.水利学报，39（1）：91-95.

高波, 徐建新, 班培莉. 2008. 基于模糊优选模型的水资源配置方案评价. 灌溉排水学报, 27 (6): 58-60.

高敏雪, 许健, 周景博. 2007. 综合环境经济核算——基本理论与中国应用. 北京: 经济科学出版社.

格里高利·曼昆. 2003. 经济学原理 (第三版). 梁小民译. 北京: 机械工业出版社: 172.

郭丽峰, 林超, 刘德文, 等. 2008. 水环境承载能力分析——以张家口市为例. 南水北调与水利科技, 6 (39): 105-108.

郭文献, 夏自强, 王鸿翔, 等. 2007. 基于模糊物元模型的水资源合理配置方案综合评价. 灌溉排水学报, 26 (5): 75-78.

郭亚军. 2002. 综合评价理论与方法. 北京: 科学出版社.

郭治安, 沈小峰. 1991. 协同论. 太原: 山西经济出版社.

国家环境保护总局. 1993. 水生生物监测手册. 南京: 东南大学出版社.

国家环境保护总局. 2002. 地表水和污水监测技术规范 (HJ/T 91—2002). 北京: 中国环境科学出版社.

国家环境保护总局, 国家质量监督检验检疫总局. 2002. 地表水环境质量标准 (GB3838—2002). 北京: 中国环境科学出版社.

国家技术监督局. 1993. 食品添加剂咖啡因 (GB14758—1993). 北京: 中国标准出版社.

国家质量监督检验检疫总局, 国家标准化管理委员会. 2006. 水中微囊藻毒素的测定 (GB/T20466—2006). 北京: 中国标准出版社.

韩瑞光, 丁志宏. 2008. 海河流域水资源承载能力与合理配置问题的探讨. 天津大学学报, 41 (S): 61-65.

韩瑞光, 丁志宏, 冯平. 2009. 人类活动对海河流域地表径流量影响的研究. 水利水电技术, 40 (3): 4-7.

郝伏勤, 黄锦辉, 高传德, 等. 2006. 黄河干流生态与环境需水量研究综述. 水利水电技术, 37 (2): 60-63.

贺北方, 周丽, 马细霞, 等. 2002. 基于遗传算法的区域水资源优化配置模型. 水电能源科学, 20 (3): 10-12.

侯思琰, 林超, 刘德文. 2009. 海河流域平原河流生态健康评价指标体系构建. 中国人口·资源与环境, 19 (5): 366-370.

胡鸿钧, 魏印心. 2006. 中国淡水藻类——系统、分类及生态. 北京: 科学出版社.

胡振鹏, 冯尚友. 1988. 防洪系统实时调度的动态规划模型. 水电能源科学, 6 (4): 345-355.

华士乾. 1988. 水资源系统分析指南. 北京: 水利电力出版社.

黄昉, 许文斌, 郑建青. 2002. 水资源多用户大型水资源系统优化类型. 水利学报, (3): 93-96.

黄强, 薛小杰. 2001. 西北水资源利用极限分析及临界调控理论研究//中国水利学会. 中国水利学会2001学术年会论文集. 北京: 中国水利水电出版社. 128-134.

黄强, 李勋贵, LEON Feng, 等. 2005. 系统周界的观控模型及其应用. 系统工程理论与实践, (3): 101-106.

黄书汉. 2001. 水资源供需平衡评价系统软件 UML 建模. 水土保持通报, 21 (6): 48-52.

黄显霞, 王润华. 2006. 组合赋权法在居民健康状况综合评价中的应用. 数理医药学杂志, 9 (14): 402-403.

黄晓荣, 李云玲, 蔡明, 等. 2008. 基于黄河健康生命的流域水资源合理配置方案评价研究. 西北农林科技大学学报 (自然科学版), 36 (11): 208-216.

黄岩, 张国春. 2001. 一种新的计算组合预测权重的方法. 管理工程学报, 15 (2): 44-47.

姜志群，朱元甡．2004．基于最大熵原理的水资源可持续性评价．人民长江，35（1）：41-42．
蒋云钟，赵红莉，甘治国，等．2008．基于蒸腾蒸发量指标的水资源合理配置方法．水利学报，39（6）：720-725．
雷社平，解建仓，黄明聪，等．2004．区域产业用水系统的协调度分析．水利学报，35（5）：1-8．
李斌．1998．层次分析法和特尔菲法的赋权精度与定权．系统工程理论与实践，（12）：74-79．
李春晖，杨志峰，郑小康，等．2008．流域水资源开发阈值模型及其在黄河流域的应用．地理科学进展，27（2）：39-46．
李恩宽，梁川．2005．物元分析法在西安市水资源开发利用综合评价中的应用．四川水力发电，24（4）：15-17．
李国平，吴迪．2006．使用者成本法及其在煤炭资源价值折耗测算中的应用．资源科学，26（3）：123-129．
李国平，华晓龙．2008．使用者成本与我国非再生能源资源的定价改革．经济管理，30（15）：61-64．
李丽娟，郑红星．2000．海滦河流域河流系统生态环境需水量计算．地理学报，55（4）：495-500．
李文君，杨艳霞，丁卉，等．2009．海河流域河流生态修复思路探讨∥中国环境科学学会．中国环境科学学会学术年会论文集（第三卷）．北京：北京航空航天大学出版社：418-421．
李永，胡向红．2005．改进的模糊层次分析法．西北大学学报（自然科学版），35（1）：11-12．
廖勇，梁川．2005．熵权决策法在区域水资源开发最优排序中的应用．东北水利水电，（6）：26-28．
刘丙军，陈晓宏，王兆礼．2007．河流系统水质时空格局演化研究．水文，27（1）：8-13．
刘昌明．2003．发挥南水北调的生态效益修复华北平原地下水．南水北调与水利科技，1（1）：1-3．
刘德文，于卉，王立明．2006．海河流域纳污能力与限制排污总量分析．海河水利，（6）：4-6．
刘宏．1996．综合评价中指标权重确定方法的研究．河北工业大学学报，25（4）：75-80．
刘健民，张世法，刘恒．1993．京津唐水资源系统供水规划和调度优化的递阶模型．水科学进展，4（2）：98-105．
刘振乾，王建武，骆世明，等．2002．基于水生态因子的沼泽安全阈值研究——以三江平原沼泽为例．应用生态学报，13（12）：1610-1614．
吕锋，贾现召，杨晓英，等．2008．基于灰关联分析模糊物元模型的矿区污水处理方案优选研究．矿业安全与环保，35（1）：58-60．
罗朝晖，陈丹，席会华．2004．区域水资源开发利用程度综合评价的TOPSIS模型及其应用．广东水利水电，（6）：17-18．
罗军刚，解建仓，阮本清．2008．基于熵权的水资源短缺风险模糊综合评价模型及应用．水利学报，39（9）：1092-1097．
马文正，袁宏源．1987．水资源系统模拟技术．北京：水利电力出版社：56-82．
马细霞，马巧花．2004．水利水电规划方案综合优选属性识别模型．水电能源科学，22（2）：54-56．
马细霞，郭慧芳．2007．水利工程方案综合评价的ANFIS模型．中国农村水利水电，（10）：65-67．
门宝辉，梁川．2003．评价区域水资源开发利用程度的集对分析法．南水北调与水利科技，1（6）：30-32．
苗东升．1990．系统科学原理．北京：中国人民大学出版社．
牛冀平，胡志华，肖晓红．2005．数字流域系统的C/S与B/S混合软件体系结构．武汉理工大学学报（信息与管理工程版），（3）：45-48．
裴源生，王建华，罗琳．2004．南水北调对海河流域水生态环境影响分析．生态学报，24（10）：2115-2123．

裴源生，赵勇，陆垂裕，等. 2006. 经济生态系统广义水资源合理配置. 郑州：黄河水利出版社：61.
钱学森，于景元，戴汝为. 1990. 一个科学新领域——开放的复杂巨系统及其方法论. 自然杂志，13（1）：3-10.
钱翌. 2004. 新疆的生态安全及可持续发展的调控准则. 新疆环境保护，（26）：4-7.
钱芸，戴树桂，刘广良. 2002. 富营养化淡水水体中微囊藻毒素的研究进展. 环境污染治理技术与设备，3（8）：13-17.
钱正英，陈志恺. 2004. 西北地区水资源配置生态环境建设和可持续发展战略研究：水资源卷. 北京：科学出版社.
秦长海，甘泓，卢琼，等. 2010a. 基于 SEEAW 混合账户的用水经济机制研究. 水利学报，41（10）：1150-1156.
秦长海，裴原生，张小娟. 2010b. 南水北调东中线受水区水价测算方法及实践. 水利经济，28（5）：33-37.
邱苑华. 2002. 管理决策与应用熵学. 北京：机械工业出版社.
邵东国，鄢丽丽，刘欢欢. 2010. 水肥高效利用灌排系统调控面临的问题研究书. 世界科技研究与发展，32（1）：121-124.
盛海燕，虞左明，韩轶才，等. 2010. 亚热带大型河流型水库——富春江水库浮游植物群落及其与环境因子的关系. 湖泊科学，（2）：235-243.
石春先，吴泽宁，丁大发，等. 2003. 黄河流域水资源多维临界调控方案评价研究. 人民黄河，25（1）：36-37.
石维，侯思琰，崔文彦，等. 2010. 基于河流生态类型划分的海河流域平原河流生态需水量计算. 农业环境科学学报，（10）：1892-2899.
史洪飞，哈建强，李瑞森，等. 2008. 沧州地下水超采与生态环境演变及控制措施. 南水北调与水利科技，6（6）：72-77.
水利部海委引滦工程管理局. 1989. 潘家口、大黑汀水库水质管理规划报告. 天津：水利部海河水利委员会.
宋如顺. 2000. 基于小波神经网络的多属性决策方法及应用. 控制与决策，15（6）：765-768.
孙晓东. 2001. 基于组合权重的灰色关联理想解法及其应用. 工业工程与管理，（1）：62-66.
孙宗凤. 2003. 国外生态水利研究状况分析与点评. 水利水电技术，34（11）：21-23.
汤江龙，赵小敏，师学义. 2005. 理想点法在土地利用规划方案评价中的应用. 农业工程学报，21（2）：56-59.
滕彦国，左锐，王金生. 2007. 地表水-地下水的交错带及其生态功能. 地球与环境，35（1）：1-8.
田刚，向波，朱登军. 2009. 理想点法在水库水沙优化调度中的应用. 华北水利水电学院学报，30（2）：15-17.
田间，韩凤来，苏丽娟，等. 2008. 南水北调东线穿济南市区输水方案比选. 南水北调与水利科技，6（1）：253-259.
汪党献，王浩，倪红珍，等. 2005. 国民经济行业用水特征分析与评价. 水利学报，（2）：1-9.
汪林，甘泓，谷军方，等. 2010. 海河流域水经济价值特征辨析. 水利学报，41（6）：646-652.
汪恕诚. 2002. 水环境承载能力分析与调控. 水利发展研究，2（1）：2-6.
王道坦，刘明喆，韩瑞光. 2010. 加快海河流域河口综合治理规划服务区域经济社会可持续发展. 中国水利，64（3）：50-52.
王好芳，董增川. 2002. 区域水资源可持续开发评价的层次分析法. 水力发电，（7）：12-14.

王浩. 2006. 我国水资源合理配置的现状和未来. 水利水电技术, 37（2）：7-14.

王浩, 陈敏建, 秦大庸. 2003a. 西北地区水资源合理配置和承载能力研究. 郑州：黄河水利出版社.

王浩, 秦大庸, 王建华. 2002. 流域水资源规划的系统观与方法论. 水利学报, 32（8）：1-6.

王浩, 秦大庸, 王建华, 等. 2003b. 黄淮海流域水资源合理配置. 北京：科学出版社.

王洪翠, 罗阳, 郭梅云. 2009. 应用灰色马尔柯夫法对海河流域降水量的预测//中国环境科学学会. 中国环境科学学会学术年会论文集（第一卷）. 北京：北京航空航天大学出版社：619-622.

王立明, 张辉. 2009. 白洋淀流域生态水文过程演变与生态保护对策研究//中国环境科学学会. 中国环境科学学会学术年会论文集（第一卷）. 北京：北京航空航天大学出版社：353-357.

王立明, 林超, 刘德文. 2008. 南水北调东线一期工程黄河以北段底泥重金属污染及其潜在生态危害评价. 南水北调与水利科技, 6（3）：5-8.

王立明, 林超, 刘德文. 2009. 水动力学条件下潘家口水库富营养化的控制. 水资源保护, 25（4）：8-11.

王立明, 朱晓春, 韩东辉. 2010. 白洋淀流域生态水文过程演变及其生态系统退化驱动机制研究. 中国工程科学, 12（6）：36-40.

王丽萍, 叶季平, 苏学灵, 等. 2009. 基于可拓学理论的防洪调度方案评价研究与应用. 水利学报, 40（12）：1425-1431.

王琳, 甘泓, 傅小城, 等. 2009. 滦河中游干流底栖动物种类及分布. 生态学杂志, 28（4）：671-676.

王少明, 韩守亮, 郭勇, 等. 2008. 引滦水资源可持续利用与保护. 天津大学学报, 41（S）：99-103.

王同生, 朱威. 2003. 流域分质水资源量的供需平衡. 水利水电科技进展, 23（4）：1-3.

王文林, 王文科, 王钊, 等. 2001. 水资源优化配置决策支持系统中的软件集成方法. 西安工程学院学报, 23（2）：68-70.

王西琴, 张远. 2008. 中国七大河流水资源开发利用率阈值. 自然资源学报, 23（3）：500-506.

王新华, 纪炳纯, 李明德, 等. 2004. 引滦工程上游浮游植物及其水质评价. 环境科学研究, 17（4）：18-24.

王煜, 黄强, 刘昌明. 2006. 流域水资源实时调控方法和模型研究. 水利学报, 37（9）：1122-1128.

王忠静, 翁文斌, 马宏志. 1998. 干旱内陆区水资源可持续利用规划方法研究. 清华大学学报, 57（1）：33-36.

卫生部国家标准化管理委员会. 2006. 生活饮用水标准检验方法有机物指标（GB/T5750.8—2006）. 北京：中国标准出版社.

魏国, 何俊仕, 武立强. 2006. 生态环境需水计算方法研究. 安徽农业科学, 34（17）：4386-4388.

魏建兵, 肖笃宁, 解伏菊. 2006. 人类活动对生态环境的影响评价与调控原则. 地理科学进展, 25（2）：36-45.

魏晓妹, 把多铎. 2003. 我国北方灌区地下水资源演变与农田生态环境问题. 灌溉排水学报, 22（5）：25-28.

文俊, 李靖. 2006. 基于熵组合权重的区域水资源可持续利用预警模型. 水电能源科学, 24（3）：6-10.

翁文斌, 苏喜明, 史慧斌, 等, 1995. 宏观经济水资源规划多目标决策分析方法研究及应用. 水利学报, （2）：1-11.

吴险峰, 王丽萍. 2000. 枣庄城市复杂多水源供水优化配置模型. 武汉水利电力大学学报, 33（1）：30-32.

吴学谋. 1990. 从冷系观看世界. 北京：中国人民大学出版社.

吴玉秀, 苏海涛, 艾合买提江·肉孜. 2009. 综合集成赋权法在节水灌溉工程方案优选中的应用. 水资源与水工程学报, 20 (3): 105-107.

吴泽宁, 左其亭, 丁大发, 等. 2005. 黄河流域水资源调控方案评价与优选模型. 水科学进展, 16 (5): 735-740.

吴泽宁, 索丽生, 曹茜. 2007. 基于生态经济学的区域水质水量统一优化配置模型. 灌溉排水学报, 26 (2): 1-6.

武发思, 鄢金灼, 蔡泽平, 等. 2009. 大、小苏干湖浮游藻类的群落组成特点研究. 水生生物学报, 33 (2): 264-270.

夏军, 刘德平. 1995. 湖北平原水网区水文水资源系统模拟研究. 水科学报, (11): 46-55.

夏铭君, 姜文来. 2007. 基于流域粮食安全的农业水资源安全阈值研究. 农业现代化研究, 28 (2): 210-213.

向波, 纪昌明, 罗庆松, 等. 2009. 多目标决策方案评价的免疫粒子群模型研究. 水力发电, 35 (7): 67-69.

谢新民. 1995. 水电站水库群与地下水资源系统联合运行多目标管理模型及计算方法. 水利学报, (4): 13-24.

谢新民, 赵文骏, 裴源生, 等. 2002. 宁夏水资源优化配置与可持续利用战略研究. 郑州: 黄河水利出版社: 4-19.

谢新民, 尹明万, 王浩, 等. 2003. 水资源评价及可持续利用规划理论与实践. 郑州: 黄河水利出版社.

谢宜岳, 杨彤. 2002. 论区域水资源供需分析与软件研制. 人民珠江, (1): 14-16.

邢端生. 2005. 基于可持续发展的水资源配置方案评价研究. 郑州: 郑州大学硕士学位论文.

徐泽水. 2002. 部分权重信息下多目标决策方法研究. 系统工程理论与实践, 22 (1): 43-47.

徐中民. 1999. 情景基础的水资源承载力多目标分析理论及应用. 冰川冻土, 21 (2): 99-106.

许新宜, 王浩, 甘泓, 等. 1997. 华北地区宏观经济水资源规划理论方法. 郑州: 黄河水利出版社.

许新宜, 杨志峰. 2003. 试论生态环境需水量. 中国水利, 3A: 12-16.

许叶军, 达庆利. 2005. 基于理想点的多属性决策主客观赋权法. 工业工程与管理, (4): 45-47.

许振柱, 周广胜, 王玉辉. 2003. 植物的水分阈值与全球变化. 水土保持学报, 17 (3): 155-158.

宣家骥. 1989. 多目标决策. 长沙: 湖南科学技术出版社.

闫海, 潘纲, 张明明. 2002. 微囊藻毒素的研究进展. 生态学报, 22 (11): 1968-1975.

严登华, 罗翔宇, 王浩, 等. 2007. 基于水资源合理配置的河流"双总量"控制研究——以河北省唐山市为例. 自然资源学报, 22 (3): 322-328.

颜泽贤. 1987. 耗散结构与系统演化. 福州: 福建人民出版社.

杨聪辉, 游进军. 2008. 水库联合调度供水的探讨. 南水北调与水利科技, 6 (5): 60-62.

杨开云, 王亮, 冯卫, 等. 2008. 基于熵权的模糊评价模型在方案优选中的应用. 人民黄河, 30 (6): 65-66.

杨小柳, 刘戈力, 甘泓, 等. 2003. 新疆经济发展与水资源合理配置及承载能力研究. 郑州: 黄河水利出版社.

杨晓华, 杨志峰. 2003. 区域水资源潜力综合评价的遗传投影寻踪方法. 自然科学进展, 13 (5): 554-556.

杨玉刚. 2003. 海河流域超采地下水引起的生态环境效应及其生态恢复对策. 水利发展研究, (7): 12-14.

姚文艺, 郜国明. 2008. 黄河下游洪水冲淤相对平衡的分组含沙量阈值探讨. 水科学进展, 19 (4): 467-474.

叶永毅，黄守信，秦大庸，等．1995．水资源大系统优化规划与优化调度经验汇编．北京：中国科学技术出版社．

尹明万，谢新民，王浩，等．2004．基于生活、生产和生态环境用水的水资源配置模型．水利水电科技进展，24（2）：4-8．

游进军，王浩，甘泓，等．2003．面向对象的水库调度系统设计∥水问题研究与进展．武汉：湖北科学技术出版社：354-360．

游进军，甘泓，王浩，等．2005．基于规则的水资源系统模拟．水利学报，36（9）：1043-1049．

游进军，王忠静，甘泓．2007．概念化水资源系统及其面向对象构架设计．清华大学学报，47（9）：1457-1461．

游进军，甘泓，王忠静，等．2008a．两步补偿式外调水配置算法及应用研究．水利学报，39（7）：870-876．

游进军，王忠静，甘泓，等．2008b．国内跨流域调水配置方法研究现状与展望．南水北调与水利科技，5（3）：1-4，8．

游进军，赵帆，杨聪，等．2010．针对水资源配置评价的定量指标改进层次分析法研究．水利水电技术，42（3）：6-8．

余建星，蒋旭光，练继建．2009．水资源优化配置方案综合评价的模糊熵模型．水利学报，40（6）：729-735．

曾国熙，裴源生．2008．黑河流域水资源配置方案合理性评价．海河水利，（6）：1-4．

曾勇，赵彦伟，杨志峰，等．2003．北京北环水系生态修复方案优选．生态学杂志，27（8）：1450-1454．

张长春，邵景力，李慈君，等．2003．地下水位生态环境效应及生态环境指标．水文地质工程地质，（3）：6-10．

张春玲，甘泓，汪林，等．2009．政策干预对水经济价值的影响．水利学报，40（9）：1147-1151．

张宏亮．2007．自然资源核算的估价理论与方法．统计与决策，（4）：39-41．

张克峰，李琪，贾瑞宝，等．2005．济南玉清湖水库藻污染现状分析．中国农村水利水电，（1）：23-24．

张青田，王新华，林超，等．2010．基于均匀设计的铜绿微囊藻最适增殖条件研究．农业环境科学学报，29（10）：1916．

张世法，汪静萍．1988．模拟模型在北京市水资源系统规划中的应用．北京水利科技，34（4）：1-15．

张蔚榛．2003．地下水的合理开发利用在南水北调中的作用．南水北调与水利科技，1（4）：1-7．

张新波，赵新华，洪蒙，等．2006．基于可拓学的城市雨水利用设计方案评价．中国给水排水，22（19）：105-108．

赵慧霞，吴绍洪，姜鲁光．2007．生态阈值研究进展．生态学报，27（1）：338-345．

赵建世，王忠静，翁文斌．2002．水资源配置系统的复杂适应原理与模型．地理学报，57（6）：639-647．

赵学敏，胡彩虹，王永新．2009．综合利用水库工程方案评价的集对分析法．水力发电，35（3）：11-13．

赵彦伟，曾勇，杨志峰，等．2008．面向健康的城市水系生态修复方案优选方法．生态学杂志，27（7）：1244-1248．

中国工程院"西北水资源"项目组．2003．西北地区不资源配置生态环境建设和可持续发展战略研究．中国工程科学，5（4）：1-26．

周林飞，许士国，李青山，等．2007．扎龙湿地生态环境需水量安全闭值的研究．水利学报，38（7）：845-851．

周天勇．2004-6-23．中国需要的最低经济增长速度．http：//www．china．com．cn/zhuanti2005/txt/2004-06/23/content_5592907．htm．

周绪申，林超，罗阳.2010.滦河水库系统浮游植物时空变化特征研究.农业环境科学学报，29（10）：1884-1891.

周绪申，张胜红，林超，等.2010.广西地区木腐菌物种多样性的初步研究.西南农业学报，23（4）：1257-1263.

朱兰池，范兰池，林超.2009.引滦入津工程水质时空演化规律分析.水资源保护，25（2）：15-17.

朱启林，甘泓，陈璐，等.2008.滹沱河流域水资源配置研究//中国水利学会水资源专业委员会.中国水利学会水资源专业委员会2007学术年会论文集.北京：中国水利水电出版社：135-141.

朱启林，甘泓，游进军，等.2009.基于规则的水资源配置模型及应用.水利水电技术，40（3）：1-3.

朱启林，甘泓，甘治国，等.2010.我国水资源多目标决策应用研究简述.水电能源科学，28（3）：20-23.

Ashton D, Hilton M, Thomas K V. 2004. Investigating the environmental transport of human pharmaceuticals to streams in the United Kingdom. Sci Total Environ, 333：167-184.

Bennett A, Radford J. 2003. Know your ecological thresholds. Native Vegetation Research and Development Program Land and Water Australia Camberra. Thinking Bush 2.

Buckley W. 1967. Sociology and Mordern Systems Theory. Prentice Hall, Englewood Cliffs. NJ.

Buerge I J, Poiger T, Müller M D, et al. 2006. Combined sewer overflows to surface waters detected by the anthropogenic marker caffeine. Environ Sci Technol, 40：4096-4102.

Carlos E M, Víctor H A, Eduardo F M. 2007. Multi-objective optimization of water-using systems. European Journal of Operational Research, 181（3）：1691-1707.

Castelletti, Soncini-Sessa R. 2006. A procedural approach to strengthening integration and participation in water resource planning. Environmental Modeling and Software, 21（10）：1455-1470.

Chankong V, Haimes Y Y. 1983. Multi-objective Decision Making Theory and Methodology. New York：Elsevier Science Publishing Co.

Chaweng C, Terrell M P. 1993. A multi-objective reservoir operation model with stochastic inflows. Computers and Industrial Engineering, 24（2）：303-313.

Chen Z L, Pavelic P, Dillon P, et al. 2002. Determination of caffeine as a tracer of sewage effluent in natural waters by on-line solid-phase extraction and liquid chromatography with diode-array detection. Water Res, 36：4830-4838.

Clara M, Strenn B, Kreuzinger N. 2004. Carbamazepine as a possible anthropogenic marker in the aquatic environment：investigations on the behavior of Carbamazepine in wastewater treatment and during groundwater infiltration. Water Res, 38：947-954.

Cohon J L, Marks D H. 1975. A review and evaluation of multiobjective programming techniques. Water Resour Res, 11（2）：208-220.

Dandy G, Nguyen T, Davies C. 1997. Estimating residential water demand in the presence of free allowances. Land Econ, 73（1）：125-139.

Dey P K. 2006. Integrated project evaluation and selection using multiple-attribute decision-making technique. Int J Production Economics, 103：90-103.

Dinar A, Letey J. 1996. Modeling economic management and policy issues of water in irrigated agriculture. Praeger, Westport, CT.

Dinar A, Rosegrant M W, Meinzen-Dick R, et al. 1995. Water Allocation Mechanisms—Principles and Examples. The World Bank.

Domagalski J, Lin C, Luo Y, et al. 2007. Eutrophication study at the panjiakou-daheiting reservoir system, northern Hebei province, People's Republic of China: chlorophyll-a model and sources of phosphorus and nitrogen. Agricultural Water Management, 94: 43-53.

Duy T N, Lam P K S, Shaw G R. 2000. Toxicology and risk assessment of fresh water cyanobacterial (Blue-green algae) toxins in water. Rev Environ Contaim Toxicol, 163: 113-186.

Eganhouse R P, Blumfield D L, Kaplan I R. 1983. Long-chain alkylbenzenes as molecular tracers of domestic wastes in the marine environment. Environ Sci Technol, 17: 523-530.

Faisal I M, Young R A, Warner J W. 1994. An integrated economic hydrologic model for groundwater basin management. Colorado Water Resources Research Institute, Fort Collins, Colorado.

Federal-Provincial Subcommittee on Drinking Water of the Federal-Provincial Committee on Environmental Health. 1993. Guidelines for Canadian drinking water quality. Minister of Supply and Services Canada.

Fedra K. 2002. GIS and simulation models for water resources management: a case study of the Kelantan river, Malaysia. GIS Development, (6): 39-43.

Fedra K J, Jamieson D G. 1996. An object-oriented approach to model integration: a river basin information system example // Kovar K, Nachtnebel H P. Hydro GIS 96: Application of Geographic Information Systems in Hydrodogy and Water Resources Management. IAHS Publ. No. 235: 669-676.

Foufoula-Georgiou E, Kitanidis P K. 1988. Gradient dynamic programming for stochastic optimal control of multidimensional water resources systems. Water Resources Research, 24 (8), 1345-1359.

Fu G, David B, Soon-Thiam Khu. 2008. Multiple objective optimal control of integrated urban wastewater systems. Environmental Modelling and Software, 23 (2): 225-234.

Gago-Martínez A, Piñeiro N, Aguete E C, et al. 2003. Further improvements in the application of high-performance liquid chromatography, capillary electrophoresis and capillary electrochromatography to the analysis of algal toxins in the aquatic environment. Journal of Chromatography A, 992 (1-2): 159-168.

Gan H, You J, Wang L, et al. 2004. Water resources system simulation based on object-oriented technology // Lee J, Lam K. Environmental Hydralics and Sustainable Water Management. London: BALKema Publisher: 1305-1310.

Gan H, Zhu Q L, You J J, et al. 2010. Alternative evaluation and selection based on order degree entropy: a case study in Haihe river basin of China. International Journal of Food, Agriculture & Environment (JFAE), 8 (2): 1062-1066.

Gan Z G, Gan H, Wang L. 2010. Tradeoff approach of multiple objective analysis in the Haihe river Basin. International Journal of Food, Agriculture & Environment-JFAE, 8 (3, 4): 991-995.

Gardinali P R, Zhao X. 2002. Trace determination of caffeine in surface water samples by liquid chromatography-atmospheric pressure chemical ionization-mass spectrometry. Environ Int, 28: 521-528.

Glassmeyer S T, Furlong E T, Kolpin D W, et al. 2005. Transport of chemical and microbial compounds from known wastewater discharges: potential for use as indicators of human fecal contamination. Environ Sci Technol, 39: 5157-5169.

Herman D. 1991. Steady State Economics. Washington, D C: Island Press.

Jared L C, David H M. 1975. A review and evaluation of multiobjective programing techniques. Water Resources Research, 11 (2): 208-220.

Jensen P, Chu H W, Cochard D D. 1980. Network flow optimization for water resources planning with uncertainties in supply and demand, Tech. Compl. Rep. CRWR-172, Cent. for Res in Water Resour., Univ. of Tex. at Austin.

Jha M K, Das Gupta A. 2003. Application of mike basin for water management strategies in a watershed. Water International, 28 (1): 27-35.

Jianshi Z, Zhongjiang W, Wenbin W. 2004. Study on the holistic model for water resources system. Sci China Ser E Eng Mater Sci, 47 (Supp. I): 72-89.

Julien L, You J J, Jia Y. 2007. SWIMER-sustainable water integrated management of the east route-results of the analysis of the diversion on the water resources. Proceedings of XXXII IAHR Congress.

Kheireldin K, El-Dessouki A. 1999. Object oriented programming: a Robust Tool for Water Resources Management. Seventh Nile 2002 Conference, Comprehensive Water Resources Development of the Nile Basin: The Vision for the Next Century, Cairo, Egypt.

Kolpin D W, Furlong E T, Meyer M T, et al. 2002. Pharmaceuticals, hormones, and other organic wastewater contaminants in U S Streams, 1999-2000: a national reconnaissance. Environ Sci Technol, 36: 1202-1211.

Krueger C J, Radakovich K M, Sawyer T E, et al. 1998. Biodegradation of the surfactant linear alkylbenzenesulfonate in sewage-contaminated groundwater: a comparison of column experiments and field tracer tests. Environ Sci Technol, 32: 3954-3961.

Lakshminarayan P G, Johnson S R, Bouzaher A. 1995. A multi-objective approach to integrating agricultural economic and environmental policies. Journal of Environmental Management, 45 (4): 365-378.

Lee L K, Moffitt L J. 1993. Defensive technology and welfare analysis of environmental quality change with uncertain consumer health impacts. Am J Agric Econ, 75 (2): 361-366.

Leeming R, Nichols P D. 1996. Concentration of coprostanol that correspond to existing bacterial indicator guideline limits. Water Res, 30: 2997-3006.

Liv B D. 1999. Uncertain programming. New York: Wiley.

McGregor M J, Dent J B. 1993. An application of lexicographic goal programming to resolve the allocation of water from the Rakaia river (New Zealand). Agricultural Systems, 41 (3): 349-367.

McKinney D C, Cai X. 2002. Linking GIS and water resources management models: an object-oriented method. Environmental Modeling and Software, 17 (5): 413-425.

McKinney C D, Cai X, Rosegrant M, et al. 1999. Integrated basin-scale water resources management modeling: review and future directions. SWIM Research Paper no6 International Water Management Institute Colombo, Sri Lanka.

Mukherjee N. 1996. Water and land in South Africa: economy-wide impacts of reform: a case study for the olifants river. International Food Policy Research Institute, TMD Discussion Papers.

Murtaugh J J, Bunch R L. 1967. Sterols as a measure of fecal pollution. J-Water Pollut, Control Fed, 39: 404-409.

Nishikawa T. 1998. Water-resources optimization model for Santa Barbara, California. Journal of Water Resources Planning and Management, 124 (5): 252-263.

Niu W Y, Lu J J, Rhan A A, et al. 1993. Spatial systems approach to sustainable development: a conceptual framework. Environmental Management, 17 (2): 179-186.

Norihiro T, Tomio U. 1981. Multi-level, multi-objective optimization in process engineering. Chemical Engineering Science, 36 (1): 129-136.

Olli V, Pertti V. 2001. China's 8 challenges to water resources management in the first quarter of the 21st Century. Geomorphology, 41: 93-104.

Peeler K A, Opsahl S P, Chanton J P. 2006. Tracking anthropogenic inputs using caffeine, indicator bacteria, and nutrients in rural freshwater and urban marine systems. Environ Sci Technol, 40: 7616-7622.

Piocos E A, de la Cruz A A. 2000. Solid-phase extraction and high performance liquid chromatography with photodiode array detection of chemical indicators of human fecal contamination in water. J Liq Chromatogr Relat Technol, 23: 1281-1291.

Poiger T, Field J A, Field T M, et al. 1996. Occurrence of fluorescent whitening agents in sewage and river water determined by solid-phase extraction and high-performance liquid chromatography. Environ Sci Technol, 30: 2220-2226.

Roe T, Diao X. 2000. Water, externality and strategic interdependence: a general equilibrium analysis. J Int Dev, 12: 149-167.

Rogers P. 1986. Fiering, use of systems analysis in water management. Water Resources Research, 22 (9): 146-158.

Schwinning S, James R. 2001. Water use trade-offs and optimal adaptations to pulse-driven arid ecosystems. Journal of Ecology, 89 (3): 464-480.

Seiler R L, Zaugg S D, Thoms J M, et al. 1999. Caffeine and pharmaceuticals as indicators of waste water contamination in wells. Ground Water, 37: 405-410.

Shafer J, Labadie J. 1978. Synthesis and Cahibratian of River Basin Water Management Model. Report.

Siegener R, Chen R F. 2002. Caffeine in Boston Harbor seawater. Marine Pollution Bulletin, 44: 383-387.

Srdjevic B, Medeiros Y D P, Faria A S. 2004. An objective multi-criteria evaluation of water management scenarios. Water Resources Management, 18: 35-54.

Tahir H, Geoff P. 2001. Use of the IQQM simulation model for planning and management of a regulated river system. Integrated water resources management, IAHS Publ, 272: 83-89.

Takama N, Umeda T. 1981. Multi-level, multi-objective optimization in process engineering. Chemical Engineering Science, 36 (1): 129-136.

Thomas C B, Gustavo E D, Oli G B. 2002. Planning water allocation in river Basin, AQUARIUS: a system's approach. Proceedings of 2nd Federal Interagency Hydrologic Modeling Conference, Subcommittee on Hydrology of the Advisory Committee on Water Information, Las Vegas, NV.

Tory P. 2001. Modeling changing capacity for national parks. Ecological Economics, 39: 321-331.

Toze S. 1999. PCR and the detection of microbial pathogens in water and wastewater. Water Res, 33: 3545-3556.

Uno K, Bartelmus P. 2005. Environmental Accounting: Theory and Practice. London: Kluwer Academic Publishers: 263-307.

Väntänen A, Marttunen M. 2005. Public involvement in multi-objective water level regulation development projects—evaluating the applicability of public involvement methods. Environmental Impact Assessment Review, 25 (3): 281-304.

Wang L, Gan H, Zhou C P, et al. 2007. Vegetation NPP distribution based on MODIS data and CASA model—a case study in Haihe river basin, China. Proceedings of SPIE, 6625: 66250.

Wang L, Gan H, Wang F, et al. 2010. Characteristic analysis of plants in the removal of nutrients in a constructed wetland using reclaimed water. CLEAN-Soil, Air, Water, 38: 35-43.

Watt K E F. 1968. Ecology and Resources Management: A Quantitative Approach. N.Y.: McGraw-Hill Book Company.

Weigel S, Berger U, Jensen E, et al. 2004. Determination of selected pharmaceuticals and caffeine in sewage and seawater from Tromsø/Norway with emphasis on ibuprofen and its metabolites. Chemosphere, 56: 583-592.

Whipple W, Dubois J D, Grigg N, et al. 1999. A proposed approach to coordination of water resources development and environmental regulations. Journal of the American Water Resources Association, 35 (4):

30-35.

Whittington D. 1998. Administering contingent valuation surveys in developing countries. World Dev, 26 (1): 21-30.

WHO. 2003. Cyanobacterial toxins: microcystin-LR in drinking-water, background document for the development of WHO guidelines for drinking-water quality. Geneva: WHO: 4-5.

Willén E. 2001. Phytoplankton and water quality characterization: experiences from the swedish large lakes Malaren, Hjalmaren, Vattern and Vanern. Ambio, 30 (8): 529-537.

Xevi E, Khan S. 2005. A multi-objective optimization approach to water management. Journal of Environmental Management, 77 (4): 269-277.

Xiao X M, Hollinger D, Aber J D, et al. 2004. Satellite-based modeling of gross primary production in an evergreen needleleaf forest. Remote Sensing of Environment, 89: 519-534.

Xiao X, Zh Q, Salesk S, et al. 2005. Satellite-based modeling of gross primary production in a seasonally moist tropical evergreen forest. Remote Sensing of Environment, 94: 105-122.

Ximing C. 2002. A framework for sustainability analysis in water resources management and application to the Syr Darya Basin. Water Resour Res, 38 (10): 1029.

You J, Gan H, Wang Z, et al. 2007. Study on water resources allocation in water-receving area of east route of south-to-north water transfer project. IAHS Publ, 315: 25-34.

Zagona E A, Fulp T J, Shane R, et al. 2001. Riverware: a generalized tool for complex reservoir systems modeling. Journal of the American Water Resources Association, AWRA, 37 (4): 913-929.